水与伴生黄铁矿协同诱导煤氧化放热自燃机理研究

王彩萍　白祖锦　著

应急管理出版社

· 北　京 ·

图书在版编目（CIP）数据

水与伴生黄铁矿协同诱导煤氧化放热自燃机理研究/王彩萍，白祖锦著 . --北京：应急管理出版社，2020

ISBN 978-7-5020-8309-0

Ⅰ.①水… Ⅱ.①王… ②白… Ⅲ.①煤炭自燃—研究 Ⅳ.①TD75

中国版本图书馆 CIP 数据核字(2020)第 180555 号

水与伴生黄铁矿协同诱导煤氧化放热自燃机理研究

著　　者　王彩萍　白祖锦
责任编辑　成联君
编　　辑　杜　秋
责任校对　孔青青
封面设计　于春颖

出版发行　应急管理出版社（北京市朝阳区芍药居 35 号　100029）
电　　话　010-84657898（总编室）　010-84657880（读者服务部）
网　　址　www. cciph. com. cn
印　　刷　北京建宏印刷有限公司
经　　销　全国新华书店

开　　本　787mm×1092mm 1/16　**印张**　16 1/2　**字数**　392 千字
版　　次　2020 年 11 月第 1 版　2020 年 11 月第 1 次印刷
社内编号　20201362　**定价**　62.00 元

前　言

我国煤炭资源储量丰富，煤自燃灾害形势严峻。由煤炭自燃引起的火灾占矿井火灾总数的85%~90%，其中采空区自燃火灾占煤矿内因火灾的60%以上。煤炭自燃衍生的煤矿瓦斯及粉尘爆炸等次生灾害，容易扩大损失，造成重大的经济损失和人员伤亡。

煤阶的高低对煤自燃起重要作用，低阶煤分子结构中的化学基团活性较大，氧化性较强，容易自燃，高阶煤则反之。但在实际开采中随着煤层开采深度和地温的增加，煤自燃现象有时也伴有不规律性，一些开采高阶无烟煤的矿井也频繁发生自燃火灾。如阳泉煤业集团、神华宁煤银北、川煤集团芙蓉等矿区均开采高变质无烟煤，常有工作面因采空区自燃而封闭。特别是对于高硫无烟煤，由于煤中无机硫绝大部分是以伴生黄铁矿硫（FeS_2）形式存在，并且黄铁矿含量随着开采深度的增加逐渐增大，因此导致高硫无烟煤也容易发生自燃。同时，在煤层开采的过程中会造成一定的裂隙，地表及地下水随着裂隙的渗漏导致遗煤潮湿和水浸，此时水与煤容易发生溶胀作用并与煤中的伴生黄铁矿发生化学反应。另外，在煤层群中的下煤层开采时对采空区进行的探放水也会造成漏风和上部裂隙增大，为煤氧化提供了足够的氧气，导致自然发火。因此，揭示高湿高黄铁矿含量无烟煤的氧化过程及自然发火机制，对高硫无烟煤自然发火的预测与科学防控具有重要的科学价值和实际指导意义。

本书采用理论分析、实验测试（元素分析、工业分析、物理化学结构、热动力学特征参数）及数学计算（相关性）的研究方法，对水与伴生黄铁矿协同诱导煤氧化放热动力学过程进行研究；首先讨论了水分与黄铁矿单因素对煤自燃特征的影响；然后基于水分与黄铁矿协同作用煤自燃特征，研究了水分与黄铁矿对煤微观结构、氧化动力学、热效应作用规律；最后通过相关性分析，掌握反应热活化能与活性基团之间的关联性，从微观动力学角度揭示无烟煤的氧化放热过程。

本书共8章，王彩萍编写了1、2、3、5、6章，白祖锦编写了4、7、8章。在编写的过程中，陈炜乐、袁泉、魏子淇、赵小勇等研究生做了大量的实验及资料整理工作，付出了辛勤的劳动。同时在完成过程中，得到了邓军、文虎、李明、陈晓坤、罗振敏、翟小伟、肖旸、张嬿妮、张玉涛教授的帮助和指导，再次向他们致以最诚挚的感谢！

作者在编写过程中参考了国内外众多研究成果及论著，在书中进行了标注并列出了参考文献，但由于能力及精力有限，仍可能存在疏漏及不足，敬请广大读者批评指正。

本书得到了国家自然科学基金青年项目（51504187）、国家自然科学基金面上项目（51974234）、陕西省创新人才推进计划-青年科技新星项目（2019KJXX-050）、陕西省重点研发计划（2020KW-026）、西安科技大学优秀青年科技基金项目（2019YQ2-03）、国家重点研发计划项目（2018-YFC-0807900）等项目的资助，在此表示感谢。另外，在本书的出版过程中，得到了应急管理出版社的大力支持，在此一并表示感谢。

作　者

2020 年 6 月

目　　录

1 绪　　论

能源是国家繁荣和经济可持续发展的基础和支撑，经济的发展往往与能源需求有着紧密联系。煤炭是我国的主要能源，也是重要的工业原料。过去几十年经济发展的实践表明，我国国民经济与煤炭发展之间始终保持着依赖关系。自改革开放以来，煤炭支撑了国内生产总值实现年均9%以上的速度增长。2018年全国煤炭消费总量27.4亿t标准煤，占全国一次能源消费总量的59%。当前，我国能源发展正处于油气替代煤炭、非化石能源替代化石能源的双重更替期，新能源和可再生能源对化石能源，特别是对煤炭的增量替代效应明显，但煤炭在我国经济发展中的战略地位依旧不可动摇。

我国煤炭资源储量丰富，主要分布在新疆、陕西、山西、内蒙古等地，煤炭资源种类繁多，其中烟煤占75%、无烟煤占12%、褐煤占13%。由煤炭自燃引起的火灾占矿井火灾总数的85%~90%，其中，采空区自燃火灾占煤矿内因火灾的60%以上。全国25个主要产煤省区的130余个大中型矿区均受到不同程度煤层自然发火的威胁，如宁夏宁东矿区、陕北神东矿区等每年都会出现由煤自燃引起的CO异常现象。据统计，死亡10人以上的重大事故中，由火灾直接引起的约占6.7%。煤炭自燃衍生的煤矿瓦斯及粉尘爆炸等次生灾害也容易扩大损失，造成重大经济损失和人员伤亡。

煤阶的高低对煤自燃有重要影响，低阶煤分子结构中的化学基团活性较大，氧化性较强，容易自燃，高阶煤则相反。但在实际开采中随着煤层开采深度和地温的增加，煤自燃现象有时也不规律，一些开采高阶无烟煤的矿井频繁发生自然发火。如阳泉煤业集团、神华宁煤银北、川煤集团芙蓉等矿区均开采高变质无烟煤，常有工作面因采空区自燃而封闭。特别是高硫无烟煤，由于煤中无机硫绝大部分是以伴生黄铁矿硫（FeS_2）形式存在，并且黄铁矿含量随着开采深度的增加逐渐增大，导致了高硫无烟煤也容易自然发火。

同时，在煤层开采的过程中会产生一定的裂隙，地表及地下水随着裂隙渗漏导致遗煤潮湿和水浸，此时水与煤容易发生溶胀并与伴生黄铁矿发生化学反应；另外，在进行煤层群中的下煤层开采时对采空区进行探放水会造成漏风和上部裂隙增大，为煤氧化提供了足够的氧气，导致自然发火。因此，揭示高湿高黄铁矿含量无烟煤的氧化过程及自然发火机制，是一个亟待解决的关键科学问题。

1.1　煤及煤火简介

1.1.1　煤炭的形成过程

煤是由泥炭或腐泥转变而来。泥炭主要是高等植物遗体在沼泽中经过生物化学作用形成的一种松软有机质的堆积物，泥炭的形成是一个复杂的生物化学变化过程，通常在低洼积水的沼泽里，植物经历了繁殖、死亡期后，堆积于沼泽的底部，在厌氧细菌的作用下，形成了各种简单的有机化合物及其残余物，这一氧化分解过程称为腐殖化作用。此后，已分解的植物遗体被上部新的植物不断覆盖，逐渐堆积到沼泽的深处，从而由氧化环境转入弱氧化甚至还原环境中。在缺氧条件下，原先形成的有机化合物发生复杂的化合反应，转变为腐殖酸及其他化合物，从而使植物遗体形成一种松软有机质的堆积物，聚积成泥炭层。

腐泥的形成过程与泥炭不同。低等植物和浮游生物在繁殖、死亡后，遗体堆积在缺氧的水盆地的底部，主要是在厌氧细菌参与下进行分解，再经过聚合和缩合作用，便形成暗褐色和黑灰色的有机软泥——腐泥层。

其后，泥炭和腐泥不断被上层沉积物覆盖，埋藏到一定深度，受压力、温度等作用，发生了新的一系列物理化学变化。在这个过程的早期阶段，发生的成岩作用使泥炭转化成褐煤，腐泥转变成腐泥褐煤；后期则受变质作用的影响，使褐煤转变成烟煤或无烟煤，腐泥褐煤转变成腐泥烟煤或腐泥无烟煤。成煤和变质作用总称为煤化作用。

根据原始植物质料和聚积环境的不同可将煤细分为三大类：

（1）腐植煤类：其前身是高等植物遗体在沼泽中形成的泥炭。

（2）腐泥煤类：其前身是低等植物遗体在湖泊等水体中形成的腐泥。

（3）腐殖腐泥煤类：成煤原始质料兼有高等植物和低等植物，聚积环境介于前两类之间的过渡情况。

由此可见，从植物死亡、堆积、埋藏到转变成煤，要经过一个演变过程，称为成煤过程。不同的成煤物料要经历不同成煤过程，因此，出现了各具特性（指物理、化学、煤岩和工艺性质）的不同类别的煤炭。表 1-1 为煤炭的成煤过程。

表 1-1　煤炭的成煤过程

指标	转变过程		
成煤序列	植物→泥炭→褐煤→烟煤→无烟煤		
转变条件	水中，细菌，数千年到数万年	地下（不太深），数百万年	地下（深处），数千万年以上
主要影响因素	生化作用，氧供应状况	压力（加压失水），物化作用为主	温度、压力、时间、化学作用为主
转变阶段	第一阶段泥炭化阶段	第二阶段成岩阶段	第三阶段变质阶段

煤在转变的过程中，煤中的元素也是发生变化的，变化过程如下：

$$\underset{\text{植物}}{C_{17}H_{24}O_{10}} \xrightarrow{-3H_2O,\ -CO_2} \underset{\text{泥炭}}{C_{16}H_{18}O_5} \xrightarrow{-2H_2O} \underset{\text{褐煤}}{C_{16}H_{14}O_3} \xrightarrow{-C_2O} \underset{\text{烟煤}}{C_{15}H_{14}O} \xrightarrow{-2CH_4,\ -H_2O} \underset{\text{无烟煤}}{C_{13}H_4} \tag{1-1}$$

可以看出，煤变质程度在增大过程中实际是在不断地失去水和羧基。随着煤阶变高，煤中的 H 和 O 含量逐渐减少，煤的 H/C 比变低，C 的含量增大。低阶煤，如褐煤和次烟煤中，O 含量较高，存在形式包括羟基、羧基、酚羟基、甲氧基、羰基和醚键等，O 含量随煤变质程度的加深而快速减少。

此外，N 在煤中主要以氮氧化物的形式存在，如氨基、吡咯和吡啶等有机化合物。S 分为有机硫和无机硫，有机硫包括硫醚、硫醇和噻吩，无机硫主要为黄铁矿。

1.1.2　煤炭的分类

为了适应不同用煤部门的需要，依据煤的属性和成因条件，将煤分成多种类别。煤的分类是按照同一类别煤且基本性质相近的科学原则进行的。煤炭分类关系到地勘部门对资源的评价与储量计算，采煤部门确定开采及洗涤加工方案，供销部门制定供煤体系与煤价，用煤部门如焦化、动力工业指导配煤和采用洁净煤技术工程措施。

煤炭分类的研究工作已有很长的历史。最早在1599年黎巴维斯（Libavius）对包括煤炭在内的矿石沉积有机岩进行过系统分类。柏屈兰特（E. Berrtrand）在1763年指出了选择分类指标的重要性，为煤分类研究做好了技术准备。1880年以前只是将煤按照外观分为亮煤、暗煤和褐煤。

1820年，英国按照煤性质，将煤分为瘦煤、肥煤、硬煤和烟煤等。1826年德国卡斯滕（G. J. B. Karsten）用煤热解后残渣的特性，将煤分为砂煤（不黏煤）、烧结性煤（弱黏煤）和黏结性煤；1837年，法国勒尼奥（V. Regnault）对煤炭进行了系统性分类，分别命名为无烟煤、肥烟煤、长焰烟煤、完全褐煤、不完全褐煤和泥炭。1875年，德国舍恩多夫（A. Schondorff）进一步用挥发分和焦砟特征进行煤分类，被认为是现代煤分类的雏形。

1899年，英国的塞勒（C. A. Seyler）提出了著名的煤科学分类，将煤分为四类，分别为褐煤（分二小类）、烟煤（分三小类）、半无烟煤及无烟煤。

我国煤分类的研究最早可追溯到1927年，翁文灏曾按煤的挥发分、固定碳和水分首次进行了分类。1936年翁文灏和金开英再次对煤样进行了分类，将煤样分为8类。到1956年制订出了一个全国统一的、以炼焦用煤为主的煤分类。从20世纪70年代开始，在国家标准局的组织下着手制订新的煤分类，完成并颁布了《中国煤炭分类》。

现行中国煤炭按照《中国煤炭分类》进行分类。首先按煤的煤化程度将煤分为褐煤、烟煤和无烟煤三大类；再按煤化程度的深浅及工业利用的要求，将褐煤分为二个小类，无烟煤分成三个小类。烟煤中类别的构成，按等煤化程度和等黏结性的原则，形成24个单元，再以同类煤加工工艺性质尽可能一致而不同煤类间差异最大的原则来组并各单元，将烟煤分成十二类。

1.1.3　煤炭储量及需求

煤炭是地球上蕴藏量最丰富、分布地域最广的化石燃料，是人们生产活动中使用的主要能源之一。我国的能源资源结构特征为富煤、贫油、少气，根据美国能源情报署的统计，我国煤炭可开采储量为1262.15亿t，居世界第三位，占全球可采储量的12.65%。2005年，在世界能源消费结构中，煤炭消费占比为27%，而同期中国煤炭消费占比达到了68%，是平均水平的2.5倍。从我国煤炭产量情况看，煤炭产量稳步增长，“十五”期间，在市场的强劲拉动和国家政策支持下，煤炭产量年均增速达11%，2005年，煤炭产量22亿t，比2000年增长69.7%。根据国家发改委能源司的预测，2008年产量约增至27.3亿t，到2010年时，全国煤炭生产能力接近30亿t。

能源是国民经济发展的原动力，是工业建设的物质基础。煤炭资源与石油、天然气并列为世界三大消费能源，其产能对世界经济发展起到了非常重要的作用，其中矿产资源具有耗竭性、稀缺性、分布不均衡性、不可再生性和动态性等特性。从世界煤炭资源区域分布来看，储量超过100亿t的有美国、中国、俄罗斯、澳大利亚、印度、德国、乌克兰、哈萨克斯坦、南非和印度尼西亚10个国家。煤系的地理分布如下：石炭纪煤系在欧洲和北美的西部地区占领先地位，在这些地方，石炭纪煤81%的地质储量和95%的探明储量已被发现和查明；二叠纪煤系主要集中在亚洲，在非洲和澳大利亚分布的范围较小；三叠纪的煤仅在澳大利亚堆积最为丰富，此处三叠纪煤72%的地质储量83%的探明储量已被发现和查明；侏罗纪煤系仅集中在亚洲，此处侏罗纪99%的地质储量和95%的探明储量已被发现和查明；白垩纪煤系主要限制于沿太平洋地区、此处占白垩纪煤炭地质储量的99%和探明储量的98%已被发现和查明。我国是煤炭大国，不但煤炭的蕴藏非常丰富，已探明的煤炭储量占世界煤炭储量的33.8%，而且煤炭的生产数量和消费数量也居世界各国前列。据统计，截至2007年年底，全国煤炭保有探明资源储量为11800亿t，其中基础储量3260亿t，资源量8540亿t。我国共有八大产煤基地，分别为山西、河北、陕蒙、东北、华东、中南、西南、西北产煤区。到2019年底，我国累计探明煤炭储量45296亿t，各地煤炭储量分布如图1-1所示。

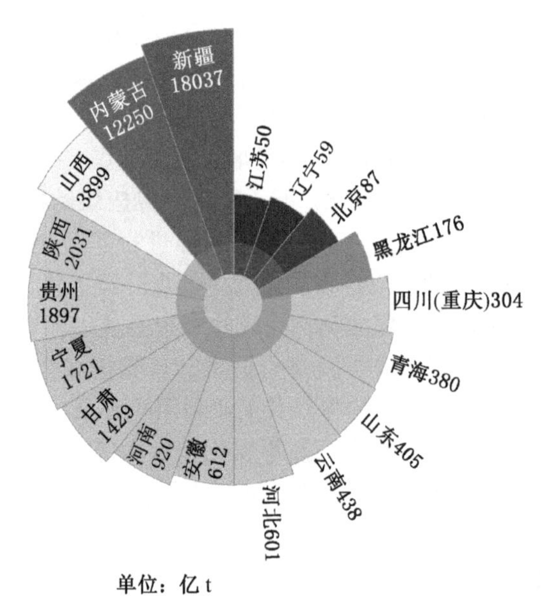

图1-1 我国煤炭储量分布

纵观全球，煤炭储量较多的9个国家分别为：加拿大，煤炭预估储量达到65亿8200万t；哥伦比亚，煤炭预估储量达到67亿4600万t；哈萨克斯坦，煤炭预估储量达到336亿t；德国，煤炭预估储量达到406亿9900万t；印度，煤炭预估储量达到606亿t；印度煤炭储量占据世界总储量的7%；澳大利亚，煤炭预估储量达到764亿t，占世界总储量的8.9%；俄罗斯，煤炭预估储量达到1570亿1000万t；美国，煤炭预估储量达到2372亿9500万t，占世界总储量的27.6%。美国自然资源丰富，矿产资源总探明储量居世界首位。

我国也是世界上最大的煤炭消费国，煤炭消费占我国一次能源消费量的2/3以上，煤炭产量约占能源生产总量的3/4，而在我国历年能源消费结构中煤炭所占比例曾经高达90%以上，近年水电、核电、天然气所占比例有所上升，煤炭比例有所下降但仍保持在70%左右，未来十几年仍是我国的主要能源。持续利用的煤炭资源带动和促进了相关产业的发展。

从我国能源资源赋存及利用现状看，主要是煤炭和石油，二者占能源总消耗的90%左右，水力发电、天然气、煤层气、核能、太阳能和风能所占比例很小。

我国自改革开放之后，随着工业化、信息化、城镇化、市场化、国际化进程不断加快，对能源的需求也在日益增加。进入 21 世纪以来，对煤炭资源的需求达到了又一个高峰，这一时期煤炭和石油价格持续走高，对我国经济发展产生了一定影响。即便如此，随着世界人口的增长将导致对能源和矿产需求的持续增长。在 2006 年的全球煤炭消费增长中，中国、日本、韩国和印度及澳大利亚在内的亚太地区占了 90%。同样，这些地区也占全球煤炭产量增长的 80%，亚太地区已成为全球煤炭最有潜力的市场和生产地。从 2000—2010 年煤炭消费量的空间结构看，我国煤炭消费有向两级移动的趋势：一是向经济发达的煤炭消费大省移动，如向华东地区的山东、江苏、浙江、华南地区的广东等移动；二是向快速发展的煤炭生产大省转移，如向华北的内蒙古、华中的湖南、西南的云南移动。一方面说明我国经济发达、煤炭需求大的省份煤炭需求依然强劲，另一方面表明我国煤炭生产省份也开始调整产业结构，从原有的纯粹输出煤炭转为输出煤炭加工制造品，如煤炭生产大省进行煤化工、煤电、煤电铝、煤建材等产业链延伸，推进地区的产业结构调整和升级、提升煤炭产品价值，未来产煤大省将向生产和消费大省过渡，这种布局有利于煤炭的开发利用，缓解煤炭压力紧张的问题。2012 年以来，我国煤炭市场持续面临过剩压力，预测未来 10 年煤炭供应宽松将成为常态。2014 年以后，受煤价下降、化解过剩产能以及地质勘查投入资金下降等因素影响，我国煤炭资源储量增速进一步放缓。在这一阶段，行业发展速度、模式、动力、目标都将发生新的变化，而从发展速度看，煤炭需求增速放缓将成为煤炭行业发展的新常态。中国经济运行积极因素不断增多，市场信心回升，投资加快，内需保持了较高的增长态势，经济运行企稳向好。中国不仅经受住了国际金融危机的巨大冲击，并且在较短时间内遏制住了经济增速下滑的势头，国民经济发展将继续拉动煤炭需求增长。从全世界来看，2020 年煤炭消费量预计将增长 25% 约 45 亿 t 油当量，超越石油消费量 44 亿 t，煤炭依然是最重要的化石燃料。

1.1.4 煤火的形成

煤火与矿井火灾存在密切联系，大多数煤火是由开采活动导致的。防治矿井自燃火灾主要源于安全生产需要不同，煤火治理与研究主要基于保护煤炭资源和区域生态环境的需要。类似矿井火灾，煤火研究也必然涉及煤火的成因、持续燃烧蔓延机制、煤火治理技术工艺等。对煤火进行研究、治理的过程实质上是矿井火灾及其他基础火灾理论在煤火领域的具体应用和发展。我国的地下煤火从明清时期开始，有的已燃烧了上百年，浪费了大量宝贵的煤炭资源。国外媒体评出的全球五大持续生态灾难，我国煤火赫然上榜。地火，亦称地下煤火，是指埋藏在地下的煤层燃烧，并逐步蔓延发展，形成规模较大的煤田火灾，专业术语称之为“煤炭自然发火”。

17 世纪时，人们就开始对煤自燃问题进行探索，到目前为止，人们对临界温度（60~100 ℃）以上煤的自燃过程的看法基本一致，即煤自燃的主要导因是煤与氧的复合作用，该作用包含煤对氧的物理吸附、化学吸附和化学反应。化学吸附和化学反应分两大类：①煤岩中某些无机物（主要是黄铁矿结核）与氧发生作用；②煤岩中的有机物与氧发生作用。但是对临界温度以下的自燃过程和原因，特别是煤暴露于空气中最初的自燃是如何引起和产生的，此问题长期存在争论，并形成了黄铁矿作用学说、细菌作用学说、酚基学说和煤氧复合学说。

煤表面在空气中暴露时，会对氧气产生物理吸附及物理吸附热（20.93 kJ/mol 左右），并且煤中原生赋存的瓦斯气体组分释放，水分蒸发，同时产生瓦斯解析热和水分蒸发潜热。此后，随着煤氧化温度的逐渐升高，煤对氧由最初的物理吸附过渡到化学吸附，产生的化学吸附热相对较大（80~420 kJ/mo1）煤自身温度升高到一定程度后，煤氧之间就会发生化学反应，放出更多的化学反应热，促使反应逐步加速并导致煤最终发生自燃。煤自燃的发展，需要经过的三个时期，分别为潜伏期、自热期和燃烧期（图 1-2）。

1. 潜伏期

煤暴露于空气中后，由于其表面具有较强的氧吸附能力，会在煤的表面形成氧气吸附层，在吸附动力平衡的过程中，煤表面与氧相互作用而在煤表面形成一种中间产物，学科上称为氧化基或过氧络合物。期中，在煤的缓慢氧化过程中，生成的热量及煤温的变化都微乎其微，一般很难检测出，由于吸附了空气中的氧，煤的重量略有增加；此阶段煤的活化能在煤整个自热过程中最小，通常称为煤的自燃潜伏期（或称为准备期、孕育期）。潜伏期煤分子结构没有发生变化，唯一的表现是化学活性增强，相应导致煤的着火点温度降低，这种化学活性增强的程度主要受煤自身的物理化学性质的影响。衡量这一阶段煤与氧气作用微弱变化的尺度，采用的是煤的氧化程度指标。潜伏期的长短主要取决于煤的煤化变质程度，并受外部条件的影响，不同种类的煤差异较大。

2. 自热期

经过潜伏期后，发生活化的煤能更快地吸收氧气，氧化速度增加，氧化产生的热量较大，如果不能及时散发，则煤的温度逐渐升高，这就是煤的自热期。当煤的温度超过自热的临界温度 $T_1$60~80 ℃时，煤的吸氧能力会自发加速，导致煤氧化过程急剧加速，煤温上升急剧加快，开始出现煤的干馏，生成一氧化碳（CO）、二氧化碳（CO_2）、氢气（H_2）、烃类气体和芳香族碳氢化合物等可燃气体。

在此阶段内使用常规的检测仪表能够测量出来，甚至被人的感官察觉。在自热期内，煤体中的水分蒸发，生成一定数量的水蒸气，使空气的湿度增加。

3. 燃烧期

当自热期的发展使煤温上升到着火点温度 T_2 时，即引发煤自燃而进入燃烧期。此时会出现一般的着火现象，产生明火、烟雾、一氧化碳（CO）、二氧化碳（CO_2）及各种可燃性气体，并会出现特殊的火灾气味，如煤油味、松节油味或煤焦油味。着火后，火源中心的温度可达 1000~12000 ℃。

该过程煤的低温氧化过程分为三个连续阶段：在 70 ℃以下主要是氧气与煤表面结构上的活性官能团结合形成煤氧络合物，由于吸附溶胀作用和络合物的分解使煤破碎，同时放出的吸附热和分解反应热促使煤体温度继续上升；在 70~150 ℃之间煤氧络合物受热发生分解，放出少量 CO 气体；在 150 ℃左右又形成一系列新的煤氧络合物，并放出大量热，使煤体温度升高，当热量积蓄到一定程度时引发自燃。

1.1.5 煤火的分布特征

全球地下煤火分布范围广泛，在中国、美国、澳大利亚、印度、印度尼西亚、委内瑞拉、德国等国家普遍存在。由于我国是全球最大的煤炭生产国和消费国，地下煤火造成的国土安全与环境问题也非常突出。自 2011 年以来，随着我国煤炭开采重心西移，高产高效开采技术的推广，地下煤火呈现了新的特点。大采高大倾角工作面采空区自燃发火严

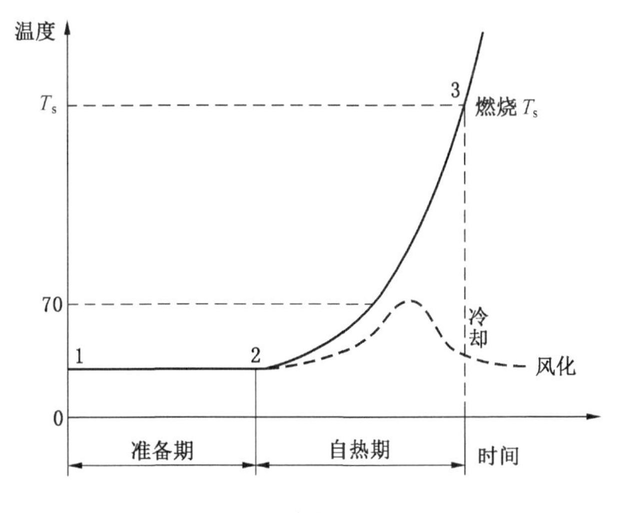

图 1-2　煤炭自燃过程

重，如宁夏红柳煤矿、山东华丰矿和江苏张双楼煤矿等。受开采强度的影响，煤火向深部发展，火源位置更加隐蔽，煤田火区 90% 以上处于地下阴燃状态。地下煤火在我国西部地区广泛分布，不仅造成自然资源的严重浪费，而且对生态环境也造成很大影响。在我国新疆地区，煤层厚度大、赋存浅、风化强烈，煤层露头普遍存在，干旱少雨的气候环境为地下煤火的燃烧提供了条件，加之人类活动的原因，煤火从历史上就开始肆虐，火区面积之广，火势之大，使得新疆成为中国乃至世界上地下煤火最为典型的区域。

我国 25 个主要产煤省区的 130 余个大中型矿区均不同程度地受到煤层自然发火的威胁，总体表现为北多南少，其中 40 个大中型矿区煤层自然发火严重。全国 657 处重点煤矿中，有煤层自然发火倾向的矿井数量占 54.9%，最短自然发火期小于 3 个月的矿井数量占 50% 以上。

煤火的分布特点就火灾范围和边界条件而言，涉及煤炭开发的自燃火灾主要有 3 种类型：受限空间强制通风下的矿井自燃火灾；相对开放空间非可控煤火；完全开放空间储煤堆及矸石山火灾。一般而言，矿井火灾基本属于以强制通风方向作为自由面的火灾，通风对火灾的发展至关重要，煤火通常为单一自由面的自热循环火灾；储煤堆和矸石山火灾则通常为多自由面火灾，其更易受环境气候条件的影响。随着煤层的不断燃烧，燃空区逐渐增大，使得覆岩冒落或破断下沉，甚至地面沉陷，产生众多裂隙，其中燃空区覆岩裂隙作为地下煤火赖以存在和发展所需的重要组成部分，是煤层自燃的漏风供氧、烟气和热量逸散的通道和煤氧复合和蓄热升温的重要影响因素，决定着煤火空间内物质浓度场、流场和温度场的分布。煤火分布区域地表一般具有四个特点：

（1）煤层浅部燃烧火区，白天可见青烟，夜晚有火光，靠近火区可闻到硫化氢味，走近有呼呼声，如硫黄沟煤矿区、奇台县北山、乌鲁木齐西山四道岔等都有过此情景。出现明火的主要原因是火源通风好，有的矿井巷道直接连通火源点，有的地表裂缝连通火源点。

（2）岩层缓倾斜的煤层火烧区地表形成塌陷坑和裂缝，陡倾斜煤层火烧区煤层顶底板之间有塌陷坑，有的个别地区地表覆盖层不塌陷，因而构成了危险区。陡倾斜煤层浅部燃烧的火烧区煤层顶部植被枯死，颜色发黄、甚至变为黑色，这是受有害气体影响的结果。缓倾斜煤层且埋藏很深的燃烧点，其地表植被生长基本正常。

（3）非燃烧区煤层地表特征，煤层正常，地表无裂缝、无塌陷、无异味，植被生长正常。

（4）煤层燃烧后，岩层受高温烘烤变质成浅红色、赭色、浅黄色烧变岩，打击发出陶瓷片声。地表岩层裂隙度增大，地表土质地变松软，有大片的潮湿土，地表面形成一层薄硬壳，颜色为棕红色带有硫化氢的气味。

此外，按发火原因可将煤田火灾分成构造式古火区、自燃式古火区和开拓式火区三种。其中，构造式古火区主要分布在区域性大断裂带附近，大多已经熄灭；自燃式古火区主要分布在煤层露头处，规模大小不一，绝大多数已经熄灭；开拓式火区多发生在一些管理混乱、滥采乱掘的小煤窑。在一些存在煤火分布的区域，由于风速、破裂和温度等一系列因素影响，进一步导致煤层中的火势蔓延，地表多发生沉降，当地环境不断恶化。

1.2 煤自燃机理的研究现状

1.2.1 煤分子结构

煤并非是均一单体的聚合物，而是由许多结构相似的结构单元通过不稳定桥键联结而成。煤的结构单元以缩合芳香环为核心，缩合环的数目随煤化程度的增加而增加，碳含量为70%~83%时，平均环数为2；碳含量为83%~90%时，平均环数3~5；碳含量高于90%时，环数目急增；碳含量高于95%时，环数目大于40。碳元素的芳香化程度低于或等于80%，无烟煤的接近100%。由此可见，不同变质程度煤的化学反应性质的差异归根结底是煤结构的不同造成的。为方便研究和解释煤化学的各种反应过程和反应机理，国外研究者提出了多种煤的化学和物理结构模型。

1. 煤的化学结构模型

煤并非单一化合物，煤中不仅含有无机矿物质，还含有分子量大小不等的有机化合物。从20世纪60年代开始，陆续出现了Krevelen模型、Given模型、Wiser模型和Shinn模型等煤的大分子结构模型。

（1）Krevelen模型认为煤中具有较多芳香环结构，其特点是缩合芳环较多，最大部分有11个苯环。

（2）Given模型认为年青烟煤中分子呈线性排列，无网状空间结构，没有大的稠环芳香结构（主要为萘环）、无醚键和含硫结构，存在氢键和含氮杂环物。

（3）Wiser模型可解释煤的化学反应本质，是目前公认的较为全面合理的模型（图1-3）。

（4）Shinn模型即煤的反应结构模型，是根据煤在一段和二段液化过程的产物分布提出的。该模型中，芳环或氢化芳环单元由较短脂肪链和醚键相连，形成大分子的聚集体，小分子则镶嵌于聚集体孔洞中，且可以通过溶剂抽提出来。

（5）Fallon模型是Fallon通过煤大分子设计方法，用PCMODEL和SIGNATURE软件计算所得的能量最低的煤大分子模型。

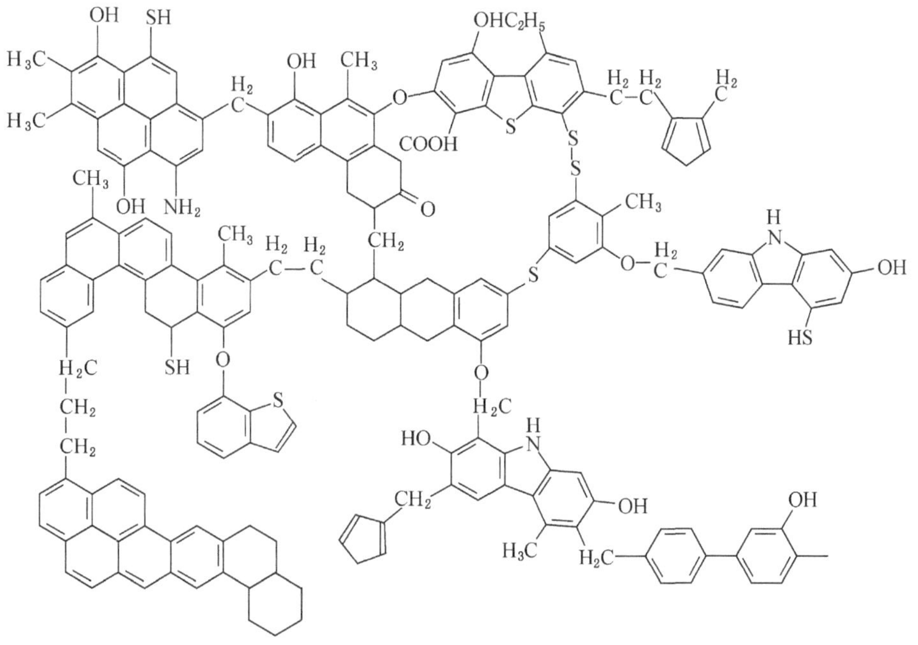

图 1-3　煤的 Wiser 模型

2. 煤的物理结构模型

煤的化学结构模型仅能表示煤分子的化学组成与结构，但煤的物理结构和分子之间的联系需用物理结构模型，即分子间构型来描述。煤的物理结构模型有早期的 Hirsch 模型和 Riley 模型。Hirsch 模型能够直观反映煤化过程中煤的物理结构变化；Riley 模型描述煤为乱层结构。之后被广泛承认和应用的有混合物模型、胶团模型、交联模型、两相模型和缔合模型。

1）混合物模型

在假设还原烷基化不破坏煤分子化学键的前提下，Sternberg 提出煤是由分子量分布较宽的分子通过氢键、范德华力联结起来的混合物。但是后来有研究表明还原烷基化会使 C-O 和 C-C 键断裂。

2）胶团模型

根据煤的抽提实验结果，有学者认为煤的可溶组分具有球状胶质体的形态，并假设煤的不可溶基质也由胶团单元组成。Kreulen 从胶体化学观点认为煤是部分已沥青化的腐殖质封闭系统，具有胶团结构，胶粒分散在油质介质中。Banghanm 假设煤的基本结构单元是稳定性很高的球状胶粒，不同变质程度煤的胶粒间堆积紧密性不同，煤阶越高越紧密，但这一假设没有考虑到煤变质过程中的化学变化。Dryden 认为煤中含有交联强烈的较大不可溶胶粒基质，这些较大不溶胶粒与交联较弱的较小胶粒紧密联系。如果使用溶剂使煤基质膨胀，那么只有较小胶粒可被抽提出来。而 Brown 和 Waters 进一步研究发现这些不溶固态胶粒间通过氢键、范德华力相互联结。随着煤变质程度加深，煤分子的含氧官能团减少，范德华力的作用超过氢键。

3）交联模型（三维结构基质模型）

Airman 煤结构模型的基本思想是：①煤含有不可溶大分子相和潜在可溶小分子相；②小分子相位于煤中粗孔-微孔体系中，绝大部分吸附在孔隙中。

基于该思想，Larsen 等人提出了交联模型，即三维结构基质模型。Larsen 认为煤大分子中含有芳香和氢化芳香“簇”，这些簇内部键合很强，具有多种化学键，可以形成强烈的交联体系，因此降解比较困难。这些簇间交联键主要包括较短的亚甲基链、各种醚键和芳香 C-C 键。溶解在网络中的簇也可以两个、三个或多个交联在一起。Larsen 煤交联模型的最重要贡献就在于：它指出了大分子间的交联键的存在是导致煤基质不能溶解的根源；再者，它不要求潜在可溶小分子相必须吸附或位于煤基质的孔隙体系中。Marzeε 提出的煤模型与 Airman 模型相近，都认为煤中有两相，且小分子包藏于大分子网络孔隙中，但 Marzec 进一步指出小分子相是以电子给予体-接受体键与大分子相联系的。

4）两相模型

Given 提出的两相模型认为煤中有机物大分子多数是交联的大分子网状结构，为固定相；大分子网状结构中较均匀地分散嵌布着的低分子化合物，为流动相。低分子因非共价键力作用被包裹在大分子网络结构中。这种非共价键在低阶煤中，离子键和氢键的比例较大，而在高阶煤中 π-π 电子相互作用和电荷转移力比例较大。该模型与交联模型结构相似（图 1-4）。

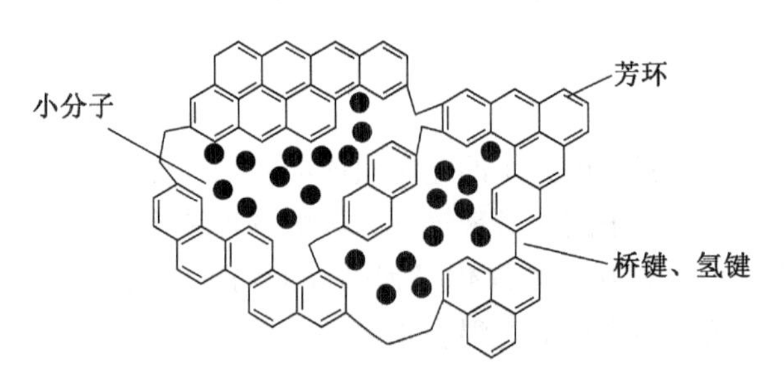

图 1-4　煤的两相模型

5）缔合模型

缔合模型由 Nishioka 首先提出，也称单相模型。Nishioka 认为煤中芳香“簇”间通过静电力和其他分子间力相互联结，堆积成更大的联合体，然后形成多孔有机物质。缔合模型中的大分子网络为固定相，小分子为流动相。煤中的分子既有共价键缔合又有物理缔合。缔合模型与两相模型、交联模型结构都认为煤结构是大分子网络结构和小分子流动结构的结合。

3. 煤的综合模型

综合考虑煤的分子结构和空间构型，有学者提出了煤的综合模型，即将煤的大分子结构模型与分子间构造模型相结合。Oberlin 模型是 Krevelen 模型与 Hirsch 模型的综合，固溶体模型是 Wiser 模型和缔合模型的结合。在固溶体模型中，既有小分子，也有大分子，大小分子间通过范德华力结合在一起。

此外 Given 提出煤的有机结构模型，主要讨论了煤中有机结构中芳香簇环数和大小以及 O、N、S 元素的分布和组成。有学者以煤大分子组成结构的相似性为基础，提出了煤的统计结构模型，研究煤结构与其物理化学性质之间的关系。但是该模型着重强调煤结构的共性，属于半定量的结构模型。

总而言之，煤的基本结构单元是由基本芳香单元核和周围的侧链构成，不同的煤种具有不同的结构单元核，且都具有芳香环。基本结构单元通过桥键联结成煤的大分子网络结构。大分子网络之间又通过交联及分子间的缠绕形成煤分子结构的空间定型和立体结构。煤的结构模型会沿着综合模型的方向发展，即物理、化学作用下的小分子相、大分子相及两相混合区的多相混合模型。

1.2.2 煤自燃学说

煤自燃机理的研究距今已有 100 多年的历史，学者们提出了多种不同的理论和假说。虽然国内外学者采用多角度不同方法来研究煤自然发火的过程，但是问题依然没有从根本上得到解决。为此，从 17 世纪至今，先后出现了不同的煤自燃机理学说，包括黄铁矿导因学说、细菌导因学说、酚基导因学说、煤氧复合理论学说等。

1. 黄铁矿导因学说

黄铁矿导因学说是由 Plot 和 Berzehus（英国）最早提出，但是后来随着研究的深入，学者们发现很多煤自燃的发生是在完全不含或者含有极少量的黄铁矿的情况下，而该学说对于这种现象无法给予解释，因而具有自身的局限性。

2. 细菌导因学说

这一学说是在 20 世纪二三十年代由英国学者提出，他们认为煤在长期的细菌作用下，导致煤发酵放出热量。但是后来一位波兰的学者发现，在 30 ℃以下，与氧气亲近的真菌和放线菌在放热过程中起主要作用，而在 60~65 ℃时，亲氧真菌死亡，嗜热菌在这一阶段开始起作用；72~75 ℃时，所有细菌的生化过程均遭到破坏。但是后来为了测试细菌学说的可靠性，学者们又发现当细菌全部死亡后，煤的放热反应依然进行。这就导致了细菌学说也无法解释煤自燃机理的现象，因此这一学说也未能得到广泛的认同。

3. 酚基导因学说

该学说分析了多种煤体内的有机化合物的反应过程，指出煤中的有机物可以在纯氧或其他氧化剂中进行作用。这个理论可以作为煤氧复合理论的扩充，即它将煤吸附氧这一作用细化到煤中的酚基化合物与氧发生反应。但是由于煤反应中的芳香结构要变为酚基需要较长时间的化学反应过程，在这一过程中反应会产生很多的中间产物，这些中间产物在数量和成分上与实际有较大偏差，因此这一理论也没有被广泛认可。

4. 煤氧复合理论学说

煤氧复合理论学说是通过大量的实验来考察煤对氧的吸附，并且这一现象也得到了证实。即煤在表面吸附中，煤氧吸附的量不大，产热也不多，但是伴随着化学吸附及其相关因素的影响，煤氧吸附在化学反应过程中可以释放大量的热，热的产生与积聚使煤自燃发展。但是它并未从根本上揭示煤自燃的本质规律。目前，由于研究手段和方法的局限性，大多数学者们多关注与煤的定性研究及煤的热动力学计算等。煤氧复合最初的导因是什么？煤氧复合过程如何进行？低温段煤的热效应如何检测鉴定是目前煤氧复合学说存在的主要问题。

近年来，以徐精彩教授为主要代表的学者们，从宏观实验模型以及应用数学方法的基础上定量推导了煤的耗氧速度、放热强度与煤自然发火的关系。余明高通过建立煤与氧反应的动力学模型计算了煤在氧化过程中的动力学参数。在煤氧化自燃的反应动力学方面，舒向前、彭本信、李增华等分别采用热分析方法、差热扫描、加速量热法研究煤在受热过程中的热重变化曲线以及氧化反应活化能的计算方法。梁晓瑜、王德明等论述了水分在煤炭自燃初始阶段的催化作用和抑制作用，研究了水分在煤炭自燃过程中的物理化学机理。葛岭梅根据煤分子结构的研究成果推断出煤中的常温常压下发生煤氧复合的活性结构：侧链中的甲氧基、醛基、α位碳原子带羟基的烷基；桥键中的次甲基醚键；α位碳原子带羟基和带支链亚甲基的次烷基键和两个芳环相连的次甲基键。严荣林、钱国岚等研究了煤的分子结构与煤自燃的气体产物，得到煤分子结构对自燃起着决定性的作用的结论。路继根、Garcia P 等人采用不同的分析方法分别对煤自燃机理和自燃倾向性进行了实验分析和理论研究。Tevurhcvt、Martin、刘剑等分别研究了煤的活化能计算公式；Martin、Lopez D、Unal 和 Wang H 以及国内李增华教授则是分别根据个人的研究提出了煤自燃的不同学说。陆伟等则是通过研究煤自燃的过程发现煤自身反应是一个持续放热的过程。在煤的分子结构方面，Wender、Shnin J H、Haenel、Kruchko、NIShioka 等分别提出了煤的威斯化学结构模型、两组份物理模型、自相关多结构模型和单相两相模型，在 20 世纪 80 年代后煤的两相结构理论得到了普遍认同。国内的徐精彩、葛岭梅教授则分别提出了煤低温活性结构反应和放热理论模型。

在煤的表面反应和煤的氧化反应过程方面，大多数学者均在煤氧的吸附规律、化学吸附过程以及化学反应的速率方面进行了研究，并指出温度对煤氧的化学反应速率影响的不同，其变化规律也不同。何萍通过实验手段指出了煤自燃的指标。舒新前、张玉贵等从煤岩相学角度出发研究煤的自燃机理并得出相关结论。

在煤自燃量子化学方面，1926 年和 1927 年，物理学家海森堡和薛定谔分别发表了著名的不确定性原理和薛定谔方程，预示着量子力学的诞生，1927 年由物理学家海特勒及伦敦将量子力学处理原子结构的方法应用于氢气分子，标志着量子化学的诞生。该计算方法在 20 世纪 70 年代得到了广泛研究和应用，并在数十年内相继出现了组态相互作用方法、多体微扰理论、密度泛函分析方法等用以减少计算量的半经验计算方法。由于单电子方程——Hartree-Fork 方程无法直接求解，于是按照 Roothaan 的建议，用基组展开，化成代数方程组（即所谓 Roothaan 方程组）来求解，产生了大量的分子积分，还需要考虑多行列式波函数或多体微扰理论，所以也就产生了后来的后 Hartree-Fork 方法，例如主要有组态相互作用（Configuration Interaction，CI）方法、Miller-Plesset 多体微扰方法、耦合相关簇理论（Coupled Cluster Theory，CC）等。密度泛函理论（Density Functional Theory，DFT）是由 Kohn 等人提出并发展的，该方法降低了计算量的要求，之后便提出了 Kohn-Sham 方程。该方程在化学键能的计算、分子几何结构优化、势能面的计算、过渡态结构及反应路径、分子的电离势、激发能、电子亲和能等计算方面发挥着重要作用。王宝俊等对量子化学计算方法进行了总结并在煤裂解过程中化学键和热力学量的变化以及在反应动力学研究中得以应用。张景来应用量子化学方法对煤分子中各原子的电子云进行了计算，分析了煤表面的吸附机理。

1.2.3 煤自燃自由基理论

李增华教授于 1996 年提出煤自燃自由基反应机理，该学说认为，属于有机大分子物质的煤，在某些外力的作用下，会导致煤体破碎，从而产生大量裂隙，使煤分子内部的化学结构发生变化，煤分子共价键产生断裂，造成了大量自由基的产生，为煤的自燃提供了充分的准备。李增华教授在化学层面解说了煤与氧的复合过程。对煤炭自燃开始阶段生成的 CO、CO_2、烷烃、烯烃、醇、醛等气体做出了解释。

煤表面存在自由羟基，这一实验结果由黄庠永在研究颗粒粒径对煤表面羟基基团的影响时发现。Buckmaster 认为煤氧化初期主要形成过氧化自由基和过氧化氢自由基，其在50 ℃后会分解产生气态产物。B Taraba 通过观察长壁综采工作面，发现回风流和刚采下煤堆中 CO 浓度会增加。这些现象和李增华教授提出的学说相符，可以认为在开采煤矿时采煤机对煤层进行切割，由于采煤机的作用使煤炭发生碎裂，这就造成了煤中基团之间共价键断裂，生成大量自由基，这些自由基接触大气时与大气中的氧发生反应，会在很短的时间内生成 CO。这些实验结果都证明了李增华教授的煤自燃自由基反应机理的可信度。

刘国根等利用电子顺磁共振波谱仪对褐煤与风化烟煤的自由基浓度进行了深入分析，发现两种煤分子结构中都存在着大量的自由基且性质较稳定，随着变质程度的加深，电子顺磁共振波谱的吸收峰变窄，表明烟煤的风化造成了烟煤自旋浓度的减小。李建伟以神府、汝箕沟煤样为研究对象，利用电子顺磁共振波谱仪（ESR），得到了在两种煤样的低温氧化过程中自由基浓度的变化规律，认为在煤的低温氧化阶段，煤中较多的氢导致了弛豫时间缩短，一般情况下，弛豫时间与吸收峰的宽度成反比，随着氧化温度的提高，弛豫时间增长，使得吸收峰变窄。在自身提出的煤自燃自由基理论的基础上，李增华利用 ESR 对张集矿肥煤和白芨沟矿无烟煤进行了深入研究，根据谱线得出了煤体在经历破碎、在低温氧化过程中的 ESR 各参数的变化规律。罗道成研究了不同条件下煤中自由基浓度的变化规律，设定的条件分别为不同的破碎程度、不同温度以及不同时长的紫外线照射，根据波谱得出这些反应条件都能引发自由基的形成及其浓度的变化，最终实验结果表明，煤中自由基的浓度与煤体破碎的粒径、氧化温度氧化时间均成正比。

戴广龙等根据自由基理论，阐明了煤自热的低温氧化规律。他提出，煤在氧化、热解过程及受到外力作用碎裂时，结构单元之间的桥键断裂生成自由基，主要有$-CH_3$、$-CH$、$-CH_2-$、$-CH_2-O-$等。煤中自由基与吸附的氧反应，生成过氧化物自由基，放出的热量导致煤温缓慢上升，使过氧化物自由基进一步反应，放出更多的热，如此反复，在合适的蓄热条件下，煤的温度大幅度提升，最终引发煤的燃烧。

张代均利用电子顺磁共振分析法，以不同煤化程度的煤样为研究对象分析探索了自由基，得出了自由基产生的来源、自由基的性质以及不同煤种自由基浓度的变化。戴广龙利用电子顺磁共振波谱仪，以褐煤、气煤、气肥煤和无烟煤 4 种煤种为研究对象，得到常温~200 ℃范围内自由基浓度的变化规律，提出原煤中自由基浓度和煤是否容易氧化没有决定性的关系，而是煤氧化后自由基浓度的相对增加率对煤氧化的难易程度起决定性作用。此外，某些外部因素也对煤自燃有一定影响，外国学者 J. Kudynska 就以高挥发分烟煤为研究对象，利用电子顺磁共振分析技术研究了煤样的低温氧化动力学特性，实验证明了 O_2 和 H_2O 的存在对煤自燃起了重要作用。另外，还有诸多学者专家也从不同角度研究了煤的自由基浓度的情况。这些研究都证明煤自燃离不开煤中自由基的反应。

1.2.4 煤自燃活性基团理论

煤是复杂的大分子结构，目前学者们主要通过 Fourier Transform infrared spectroscopy（FTIR）、Nuclear Magnetic Resonance（NMR）、Atomic Force Microscope（AFM）、Scanning electron microscope（SEM）等实验手段研究煤氧化过程分子结构的微观结构特征，并得到了相似的理论。发现煤在自燃过程中表面活性基团脂肪族 C–H 减少，羰基、羧基等含氧官能团增加，氧分子首先与脂肪族取代基发生反应，然后通过生成过氧化物进入煤分子中，这是由于煤中官能团有着不同的活性能力，均需要一定能量才能使其活化并发生反应。同时，随着煤化程度的增加，醚键会首先被攻击发生断裂，在 FTIR 实验中发现无烟煤呈现的醚键峰相对较弱。随着煤化度增加，煤分子中的取代苯类的数目和种类均减少。Ibarra 通过红外光谱实验，对煤分子结构的官能团进行了详细的归属，这为煤分子结构定性分析奠定了基础。张国枢等得出在低温氧化过程中，煤中的芳烃和含氧官能团的含量随着温度的升高而增加，而脂肪烃的含量基本不变。冯杰等通过对不同地区不同煤阶的煤样进行 FTIR 红外分析，运用分峰拟合及比例含量法，研究发现了羟基、芳氢与脂氢的比例、含氧官能团和亚甲基数量的多少影响煤的反应性，随着煤阶的增大，羟基的比例及振动逐渐减弱直至完全消失，芳氢/脂氢比例增加。邓军等对煤二次氧化的 FTIR 进行讨论，研究发现煤经过二次氧化后，随着温度的升高，氧化反应后期煤分子中羟基、脂肪烃等活性官能团先消失后产生，并产生 C_2H_4 气体，造成了 CO 浓度和 C_2H_4 浓度小于一次氧化。陆伟等深入研究了煤自燃的发生和发展过程，其中氧化官能团随着温度的上升而减少，在氧化的过程中被活化而发生氧化反应的官能团释放能量，使其他需要更高活化温度和能量的官能团活化，而进一步与氧发生反应释放更多能量。王德明等根据煤氧化过程中的不同基元反应，掌握了氧化的反应次序和关系。张嫌妮研究了煤氧化过程中关键活性基团的变化规律，掌握了各活性基团促进煤氧化自燃的作用度。Xin H H 等采用密度范函理论，模拟煤低温氧化的反应过程，揭示了煤氧化反应的微观机理。Naktiyok 认为煤的氧化反应会造成煤微观结构的改变。徐精彩发现煤芳香 C=C 结构及含氧官能团对煤氧化作用较大，并揭示了活性基团的分步反应特性。邓存宝根据煤氧化反应特征，构建了煤氧化反应结构模型，并模拟出煤氧化生成产物的过程及特征。王宝俊针对 7 种煤样，建立了分子结构模型，确定了煤化学反应中的关键反应环节。

综上可以发现，煤氧化过程中活性基团缔合羟基、$-CH_2$、$-CH_3$、C=O、C–O、矿物质以及取代苯类结构会减少，同时引起芳香 C=C 结构以及石墨碳微晶结构增加。此外，总的来说，各煤样表面分子结构中活性基团的差异是引起氧化活泼性各不相同的重要因素。

1.2.5 煤氧化动力学过程研究

煤氧化动力学属于固气相互反应，在反应过程中以升温速率为参数变化因素，通过测试煤在反应过程中的重量、热焓值的变化，计算动力学参数。目前应用较多的为热分析方法及程序升温方法。胡荣祖、Sergey Vyazovkin 等国内外学者根据各个方程实用性条件，对不同的动力学方法进行了分析。主要的研究方法有 Ozawa 法、Flyna–Wall–Ozawa 法、Kissinger–Akahira–Sunose 等，这些方法基于多升温速率条件，利用升温速率与转化率之间的关系，对同一转化率进行动力学计算。Qi Xuyao、葛新玉等研究了不同氧浓度条件下，不同煤阶的煤在水分蒸发及脱附、吸氧增重、氧化分解及燃烧阶段的反应，通过 Coatse–Redfern 积分法和 Achare–Brindleye–Sharpe–Wendworth 微分法研究活化能，并找到最概然机理函数。通过计算发现在低温氧化阶段活化能和指前因子随氧气浓度的减小而增大，而在高温燃烧阶段则反之，且变质程度越低的煤活化能越小，这是由于氧含量的减少抑制了基元反应的发生或者本身没有发生反应。周西华等通过热重实验，运用 Freeman-Carroll 法建立了反应函数 f(α)，结果表明随着固定碳的增加，煤燃烧过程及特征温度点不断滞后，煤自燃的活化能和指前因子增大。何启林等通过对不同煤阶的热分析曲线进行分阶段研究，发现煤样在吸氧增重阶段发生 1 级化学反应，受热分解阶段为 1.5 级化学反应，在不同氧化阶段所需活化能大小不同。朱红青等研究在绝热环境下煤的变质程度与动力学参数之间的关系，随着煤变质程度的升高，煤自燃反应难易（Ec）和控制难易（Tc）呈现增大趋势，Ec 与煤质等级成对数关系，Tc 与其呈线性关系，并且通过氧化动力学解释了变质程度不同对煤自燃的影响。秦波涛等用活化能解释了煤自燃机理，并建立了相应的氧化反应过程中的活化能方程。屈丽娜通过研究高温阶段不同煤阶的煤在不同氧气浓度、不同升温速率下活化能的变化规律，结果发现不同煤阶煤在燃烧的过程中其活化能值是不断变化的。余明高通过 Thermogravimetric Analysis（TG）和 Differential Scanning Calorimeter（DSC）实验相互验证，利用动力学数据得出煤氧化与热解是不同的两个过程，在不同反应阶段反应级数不同但在相应过程中的反应级数相同。并随氧化过程的进行，活化能和指前因子都相应的增加。李增华采用加速量热实验，计算了煤氧化过程的活化能，发现煤样在不同的氧化阶段反应的活化能不同。王继仁等通过 TG 热分析方法，研究了氧化过程的热失重和动力学过程。王雪峰等通过双推法研究了煤氧化燃烧的动力学特性，并推算出煤在氧化增重阶段着火活化能的最佳机理函数。Chen Gan 等在低温环境下研究了不同反应阶段的机理反应模型。Mustafa Versan Kok 通过 TG-DSC 实验，研究在不同的加热速率下的动力学参数和机理函数，表明加热速率会影响煤燃烧的反应热值。Buratti C 等通过选用 Ozawa-Flynn-Wall 和 Vyazovkin 模型，计算了煤与其他混合物之间的氧化动力学参数。Li Bo 等通过非等温条件下对三种煤进行 TGA-DSC 实验，得出的动力学结果与动力学模型结果一致，该方法可用于更简单的煤氧化动力学的计算。

综上可知，学者们基于阿伦尼乌斯公式和相关理论，运用不同的数学方法计算了煤氧化过程的动力学特征参数，结果发现，通过确定煤氧化过程的动力学模型及关键特征参数，最终能掌握煤氧化的关键步骤。因此，基于水与伴生黄铁矿的协同影响作用，研究煤氧化过程的热量及质量变化特征，计算出煤氧化过程的动力学特征参数，可为进一步掌握水与伴生黄铁矿作用煤氧化的关键历程提供基础。

1.2.6 煤氧化过程热效应变化规律的研究

在煤氧化持续发展的过程中，由于煤活性基团被激活，氧化活性逐渐增强并放出热量，热量聚集造成了煤体升温加速引起氧化自燃。杨永良等得出煤氧化放热强度均随温度升高而增大的氧化放热机理。张玉涛等提出了一种新型的煤自燃温度判定 DSC 拐点法，并通过热量、自由基和活化能的变化证明了用 DSC 拐点法测定煤自燃温度的合理性和可行性。徐精彩等基于热耗散能量守恒理论，建立了煤分子结构中化学键断开所需热能的估算方法。陈晓坤等研究了化学键能量和能量守恒的内在联系，得到了煤热反应的关键参数。金永飞等研究了不同解吸附温度对煤放热特性的影响，得出了经不同解吸附温度处理后煤的氧化放热量有所区别。马砺等通过分析煤氧化放热过程中 CO_2 浓度的作用程度，得到了热效应表征参数与 CO_2 浓度呈负相关关系。赵彤宇等发现热释放速率存在一个加速的临界温度，并且反应焓变与氧化温度呈正相关关系。刘伟等研究发现煤中挥发分较少时，煤氧化升温的放热强度变化也较小。白刚等得到了不同煤阶煤的热释放速率与耗氧速率存在一定的线性关系。周西华等基于多因素条件下，研究煤的氧化放热过程，得出了煤的热释放强度与耗氧速率变化规律相同。徐永亮等通过对煤氧化的阶段性放热行为进行研究，得出了放热的四个阶段。王鑫阳等基于煤绝热氧化反应的热效应，建立了煤自然发火预测判定模型。Qi、Xu 等采用交叉点温度分析方法研究了煤的热反应行为，掌握了煤的氧化放热过程。Yang 等通过对煤氧化过程的热反应特征进行研究，完成了对煤自然发火期的最快预测。Arisoy 等通过分析煤在低温氧化过程中的自热反应，得到了氧化起始温度是煤自热反应的重要因素。Deng 等根据大型自然发火实验台，模拟了煤自然发火全过程，并得到了煤自燃的热量耗散特征。Li 等通过对煤的热效应变化进行研究，掌握了煤氧化放热的三个主要阶段。

综上可发现，诸多学者们已经通过实验模拟和数学计算的方法，确定了煤氧化过程放热量的计算方程，并建立了放热强度与温度之间的关系，依据煤的放热特征，将煤的放热过程划分为不同的阶段。

1.3 煤自燃影响因素研究现状

众所周知，煤的自热取决于两个主要因素，即内在因素和外在因素。这些因素是由于各种因素的累积影响而产生的内在和外在因素。内在因素与煤的固有特性或来源有关，即其理化特性，岩石学特性和矿物组成。外在因素与煤矿开采过程中普遍存在的大气、地质和采矿条件有关。

影响煤炭自燃的是内外因素的作用，每个因素又是许多子因素的综合影响。影响煤自燃性的因素可分为以下几类：①地质因素；②煤层因素；③矿井开采因素。矿井开采属于外在因素，而煤层和地质因素属于内在影响。

1.3.1 内在因素

1. 地质因素

主要因素包括煤层厚度，煤层梯度，煤层破裂，地热梯度，覆盖深度，煤易碎性，断层，崩落特征，周围地层条件和地质不连续性（裂缝、接缝和褶皱）。

（1）煤层厚度。当煤层厚度超过部分或者完全不能开采的厚度时，该区域煤层更容易自燃，因为未开采的区域容易暴露于缓慢的通风流中。当然，煤层的自燃能力也取决于煤层厚度，工作方法，通风方式和煤的易碎性等物理因素。在较厚的煤层中，剖面中的某些带也比其他带更容易自燃。煤层越厚，越难避免将相对高风险的煤留在采空区。

（2）煤层的倾角（梯度）。木板和支柱以及长壁方法通常用于不易自燃的倾角较小的煤层中。在倾斜的煤层中，由温差引起的对流易于在采空区产生气流，因此燃烧的控制变得更加复杂。

（3）突出煤层。这通常发生在较硬和较高等级的煤层中，而不是较软和较低等级的煤层中。但是，在可能同时发生煤爆和自燃的情况下，必须格外小心，因为爆发产品的危险非常强烈。

（4）地热梯度。地热梯度不会直接影响自热过程，地热梯度高的地方与地热梯度低的地方相比，随着工作深度的增加，工作面温度将更快地升高。如果煤层处于较高的地热梯度带，那么煤越容易自燃。

（5）断层。断层群通常会影响煤的自燃性。在沿断层平面的任何开挖方式都会导致煤尘或氧化的煤尘随空气进入断层中，将导致自燃。断层通常会将表面推进速度减至安全的最低水平，并伴有发热的风险。

（6）覆盖深度。覆盖层的深度不一定会影响自燃的发生率。实际上，覆盖层的深度越大，自然地层温度就越高，煤的基本温度就越高。

（7）煤炭易碎性。煤越脆，暴露于氧化的表面积越大，因此倾向于每单位体积的煤产生更多的热量。由于煤在提取后容易破裂，因此表面积也随之增加。如果增加表面积，则更多的表面积暴露于空气中。因此，随着表面积的增加，自燃性也增加。

2. 煤层因素

影响煤自燃性的一些煤层因素包括水分、挥发物、灰分/矿物质、煤的等级、硫含量、热量、粒度/表面积、孔隙率、硫、风量、细菌、温度、通风、岩石学特性、热导率和黄铁矿含量。氧气浓度和温度、固有水分含量、矿物质颗粒的存在和表面积等因素也会影响自燃性。氧化反应会受到每种矿物的量，煤的等级（镜质体反射率）以及煤的挥发性物质和化学成分的影响。

粒度和孔隙率也会影响煤的自燃性。Nugroho 等认为具有不同粒径（0. 18~2. 67 mm）的煤块比细粒径（0. 18 mm）的煤块燃烧更快。这是因为大颗粒具有较小的比表面积和堆积密度。在他们的研究中也发现，高变质程度煤的自加热取决于粒径。Kucuk 和 Ren 等发现煤的自燃性随颗粒尺寸的减小而增加。粒状煤是反应性的，并且会迅速自燃，但不同粒径的混合煤更易发生自燃。煤的自加热程度基于煤的各种内在因素和外在因素之间的复杂关系。Bhat 和 Agarwal 指出煤的粒径可能会影响对流热损失以及传质系数产生的热量，从而控制了水分的凝结程度。Kim 证实粒径与煤的自燃性成反比。

空气中的水分和氧气对煤自燃性也会造成影响。在堆积物上面的煤异常润湿或干燥会由于吸附而加速自燃。Akgun 和 Arisoy 研究了空气湿度和固有水分含量对煤炭自燃的影响，观察到当将干燥的空气输送到湿煤上时，水分从煤中去除，从而导致温度降低。虽然，当有雾的空气进入干燥煤时，由于空气中吸收的水分而使温度升高。煤颗粒的润湿和干燥促进了煤体内部的热交换。煤的干燥涉及温度变化，该变化会影响煤块氧化中的热平衡并引起自冷。煤的润湿是放热反应，放出热量以帮助自热。在煤的润湿和干燥过程中，热量在煤和空气中的氧气之间传递。传热的增加或减少会影响氧化速率和水分含量。

Panigrahi、Sahu、Onifade 和 Genc 指出，随着灰分含量的增加，煤的自燃性降低。Beamish 和 Blazak 指出，R70（澳大利亚预测煤的自燃性的测试）与低至高等级煤的灰分之间呈负相关。Onifade 和 Genc 进行的类似研究表明，煤自燃性能指数（Wits-Ehac 指数和 Wits-CT 指数）与灰分之间呈负相关关系。Sia 和 Abdullah 和 Zivotic 等发现了煤中较高的灰分含量是由于存在泥炭沉积环境，在沉积过程中间歇性地发生了古土壤泛滥的情况。Blazak、Onifade 和 Genc 发现，随着灰分含量的增加，自燃性也随之降低，这是由于作为散热器的惰性和有机材料的数量减少。

煤中存在的氧气也极大地促进了煤自燃的可能性。煤的低温氧化可能是由于空气中的氧气吸附引起的，也可能是煤块中的本身的氧气引起的。气流速率被认为是影响煤自燃性的主要重要因素。该因素非常复杂，因为它提供了氧化反应所需的氧气并耗散了产生的热量。气流条件决定了煤内部的传热速率，在低流速下比在高流速下重要。Walters 研究发现，气流为低温氧化的发生提供了充足的氧气，并分散了氧化产生的热量。极高的气流会提供无限量的氧气并有效地散发热量，而低流量会限制氧化所需的氧气量，并允许煤层内部自热。Schmal 等研究发现当对流提供足够的氧气时，物料会自燃，并且热量是通过传导而不是通过对流消除的。运动在煤表面上的风产生两个影响，一方面它们会增加热导率。在第一种情况下，气流的增加有助于向反应区提供氧气，从而导致更高的燃烧速率。另一方面，在低温氧化区的传热使系统不易自燃。

煤中常见的矿物包括黄铁矿、白云母、石英、高岭石、伊利石、氧化物（赤铁矿和磁铁矿）和碳酸盐（方解石、白云石和菱铁矿）。多项研究表明，煤中存在不同的有机和无机物质，可抑制煤自燃。Beamish 和 Arisoy 指出，由于煤中矿物质的物理和化学影响，延迟了其低温氧化。煤中的矿物质由许多矿物成分组成，从一个煤层到另一个煤层，矿物成分和质量都不同，矿物质以矿相和不同粒径的矿物质的形式存在，煤中微量元素的含量对环境，经济和自燃的影响很大，煤中的微量元素可能以有机和无机物形式存在，煤的利用和燃烧过程中微量元素的特性可以通过微量元素的数量及其发生频率来控制，煤中矿物质中微量元素的存在会影响自燃性。

许多研究人员已经分析了煤中硫含量的存在和分布。研究表明，南非煤炭和全球其他煤炭资源煤炭中的总硫含量在 0.93% 和 3.35%、0.4% 和 1.29%、0.43% 和 0.63%、1.47% 和 1.56%、0.59% 和 9.45%、0.74% 和 1.23%、5.4%~15.1% 之间。人们认为深煤层中的硫含量高于浅煤层，煤中过量的硫会促进自热，导致自燃。Chandra 等发现，阿萨姆邦煤层上部煤层中的硫含量高于其下煤层，煤中硫的存在可分为有机硫和无机硫，有机硫与大分子结构难以区分。煤中的无机硫以黄铁矿和硫酸盐的形式存在。Gupta 和 Thakur 在 1977 年指出，水分和硫含量是导致煤堆自燃的因素。煤中黄铁矿和硫酸盐硫的含量各不相同。硫铁矿作为无机硫的主要成分，对煤自燃的影响具有重大影响。硫铁矿在水的存在下与氧气反应形成过氧化氢（H_2O_2），从而引发氧气。据报道，硫铁矿的浓度高于 2% 会促进煤的氧化（Bhattacharyya 1971）。Beamish and Beamish 指出，煤中黄铁矿的类型决定了是否会发生快速的自热，但黄铁矿的体积却没有。Beamish 等证实，与高湿状态相比，在干燥状态下，高硫黄铁矿组成的煤的热失控速度不显著。但是在湿润的环境下，煤体由于受到水分与氧气的影响，在低温下发生放热反应，加速了煤的氧化过程。因此，黄铁矿的发生是影响煤自燃性的重要因素。

Chandra 等指出，交叉点温度（XPT）和挥发物随煤级的增加而降低。Pattanaik 等发现煤自燃性的增加与煤化程度的持续下降。Raju 指出，随着挥发物增加到 35%，XPT 降低。Banerjee 的研究也采用挥发性物质和选定的煤的内在因素来预测煤的自燃性。地质断层（例如上覆层的断层和裂缝）使水和氧气渗透到煤层中并引起自热。

1.3.2 外在因素

煤自燃的外在因素主要包括煤在开采过程的各种因素。在露天煤矿中，留在采煤工作面上的煤量，工作面上的微裂纹和宏观裂纹以及露头都会影响煤的自燃。在地下矿山中，影响采矿的因素包括支柱和顶板条件，推进速度，通风系统和气流，废弃区域的废料，采矿方法，多采区工作，机器发热量，工作区域等因素都会影响煤自燃。

（1）开采方法。当部分煤层留在采空区或作为煤柱时，煤自燃的危险性增大。这对于旧工作的开采方式非常重要，露天开采会使残留的碎煤在一段时间内发生暴露，这也可能是自燃的原因。由于通风系统形成的压差，将使空气流过这些区域，这会导致很高的燃烧风险。

（2）推进速度。在开采的过程中，工作面的推进速度是影响煤矿自燃的原因之一。在工作面正常开采时，工作面中的任何一块煤穿过该区域的速度等于工作面的推进速度，因此一块煤暴露在该区域的时间是非常重要的。如果时间过长，会发生氧化反应，这种氧化会发生难以控制的氧化反应，从而导致自燃。

（3）煤柱条件。煤柱的大小和强度直接影响煤的自燃性。煤柱的尺寸取决于煤的强度，覆盖层的深度以及工作面内其他工作因素的影响。甲烷排放量的增加表明煤柱周围被压碎，导致自热。

（4）顶板条件。如果顶板支护不好，释放冲击波，冲击波容易通过，顶板内部裂纹增加，从而导致煤自燃。所以支护条件不好，易引起煤自燃。顶板倒塌之后留下的区域必须加以支撑，并需要定期用木材支撑。由于这部分区域，人员很少进入，且难以通风，充满甲烷，经常引起煤自燃。

（5）通风系统及风量。空气流速是一个复杂的因素，因为空气会提供氧气，同时也会带走产生的热量。需要有一个临界的空气量，不仅可以提供足够的空气防止产生的热量积聚，又足以防止煤的氧化。

（6）漏风。由于空气从裂缝中逸出，在空气道口、调节器和门的内外存在泄漏通道，以及其他类似的区域，这些区域的出口往往形成高压差，空气有通过煤流动的趋势。事实上，仅依靠密闭物阻挡漏风是不切实际的，如果风量完全不能渗透，则可能会积聚瓦斯，形成潜在的危险。

（7）多煤层开采。当一个煤层在另一个煤层的上面或下面工作时，由于顶板条件和漏风，会发生自燃。在多煤层开采的情况下，无论是在第一煤层的开采过程中，还是在后续煤层的开采过程中，当前正在开采的煤层以及其上下的其他煤层都可能发生自燃。

（8）遗煤。采空区堆积的碎煤是一个非常危险的供热因素，大多数煤火灾是由该原因引起的。没有一个采矿系统能保证采空区没有遗煤，大多数采煤方法都会导致煤炭损失。煤很可能被压碎，而且可能堆积在一个地方，必须考虑到潜在的危险。

（9）废弃地区的废弃物。在废弃地区，顶板塌陷留下的木材，长时间积聚，热量增加，有助于煤的自燃。矿井中木材的存在产生自燃所需的热量，会导致着火的危险。

（10）热量。通常情况下，机器产生的热量会在通风气流中消散，一般空气的温升可能非常小。如果排除机器产生的热量，这就需要循环更多额外的空气来散热，也意味着需要更大的风压，从而会增加漏风的风险。

（11）采空区。未适当封堵且有通风的采空区是自燃的潜在原因。在通风系统中，由于顶板的掉落或运输机的上升的作用，造成通风系统中的出现更多的悬浮的煤尘，并使碎煤堆积，从而导致潜在的燃烧。

1.4 水分与黄铁矿对煤自燃的影响

1.4.1 水分对煤自燃的影响

1. 水分对煤孔隙结构的影响

煤是一种多孔介质，其内部存在大量的孔隙。将煤中孔隙体积占总体积的百分比定义为孔隙率，煤的孔隙率是影响煤低温氧化的重要参数，煤孔隙率越大，则参与反应的煤表面积也就越大。O. N. 契尔诺夫认为，水分尽管会使煤体破碎，但也会降低煤孔隙中氧气的扩散速度，使煤的氧化强度降低，进而惰化煤的自燃性，但他提出的观点与实际现象在实际层面有很大不同。Avinir 等人在表面结构的研究中，首先引入分形几何概念，并用来定量描述煤的表面特征。Reich 等利用小角度 X 射线散射法，研究了澳大利亚 Victorian 褐煤在润湿和干燥后两种情况下的煤表面分形结构的变化规律，结果表明：外在水分会填充煤颗粒间的空隙，阻碍了煤与氧的接触，当温度升高时，蒸汽压也会阻碍空气的进入；外在水分也会使煤体破碎，体积增大，粒径变小，孔隙率增加，当外在水分蒸发后，又增大了与氧气接触的比表面积，从而促进煤自燃的发生。陈亮等人也通过研究煤低温物理吸附氧以及水分对吸附影响，证明了这种观点。

雷丹、王德明等人根据煤层水分的赋存特点，将煤层中水分分为内在水分和外在水分，煤的内在水分是吸附或凝聚在煤颗粒内部直径小于 10~5 cm 的毛细孔中的水分，煤的外在水分是指附着在煤的颗粒表面以及直径大于 10~5 cm 的毛细孔中的水分。一般来说，煤的内在水分在 100 ℃以上的温度才能完全蒸发，煤的外在水在常温状态下就能不断蒸发于周围空气中，在 40~50 ℃温度下，经过一定时间，煤的外在水分会全部蒸发。在煤的水分还没有全部蒸发之前，煤的温度很难上升到 100 ℃，因此，煤的含水量对煤的氧化进程有重要的影响。

李鑫研究发现水风干过程煤体比表面积变化对煤自燃氧化的影响呈现阶段性，比表面积大于 25 m^2/g 时，比表面积越小越容易自燃，但小于 25 m^2/g 时则反之。Qi Xuyao 等研究了水分对交叉点温度的影响，结果显示低水分含量的煤样具有平滑的温升曲线而高水分含量的煤样会产生延迟，并认为温升过程中水分的蒸发及水膜的形成导致了这一延迟。水分蒸发后，煤中的孔隙及裂隙更加扩张，使得温升曲线出现延迟以后出现了较快的上升。Koyo Norinaga 研究了浸水溶胀煤体的内部孔隙结构变化，结果表明浸水溶胀之后煤体的比表面积较原煤增加 1. 6~2. 7 倍，且这种孔隙结构的变化是不可逆的，不会因为水分的蒸发而恢复到原来的状态。Zhejun Pan 研究了水分含量对煤孔隙中各种气体扩散的影响，以及不同水分含量下煤物理性质方面的差异，结果显示水分对气体的扩散影响很大，从干燥煤到湿润煤，CO_2 和 CH_4 在煤孔隙中的宏观扩散降低了 82%，微观扩散 CO_2 降低了 73%，CH_4 降低了 88%。对于不同粒径的煤，水分的影响也不同，由于 CO_2 在水中的扩散能力较强，因此 CO_2 的影响更大。Zhiqiang Zhang 利用分子动力学模型研究了水分含量分别为 0、10%、20%、30%时对 O_2 在煤孔隙中的扩散作用；研究发现随着水分含量的增加，氧气在煤孔隙中的扩散量也增大。煤孔隙中的水分子会破坏分子间的氢键，导致煤孔隙体积变大，孔隙之间的互联度增加，从而有利于氧气分子在孔隙中的扩散。煤中大分子的流动也随着水分含量的增加而增加，这也增加了氧气分子在煤孔隙中的流动。Robyn Fry 在常温常压下研究了水分对 15 个煤样的溶胀作用，结果表明煤孔隙体积增加了 0. 5%~5%，增加的程度与煤种有关。水分的吸收与煤溶胀的关系呈现单一的线性关系，但是溶胀到一定的程度，煤体便不会再吸收水分。Hokyung Choi 研究了脱水之后煤的孔隙体积及低温氧化特性，发现脱水之后，煤的比表面积增大，使得煤表面的各种官能团更好地与氧气和水蒸气反应，在一定程度上增加了煤的反应活性。

2. 水分对煤微观结构影响的研究

陆伟等认为煤中不同氧化能力的官能团在氧化过程中需要一定能量使其活化才能发生氧化反应。董宪伟等研究得出煤的变质程度越高，其内部结构越紧密、内生裂纹相对较少，发生氧化反应的温度也较高。王海桥认为凝缩在孔隙内部和吸附在煤炭表面的水分会形成水液膜，阻止煤和氧气的接触，但与此同时，煤炭经过水的润湿后会发生劈裂，增大了煤的比表面积。李增华对煤中自由基的反应进行了深入的研究，阐述了自由基产生原因、反应历程及在自由基影响下气体成分的变化，提出了煤中自由基反应的机理，并以此解释了煤炭自燃的机理。冯西森研究得出中低变质程度的煤氧化动力学综合判定指数随孔隙体积、分形维数增大而减小。王海超等研究得出煤的裂隙密度随煤阶增大而减小。李晓泉研究得出煤的渗透特性和微观特性是密切相关的，吸附能力强，煤的渗透特性就相对越差。宋申等研究得出煤样中羟基、羧基和醚键会随着水分含量的降低而逐渐降低。Yucel Kadioglu 和 A. Kucuk 通过测试含水煤样和干燥煤样之间自燃特性的异同，发现羧基、烃基和羰基等重要含氧官能团的浓度并不会因为水分含量的变化而发生改变，而随着水分含量的增加，煤的自燃倾向性会出现减小的趋势；Hiroyasu Fujitsuka 等在煤低温氧化过程中对煤的质量变化、指标气体产生率、放热速率等参数的变化进行了深入研究，认为煤的低温氧化过程首先是过氧化物形成过程，随后是过氧化物逐渐分解为羧基与水的过程，在该过程中过氧化物的生成速率很快，虽然分解过程仅需要较少的热量就能够发生，但是该过程中产生的热量却很高；Agnieszka Dudzińska 研究表明煤的自燃倾向性会随微孔比表面积的增大而增大；而就大孔比表面积而言，煤阶较低时煤的自燃倾向性会随大孔比表面积的增加而增大，但当煤阶较高时，其对煤自燃倾向性的影响则不明显；J. A. MacPhee 等通过使用 TG—FTIR 技术对煤低温氧化过程进行了研究，得出有机过氧化物会在煤氧反应的初期产生，这些有机过氧化物会分解产生部分水分并对后续的煤氧反应产生影响；R Pietrzak 等针对不同种类和不同黄铁矿硫含量煤的低温氧化特性进行了研究，得出煤的反应活性及煤中可溶有机质的含量会随煤阶的增高而降低，同时煤的低温氧化性及其他反应性质会随着煤中硫含量的增加而增大；Kathy E. Benfell 则认为过氧络活物和自由基等物质的浓度会随水分含量的增加而增大，水分对其形成具有促进作用；杨宏民指出随着水分含量的增加，煤体的孔隙率、抗压强度和渗透率都有不同程度的降低。Kathy E、Saurabh B 等认为煤中水分能够对自由基和过氧络活物的形成起一定的促进作用。

3. 水分对煤吸氧量的影响

煤体吸附氧并与氧发生物理化学作用是导致煤自然发火的先决条件。煤吸附氧的方式有物理吸附和化学吸附两种。低温条件下，以物理吸附为主；但当物理吸附达到饱和或平衡后则将会发生化学吸附。程远平等对 4 种煤样的低温吸氧过程进行了试验；戴广龙等人提出了煤的吸氧量与吸氧速度之间的函数关系；张晓东等人研究了煤的孔径结构与吸氧能力的关系；何启林等人采用压汞法与分形理论，研究了变温条件下煤结构与吸氧量的关系；陆伟分别从吸附时间、粒度大小、吸附温度等方面因素研究了影响吸附的一些条件；戚绪尧利用色谱吸氧法对煤低温阶段的吸氧量进行了测定；李大伟等人总结给出了煤样的物理吸氧量随粒径及温度的变化规律；张树川等研究了氧气流量对煤物理吸附氧的影响；邓军等研究了不同变质程度、粒度和温度条件对煤吸氧特性的影响。陈亮等研究了煤低温物理吸附氧以及水分对吸附影响，得到水分是影响煤样比表面积的关键因素，煤的物理吸附量与煤的比表面积呈正比关系，而煤在低温时物理吸附量随环境温度升高而下降；雷丹等人通过研究水分对煤低温氧化耗氧量的影响，得出煤耗氧量随温度的上升总体呈增加趋势，与水分含量之间并没有较一致的规律；煤低温耗氧量主要受水分的影响，70 ℃时耗氧量最大。姬建虎等人考察了不同含水率煤样的吸氧量，指出煤样吸氧量与含水率服从一定的数学关系；煤炭科学研究总院抚顺分院的科研人员通过大量的实验，指出当煤中所含水分达到一定程度时，煤表面将会出现含水膜，这个含水膜将会起到隔氧阻化的作用以阻隔煤和氧，从而延长了煤自燃的潜伏期；王海晖认为，煤中有一个临界的水分含量，在临界值附近氧气的消耗量最大，当含水量高于临界值时将会在煤的毛孔中形成多层结构阻隔煤与氧的接触；而当水含量低于临界值时，将有部分活性位点获得水分子并存储，使化学吸附反应降低。田伟兵等研究水分对煤层气吸附的影响，发现随着煤含水率的增加，吸附量减小，解吸率增大；同一温度下，煤的饱和吸附量、最终解吸率与煤含水率表现出很好的线性关系，而饱和吸附量几乎不受水分影响，最终解析率随着含水率的增加而增加。何启林等人研究了含水量对煤吸氧量与放热量影响，指出煤在低含水量与较高含水量时各有一个总吸氧量与放热量的极大值点。

4. 水分对煤氧化特性的影响

徐精彩、刘利、姬建虎等通过研究得出，水与煤发生物理化学作用不仅放出热量，而且会破坏煤体结构，暴露出更多新表面，产生更多的煤表面活性基团，更易于发生氧化反应；但抚顺煤科分院研究人员通过试验表明，当煤的湿度增加到某一程度，煤的表面将形成含水液膜，起到隔氧阻化的作用，秦书玉、王省身等的研究结果印证了此观点。张卫亮等利用 DSC 方法研究了水分对煤自然发火状态的影响，得出褐煤最易自燃的临界水分区间为 25%～30%。

王德明等人将煤中水分分为内在水分和外在水分，指出外在水分的蒸发和散失温度在 40～50 ℃，而内在水分的完全蒸发需要在 100 ℃以上。目前普遍认为，准备期、自热期、燃烧期三个阶段构成了整个煤自燃过程。大多数学者通过研究表明，水分对煤自然发火的影响是双向的。在煤自燃初始阶段，水分起到催化作用；在一定条件下，水分又可以起到阻化作用。空气中的水分含量是决定能否快速升温的重要因素。李永昕、薛冰指出低阶煤的凝结热是影响其低温氧化过程的重要因素；King 等提出水分对过氧络合物的形成起着催化作用，Jones 和 Townend 不仅证实了 King 的结果，还认为湿气在过氧络合物的产生过程中起着关键性的作用。Krger 和 Beier 认为在水分蒸发阶段，湿气为自由基的产生和过氧络合物的形成起到一定作用；李增华验证了水分是煤自燃过程中重要的反应物，对形成水氧络合物起了至关重要的作用。郑学召等研究了高水分含量对煤自然发火特性参数影响，认为在低温阶段，高水分含量促进过氧络合物生成，对煤氧复合有促进作用；80～110 ℃阶段，高水分含量蒸发汽化潜热，对煤氧复合反应有抑制作用。Banerjee 依据差热分析仪实验结果，分析了煤的氧化动力学，认为在煤低温阶段，由于煤中水分的蒸发，热量难以积聚，煤温上升极为缓慢；英国的诺丁汉大学相关技术人员认为煤中水分蒸发吸热阻碍了煤温的上升；姜德义等研究了湿度对煤自燃倾向性的影响，指出煤样的自热速率指数值随湿度的增加而明显的下降；Nandy 指出煤中水分含量存在一个最佳湿度水平，此时煤的自燃倾向性最大，对煤自然发火起促进作用；郝朝瑜指出水分润湿煤体产生润湿热对煤自燃的促进作用存在一个能够引起煤升温的含水率范围。

Kröger 和 Beier 提出在水分蒸发阶段湿气为自由基和过氧络合物的形成起到一定作用，

煤自燃初期水氧络合物的生成是放热反应，水氧络合物的数量直接影响后期化学反应速度；何启林等人通过煤的含水量对吸氧量与放热量影响的研究，表明干煤与较湿煤都易自燃；王继仁等认为润湿热促进煤自燃存在一个能使煤升温的含水率范围，并得出潮湿闷热环境促进煤自燃；于涛在明确水分对自燃有影响的前提下对不同水分煤进行了大量实验，认为不同含水量对煤的自燃倾向性的大小贡献不同；邓军等认为含水量对煤氧化自燃性有一定的影响，并确定出孟巴矿煤样氧化自燃性最佳的临界水分含量；苏联东方矿业安全研究所的研究表明，水分会在煤颗粒表面形成一层薄膜，从而阻碍与氧气的接触，影响吸氧速率；张玉涛等研究得出：如果煤体含有较多的水分，过量的水分会在煤体的表面形成一层水膜延缓煤的自热升温。但少量水分与煤体接触时会放出润湿热，使煤体升温，且润湿热随煤体初始水分含量的降低而增加；英国诺丁汉大学在相同的绝热氧化条件下将干燥煤与润湿煤通以饱和空气，实验发现干燥煤的反应远比润湿煤活跃，从而得出水分的蒸发导致了温度的下降。

王青松通过使用 C80 微量热仪研究了水分对标准煤热稳定性的影响，表明含湿润煤比干燥煤粉初始放热温度早；D. T. Hodges 等通过水分对煤自燃温升速率的影响研究发现，煤的升温发热速率随空气湿度或煤中水分增加而加大；B B Beamish 等人通过对澳大利亚 Callide 煤矿在不同含水量条件下 R70 的研究得出，随着水分的增加，R70 值逐渐降低，当煤中水分含量超过 8%～10%时，氧化速率显著下降；Yücel Kadioglu 等人对土耳其 Askale 矿和 Balkaya 矿褐煤不同水分下的交叉点温度研究发现，交叉点温度随水分含量的增加而升高；Li Xianchun 等通过对变温和恒温条件下干燥和加湿煤样的热动力学分析得出干燥煤样在高湿度条件下自燃性更大；Sensogut C 等通过研究水分对煤粉热特性的影响，得出湿润煤粉比干燥煤粉更易自燃。A Küçük 等研究了水分含量对煤自燃倾向性的影响，结果显示空气中水分含量越高，自燃倾向性越低。Xu Tao 研究了煤在不同水分含量条件下的自燃倾向性大小，得出煤中水分对煤氧化放热具有重要影响，煤中的水分在 100 ℃时蒸发，但在 200～400 ℃阶段煤会吸收一部分水蒸气，400 ℃以后水分对煤的自燃没有影响。

5. 水分对煤自燃气体产物的影响

为有效预防和治理煤矿内因火灾，必须对煤自燃进行早期的识别与准确预报。煤的自燃过程有三个阶段，不同阶段的气体种类和浓度都有很大差别。指标气体分析法是目前煤矿运用最为广泛的一种煤自燃早期进行预测预报的方法，它主要根据井下某类气体和浓度随着温度的变化反演和判断煤自燃的发生、发展情况。邓军等研究了孟巴矿不同含水量煤样的自燃特性，确定煤样最适宜自燃的水分含量值约为 14.27%；文虎等实验研究了水浸煤体自燃特性，指出在高温阶段，浸泡煤样耗氧速率及 CO、CO_2 生成率大于原煤样的。在水分对煤低温氧化气体产生的研究方面，Haihui Wang 认为水分在煤低温氧化过程中主要起两个作用，一是影响氧气分子在煤孔隙中的运移，二是在低温氧化过程中水分参与相关的化学反应，水分可以与羰基进行化学反应，因此含羰基的化合物减少，从而在低温氧化过程中 CO 的产生速率降低。一般的煤体，其内部的水分含量都大于煤低温氧化的临界水分含量，在煤体的脱水过程中，物理结合水和化学结合水都会减少，物理结合水主要是阻止氧气分子在煤孔隙中的运移，而化学结合水的失去意味着煤的亲水性结构的改变，从而减缓了煤体对氧气发生化学吸附过程中过氧化物的产生速率。

于涛、罗海珠考察了平庄刘家煤矿褐煤在不同水分下 CO 和 CO_2 随温度变化的释放规律，得出 CO 和 CO_2 产生量、产生速率随水分含量的增加而增大，在 150 ℃时高水分煤样的 CO_2 产生量几乎是低水分煤样 CO_2 产生量的三倍；刘文永研究了孟巴矿褐煤煤样在不同含水量条件下，煤自燃过程中 CO 和 CO_2 气体的产生规律，发现测试煤样水分含量在 14.27% 以内 CO、CO_2 产生率和产生量随水分的增加而增加，当水分含量超过 14.27% 时 CO、CO_2 产生率和产生量降低。现有研究也表明在煤自燃过程中气体产物除 CO 和 CO_2 之外还有氢气（H_2）和碳氢化合物（C_xH_y），且随煤自燃能力的改变其出现的临界温度和随温度的变化规律不同，但目前还未针对水分对煤自燃中氢气（H_2）和碳氢化合物（C_xH_y）的影响开展研究。Abolghasem Shamsi 研究了煤在不同水分及不同温度下 CO 及 CO_2 的产生情况，结果表明两种气体的产生位于煤体内部不同的活性部位，这些活性部位对不同的水分及温度的反应性也不同，在 50 ℃以前，CO 的产生速率极大，并且受水分的影响很大；在相同的情况下，潮湿空气更加有利于 CO 的产生。对于 CO_2 气体来说，一般在温度超过 60 ℃时才会有大的增加，且不受水分的影响。秦小文利用煤自燃特性测试系统研究了浸水风干煤体在低温氧化过程中的气体产物变化规律，结果表明：浸水风干煤体的 CO 产生量大于原煤，耗氧速率大于原煤，交叉点温度低于原煤。

1.4.2 黄铁矿对煤自燃的影响

1. 黄铁矿在煤中的赋存状态

目前，硫在煤中的赋存规律是国内外学者对高硫煤的研究方向之一。Ahmet Arisoy 等认为黄铁矿在煤中的赋存状态不同，其对煤自燃产生促进作用不同，黄铁矿的含量的不同对煤自燃的影响较小。刘大锰等对煤中黄铁矿的形态、形成世代以及矿物学和磁性进行了研究，并探讨了黄铁矿与无机硫的关系；研究表明煤中的无机硫主要是以黄铁矿的形式存在，尤其是中高硫煤。杨起等研究了华北晚古生代的煤中黄铁矿的赋存状态，结果表明煤中黄铁矿的存在类型大致为块状、粒状、莓球状等几种；并对选取的煤样进行了纵向与平面的对比，纵向上太原组的煤中硫的含量最大，而平面上的变化不明显。李云波等精确测定了淮北宿临矿区不同类型的构造煤中硫的含量，通过研究其分布特征，并结合煤样的显微结构，分析了煤中硫的迁移富集机理。研究表明，在成岩阶段，煤中硫的分布主要受沉积作用的影响；而煤中硫在成煤后的迁移活动是受构造改造以及变质变形的影响。陈永华等对北掌井田煤中硫含量的变化原因进行了分析总结，认为煤中硫的形成于煤化作用的各个阶段，但煤化作用的早期阶段是煤中硫的主要聚集阶段。

高连芬等通过研究发现煤中黄铁矿形态主要有五种类型：葛球状、自形、块状、他形以及充填型。煤中硫的主要存在形式为煤系黄铁矿，在煤层中呈现星点状分布，其结构形式为结晶硫化物。煤中黄铁矿的宏观形态主要有：透镜状、结核状、薄膜状、栉壳状、条带状等；其微观形态主要为等轴晶体，与多种矿物质共生。通过镜下观察可以看到黄铁矿的微观形态。从微观结构的角度分析，黄铁矿具有两重性：亲水和疏水。煤中黄铁矿的表面有大量的有机硫污染，主要表现为含有大量含 O 基团和含 H 基团。CL Chou 认为煤中硫的变化与煤层的沉积环境密切相关。低硫煤中的硫主要来自母体植物材料。中硫煤和高硫煤中的硫有两个主要来源：一是母体植物材料，二是淹没泥炭沼泽的海水中的硫酸盐。煤中硫的含量很大程度上取决于泥炭积累过程中海水的影响程度及后沉积变化（成岩作用）。

在高硫煤中，海水硫酸盐扩散后，随后被细菌还原成硫化氢，多硫化物和元素硫。

2. 黄铁矿影响煤自燃机理

17 世纪，人们已经开始研究煤自燃的产生机理，并提出了多种煤自燃学说理论。其中，最具有代表性的四种理论分别为：黄铁矿导因学说、酚基导因学说、细菌导因学说以及煤氧复合作用学说。黄铁矿导因学说是由英国人 Plolt 和 Berzelius 提出，该理论认为煤中的黄铁矿与水和氧气发生氧化反应并释放反应热，从而导致煤自燃。黄铁矿促进煤自燃的化学作用为：在潮湿环境中，黄铁矿与氧气会发生氧化反应，释放大量的反应热。随着热量的积聚，黄铁矿的温度升高，其化学活性增强。活性黄铁矿对氧的吸附能力增强，吸氧量增加，氧化速率增加。黄铁矿可以发生多种化学反应，其反应式如下：

$$2FeS_2+2H_2O+7O_2 = 2FeSO_4+2H_2SO_4+2558.4\ kJ \quad (1-2)$$

$$2FeSO_4+6H_2O+3O_2 = 4Fe_2(SO_4)_3+4Fe(OH)_3+762.5\ kJ \quad (1-3)$$

$$4FeS_2+14H_2O+15O_2 = 4Fe(OH)_3+8H_2SO_4+5092.8\ kJ \quad (1-4)$$

在井下潮湿的环境中，黄铁矿会发生氧化反应并产生 SO_2、CO_2、CO、H_2S 等气体，同时释放出反应热。在蓄热条件良好的情况下，上述这些反应所释放的反应热都会缩短煤体的自燃进程。黄铁矿加热会析出元素硫，而元素硫的燃点较低，容易燃烧引起煤的自燃。黄铁矿促进煤自燃的物理作用为：黄铁矿具有自热氧化的特征，当黄铁矿自身氧化时，其体积受热膨胀，对煤体产生胀裂作用；煤体裂隙因此不断扩大、增多，煤体与氧气接触的面积也随之增加；式（1-1）与式（1-4）中，黄铁矿氧化后会产生 H_2SO_4，H_2SO_4 使煤体处于酸性环境中，从而促进煤的氧化自燃。后来，研究发现许多自燃煤层并不含黄铁矿，由此表明该学说具有一定的局限性。虽然黄铁矿导因学说存在局限，但黄铁矿仍是煤自燃的重要影响因素之一。

3. 黄铁矿影响煤微观结构的研究

张慧君等人研究了高硫煤的低温氧化特性，通过对不同黄铁矿含量的煤样进行氧化模拟实验，结果表明，煤在低温干燥环境中，煤中的硫结构覆盖了煤分子表面，从而影响了煤的孔隙结构。煤样与氧气的接触面积减小，降低煤的吸氧量以及升温速率，因此，煤样的自燃倾向性减小。戚绪尧认为低温干燥条件下，煤中的含硫结构会减少煤表面的活性基团与氧气的接触，在一定程度上抑制活性基团发生氧化反应，从而阻碍煤自燃进程。Robert Pietrzak 讨论了煤中黄铁矿在氧化过程中的作用，得出黄铁矿对煤的氧化速率具有一定的促进作用，同时会导致含 S 或 C 的化合物的氧化速率增加，将其分解为更小的、更容易氧化的分子。

Hongfei Cheng 等人利用热重分析仪与傅立叶变换红外光谱技术研究了煤系黄铁矿的热分解过程与热分解过程中 SO_2 气体演化过程和形成机理。结果表明，煤系黄铁矿的热分解在 400 ℃左右开始，在 600 ℃时完成；通过结合 DTG 峰、Gram-Schmidt 曲线和原位 FTIR 光谱分析了气体的演变规律。煤衍生黄铁矿热分解释放的 SO_2 主要发生在 410~470 ℃的第一热解阶段，444 ℃时速率最高。H. Hu 等人分析了氮气和空气气氛下黄铁矿的热分析和动力学参数。徐志国分析了硫化矿石自燃的全过程，认为硫化矿石在氧化过程中会发生反应生成铁离子，铁离子对黄铁矿的氧化反应具有一定的催化作用，该研究对硫化矿石自燃机理进行一定的补充。魏伟进行了含硫自燃模型化合物的程序升温氧化实验。结果表明，一些含硫自燃模型化合物吸附氧并多次分解生成 CO、CO_2、SO_2 等气体产物，同时印证了煤中含硫活性基团的自燃过程与含硫自燃模型化合物的氧化过程相类似。张东晨等人通过 XRD 衍射实验和扫描电镜等技术，研究了经氧化亚铁硫杆菌作用前后的煤中黄铁矿表面，并对表面微观结构的变化进行对比分析；同时，采用了过氧化氢作为氧化剂对黄铁矿的表面进行氧化实验。研究表明，氧化亚铁硫杆菌与氧化剂在黄铁矿表面的氧化形式并不相同。分析黄铁矿表面微观结构的变化可知，氧化剂氧化的结果多呈现纽扣状，表现为剧烈的直接强氧化作用，而氧化亚铁硫杆菌氧化的结果则呈现坑蚀，表现为相对缓和的吸附氧化作用。

郑仲将寺沟煤 8 号煤层中的黄铁矿按其赋存空间状态分为两类：一是煤层间结核状黄铁矿，二是充填裂隙中薄膜状黄铁矿。通过 XRD 衍射、扫描电镜以及 FTIR 的实验，得出薄膜状黄铁矿比结核状黄铁矿形成时的环境更为激烈，黄铁矿结晶生长速率相对较快。薄膜状黄铁矿的晶型种类分布较为均衡，与煤的连接作用力较强；而结核状黄铁矿的晶型分布较为单一，与煤之间的连接作用力较弱；由此表明，结核状黄铁矿更易引起煤的自燃。

4. 黄铁矿对煤氧化放热特性的影响

煤中的黄铁矿对煤的氧化放热起着重要的作用。SV Pysh'Yev 等人通过研究高硫煤的脱硫过程，观察黄铁矿在该过程中的氧化及其生成的产物，认为煤中的硫分大部分以黄铁矿形式存在，常温下黄铁矿可能会发生反应，但反应应该进行的比较慢，而进行升温之后黄铁矿会迅速反应，放出一定热量。文虎等人通过对不同硫含量的长焰煤进行程序升温实验研究，得出煤自燃特性参数随着硫含量的增大呈不断增大的趋势，同时随高硫煤二次氧化的自燃特性参数进行了分析。Huiling Zhao 等认为煤在热解过程中，其粒度会对黄铁矿的分布产生影响。细小的煤样粒度有利于 350~650 ℃的气态硫的产生，含硫气体在 700 ℃以上的演变结果主要来自形成的 Fe-S 的分解化合物，小煤颗粒促进了低硫 Fe-S 相的形成甚至是铁元素的形成。Chen H 等人认为黄铁矿在热解过程中可以转化为硫化亚铁（FeS）和活性硫。而且活性硫可以被煤基质中的官能团捕获形成硫化氢（H_2S），二硫化碳（CS_2）和二氧化硫（SO_2），或转化为新的有机硫物种。

邓军等人对添加不同黄铁矿含量的煤样进行程序升温实验与 DSC 热分析实验，得出煤自燃过程随着黄铁矿含量的增加呈非线性的增加趋势，且添加的黄铁矿含量为 5% 时煤自然特性参数的值最大，当添加的黄铁矿含量为 7% 时煤的放热量最大，由此可知，当添加的黄铁矿含量在 5%~7% 时，煤样的氧化性与放热性最强，最容易发生自燃。蔡康旭等人建立了高硫煤自燃预报模型，并首次提出高硫煤自燃的预报方法。袁利通过研究黔西南地区的高硫煤成因，得出黄铁矿在煤低温氧化过程中会促进煤中有机质的热解。Hu G 等人认为在煤的热解过程中，黄铁矿的分解受到许多因素的影响，如其他形式的硫、煤级和反应条件。Yani S 等人研究了黄铁矿与各种有机物之间的相互作用，焦炭中的硫分布和次生中间体反应以及热分解过程中黄铁矿对煤体的影响以及热解后形成的 Fe-S 化合物。Ying Gu 等人研究了不同气氛对高硫铁矿煤热解过程中有机硫和无机硫化合物分布的影响。结果表明，在 H_2、N_2 和 CO_2 三种气氛中，有机硫和无机硫的分解是不同的：在 H_2 中，来自 LZ 煤的大部分硫被氢化/还原成 H_2S，无机硫（黄铁矿和硫酸盐）的分解对 H_2S 的形成有很大影响；在 N_2 中，一些硫化合物（例如反应性较低的二芳基硫物质和简单的噻吩结构）的氢化受到很大限制；在二氧化碳中，煤硫主要转化为 SO_2/SO，因为二氧化碳是一种反应性较强的气体，而且是一种氧化剂。

Dipu Borah 等人为了研究惰性气氛中不同黄铁矿含量对煤热解的影响，进行了热重分析研究。研究表明，黄铁矿本身的分解产物是增强煤热解的真正催化剂；非化学计量的磁黄铁矿加速碳化，元素硫通过交联稳定自由基。所有系统中的热解反应都是在吸收热量，随机性降低和非自发性的情况下进行的。Hui-Ling Zhao 利用纯黄铁矿样品，研究了热解过程中不同物理缔合的黄铁矿的转化。研究表明，低灰分煤焦的存在虽然影响了含硫气体在气相中的演变，但对 450~650 ℃黄铁矿的热分解几乎没有影响。当温度高于 920 ℃时，将形成的 FeS 转化为元素铁，主要通过炭基质实体促进。在煤的热解过程中，单个黄铁矿晶体的分离团聚体在焦炭颗粒的间隙中转化为单个聚集体，而嵌入煤颗粒或位于煤颗粒边缘的黄铁矿分解为保留在内部或紧密的 Fe-S 相中。

从上述的研究可以发现，煤在氧化过程中，由于其黄铁矿含硫较多，容易释放热量，导致煤体的热量逐渐聚集，并且在适度含水量条件下，其影响更为显著，更容易发生自燃。因此，掌握黄铁矿在煤氧化中的作用特征及与水分反应的协同作用机制可为揭示黄铁矿与水分协同影响煤氧化放热机理提供依据。

综上所述，近年来，对高变质煤自燃机理的研究已成为一个急待解决的科学难题。前人研究表明，煤中水分、矿物质、细菌和酚基等各因素对煤自燃均有一定的影响，为此，在结合煤自燃各种导因学说的基础上，提出了“基于多因素综合作用的煤氧复合自然发火导因假说”，如图 1-5 所示。

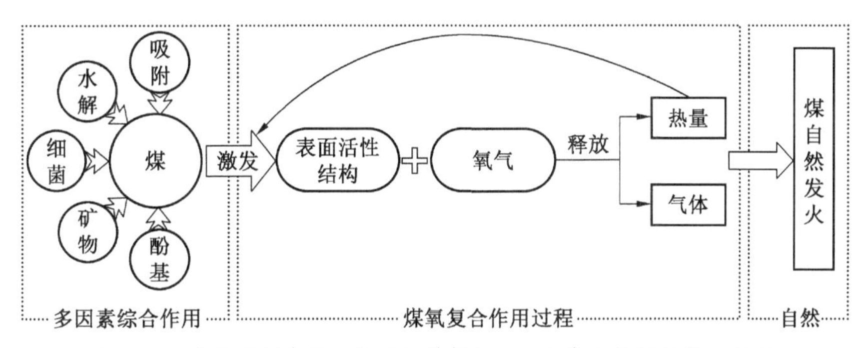

图 1-5　基于多因素综合作用的煤氧复合自然发火导因假说示意图

该假说推断煤自燃的实质是，在水分和矿物质（如黄铁矿）等多因素综合作用下，煤表面活性结构增多、氧化放热性增强，是促进煤自然发火的主要动力学导因。为充分论证该假说，提出“促进高变质煤氧化自燃的热动力学导因基础研究”。文献资料表明，影响高变质煤自燃的两个重要因素是水分与黄铁矿，因此，本书以变质程度最高的无烟煤为研究对象，研究水分与黄铁矿作用对高变质无烟煤氧化放热的动力学促进机制，阐明高变质煤的自然发火机理，为进一步研究与开发高变质煤自然发火预测与防控技术提供理论基础。

2　水分对煤低温氧化特性的影响

2.1　煤质指标测试

2.1.1　实验煤样采集与制备

采集陕西韩城矿区桑树坪煤矿贫煤煤样作为水分处理煤样，现场采集块煤，经密封处理后运送至实验室，在空气气氛中将实验煤样破碎并筛分出各实验所需粒径的煤样，密封后保存在阴凉背光处待用。

选择实验煤样添加的水分含量分别为5%、10%、15%，在实验过程中具体煤样的水分含量以后续工业分析结果为准。

不同水分含量煤样的制备方法如下：

（1）选取实验所需煤样，将其平均分成3份。

（2）通过计算，确定制备不同水分含量煤样所需的水，用针管注射器将水均匀地注射到相应的煤样中，混合均匀后排出空气。

（3）将煤样放置在阴凉背光的地点保存，水分完全吸收后便可进行工业分析，得到原始、5%、10%、15%煤样的水分分别为0.97%、5.83%、11.43%、16.31%，由此可见处理的煤样与预想过程一致，符合要求。

在预先处理好的不同水分含量煤样中，选取相应质量的混合煤样放置在密封袋中作为程序升温实验煤样待用；选取相应质量的粒径在0.09 mm以下的煤样放置在密封袋中作为真密度实验煤样待用；选取相应质量的粒径在0.075 mm以下的煤样放置在密封袋中作为工业分析实验、热重实验、电子自旋共振实验、C80热分析实验煤样待用。

2.1.2　煤质指标测试

1. 元素分析

1）实验目的

元素分析实验的主要目的是测试煤样中主要存在元素的种类及其含量，得出其元素含量的特点。

2）实验装置与原理

采用德国Elementar公司Vario ELⅢ有机元素测定仪（图2-1），其原理是在高温条件下，实验样品通过氧及复合催化剂的作用进行氧化燃烧还原反应，实验样品的成分被转化为气态物质，由载气驱动进入分离单元。分离装置利用色谱原理，通过气相色谱柱将实验样品的混合组分气体输送到色谱柱中。由于色谱柱中混合组分的流出时间不同，混合物可以按N、C、H的顺序逐步排出。因此，通过对热导检测器的测量和分析，分离出不同的组分及单个气体。由于热导检测器中不同气体成分的热导率有一定的差异，所以仪器对不同的元素产生不同的读数值。其中，O元素是通过差分相减得到的。

3）实验条件

选取各测试原始煤样，煤样质量0.2 g，煤样粒径为200目以下，在常温常压下进行实验。

图2-1　元素分析仪

2. 工业分析

煤中的水分主要有两种存在形式：一种是外在水分，另一种是内在水分，工业分析实验测得的水分指标主要是指除去外在水分的内在水分（M_{ad}）。灰分主要指的是煤样中所有的可燃物质在完全燃烧的情况下，经过化合分解等反应，保持一定温度后剩余的反应残渣，工业分析实验选用的参数为灰分（A_{ad}）。挥发分主要指的是煤样在隔绝空气加热的情况下挥发出的有机质热解产物中去掉水分后的含量，是表征煤样变质程度的重要参数，工业分析实验选用的参数为挥发分 V_{ad}。固定碳则是煤样去掉水分、灰分和挥发分之后剩余的物质，与挥发分相同，煤样的固定碳含量也是表征煤样变质程度的一个重要指标，工业分析实验选用的参数为固定碳 FC_{ad}。

1）实验目的

工业分析主要测试煤样的水分、灰分以及挥发分，是检验煤规格的主要手段。不仅可以确定煤样是否符合有关工业方面的要求，还可以得出煤样的煤质特点。

2）实验装置与原理

采用5E-MAG6700型工业分析仪对原始煤样进行测试（图2-2）。工业分析仪的工作原理采用热重分析法。结合称量用的电子天平以及远红外加热设备，在规定的温度、规定的时间以及特定的气氛条件下称量受热过程中实验样品的质量，利用计算机采集实验数据，通过一系列的计算公式分别求出实验样品中水分、灰分以及挥发分的含量。

3）实验条件

选取各测试原始煤样，煤样质量5 g，煤样粒径为200目以下，在常温常压下进行实验。

2.1.3　煤质分析

通过测试得到煤样的煤质指标（表2-1）。

图 2-2　工业分析仪

表 2-1　煤样煤质指标　　%

煤样	元素分析					工业分析			
贫煤	C 74.88	H 3.36	N 1.53	S 5.51	O 10.41	M_{ad} 0.97	A_{ad} 5.61	V_{ad} 14.67	FC_{ad} 78.85

1. 元素分析

由表 2-1 的结果可知，桑树坪贫煤煤样中，C 元素的含量为 74.88%，H 元素的含量为 3.36%，O 元素的含量为 10.41%，N 元素的含量为 1.53%，S 元素的含量为 5.51%。根据之前学者的研究，煤样中 S 元素的含量超过 3% 即为高硫煤，因此实验煤样属于高硫煤。煤样中的硫元素包括有机硫和无机硫两种形式，其中无机硫的含量远高于有机硫的含量，占硫元素的绝大部分，而无机硫主要以黄铁矿的形式存在。黄铁矿在温热潮湿的环境下会与水发生反应，一方面生成的 $Fe(OH)_3$ 胶体会阻塞煤样的孔隙，另一方面反应也会放出较多的热量，在煤升温演化过程中对煤自燃的相关参数造成影响，在后续的分析中需要予以一定的关注。

2. 工业分析

由表 2-1 可知，在原始煤样中，水分含量为 0.97%，灰分含量为 5.61%，挥发分含量为 14.67%，固定碳含量为 78.85%。

2.2　水分含量对煤孔隙率的影响

2.2.1　实验过程

1. 实验目的

测试不同水分含量的煤样 90 min 内伴随水分的散失真密度值的变化情况，通过真密度值的变化确定水分含量对煤样孔隙率的影响。

2. 实验装置及原理

采用 TD-1200 型真密度分析仪（图 2-3），采用对样品损坏性小的气体置换法，利用阿基米德原理（密度=质量/体积）及波尔定律（$PV=nRT$）对煤样的真实体积进行测量，从而得到其真密度。

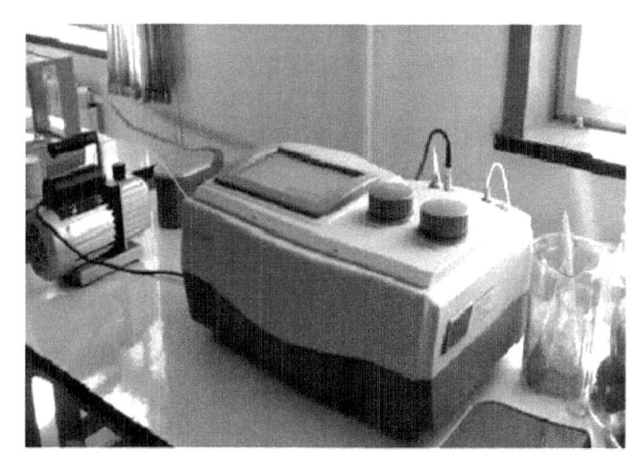

图 2-3　TD-1200 型真密度分析仪

3. 实验条件

选取制得的 4 种煤样为研究对象，煤样质量为 2 g，煤样粒径为 180 目以下，在常温常压下进行实验。

2.2.2　水分含量对煤孔隙率的影响

孔隙率是指煤分子间毛细多孔体积占总体积的百分比，水分对煤分子具有较强的溶胀作用，造成这一作用是因为水分的增加会促进水氧络合物的生成，使煤氧化学反应能力增强，煤分子结构发生细微的变化，增加了分子间支链的体积，从而使煤分子间的间隙增大，导致孔隙率增大。

真密度值指的是煤样的真实质量与真实体积之比，真密度值与孔隙率成反比，真密度值越大，煤样的孔隙率越小。不同水分含量煤样的真密度值如图 2-4 所示。

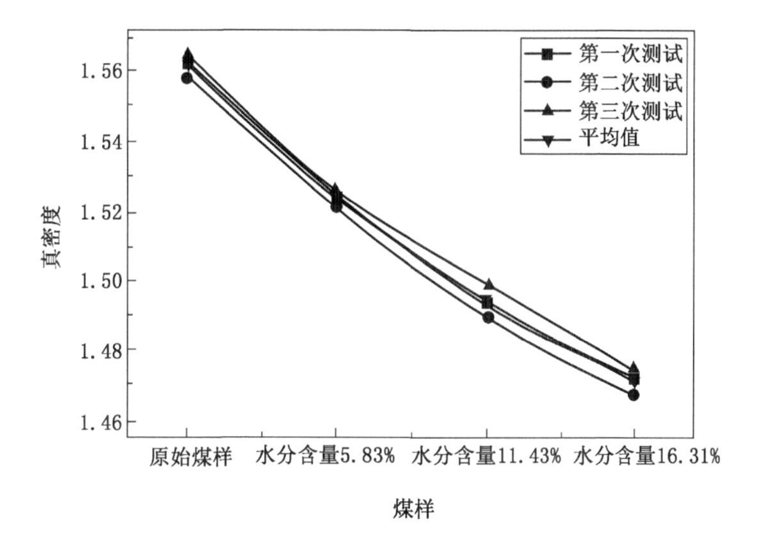

图 2-4　不同水分含量煤样真密度变化

由图 2-4 可知，随着水分含量的增加，煤样的真密度值呈现出逐渐减小的趋势，说明煤样真密度值的变化受水分含量的影响较为明显，煤样的真密度值逐渐减小，孔隙率逐渐增大。水分含量的增加使水分对煤样的溶胀作用增强，增加了煤样的孔隙空间，出现孔隙率增大的现象，煤样孔隙率的增加有利于后期煤氧反应的进行。

2.3 水分对煤氧化过程自由基参数的影响

学者们对煤的化学结构、煤氧吸附、煤中活性基团反应等进行了大量的研究，发现煤在氧化过程中自由基对自燃过程有影响。本节通过 ESR 实验对不同水分含量煤样的自由基浓度、g 因子值和线宽结果进行分析，确定水分含量对煤自由基参数的影响。

2.3.1 实验方法

1. 实验目的

煤是一种高分子化合物，结构较为复杂，煤体内部又含有较多种类的有机物和无机物。煤在形成的过程中存在一定数量的自由基，它会随着煤炭的开采和使用释放出来，在煤的低温氧化过程、燃烧过程以及热解过程中，自由基均会产生较为重要的影响。在目前对煤中自由基的测试研究领域中，电子自旋共振波谱仪是使用最广泛且测试精度较好的仪器。本节利用电子自旋共振波谱仪研究水分含量对自由基参数的影响，分析低温氧化过程中原煤与不同水分含量煤样的自由基变化规律。

2. 实验装置及原理

实验选用德国布鲁克公司生产电子自旋共振波谱仪（图 2-5）。

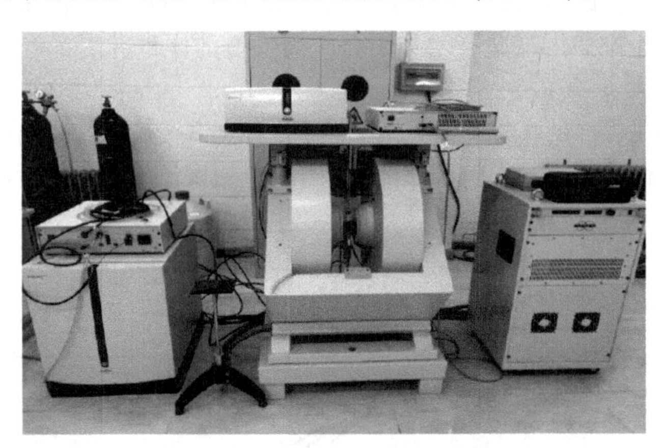

图 2-5 电子自旋共振实验仪器

利用仪器对煤中未成对电子进行研究，这些未成对电子在磁场的作用下会发生跃迁，系统将电子跃迁产生的信号经过处理后以一次微分形成的谱线记录在电子波谱仪上。在对煤中自由基的研究中，自由基浓度（Ng）、g 因子值及线宽（峰宽）ΔH 是三个最重要的参数。物质在单位体积或质量条件下未成对电子存在的数目（也称自旋数）即为自由基浓度；g 因子值则为波谱中谱线的位置，g 因子值不同自由基种类也不同，通常情况下自由电子 g 取 2.0023；ΔH 代表线宽，可以通过图谱直接获得，线宽反映了自由基的对称性，线宽会随着自由基对称性的降低逐渐变窄。实验中一般通过图谱面积计算自旋数，将实验所得的一次微分曲线进行二次积分，得出相应的谱图面积，谱图面积与自旋数满足式（2-

1)，通过计算得出样品的自旋数 N，然后以样品的自旋数和样品的用量为基础，计算出每克样品的自由基浓度 Ng

$$A = N\frac{g\beta S(S+1)\hbar h_1^2 \pi\omega^2}{6kT} \tag{2-1}$$

式中，A 为 ESR 谱的面积；N 为样品的自旋数；g 为 g 因子值；S 为自旋量子数，$S=1/2$；$\hbar=h/2\pi$，h 为普朗克常数，$h=6.62620\times10^{-34}$ J·S；β 为波尔磁子，$\beta=9.27410\times10^{-28}$ J/Gs；h_1 为微波场的振幅，$h_1=3.5$ Gs；$\omega=2\pi f$，$f=9059\times10^6$s；k 为玻尔兹曼常数；T 为测量温度，K。

3. 实验条件

选取桑树坪贫煤的原始煤样及水分含量为 5.83%、11.43%及 16.31%的三种煤样为研究对象。实验精度及具体实验条件：煤样质量 15 mg，煤样粒径为 200 目以下；中心磁场强度 322.974 mT，微波功率 0.998 mW；扫描时间 1 min；扫描宽度 5 mT；放大倍数 1.6；中心频率 9038 MHz，调制宽度 0.1 mT，时间常数 0.03 sec。

2.3.2 不同水分含量煤样自由基参数计算

根据实验结果，得到不同水分含量煤样电子自旋共振波谱（图 2-6）。

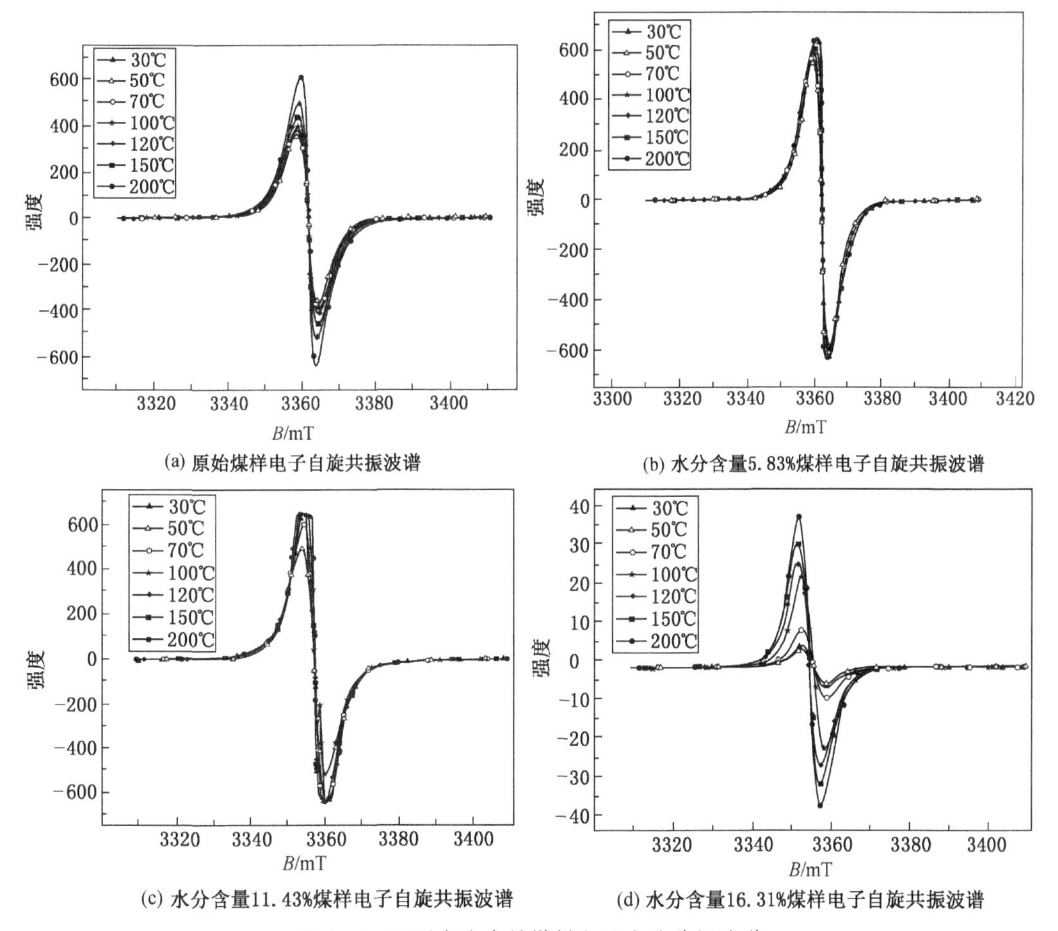

(a) 原始煤样电子自旋共振波谱　(b) 水分含量5.83%煤样电子自旋共振波谱

(c) 水分含量11.43%煤样电子自旋共振波谱　(d) 水分含量16.31%煤样电子自旋共振波谱

图 2-6　不同水分含量煤样电子自旋共振波谱

不同煤样在不同温度下自由基相关参数见表2-2~表2-5，ΔNg 为自由基浓度增量。

表2-2 原始煤样自由基参数

T/℃	g	ΔH/mT	Ng/10^{18} g^{-1}	ΔNg/10^{18} g^{-1}
30	2.00256	4.513	2.341	—
50	2.00253	4.603	2.402	0.061
70	2.00246	4.956	2.513	0.172
100	2.00237	5.018	2.664	0.323
120	2.00231	5.270	2.725	0.384
150	2.00233	5.269	2.907	0.566
200	2.00234	5.308	2.934	0.593

表2-3 水分含量5.83%煤样自由基参数

T/℃	g	ΔH/mT	Ng/(10^{18} g^{-1})	ΔNg/(10^{18} g^{-1})
30	2.00287	4.999	2.648	—
50	2.00261	5.244	2.580	-0.068
70	2.0025	5.199	2.617	-0.031
100	2.00241	5.412	2.737	0.089
120	2.00243	5.766	2.813	0.165
150	2.00239	6.016	3.004	0.356
200	2.00232	6.204	3.090	0.442

表2-4 水分含量11.43%煤样自由基参数

T/℃	g	ΔH/mT	Ng/(10^{18} g^{-1})	ΔNg/(10^{18} g^{-1})
30	2.00262	3.823	1.788	—
50	2.00253	3.923	2.304	0.516
70	2.00254	4.103	2.449	0.661
100	2.00247	4.778	2.598	0.810
120	2.00247	4.603	2.633	0.845
150	2.00249	4.908	2.721	0.933
200	2.00236	5.405	2.834	1.046

表2-5 水分含量16.31%煤样自由基参数

T/℃	g	ΔH/mT	Ng/(10^{18} g^{-1})	ΔNg/(10^{18} g^{-1})
30	2.00288	3.627	1.511	—
50	2.00269	3.759	1.426	-0.085
70	2.00264	3.906	1.594	0.083
100	2.0027	4.398	2.213	0.702

表 2-5（续）

T/℃	g	ΔH/mT	Ng/($10^{18}g^{-1}$)	ΔNg/($10^{18}g^{-1}$)
120	2.00263	4.353	2.498	0.987
150	2.00252	4.602	2.606	1.095
200	2.00257	4.865	2.753	1.242

自由基在化学上也被称为游离基，是分子在受到光、热、外力等外界作用的条件下，共价键发生断裂而形成的具有不成对电子的原子或者基团。自由基在燃烧、气体化学、聚合反应等方面有重要的作用。自由基反应就是自由基参与的各种化学反应，自由基反应通常分为三个阶段，即自由基的引发、自由基的链式反应和自由基的终止反应。生成自由基的方法有很多，热解、光解、引发剂引发均会有自由基生成，引发阶段产生的自由基可以与分子相互作用产生新的自由基、新的分子，新的自由基又会继续与分子产生作用，周而复始，当两个自由基之间相互结合形成分子时，自由基的反应即终止，除上述反应外，自由基还可以进行裂解、氧化还原等反应。煤是一种有机大分子物质，在外力等因素的作用下，煤体发生破碎产生大量的裂隙，必然造成煤分子的断裂，分子之间链的断裂主要是由链中共价键的断裂而导致的，这些共价键的断裂会产生大量的自由基，部分自由基会依附在煤颗粒表面，部分也可存在于煤体内部新生成的裂隙表面，为煤氧反应创造了条件，自由基与氧气发生反应生成氧化物自由基，部分新的自由基又会继续与氧气发生反应，如此反复。在自由基反应对热量影响的方面，自由基与氧气发生氧化的反应为放热反应，与此同时，部分自由基的分解、共价键的断裂、自由基与其他物质反应又需要吸热。因此，自由基的反应机理较复杂，对热量变化的影响也是一个复杂的动态变化过程。随着水分含量的增加，不同煤样的自由基浓度、线宽及 g 因子值均发生了较大变化，由此可知，水分含量的变化对煤样自由基特性的变化有较大影响。

2.3.3 水分含量对自由基参数的影响

1. 自由基浓度

不同水分含量煤样自由基浓度随温度的变化情况如图 2-7 所示。

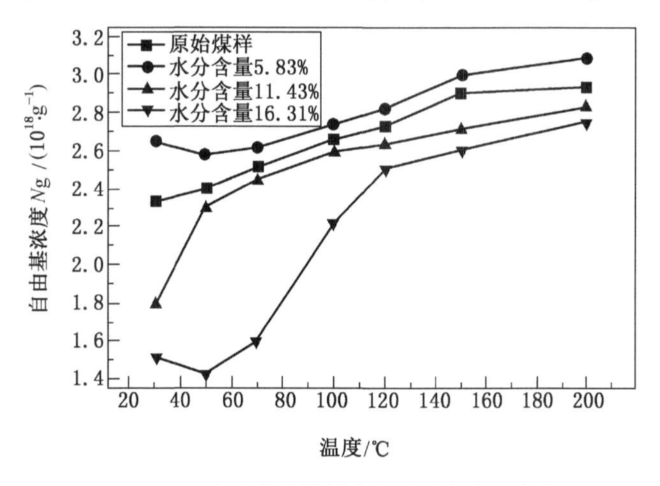

图 2-7 不同水分含量煤样自由基浓度随温度变化

由图 2-7 可知，不同水分含量煤样随着温度的增长，煤样中自由基浓度整体呈现出增加的趋势，说明温度的增加使自由基浓度不断增大。但是不同水分含量煤样在变化过程中也有差异：原始煤样自由基浓度呈现出稳步增长的趋势；水分含量为 5.83% 的煤样则在 30~70 ℃有一定程度的减小，然后自由基浓度呈现出稳步增长的趋势；水分含量为 10% 的煤样在 30~50 ℃时自由基浓度出现了大幅度的增长，50 ℃后增长幅度逐渐趋于稳定；水分含量为 16.31% 的煤样情况较为复杂，30~50 ℃时自由基浓度出现小幅度的减少，50~120 ℃时出现较大幅度的增加，120 ℃之后增长幅度则逐渐趋于稳定。造成这种现象的原因可能是自由基的浓度不仅只受温度的影响，反应速率的快慢及煤中水分、灰分、挥发分含量的不同等因素也会对自由基浓度的变化产生促进或抑制的作用。由图 2-7 可知，在相同的温度条件下，不同煤样中自由基浓度的变化情况为水分含量 5.83% 煤样>原始煤样>水分含量 11.43% 煤样>水分含量 16.31% 煤样，说明水分含量的不同对煤样中自由基浓度的变化有较为明显的影响，水分对自由基的影响体现在以下几个方面：

（1）水分对煤体的溶胀作用会产生新的孔隙，孔隙会使煤体发生断裂，产生新的自由基，同时使参与中期链式反应的自由基量增加生成更多的自由基，其反应式见式（2-2）：

$$R—R \xrightarrow{\text{外力作用}} R\bullet + R\bullet \tag{2-2}$$

（2）水溶液中的氢离子和氢氧根离子是自由基反应中非常重要的催化剂，许多反应只能被氢离子催化，称为特异性氢离子催化作用，如酯、酰胺、磺胺酸、乙缩醛、焦磷酸盐等的水解反应；也有反应只被氢氧根离子催化，称为特异性氢氧根离子催化作用，如亚硝基三丙酮胺、三丙酮醇的分解反应及丙酮的转化反应等。水分含量的增加会使煤样中氢离子和氢氧根离子含量增加，催化作用变强，自由基消耗速率变快。

（3）水分含量的增长还会使煤样的耗氧量发生变化，从而引起水分含量不同的煤样自由基氧化反应强弱程度发生变化，自由基氧化反应见式（2-3）~式（2-4）：

$$R\bullet + O_2 \longrightarrow R—O—O\bullet \tag{2-3}$$

$$R—O—O\bullet + RH \longrightarrow R—O—O—H + R\bullet \tag{2-4}$$

在煤样的低温氧化过程中，既有新的自由基生成，自由基同时又发生复杂的变化被消耗，而目前使用的仪器测试出的结果是所有自由基变化的混合图谱，无法对煤样低温氧化过程中自由基具体的生成量或消耗量进行有效准确的测量。因为自由基具有较强的氧化性，所以对煤氧化反应的进行有一定程度的促进作用。在相同的温度条件下，煤样中自由基的生成和消耗是一个相对动态的过程，随着水分含量的增加，相比于原始煤样，在水分含量为 5.83% 的情况下，水分含量的增加量较少，部分水分还因蒸发及与黄铁矿间的反应被消耗，水分含量增加引起的自由基生成速率要大于其消耗速率。当水分含量超过 5.83% 后，水分含量增加量较多，煤样中自由基的消耗速率会逐渐大于其生成速率，在宏观上会表现出随着水分含量的增加自由基浓度先增大后减小的现象，其中水分含量为 5.83% 的煤样自由基浓度最大，水分含量为 16.31% 的煤样自由基浓度最小。当自由基消耗速率较快，消耗速率大于生成速率时，自由基参与煤氧反应的量较大，放出较多的热量，促进了煤氧反应的进行；而当自由基消耗速率较慢，消耗速率小于生成速率时，自由基参与煤氧反应的量相对有所减少，从而在一定程度上抑制了煤氧反应的进行。

2. 自由基线宽

不同水分含量煤样线宽随温度的变化情况如图 2-8 所示。

线宽又称吸收峰宽度，是描述粒子之间相互作用的参数，是电子和其环境相互作用的一个参数，线宽与电子从自旋的激发态回到基态的时间（弛豫时间）成反比。电子分布由不平衡状态恢复到平衡状态的过程称为弛豫过程，它所需要的时间称为弛豫时间。弛豫作用过程很复杂，主要以能量交换的方式来恢复电子自旋的平衡分布状态，包括自旋-晶格弛豫、自旋-自旋弛豫两种作用机制。

由图 2-8 可知，水分含量的变化对线宽有较大影响，随着温度的升高，四种煤样的线宽均呈现出增加的趋势。随着温度的增加，煤样中的自由基浓度逐渐增加，自由基之间的相互作用不断加强，使电子自旋-自旋相互作用加强，造成谱线变宽。在相同的温度下，随着水分含量的增加，煤样的线宽由大到小依次是水分含量 5. 83%>原始煤样>水分含量 11. 43%>水分含量 16. 31%。当水分含量达到 5. 83%时，自由基的生成速率大于消耗速率，自由基浓度增加，自由基之间的相互作用不断加强，造成谱线变宽。当水分超过 5. 83%后，自由基的消耗速率逐渐大于生成速率，自由基浓度减少，自由基之间的相互作用逐渐减少，谱线变窄。

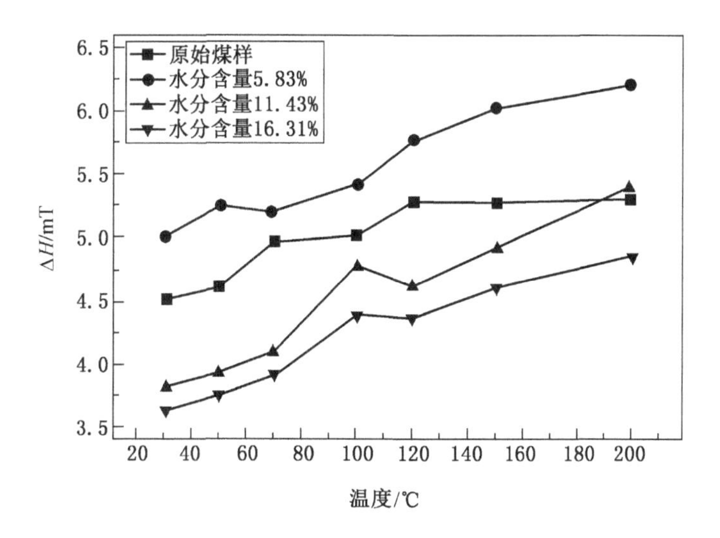

图 2-8　不同水分含量煤样线宽随温度变化

煤样自由基的浓度是根据 ESR 谱图面积确定的，而谱图面积是由线宽和线高两个参数确定的，通过对不同水分含量煤样的线宽和自由基浓度实验结果的对比分析，线宽和自由基浓度的变化趋势基本相同，因此可以近似地认为线宽也是表征煤样自由基的一个参数。

3. 自由基 g 因子值

结合表 2-2~表 2-5 的数据，得出不同水分含量煤样 g 因子值的变化情况（图 2-9）。

g 因子值是表征自由基的一个重要参数，其代表了不同自由基的种类，实验测试的 g 因子值是煤样在反应过程中各种自由基的总结果，并非单一的自由基结果。由图 2-9 可知，不同水分煤样的 g 因子值随温度的增加呈现出不同的变化规律，说明在不同的温度条件下，煤样中自由基种类是不尽相同的。因为在不同的温度下，不同水分含量的煤样发生

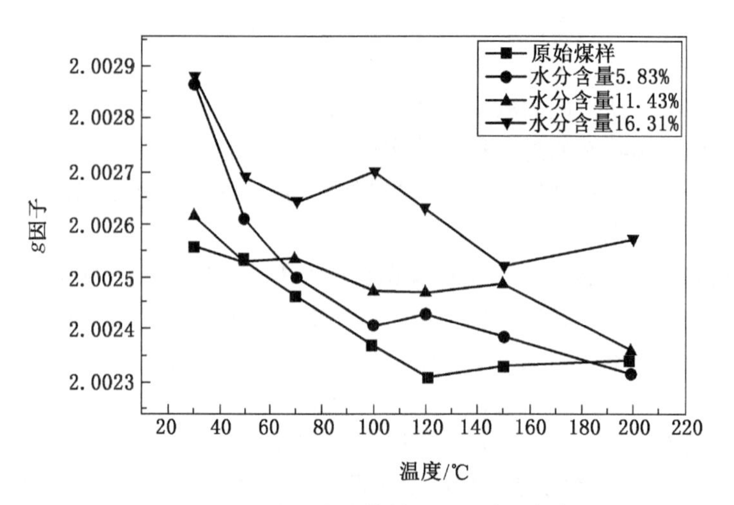

图 2-9　不同水分含量煤样 g 因子随温度变化

低温氧化所需要的能量大小不同，随着温度的逐渐升高，煤体内部会产生新的自由基，新自由基也会在煤体内部发生复杂的化学变化，导致在自由基的种类上发生较为复杂的变化，随着温度的升高，不同水分含量的煤样大致呈现出 g 因子减小的现象。

由图 2-9 可知，在 50 ℃之前，随着水分含量的增加，不同煤样的 g 因子呈分散性变化，由于自由基种类的变化并非只受水分含量变化的影响，说明在该阶段水分含量对自由基种类的影响并不是最主要的原因；而在 50 ℃之后，随着水分含量的增加，不同煤样的 g 因子变化整体呈现出水分含量越大，g 因子越高的现象，说明在该阶段中水分含量的不同对煤样 g 因子的影响较大。水分含量增加的煤样自由基种类均高于原始煤样的自由基种类，但在不同的温度时，并不是水分含量越高的煤样自由基的种类越多。

因为自由基反应的详细机理、自由基具体种类的变化以及自由基准确的生成量和消耗量均没有明确的研究结果，所以自由基浓度的变化和自由基增减速率的快慢仅能对煤氧化反应的强弱进行辅助说明，并不能由单一的自由基浓度等参数的变化说明煤氧化性的强弱，自由基种类的具体分类研究及自由基反应过程中参数的具体变化仍然有待研究。

2.4　水分对煤氧化过程中热效应的影响

热分析主要是研究物质在物理变化和化学反应过程中热效应的变化。热分析的主要方法有差示扫描量热法、热重分析法、差热分析法、逸出气体分析法、热光分析法等。在众多热分析方法中，主要应用差热分析、热重分析和差示扫描量热法研究煤的氧化、热解和燃烧过程。许涛指出，差示扫描量热法在物质的氧化过程中能更准确定量分析其放热/吸热特性。因此，本节采用差示扫描量热法对煤在低温氧化过程中的不同水分含量煤样的初始放热温度、总放热量、热量阶段性变化、活化能等结果进行分析，确定水分含量对煤热效应的影响。

2.4.1　实验过程

1. 实验目的

对添加不同黄铁矿含量的煤样进行热分析实验，测定煤的初始放热温度、总放热量以及不同温度阶段煤样的热效应，对比分析不同黄铁矿含量的煤样之间放热量等参数的变化规律，研究黄铁矿对煤放热特性的影响规律。

2. 实验仪器与原理

采用 C80 微量热仪（图 2-10）研究黄铁矿对煤放热特性的影响。C80 微量热仪主要由 C80 主机和气体循环池两部分组成，C80 主机主要包括量热块(测量范围为室温至200 ℃)、三维量热探测器（分辨率为 0.1）以及相应的热分析软件。

图 2-10　C80 微量热仪

气体循环池由两个反应池组成，一个装样品，另一个装参比物，两个反应池的材质、形状、大小及高热导性能完全相同。气体循环池含有进气口和出气口，实验采用的气体通过进气口进入 C80 反应池内部，通过出气管排出。气体循环池的体积为 12.5 mL，故 C80 实验所需的样品质量高于普通的差示扫描量热仪。此外，实验过程中样品池和参比池处于相同的实验条件，因此可以消除仪器、气体的流出等因素对实验样品的吸/放热量造成的影响。

3. 实验条件

煤样质量为 1600 mg，升温区间为 30～200 ℃，升温速率分别为 0.1/min℃、0.2 ℃/min 及 0.3 ℃/min，气源为空气，流量为 100 mL/min。

2.4.2　不同水分含量煤氧化过程的热效应分析

1. 热流曲线

根据实验结果，得到不同升温速率下不同水分含量煤样氧化过程的热流曲线（图 2-11）。

在对煤样氧化放热过程的测试中，煤样的吸热或放热都会使温度产生变化，温度变化会对热电偶的电阻率产生影响，从而导致电压发生变化，由此可知，C80 实验采集到的信号是电压信号。根据样品池和参比池之间的电压差，通过换算得到的信号即为煤样的热流曲线。实际情况下，受外界因素干扰（样品池与参比池之间的质量差、空气湿度等因素），热流曲线的基线会发生偏移，因为实验程序的设置，在正式升温过程开始前，会在 30 ℃时有 4 个小时稳定的过程（图 2-12），此时稳定的热流即为热流曲线的基线，热流高于基线时为放热反应，低于基线时为吸热反应。

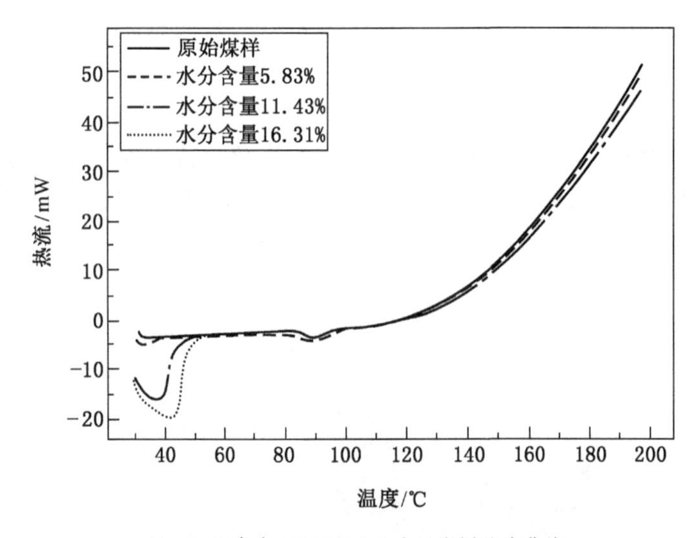

(a) 0.1℃/min 时不同水分含量煤样热流曲线

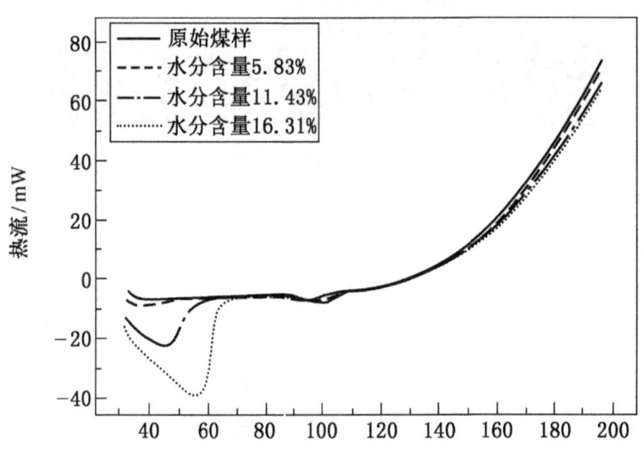

(b) 0.2℃/min 时不同水分含量煤样热流曲线

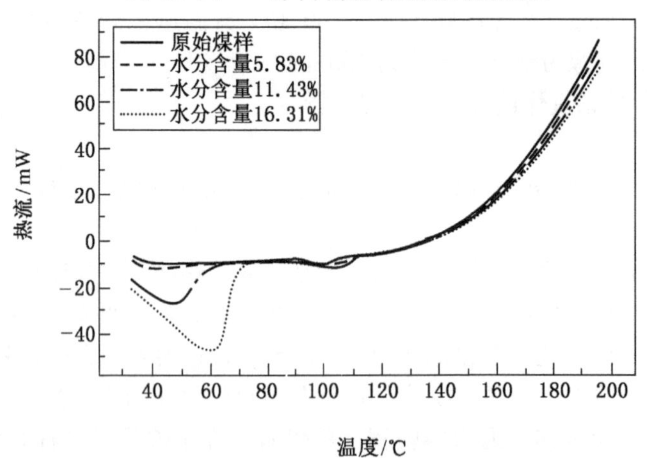

(c) 0.3℃/min 时不同水分含量煤样热流曲线

图 2-11　不同升温速率下不同水分含量煤样的热流曲线

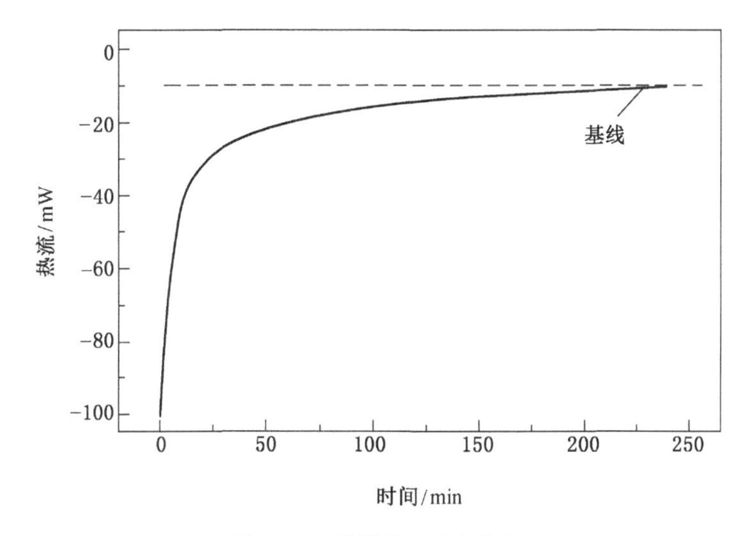

图 2-12　煤样热流稳定曲线

由图 2-11 可知，不同水分含量煤样的热流曲线虽然有所不同，但都具有明显的阶段性。由于不同升温速率煤样的变化规律基本相似，这里以升温速率为 0.1 ℃/min 的煤样为例，不同水分含量煤样升温氧化过程中热量阶段性变化如图 2-13 所示。阶段 A 的热流曲线低于基线，故阶段 A 为吸热阶段，出现该阶段是因为水分含量的增加使蒸发作用增强，所以吸热反应增强。阶段 B、C、D 的热流曲线高于基线，故这三个阶段为放热阶段。热流的大小反映煤样放热速率的快慢，热流越小，放热速率越慢，反之则越快。在阶段 B 中，煤样的放热速率虽有增长，但是总体的放热速率较小。水分含量 11.43% 和 16.31% 的煤样先出现一个放热速率增长较快的现象，其后放热速率趋于平缓且总体的放热速率较小。通过对热流曲线积分可知，B 阶段放热量较小，该阶段为缓慢放热阶段。在阶段 C 中，热流减小，放热速率也减小，所以该阶段为放热速率减小阶段。在阶段 D 中，热流逐渐呈指数型增长，放热速率增长速率非常快，通过对热流曲线的积分可知，该阶段放热量较大，故 D 阶段为快速放热阶段。

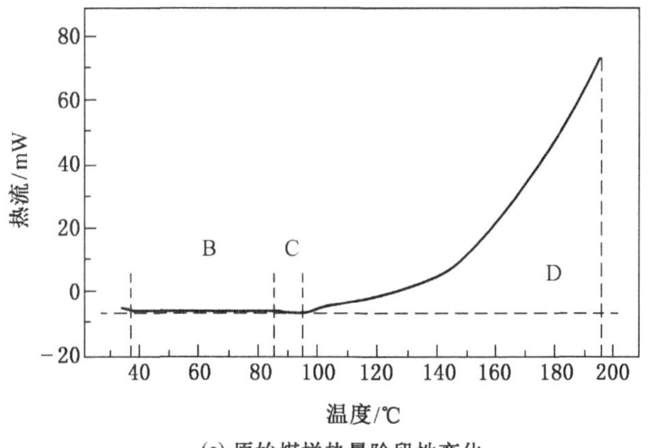

(a) 原始煤样热量阶段性变化

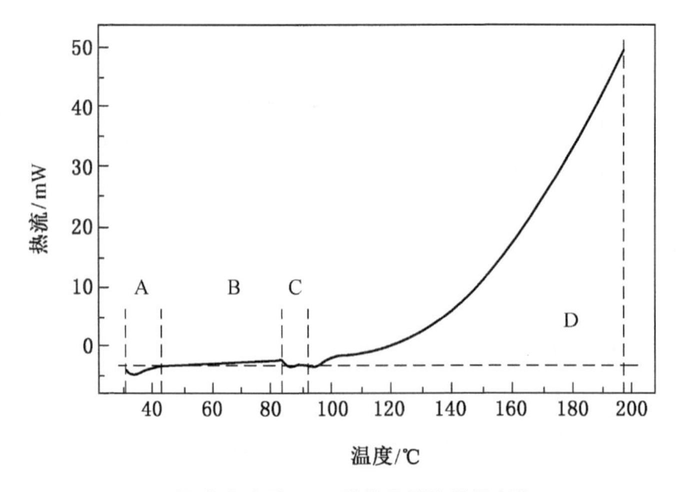

(b) 水分含量5.83%煤样热量阶段性变化

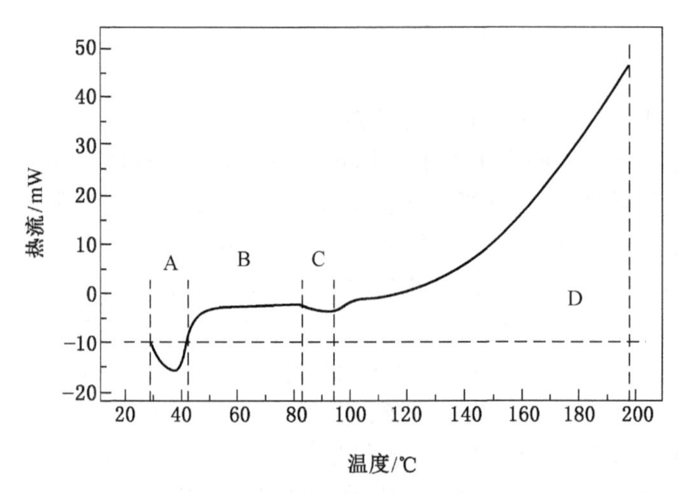

(c) 水分含量11.43%煤样热量阶段性变化

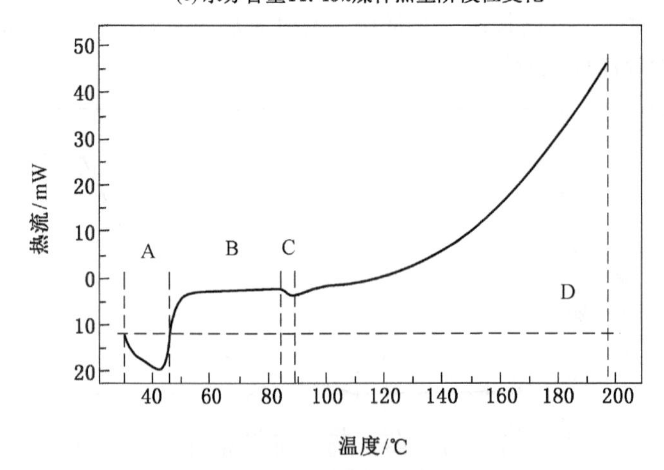

(d) 水分含量16.31%煤样热量阶段性变化

图 2-13　不同水分含量煤样热量阶段性变化

2. 水分含量对煤最大吸热速率温度的影响

由不同水分含量煤样热量阶段性变化图可知，在三种不同水分含量的煤样吸热阶段中，都存在一个吸热速率最大的温度，不同水分含量煤样的最大吸热速率温度如图 2-14 所示。

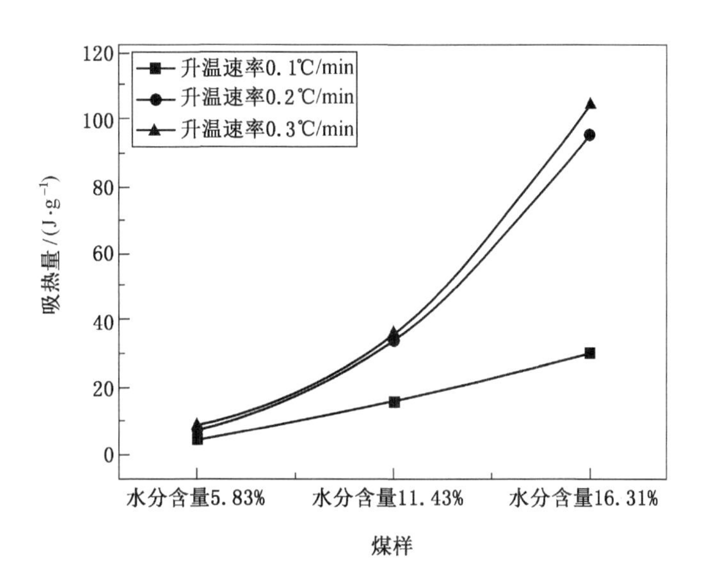

图 2-14　不同水分含量煤样最大吸热速率温度

由图 2-14 可知，不同升温速率条件下煤样最大吸热速率温度的变化规律是一致的，随着水分含量的增加，煤样最大吸热速率温度均呈现出逐渐增加的趋势。以升温速率 0.1 ℃/min 为例，水分含量由 5.83%增至 16.31%，煤样的最大吸热速率温度分别为 32.88 ℃、38.03 ℃、41.68 ℃，温度逐渐增加主要是水分含量的增加使水分蒸发作用逐渐变大导致的。

3. 水分含量对煤初始放热温度的影响

从 80 ℃开始，煤与氧气就开始了反应。煤对氧气的物理及化学吸附作用在 50 ℃之前占煤氧反应的主导地位，在常温状态下，由于外在水分的存在，水分蒸发及水分的润湿热等因素的影响，煤体内部存在较为复杂的热效应。在这些因素的综合作用下，煤氧反应的前期可能存在吸热，也可能存在放热的过程。在外在水分逐渐蒸发，吸热作用逐渐减小的情况下，热量会在煤体内部积聚，导致煤体温度上升，从这时开始，煤样就会进入放热状态。同样，由于煤体温度升高导致自燃的主要原因是煤的放热作用，所以确定煤样的初始放热温度对研究煤样放热特性的变化具有重要意义，不同升温速率条件下不同水分含量煤样初始放热温度变化如图 2-15 所示。

由图 2-15 可知，水分含量的变化对煤样的初始放热温度有较大影响。在相同升温速率条件下，随着水分含量的不断增大，煤样的初始放热温度呈现出先增加后减小再增加的趋势。三种不同水分含量煤样的初始放热温度均高于原始煤样的初始放热温度，说明水分含量的增加会使初始放热温度随之增加。初始放热温度可以反映出煤样进入放热状态的早晚，初始放热温度越低，煤样进入放热状态越早，煤样的初始放热温度越高，说明其进入

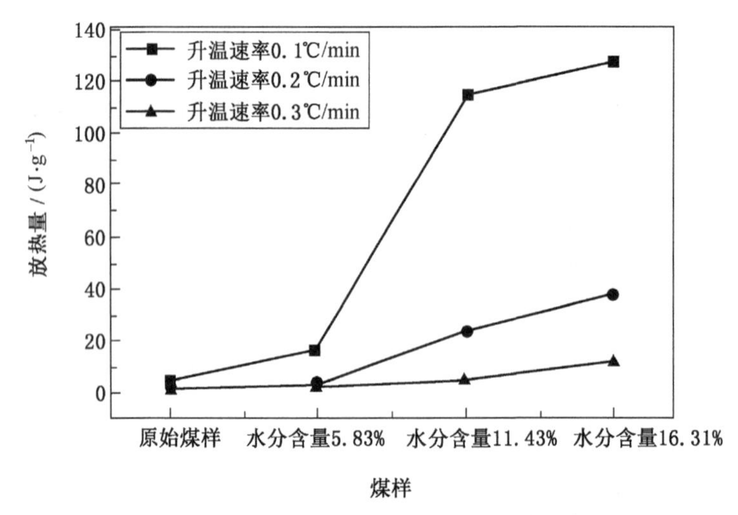

图 2-15　不同水分含量煤样初始放热温度

放热状态越晚。由图 2-15 可知，在三种不同的升温速率条件下，水分含量为 5.83% 煤样的初始放热温度均为最高，这说明其进入放热状态最晚，放热状态持续温度最短；水分含量为 11.43% 和 16.31% 煤样的初始放热温度均低于水分含量为 5.83% 煤样的初始放热温度，且水分含量 10% 煤样的初始放热温度较低，说明其进入放热状态较早，放热状态持续温度较长。从理论上来讲，在煤氧反应前期，这一阶段的热力作用相对较为复杂。水分含量的增加会产生两方面不同的影响：一方面，水分含量的增加会使水分蒸发吸热作用增强，导致初始放热温度增大；另一方面，煤氧反应前期主要以煤对氧气的物理吸附为主，有研究表明煤对氧气的物理吸附过程会放出热量，水分含量的增加会使水分的润湿热增加，同时由水分增加而增加的水氧络合物也会对煤氧反应起到促进作用使放热量增加，结合煤样的元素分析结果，原始煤样中的硫含量占 5.79%，硫含量较高，在井下温热潮湿的环境中，黄铁矿硫会与水发生反应，其化学反应如下：

$$2FeS_2+2H_2O+7O_2 = 2FeSO_4+2H_2SO_4 \tag{2-5}$$

硫酸亚铁 $FeSO_4$ 在潮湿的井下环境中，可以被氧化生成硫酸铁 $Fe_2(SO_4)_3$ 和 $Fe(OH)_3$，其化学反应如下：

$$12FeSO_4+6H_2O+3O_2 = 4Fe_2(SO_4)_3+4Fe(OH)_3 \tag{2-6}$$

在该反应中会放出大量的热量，导致煤样的初始放热温度减小。由前人的研究可知，当水分含量为 11.43% 左右时，黄铁矿与水分的反应最为充分，水分含量低于 11.43% 时，由于水分含量不足，黄铁矿不能充分反应，水分含量高于 11.43% 时，黄铁矿与水之间的反应程度与水分含量为 11.43% 时相差并不大。由于三种不同水分含量煤样的蒸发作用要大于原始煤样，所以其初始放热温度均大于原始煤样的初始放热温度。而水分含量为 5.83% 的煤样，由于水分的增加量较少，水分与黄铁矿的反应程度有限，水分蒸发带走的热量较多，故最后会出现初始放热温度最高；水分含量超过 5.83% 后，水分与黄铁矿之间的反应程度逐渐增强，放热量不断增大，且水分含量为 11.43% 的煤样与黄铁矿的反应最为充分，当水分达到 16.31% 时，由于黄铁矿含量有限，反应放出的热量与水分含量为

11. 43%时相差不大，但该状态下水分蒸发吸收的热量增加，所以会出现水分含量 11. 43% 和 16. 31%煤样的初始放热温度低于水分含量 5. 83%的煤样，且水分含量 11. 43%煤样的初始放热温度最低的情况。

2.4.3 水分含量对煤热释放规律的影响

1. 总放热量

煤自燃实际上是煤体内部各种热量产生和消耗共同作用的结果，当热量的产生大于消耗时，煤样就会进入放热状态，热量逐渐在煤体内部积聚从而导致自燃现象的发生。初始放热温度虽然能在一定程度上表示煤样进入放热状态的早晚，但是只能表明这是煤体进入自燃的起始状态，并不能据此判断煤是否容易发生自燃。因此确定并分析不同水分含量煤样的总放热量，对煤低温氧化过程中放热特性的确定具有重要意义。不同升温速率下不同水分含量煤样总放热量的变化情况如图 2-16 所示。

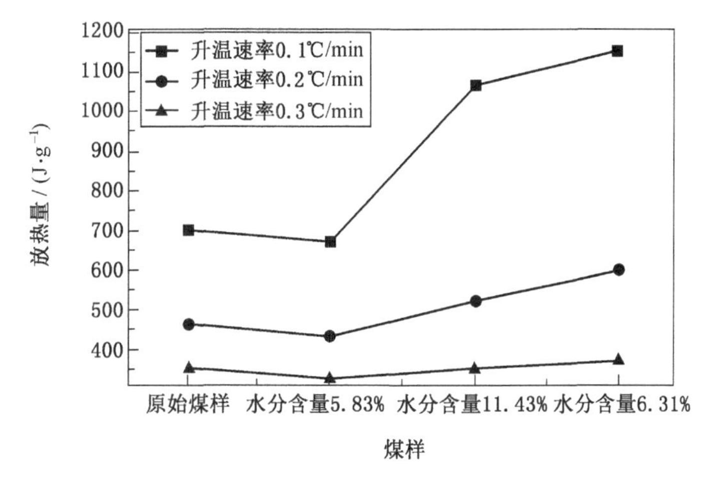

图 2-16 不同水分含量煤样总放热量

同样升温速率条件下煤样总放热量的实验测试结果能够有效地反映不同水分含量煤样在升温氧化过程中反应特性的差别，而不同水分含量煤样发生自燃现象的可能性主要是由各个水分含量的煤样在升温氧化过程中反应特性有较大的差异所导致的，这一方面由总放热量的大小可以看出，煤样均升温氧化至 197 ℃左右，不同水分含量煤样的总放热量大小有较大的差别。由图 2-16 可知，相同煤样在不同的升温速率条件下，虽然放热量有所不同，但是在相同的升温速率条件下，随着水分含量的不断增加，煤样的总放热量均呈现出先减小后增大的趋势，这说明水分含量对煤样总放热量大小的影响既有阻碍作用又有促进作用，在水分含量为 5. 83% 时，煤样的总放热量小于原始煤样，表示煤样的水分含量为 5. 83%时对放热具有阻碍作用；而当水分含量超过 5. 83%后，煤样的总放热量均大于原始煤样，且水分含量越高，煤样的总放热量越大，这表示煤样的水分含量超过 5. 83%后，对放热具有促进作用，水分含量越高，促进作用越强。煤样总放热量的增加会导致煤体内部热量的不断积聚，从而使煤样的温度升高而增加其自燃的可能性。由图 2-16 可以看出，水分含量为 5. 83%时，煤样的总放热量减小，煤样发生自燃的可能性随之减少；水分含量超过 5. 83%后，煤样的总放热量逐渐增大，煤样自燃的可能性也随之增大。这也表明，随着水分含量的增加，煤样存在一个抑制煤自燃的最佳水分含量，对本实验而言是水分含量为5.83%。

以升温速率为0.1 ℃/min的煤样为例，原始煤样的总放热量为705.43 J/g，当煤样中的水分增加至5.83%时，其总放热量为672.28 J/g，相比于原始煤样减少了33.15 J/g，总放热量的减少幅度较小；当煤样中的水分增加至11.43%时，其总放热量增大至1068.09 J/g，增加了362.66 J/g，相比于原始煤样，其总放热量的增加量为水分含量为5.83%煤样减少量的10倍，而当煤样中的水分再次增大至16.31%时，其总放热量变为1155.01 J/g，增加了449.58 J/g，相比于原始煤样，其总放热量的增加量为水分含量为5.83%煤样减少量的13倍，而相比于水分含量为11.43%的煤样，其总放热量的增长量仅为86.92 J/g，增长幅度较小。由此可知，煤样由原样增至水分含量为5.83%时，由于其总放热量的变化幅度并不大，发生自燃的可能性虽然有所降低但并不明显；而当煤样的水分含量由5.83%增至16.31%时，其发生自燃的可能性就会明显增加，且水分含量由5.83%增加至11.43%时，煤样发生自燃的可能性大幅度增加，而水分含量由11.43%增加至16.31%时，煤样发生自燃的可能性虽然有所增加，但是增加的幅度并不大。

在相同的升温条件下，煤样初始放热温度和总放热量的测量结果可以反映出不同水分含量的煤样在低温氧化过程中反应特性的差异，结合不同水分含量煤样的初始放热温度可知，原始煤样虽然进入放热状态最早，持续时间最长，但是其总放热量却并不是最大的；相反，水分含量为16.31%的煤样总放热量最大，但是其初始放热温度却高于原始煤样和水分含量为11.43%的煤样，放热状态持续的时间并不是最长的。这说明煤样的初始放热温度和总放热量并不具有线性关系，初始放热温度的大小仅会影响进入放热状态的早晚，并不会影响总放热量的多少。

2. 不同水分含量煤样在不同阶段经历的温度范围

由不同水分含量煤样升温氧化过程的热流曲线可知，不同水分含量煤样的热流曲线具有典型的阶段性，为了进一步研究水分对煤样升温氧化过程中不同阶段放热特性的影响，对不同放热阶段热流曲线进行基线积分，得到不同放热阶段经历的温度范围。确定不同放热阶段所经历的温度范围，对确定不同放热阶段持续时间的长短具有一定意义。不同煤样在不同热量变化阶段所经历的温度范围见表2-6。

表2-6　不同水分含量煤样在不同热量变化阶段经历的温度范围

升温速率/(℃·min^{-1})	样品	吸热阶段/℃	缓慢放热阶段/℃	放热速率减少阶段/℃	快速放热阶段/℃
0.1	原始煤样	—	52.48	6.62	108.20
	水分含量5.83%	17.67	35.35	10.23	103.86
	水分含量11.43%	11.51	41.10	10.55	102.94
	水分含量16.31%	15.65	38.29	4.81	108.48
0.2	原始煤样	—	56.65	7.35	103.30
	水分含量5.83%	35.57	22.43	10.92	97.29
	水分含量11.43%	24.32	33.36	12.77	95.74
	水分含量16.31%	32.72	25.36	6.31	98.87

表 2-6（续）

升温速率/（℃·min⁻¹）	样品	吸热阶段/℃	缓慢放热阶段/℃	放热速率减少阶段/℃	快速放热阶段/℃
0.3	原始煤样	—	58.71	8.27	100.32
	水分含量 5.83%	44.03	16.80	11.09	93.33
	水分含量 11.43%	31.43	29.72	12.94	91.17
	水分含量 16.31%	41.02	20.73	6.76	96.82

通过表 2-3 可知，不同升温速率条件下，随着水分含量的增加，不同热量变化阶段所经历的温度范围变化趋势是相同的（这里以升温速率为 0.1 ℃/min 为例）。相较于原始煤样而言，水分含量 5.83%～16.31% 的煤样均会在升温氧化初期增加一个吸热阶段，随着水分含量的增加，该阶段经历的温度范围呈现出先减小再增加的趋势。其中水分含量为 5.83% 的煤样该阶段经历的温度范围最长，为 17.67 ℃，水分含量为 11.43% 的煤样该阶段经历的温度范围最短，为 11.51 ℃。就放热速率减少阶段而言，主要出现在 90～100 ℃区间内，说明该阶段的出现主要是由煤样内在水分的蒸发导致的。实验煤样吸收的都是外在水分，内在水分含量并不会受到太大影响，所以四种煤样在该阶段所经历的温度范围并没有太大的差别。就煤样缓慢放热阶段所经历的温度范围而言，与吸热阶段相反，水分含量为 5.83% 的煤样该阶段温度范围最短，共 35.35 ℃，水分含量为 11.43% 的煤样该阶段温度范围最长，共 41.1 ℃。对于最后的快速放热阶段，该阶段在四种不同的热量变化阶段中所经历的温度范围最长，大致为 105 ℃，由于在该阶段水分基本蒸发完毕，所以水分含量的增加对该阶段温度经历范围并没有较大影响。

3. 不同水分含量煤样在不同阶段内热量变化对比

不同水分含量煤样在不同阶段的热量变化见表 2-7～表 2-9。

表 2-7　升温速率为 0.1 ℃/min 时煤氧化不同阶段的热量变化

水分含量/%		原始煤样	5.83	11.43	16.31
吸热阶段	吸热量/（J·g⁻¹）	—	4.51	15.89	30.49
	占总吸热量/%	—	100.00	100.00	100.00
缓慢放热阶段	放热量/（J·g⁻¹）	4.25	15.72	114.79	128.28
	占总放热量/%	0.60	2.33	10.75	11.11
放热速率减少阶段	放热量/（J·g⁻¹）	2.87	4.52	32.24	19.97
	占总放热量/%	0.41	0.67	3.02	1.73
快速放热阶段	放热量/（J·g⁻¹）	701.18	652.04	921.07	1008.76
	占总放热量/%	98.99	97.00	86.23	87.16

表 2-8　升温速率为 0.2 ℃/min 时煤氧化不同阶段的热量变化

水分含量/%		原始煤样	5.83	11.43	16.31
吸热阶段	吸热量/（J·g⁻¹）	—	6.79	33.74	95.25
	占总吸热量/%	—	100.00	100.00	100.00

表 2-8（续）

水分含量/%		原始煤样	5.83	11.43	16.31
缓慢放热阶段	放热量/($J \cdot g^{-1}$)	1.85	3.29	23.89	37.82
	占总放热量/%	0.42	0.76	4.58	6.32
放热速率减少阶段	放热量/($J \cdot g^{-1}$)	2.79	3.08	9.73	7.42
	占总放热量/%	0.61	0.71	1.87	1.24
快速放热阶段	放热量/($J \cdot g^{-1}$)	461.09	426.47	487.85	552.81
	占总放热量/%	98.97	98.53	93.55	92.44

表 2-9　升温速率为 0.3 ℃/min 时煤氧化不同阶段的热量变化

水分含量/%		原始煤样	5.83	11.43	16.31
吸热阶段	吸热量/($J \cdot g^{-1}$)	—	8.28	35.89	104.76
	占总吸热量/%	—	100.00	100.00	100.00
缓慢放热阶段	放热量/($J \cdot g^{-1}$)	1.57	2.57	4.94	12.44
	占总放热量/%	0.45	0.79	1.38	3.36
放热速率减少阶段	放热量/($J \cdot g^{-1}$)	3.04	2.39	3.41	3.34
	占总放热量/%	0.87	0.74	0.95	0.91
快速放热阶段	放热量/($J \cdot g^{-1}$)	348.41	317.55	350.83	354.57
	占总放热量/%	98.68	98.47	97.67	95.73

从上述表的结果可知，虽然升温速率的不同会对煤样不同阶段的放热量产生一定的影响，升温速率越大，放热量就相对越小，但是 0 随着水分含量的增加，不同升温速率的煤样在不同放热阶段内放热量变化的趋势是一致的，这里以 0.1 ℃/min 的升温速率为例。

在吸热阶段中，煤样的放热量随水分增加呈现逐渐增加的趋势（图 2-17）。结合煤样的工业分析结果可知，原始煤样中水分含量很少，仅有 0.97%，所以原始煤样并没有吸热阶段出现，在水分含量为 5.83%～16.31% 的三种煤样中，随着水分含量的增加，该阶段的吸热量呈现出逐渐增加的趋势，这是因为水分含量的增加，蒸发作用增强，使该阶段的吸热量变大。结合不同煤样在不同热量变化阶段经历的温度范围结果可知，在吸热阶段中，水分含量为 5.83% 的煤样经历的温度范围最长，但是其吸热量确是最小的，而水分含量为 16.31% 的煤样虽然经历的温度范围最短，但是吸热量却最大，这就说明吸热阶段经历温度范围的长短与吸热量并不存在线性关系，吸热温度经历的范围长吸热量不一定大。

在缓慢放热阶段，随着水分含量的增加，该阶段的放热量呈现出逐渐增加的趋势（图 2-18）。

在该阶段中，水分含量为 11.43% 和 16.31% 的煤样会先有一段放热速率较快的现象，而原始煤样和水分含量为 5.83% 的煤样则没有该现象出现，出现这种现象可能是以下三点原因引起的：

（1）随着水分含量的增加，煤样中水分的润湿热会逐渐增加，从而增大该阶段的放热量。由工业分析结果可知，原始煤样的水分含量较少，所以原始煤样中水分的润湿热很小。在水分含量增至 5.83% 的情况下，由于水分增加量并不是很多，所以在水分含量为

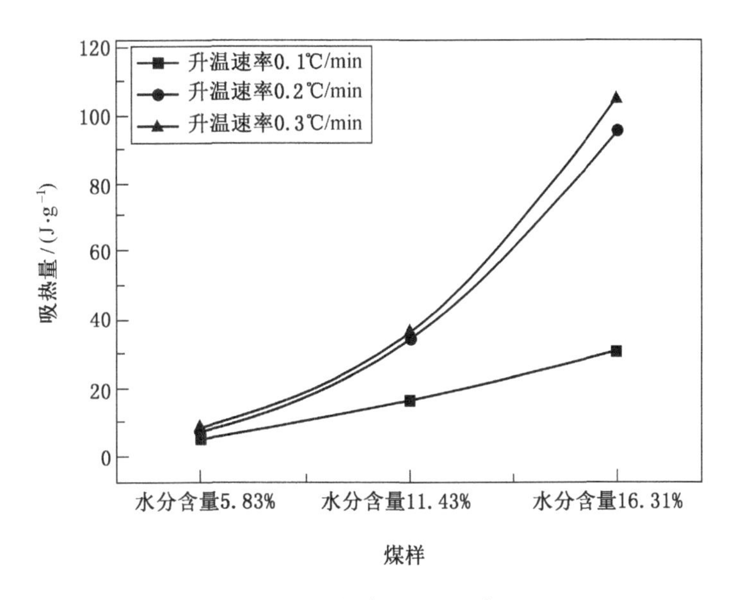

图 2-17 吸热阶段吸热量变化

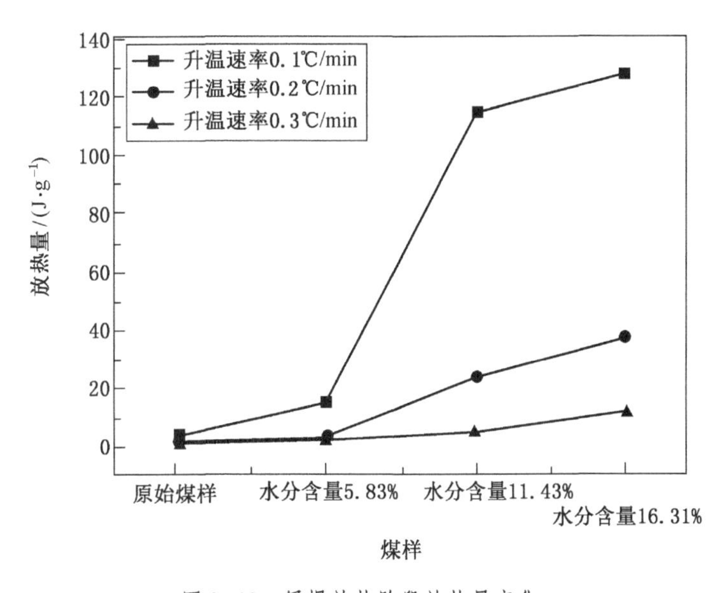

图 2-18 缓慢放热阶段放热量变化

5.83%的情况下，水分的润湿热虽然有所增加，但是并不明显；而当水分含量达到11.43%和16.31%时，由于水分含量增加较多，水分的润湿热增加相对较为明显。

（2）由工业分析结果可知原始煤样中硫含量较高，在温热潮湿的环境下，水分会与黄铁矿硫发生反应放出热量，使该阶段的放热量增大。原始煤样水分含量很少，与黄铁矿硫发生反应放出的热量也就很少；而水分含量增至5.83%时，部分增加的水分会与黄铁矿硫发生反应使得放热量增强，但是由于水分增加量有限，其放热量的增强并不明显；当水分含量达到11.43%和16.31%时，增加的水分与黄铁矿硫充分反应，使得反应放出的热量不断增大。

（3）由前人的研究可知，水分含量的增加会对煤体产生溶胀作用，使煤体的孔隙数量和孔隙率增大，随着孔隙数量的增多，煤样中暴露出来的活性基团数量变多，这些活性基团会参与反应使放热量增大，但水分与黄铁矿硫发生反应生成的 $Fe(OH)_3$ 胶体却会堵塞煤样的孔隙。所以在水分含量为 5.83% 时，由于水分的增加量较为有限，虽然水分对煤体产生了溶胀作用使得孔隙数量增大，但是因水分增加生成的 $Fe(OH)_3$ 胶体也会堵塞部分孔隙，在两种相反因素的影响下，暴露出来的活性基团量较为有限，放热量的增加也不明显；而当水分含量增至 11.43% 和 16.31% 时，由于煤样中黄铁矿硫的含量是固定的，生成的 $Fe(OH)_3$ 胶体也就相对有限，其堵塞的孔隙也就变得相对有限。因为水分的增加量较多，溶胀作用产生的孔隙不断变多，暴露出来的活性基团数量也就逐渐增长，使得反应放出的热量不断变大。

在以上三种因素的共同影响下，原始煤样并没有该现象出现，水分含量为 5.83% 的煤样因为水分增加量较少，虽然相比原始煤样放热量有小幅度的增大，但是仍然不会有放热速率较快的现象出现。

水分含量为 11.43% 和 16.31% 的煤样在经历放热速率较快的现象后，放热速率会逐渐减缓，主要是因为溶胀作用，孔隙数量增加而暴露出更多的活性基团参与反应，但煤中活性基团的数量是固定的，溶胀作用暴露出来的活性基团在放热速率较快的阶段被消耗，且缓慢放热阶段外在水分也逐渐蒸发完，所以放热速率会逐渐减小。缓慢放热阶段经历的温度范围虽然较长，但是放热量却比较少，由原始煤样增至水分含量为 16.31% 时，四种煤样在缓慢放热阶段的放热量占总放热量的比例分别为 0.6%、2.33%、10.75% 和 11.11%，最多也仅占总放热量比例的 11.11%。

对于放热速率减少阶段而言，随着水分含量的增加，该阶段的放热量呈现出先增加后减小的趋势，具体如图 2-19 所示。

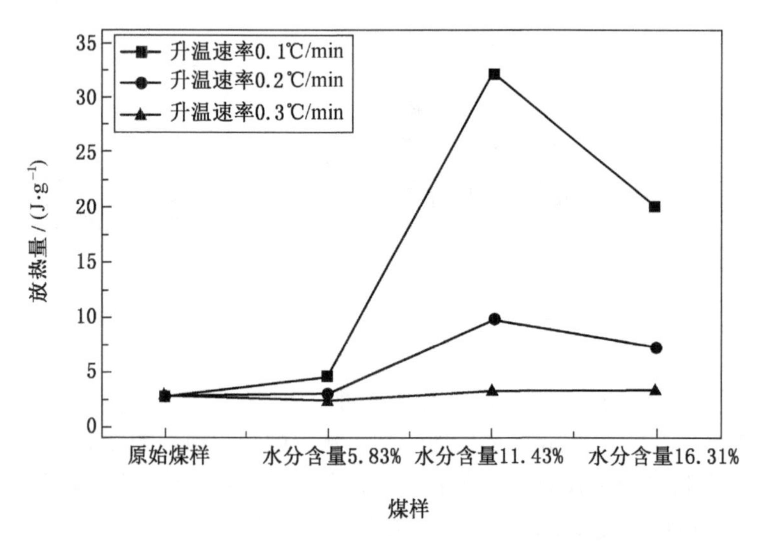

图 2-19　放热速率减少阶段放热量变化

煤样热量的变化是吸热反应和放热反应相互耦合的过程，在该阶段煤样的放热量大于吸热量，表现为放热反应，但是在该阶段内在水分逐渐蒸发，水分蒸发作用使吸热反应得到了一定程度的加强，所以在热流曲线中就会宏观表现出放热速率减小。由不同煤样在不同热量变化阶段经历的温度范围结果可知，该阶段在所有热量变化阶段中所经历的温度范围最小，如水分含量为16.31%的煤样，在该阶段经历的温度范围仅为4.81 ℃。所以该阶段的放热量占总放热量的比例也是所有放热阶段中最少的，四种不同水分含量的煤样在放热速率减少阶段的放热量占总放热量的比例分别为0.41%、0.67%、3.02%和1.73%，最多也仅占总放热量的3.02%。

快速放热阶段随着水分含量的增加，煤样在该阶段的放热量呈现出先减小后增加的趋势，具体如图2-20所示。

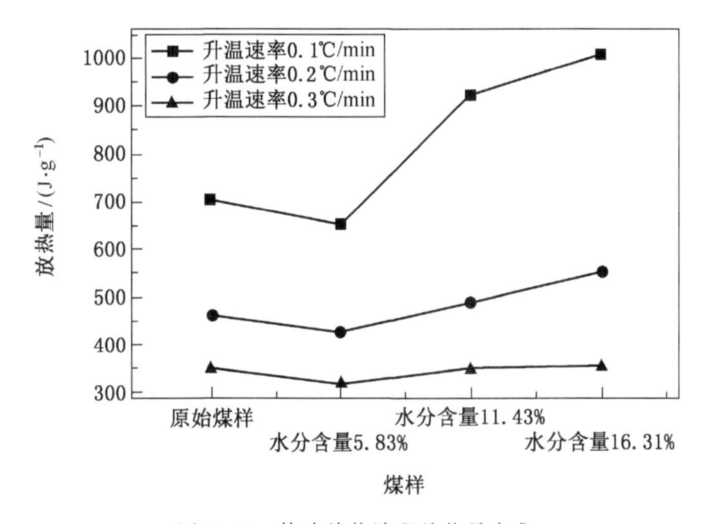

图2-20　快速放热阶段放热量变化

水分含量为5.83%的煤样在该阶段的放热量最低，煤样总放热量小于原始煤样，其自燃可能性相对于原始煤样有所降低，这主要是由水分含量为5.83%的煤样在快速放热阶段的放热量较小导致的。结合程序升温实验的分析，在该阶段热量变化主要是由煤氧反应强弱的变化引起的，水分对煤氧反应的有双重作用的影响，在水分含量为5.83%时，煤样的煤氧反应受到了抑制，放热量减少，当水分含量为11.43%和16.31%时，煤样的煤氧反应受到了促进，放热量增大。在所有煤样中，绝大部分的放热量都集中在快速放热阶段，该阶段经历的温度范围最长，放热量最大，占总放热量的比例也最大。四种煤样在该阶段的放热量占总放热量的比例分别为98.99%、97%、86.23%、87.16%，最少的也占总放热量的86%以上。由此说明，在煤低温氧化阶段，快速放热阶段放热量最大，煤在该阶段热量积聚得最多，自燃的可能性最大。因此，在实际情况中，应对该阶段煤样温度的变化进行重点监测，同时应控制环境的湿度等，使煤样尽可能地保持在低水分含量状态下。

4. 不同水分含量煤样放热量随温度变化规律

根据不同水分含量煤样在升温氧化过程中放热特性的实验结果，得到不同升温速率条件下不同水分含量煤样放热量随温度变化的规律（图2-21）。

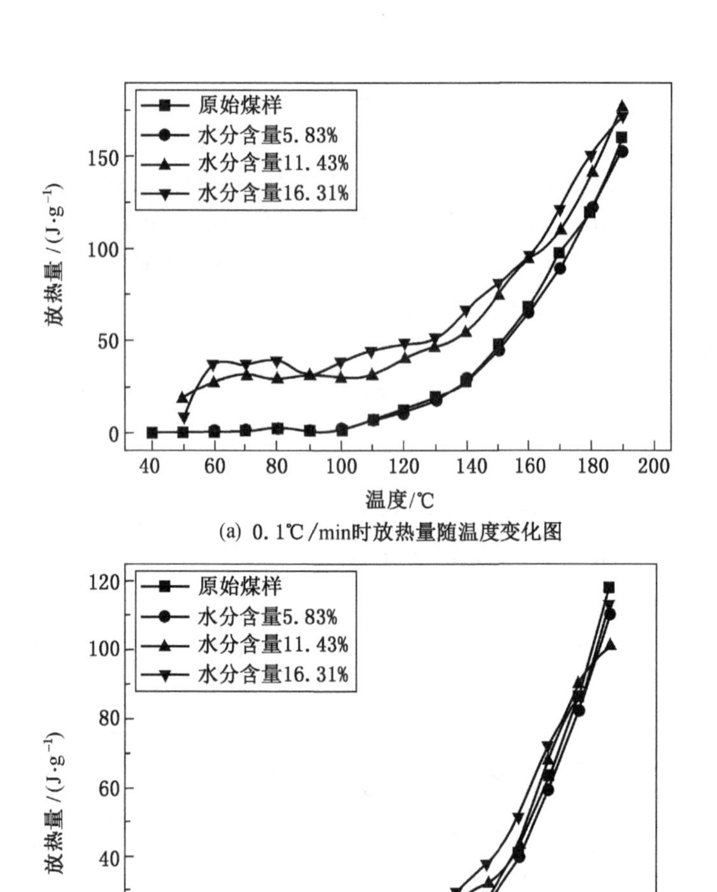

(a) 0.1℃/min时放热量随温度变化图

(b) 0.2℃/min时放热量随温度变化图

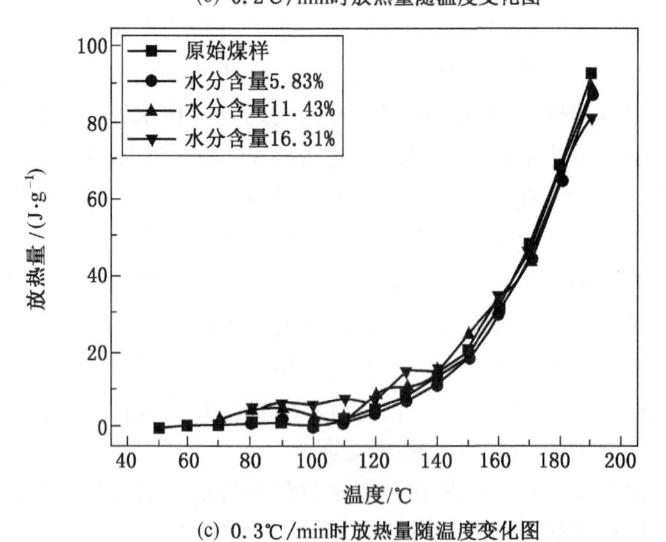

(c) 0.3℃/min时放热量随温度变化图

图2-21 不同升温速率下不同煤样放热量随温度的变化

由图 2-21 可知，不同升温速率条件下，煤样放热量随温度的变化虽然有所不同，但是变化规律基本相同，这里以升温速率 0.1 ℃/min 为例。在实验中除了原始煤样外，其他三种不同水分含量的煤样在 40 ℃时并未放热，所以在图中只有原始煤样存在 40 ℃时的放热量。

不同煤样放热量随温度变化趋势与煤样热量阶段性变化及总放热量变化结果十分契合。在 100 ℃之前，随着水分含量的增加，各温度的放热量基本呈现出逐渐增加的趋势，水分含量为 5.83% 的煤样各温度间放热量的增加幅度很小，与原始煤样较为接近，而水分含量为 11.43% 和 16.31% 的煤样各温度间放热量的增加幅度相对较大。所有煤样在 100 ℃左右放热量均会有所减小，这是煤样在该温度附近会经历放热速率减少阶段所致。原始煤样和水分含量为 5.83% 的煤样在 40~100 ℃时各温度间放热量的变化程度较为缓慢，对应煤样的缓慢放热阶段，各温度间放热量的变化仅为 1 J/g 左右，在 100 ℃之后，各温度间放热量的变化量逐渐增大，对应煤样的快速放热阶段，温度由 130 ℃增至 140 ℃时，放热量变化为 10 J/g 左右，是 40~100 ℃时各温度间放热量变化量的 10 倍，而由 170 ℃增至 180 ℃时，放热量变化为 24 J/g 左右，是 40~100 ℃时各温度间放热量变化量的 24 倍。对于水分含量为 11.43% 和 16.31% 的煤样，在 60~100 ℃时各温度间放热量的变化程度同样较为缓慢。对应煤样的缓慢放热阶段，其各温度间放热量的变化仅为 1 J/g 左右，在 100 ℃之后，各温度间放热量的变化量逐渐增大。对应煤样的快速放热阶段，温度由 130 ℃增至 140 ℃时，放热量变化为 15 J/g 左右，是 40~100 ℃时各温度间放热量变化量的 15 倍，而由 170 ℃增至 180 ℃时，放热量变化为 20 J/g 左右，是 40~100 ℃时各温度间放热量变化量的 20 倍。在 50~60 ℃温度间，由于放热速率出现短时间的加快，故放热量的变化较快，但是其放热量的变化仍然小于 100 ℃之后放热量的变化。

当温度超过 100 ℃后，不同水分含量煤样各温度间的放热量会出现差异。水分含量 5.83% 的煤样在 100 ℃之后各温度的放热量均小于原始煤样，而水分含量为 11.43% 和 16.31% 的煤样在 100 ℃之后各温度间的放热量则大于原始煤样，且水分含量越高，各温度间的放热量越大。由各煤样的总放热量结果可知，水分含量为 5.83% 的煤样总放热量小于原始煤样，100 ℃之前，水分含量为 5.83% 的煤样各温度间的放热量均大于原始煤样，所以 100 ℃之后其各温度间的放热量相对于原始煤样有所减小，这符合水分含量为 5.83% 煤样在快速放热阶段的放热量小于原始煤样快速放热阶段的放热量，同时也符合总放热量的变化规律。而水分含量为 11.43% 和 16.31% 的煤样 100 ℃之后各温度间放热量的变化趋势，同样与其不同热量变化阶段的放热量及总放热量的变化趋势相符。

5. 水分含量对煤活化能的影响

活化能是煤低温氧化过程中一个非常重要的动力学参数，活化能变化能够在一定程度上体现出煤中反应发生的难易程度。目前，国内外对煤自燃过程活化能的变化规律及准确地计算方法还没有统一的定论，一些学者认为煤的活化能值随煤温的升高而增大，而有些学者却认为活化能应该是随着温度的升高而逐渐减小的，甚至可能变为负值，即煤的氧化反应将没有能垒。而当前的活化能是在单升温速率下计算得到的，误差往往比较大。为了更为准确地计算煤低温氧化过程的活化能变化特性，实验采用三升温速率条件下的煤氧化过程放热特性来计算煤的活化能随温度的变化规律。

通常情况下可以用积分法和微分法对热分析曲线进行动力学分析求得活化能结果，实验选用 Kissinger-Akahira-Sunose 法（简称 KAS 法）。

在单一的升温速率条件下，温度值与其转化率是一一对应的，因此可以得出不同升温速率条件下氧化反应随温度的变化规律。快速放热阶段中煤样的放热量最大，占总放热量的比例最高，因此对快速放热阶段活化能变化进行研究。快速放热阶段活化能计算结果见表 2-10。

表 2-10　快速放热阶段活化能

煤　　样	平均活化能/($kJ \cdot mol^{-1}$)	平均拟合度
原始煤样	122. 770	0. 994
水分含量 5. 83%	133. 410	0. 974
水分含量 11. 43%	129. 450	0. 991
水分含量 16. 31%	124. 750	0. 986

不同水分含量煤样热流曲线计算出的不同热量变化阶段的活化能主要表征的是不同水分含量煤样反应过程中热量变化的难易程度。由表 2-10 的结果可知，在快速放热阶段，不同水分含量煤样的平均活化能为 120~135 kJ/mol，随着水分含量的增加，煤样的活化能变化呈现出先增加后减小的趋势，其中，水分含量为 5. 83% 的煤样活化能最高，原始煤样的活化能最低，所有水分含量增加的煤样活化能均高于原始煤样，这说明水分含量的增加，煤样在快速放热阶段的放热难易程度均比原始煤样难，且并不是水分含量越大在该阶段放热就越难，而是存在一个临界值，实验中的临界值为 5. 83%，在该水分条件下，煤样放热最难。这是因为水分含量的增加使得快速放热阶段的蒸气压增大，所需的活化能变大，但水分含量为 11. 43% 和 16. 31% 的煤样前期水氧络合物生成量较大，促进了煤氧反应的进行，故其活化能虽然大于原始煤样，但是仍小于水分 5. 83% 煤样所需的活化能。结合该阶段不同水分含量煤样的放热量可知，水分含量为 5. 83% 的煤样活化能最高，放热最难，放热量也最小；而水分 11. 43% 和 16. 31% 的煤样在该阶段的活化能高于原始煤样，比原始煤样放热要难，但是其放热量却都比原始煤样要高，这说明活化能的大小与放热量之间并不存在正比例关系，活化能的大小仅能表征该阶段反应的难易程度，与放热量之间并不存在比例关系。

2. 5　水分对煤氧化过程热失重特征的影响

2. 5. 1　实验方法

1. 实验目的

热重实验的主要目的是测试不同水分含量煤样质量变化与温度之间的关系，分析水分含量的变化对煤样质量与特征温度点变化的影响。

2. 实验装置及原理

实验采用德国 NETZSCH 公司的 STA-449-F3 同步热分析仪（STA）（图 2-22）。热分析法是通过预定程序对温度进行控制，分析各种物质在受热过程中的物理变化或化学变化，同时也可以分析物质在物理化学变化中温度、能量和质量的改变。该方法可以应用于物质的物相转化、热分解、稳定性及相容性等相关的研究领域。

3. 实验条件

煤样粒径为200目以下，煤样质量为5 mg，空气流量为50 mL/min，当煤样、环境及检测温度稳定后，再以5 K/min的升温速率从30 ℃升温至400 ℃进行测试。

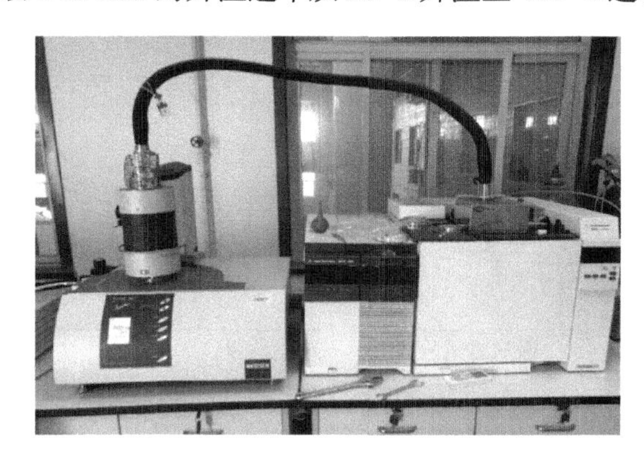

图2-22 STA-449-F3同步热分析仪

2.5.2 水分含量对煤特征温度的影响

通过热重实验，在空气气氛下，得到煤样的TG和DTG曲线，TG曲线代表随温度升高煤样质量的变化情况，DTG曲线是TG曲线的一阶导数，它代表随温度升高煤样质量变化的速率。通过对煤样TG和DTG曲线的分析可以得出三个特征温度点：

（1）临界温度点 T_1。煤样DTG曲线上第一个出现的最大峰值点即为临界温度点 T_1。在最大失重速率温度点处，煤氧复合开始加速，羧基、羟基等官能团与 O_2 反应产生CO、CO_2 等气体。煤氧复合反应和耗氧速率在该点之后逐渐增强，煤样的失重速率逐渐降低。

（2）质量最小值温度点 T_2。煤样在达到着火温度前，在TG曲线上质量最小的点就是质量最小值温度点 T_2，该点之后水分蒸发作用即结束。临界温度点 T_1 之后，煤氧复合反应的程度逐渐增加，氧气的消耗量和气体的脱附量逐渐达到平衡，失重速率逐渐减小，最终达到质量最小值温度。

（3）干裂温度点 T_3。煤样的质量从保持一段稳定不变至开始逐渐增加的点即为干裂温度点 T_3。从该点开始，煤样的化学吸附大幅度增加，煤中大多数活性基团参与到氧化反应中，氧气的吸附量大幅度增加，煤样质量不断变大。不同水分含量煤样的TG及DTG曲线如图2-23所示。

通过观察不同水分含量煤样的热分析实验结果，煤样在程序控温的条件下，特征温度点的参数见表2-11。

表2-11 不同水分含量煤样的特征温度点

样品	T_1/℃	DTG_1/(%·min^{-1})	T_2/℃	DTG_2/(%·min^{-1})	T_3/℃	DTG_3/(%·min^{-1})
原始煤样	65.30	-0.08	77.90	-0.02	120.20	-0.02
水分含量5.83%	66.80	-0.09	87.30	-0.02	114.30	-0.02
水分含量11.43%	63.50	-0.07	102.20	-0.03	114.50	-0.03
水分含量16.31%	64.20	-0.07	103.10	-0.02	115.90	-0.02

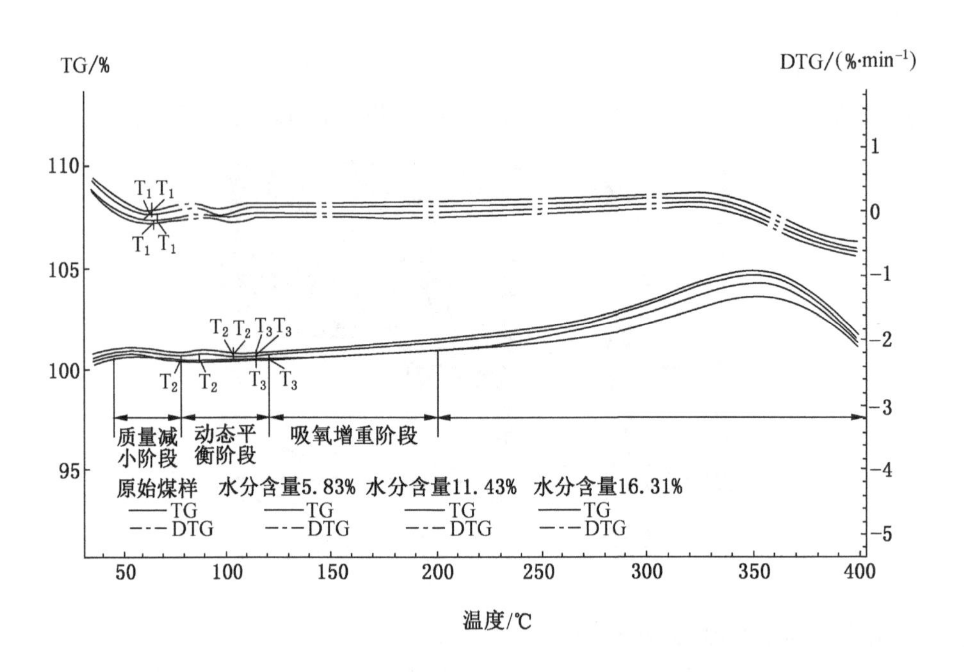

图 2-23 不同水分含量煤样的 TG 及 DTG 曲线

由表 2-9 的数据可知，煤样临界温度点 T_1 随着水分含量的增加先增加后减小再增加，其中，水分含量为 5.83%煤样的温度最高，达到 66.8 ℃，水分含量为 11.43%煤样的温度最低，为 63.5 ℃；由程序升温实验的结果确定原始煤样和水分含量为 5% 的煤样临界温度大致为 80 ℃，水分含量为 11.43% 和 16.31% 的煤样临界温度大致在 70 ℃左右，不同水分含量煤样特征温度点 T_1 与程序升温实验中的临界温度较为相近，二者的变化趋势也基本相同。联系二者可知，该温度点后，水分蒸发的作用在慢慢变小，水氧络合物等因素的影响逐渐增强，煤氧反应程度有所增加，耗氧速率及 CO 产生量出现第一次较大幅度的增加。就质量最小值温度点 T_2 而言，随着水分含量的增加，该温度点呈现出逐渐增加的趋势。当煤样的水分含量由 5.83% 增至 11.43% 时，煤样质量最小值温度点 T_2 的变化程度最大，增加了 14.9 ℃，而当煤样的水分含量由 11.43% 增加至 16.31% 时，煤样质量最小值温度点 T_2 的变化程度较小，仅增加了 0.9 ℃。对于干裂温度点 T_3，随着水分含量的增加，该温度点呈现出先减小后增加的趋势。其中原始煤样该温度点均高于三种不同水分含量该点的温度，水分含量为 5.83% 的煤样该点温度最低，为 114.3 ℃，在该点之后煤氧反应逐渐增强，耗氧速率和 CO 产生量等指标气体的变化出现第二次大幅度的增长，且之后会呈现出指数型增长。根据三个温度点随水分增加的变化趋势可知，水分含量的变化对不同特征温度点变化的影响作用不尽相同。

2.5.3 水分含量对热失重的影响

通过特征温度点可以将煤氧化升温过程分为三个阶段，分别为质量减小阶段、动态平衡阶段和吸氧增重阶段，各阶段煤样质量变化见表2-12。

表 2-12　不同水分含量煤在受热过程中质量变化

样　　品	质量减小阶段		吸氧增重阶段	
	T_2/℃	ΔM/%	T_3/℃	ΔM/%
原始煤样	77.90	0.16	120.20	0.50
水分含量 5.83%	87.30	0.19	114.30	0.43
水分含量 11.43%	102.20	0.18	114.50	0.59
水分含量 16.31%	103.10	0.25	115.90	0.62

由表 2-12 可知，在煤样的质量减小阶段，随着水分含量的增加，原始煤样在该阶段质量的减小量是最少的，这是由于原始煤样的水分含量最少，仅有 0.97%，水分蒸发量最少，所以在该阶段质量的减小量最少。在三种不同水分含量的煤样中，煤样在水分含量为 16.31%的条件下质量的减小量最多，达到了 0.25%；煤样在水分含量为 11.43% 的条件下，其质量的减小量与水分含量为 5.83% 的煤样非常接近。这是因为煤样的硫含量较高，在水分含量为 11.43% 的情况下，黄铁矿硫与水分的反应最为充分；水分含量为 5.83% 时，由于水分含量不足，二者之间的反应有限；水分含量为 16.31% 时，由于黄铁矿含量固定，在该水分含量的条件下，二者之间的反应程度与水分含量为 11.43% 时较为接近。水分与黄铁矿硫反应生成硫酸铁 $Fe_2(SO_4)_3$ 和 $Fe(OH)_3$ 等物质，在水分含量为 11.43% 的情况下，虽然水分含量的增加使蒸发作用增强，但是水分与黄铁矿之间的反应程度同样高于水分含量为 5.83% 的煤样，所以在质量减小方面，宏观表现为二者的质量减小量较为接近。当水分含量增至 16.31% 时，由于黄铁矿与水之间的反应程度与水分含量为 11.43% 时较为接近，而水分的蒸发作用进一步加强，所以在质量减小方面，宏观表现为质量的减小量最大。

在吸氧增重阶段，随着水分含量的增加，煤样质量的变化量先减小后增加，水分含量为 5.83% 的煤样质量变化量最小，只有 0.43%，水分含量为 16.31% 的煤样质量变化量最大，达到 0.62%，与程序升温实验耗氧速率和耗氧量的变化情况一致，这种现象是由该阶段煤氧反应的程度造成的，说明该阶段煤样质量的增加主要是由氧气的吸收所致。煤氧反应越强，吸收的氧气量越多，该阶段质量的变化量越大；煤氧反应越弱，吸收的氧气量越少，该阶段质量的变化量越小。由于水分对煤氧反应既有促进作用又有抑制作用，在两种作用动态变化的影响下，水分 5.83% 的煤样氧反应得受了抑制，水分含量 11.43% 和 16.31% 的煤样氧反应得到了促进，所以水分 5.83% 的煤样在该阶段吸收的氧气含量最小，水分为 16.31% 的煤样在该阶段吸收的氧气量最多，质量变化出现了先减小后增加的情况。

2.6　水分对煤氧化特性的影响

煤自燃是一个非常复杂的物理、化学变化过程，是多变的自加速的放热过程，该过程主要是煤氧复合过程。其中，物理变化包含气体的吸附、脱附、水分的蒸发与凝结、热传导、煤体的升温、结构的松散等；化学变化包含煤表面分子中各种活性结构与氧发生化学吸附和化学反应，生成各种含氧基团及产生多种气体，同时伴随着热效应（有放热和吸热）。由于化学反应，煤的大分子内部交联键重新分布，使煤的物理、化学性质发生变化，并进一步影响煤氧复合进程。煤氧复合过程及其放热特性随着温度、煤中孔隙率以及与空气接触的表面积等的不同而不同。实验是在程序升温箱中对煤样加热升温，在不同温度情况下，测试不同粒度煤样的耗氧特性和 CO、CO_2、C_2H_2、C_2H_4、C_2H_6 等气体的产生量等自燃特性。

2.6.1 实验装置及原理

1. 实验原理

在一个直径 10 cm、长 22 cm 的钢管中装入 1 kg 的煤，为了通气均匀，上下两端分别留有 2 cm 左右自由空间（采用 100 目铜丝网托住煤样），然后置于利用可控硅控制温度的程序升温箱内加热，并送入预热空气，采集不同煤温时产生的气体。当温度达到要求后，停止加热，打开炉门，对装置进行自然对流降温。最后，对不同煤温时采集的气体进行气体成分分析及含量测定。程序加热升温实验流程如图 2-24 所示。

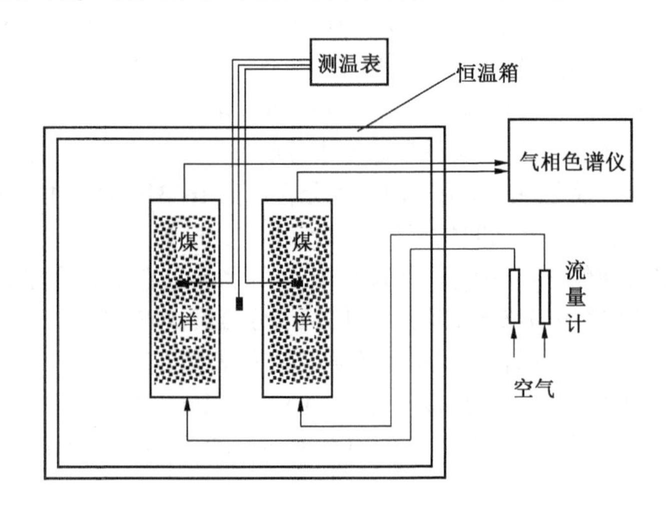

图 2-24　程序加热升温实验流程图

2. 实验系统

整个实验测定系统分为气路、控温箱和气样采集分析三部分。

1）气路部分

气体由 SPB-3 全自动空气泵提供，通过三通流量控制阀，浮子流量计进入控温箱内预热，然后流入试管通过煤样，从排气管经过干燥管，直接进入气相色谱仪进行气样分析。

2）试管及控温部分

为了能反映出煤样的动态连续耗氧过程和气体成分变化，按照与大煤样试验相似的条件，推算出试验管面积为 70.88 cm^2 时的最小供风量：

$$Q_{小}=Q_{大}\times S_{小}/S_{大}=41.8\sim83.6 \tag{2-7}$$

式中，$Q_{小}$、$S_{小}$ 分别为试管的供风量与断面积；$Q_{小}/S_{小}$ 为试管的供风强度；$Q_{大}$、$S_{大}$ 分别为大试验台的供风量（0.1~0.2 m^3/h）与断面积（0.2826 m^2）；$Q_{大}/S_{大}$ 为大实验台的供风强度。

一般煤样常温时最大耗氧速度小于 2×10^{-10} mol/(s · cm^3)，确定试管装煤长度为 22 cm，气相色谱仪的分辨率为 0.5%（即最大氧浓度为 20.89%）。为使试管入口和出口之间

的氧浓度差在矿用气相色谱仪分辨范围内，最大供风量为

$$Q_{\max}=\frac{V_0(T)S_{小}Lf}{C_0\ln\left(\frac{C_0}{C}\right)}=\frac{2\times10^{-10}\times70.88\times22\times0.5}{\frac{0.21}{22.4\times10^3}\times\ln\left(\frac{21}{20.89}\right)}\times60=190.0\ \mathrm{mL/min}$$

因此，实验供风量范围在 41.8~190.0 mL/min 之间。

当流量为 41.8~190.0 mL/min 时，气流与煤样的接触时间为

$$t=L\cdot f\cdot S_{小}/Q=4.1\sim18.65\ \mathrm{min} \tag{2-8}$$

式中，L 为煤样在试管内的高度，cm；f 为空隙率，%；$S_{小}$ 为试管断面积，cm^2；Q 为供风量，cm^3/min。

为了使进气温度与煤样温度基本相同，在程序升温箱内盘旋 2 m 铜管，气流先通过盘旋管预热后再进入煤样。

程序升温箱采用可控硅控制调节器自动控制，炉膛空间为 50 cm×40 cm×30 cm。

在实验过程中发现试管内松散煤样的导热性很差，在实验前期（100 ℃以下），炉膛升温速度快而试管内煤样升温速度很慢，实验测定时，探头显示的温度基本上是煤样最低温度，煤样升温滞后于程序升温箱内温度，在实验后期（100 ℃以上），煤氧化放热速度加快，煤样内温度超过程序升温箱温度，探头显示的温度基本上是煤样的最高温度。

3）气体采集及分析部分

试管内煤样采用压入式供风，试管煤样中的气体排入空气中，用针管采集气体，利用气相色谱仪进行气体成分分析，排气管路长 1 m，管径 2 mm。

3. 实验步骤

煤样质量为 1 kg，煤样粒径为混样，空气流量为 120 mL/min，升温速率为 0.3 ℃/min，煤温每上升约 10 ℃进行一次气体采集并进行色谱分析。

2.6.2 水分含量对指标气体的影响

CO 是煤氧化反应生成的气体，通常作为表征煤自燃难易程度的标志性气体。在煤氧复合反应前期，由于水分的催化作用，氧气会与煤分子发生反应生成水氧络合物。水分含量会影响水氧络合物的生成量，而水氧络合物又是后期化学反应的反应物，而后期化学反应会有 CO 和 CO_2 气体生成，因此，水分含量的变化会影响 CO 和 CO_2 的产生率，不同水分含量煤样 CO 产生量变化如图 2-25 所示。由 CO 产生量变化曲线可知，在 100 ℃之前，CO 浓度的变化量很小，随着水分含量的增加，CO 产生量与耗氧量的变化规律不同。当温度超过 80 ℃后，CO 浓度发生较大变化。在 100 ℃之后，CO 浓度的变化量出现明显增长，随着水分含量的增加，CO 产生量先减小后增加，其中水分含量为 5.83% 的煤样 CO 产生量最小，水分含量为 16.31% 的煤样 CO 产生量最大，其变化规律与耗氧速率和耗氧量的变化规律相同。

不同水分含量煤样 CO_2 产生量变化如图 2-26 所示。由 CO_2 产生量变化曲线可知，水分对 CO_2 产生量的影响较大。在 100 ℃之前，CO_2 产生量随温度升高波动性较大，但总体呈现出随水分含量增长而增长的趋势。100 ℃之后，随着水分含量的增加，CO_2 产生量先减小后增加，其中水分含量为 5.83% 的煤样 CO_2 产生量最小，水分含量为 16.31% 的煤样 CO_2 产生量最大，与 CO 产生量和耗氧速率变化情况相同。

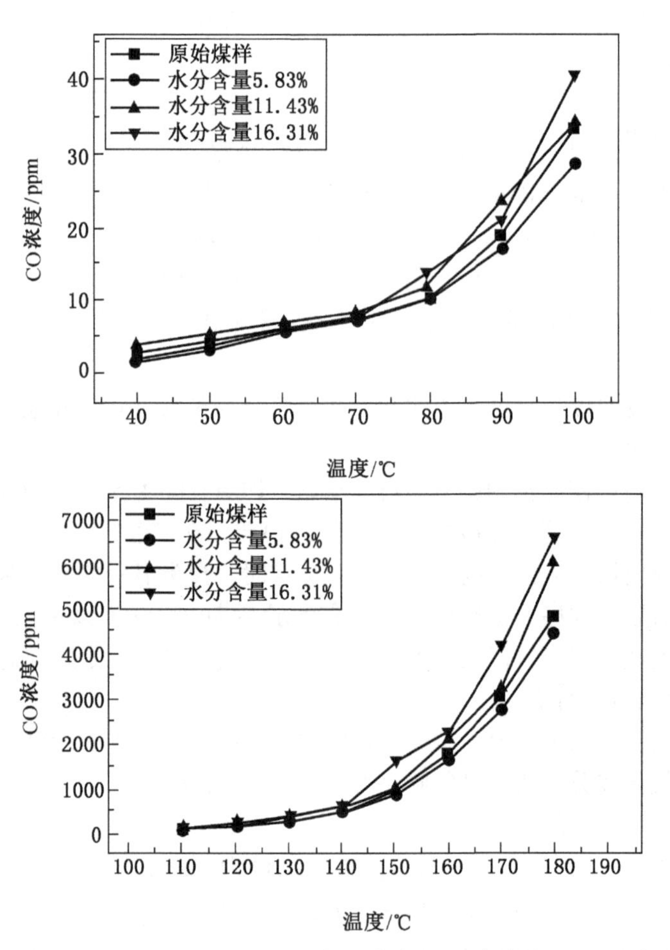

图 2-25　不同水分含量煤样的 CO 产生量

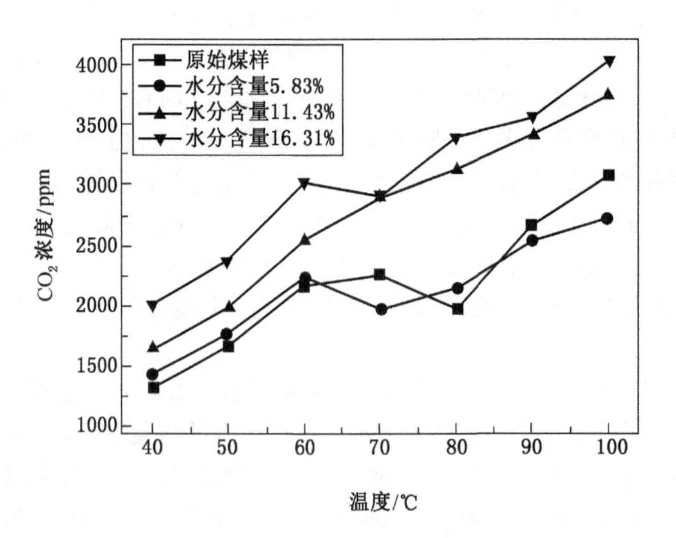

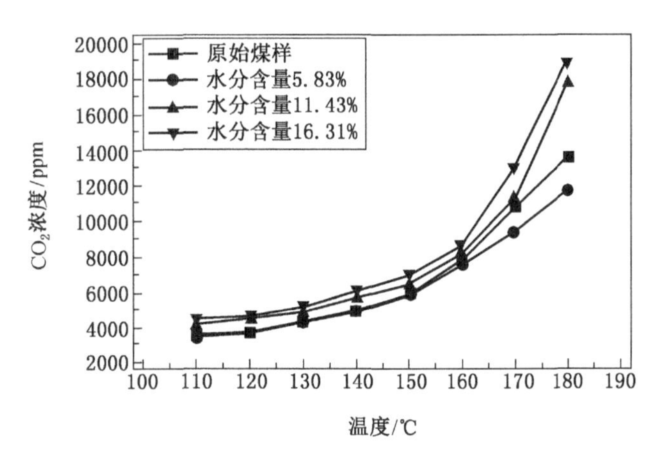

图 2-26　不同水分含量煤样的 CO_2 产生量

2.6.3　水分对煤耗氧速率的影响

耗氧速率是煤样氧化过程中一项重要的特征参数，它能反映煤样氧化性的强弱，不同水分含量煤样的耗氧速率如图 2-27 所示。

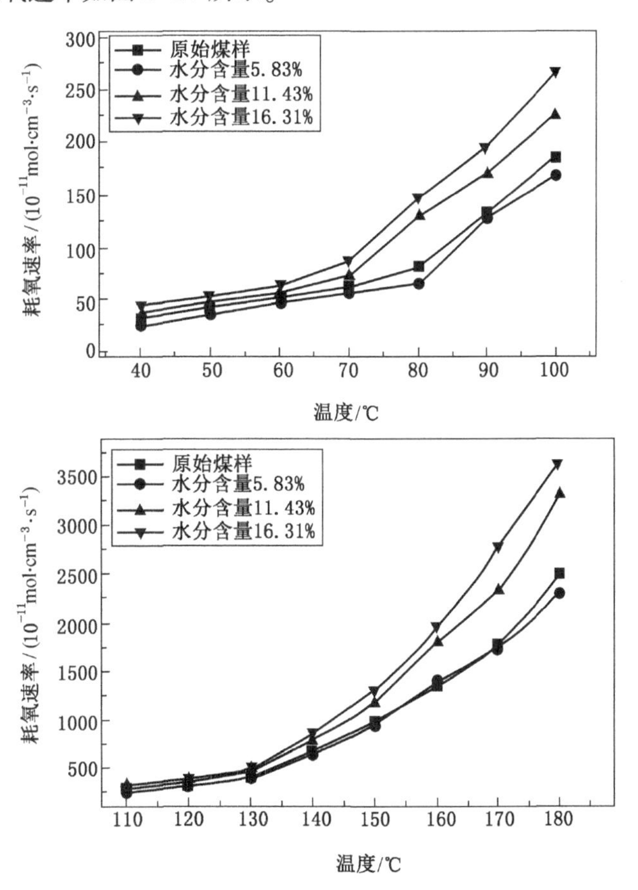

图 2-27　水分作用下煤样的耗氧速率

由图 2-27 可知，随着温度的逐渐升高，不同水分含量煤样的耗氧速率均随着温度逐渐增大，且曲线呈指数形式上升。这是因为随着温度的逐渐增加，煤体内部煤氧反应的强度逐渐增加，煤样裂解产生的耗氧官能团和活性基团等使耗氧量增加，故耗氧速率呈现出逐渐增大的趋势。

由 100 ℃前后不同水分含量煤样耗氧速率的对比可知，在 100 ℃之前，煤样的耗氧速率较小，说明在该阶段煤氧反应的程度较小。随着水分含量的增加，煤样的耗氧速率先减小后增加，当温度超过 70 ℃后，耗氧速率有一个较为明显的增长。

在 100 ℃之后，煤样的耗氧速率明显的变大，且呈现出指数型增长，说明在该阶段煤氧反应的程度较大。随着水分含量的增加，煤样的耗氧速率先减小后增加，水分含量为 5.83% 的煤样与原始煤样的耗氧速率较为接近，但是整体上水分含量为 5% 的煤样耗氧速率要低于原始煤样。水分含量为 11.43% 和 16.31% 的煤样耗氧速率要明显高于另外两种煤样，且水分含量越高耗氧速率越快。在温度超过 130 ℃时，煤样的耗氧速率再次出现较为明显的增长。

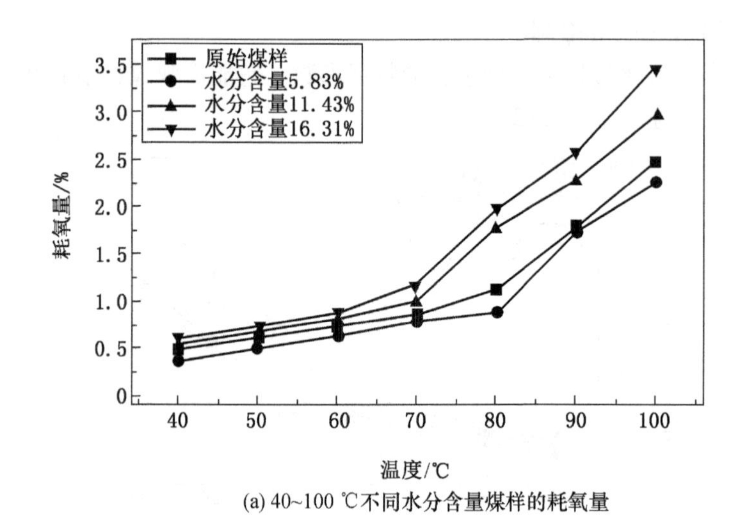

(a) 40~100 ℃不同水分含量煤样的耗氧量

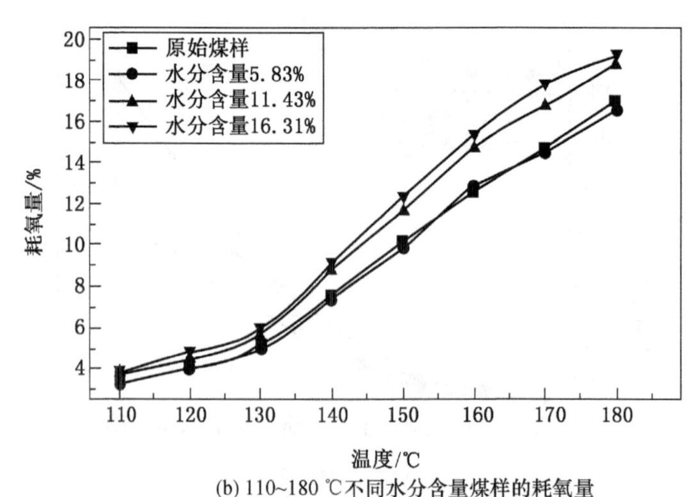

(b) 110~180 ℃不同水分含量煤样的耗氧量

图 2-28　不同水分含量煤样的耗氧量

由图2-28可知，随着温度的增加，不同水分含量煤样的耗氧量均呈现出逐渐增加的趋势，与耗氧速率的变化趋势一致，且在温度为80 ℃和130 ℃时，煤样的耗氧量会出现两次不同幅度的增加。

不同水分含量煤样耗氧量与耗氧速率的变化规律一致。在100 ℃之前，随着水分含量的增加，煤样的耗氧量先减小后增加的趋势。80 ℃时，原始煤样和水分含量为5.83%的煤样出现耗氧量明显增长，水分含量为11.43%和16.31%的煤样则在70 ℃时耗氧量明显增长。在100 ℃之后，随着水分含量的增加，煤样的耗氧量先减小后增加，其中水分含量为5.83%的煤样耗氧量最小，水分含量为16.31%的煤样耗氧量最大。

2.7 不同含水分煤低温氧化特性参数关联性分析

通过对不同水分含量煤低温氧化过程中的耗氧速率、气体产物、质量变化、热效应和自由基等结果的对比，分析不同水分含量煤低温氧化特征参数之间的关联。

2.7.1 不同特性参数的表现特征

通过对实验结果的分析，以C80实验确定的不同阶段为例，将不同水分含量煤样低温氧化过程特性参数的表现特征和变化趋势进行对比，结果见表2-13～表2-16。真密度实验结果显示，随着水分含量的增加，煤样的孔隙率逐渐增大，因为实验是在常温下进行的，所以未在表中进行体现。

表2-13 吸热阶段实验结果对比

实验结果	表现特征	变化趋势
耗氧速率	耗氧速率较低，均在50×10^{-11} mol/(cm^3·s^1)以下	随水分含量增加先减小后增加，水分含量为5.83%煤样的耗氧速率最小
CO产生量	CO浓度较小，均在5 ppm以下	随水分含量增加呈现逐渐增加的趋势
质量变化	水分蒸发及脱附阶段	随水分含量增加质量先增加后减小再增加，其中水分含量为5.83%和11.43%的煤样质量变化较为接近
放热量	吸热阶段	随水分含量增加吸热量逐渐增加
自由基	1. *g*因子值较高，大于2.00253 2. 线宽较低 3. 自由基浓度较低	1. *g*因子值呈分散性变化 2. 线宽：随水分含量的增加先增加后减小，水分含量为5.83%煤样的线宽最低 3. 自由基浓度：随水分含量的增加先增加后减小，水分含量为16.31%煤样的自由基最低

表2-14 缓慢放热阶段实验结果对比

实验结果	表现特征	变化趋势
耗氧速率	耗氧速率较低，均在150×10^{-11} mol/(cm^3·s^1)以下	随水分含量增加先减小后增加，水分含量为5.83%煤样的耗氧速率最小
CO产生量	CO浓度较小，均在13 ppm以下	随水分含量增加先减小后增加，水分含量为5.83%煤样的CO浓度最低

表 2-14（续）

实验结果	表现特征	变　化　趋　势
质量变化	1. 水分蒸发及脱附阶段 2. 动态平衡阶段	1. 随水分含量增加质量先增加后减小再增加，其中水分含量为5.83%和11.43%的煤样质量变化较为接近 2. 该阶段质量没有较大变化
放热量	缓慢放热阶段	随水分含量增加吸热量逐渐增加
自由基	1. g 因子值较高，大于2.00246 2. 线宽较低 3. 自由基浓度较低	1. g 因子值：随水分含量增加而增大 2. 线宽：随水分含量的增加先增加后减小，水分含量为5.83%煤样的线宽最高 3. 自由基浓度：随水分含量的增加先增加后减小，水分含量为16.31%煤样的自由基浓度最低

表 2-15　缓慢放热阶段实验结果对比

实验结果	表现特征	变　化　趋　势
耗氧速率	耗氧速率较低，均在 $190\times10^{-11}mol/(cm^3\cdot s^1)$ 以下	随水分含量增加呈现出先减小后增加的趋势，水分含量为5.83%煤样的耗氧速率最小
CO 产生量	CO 浓度较小，均在 20 ppm 以下	随水分含量增加先减小后增加，水分含量为5.83%煤样的 CO 浓度最低
质量变化	1. 水分蒸发及脱附阶段 2. 动态平衡阶段	1. 随水分含量增加质量先增加后减小再增加，其中水分含量为5.83%和11.43%的煤样质量变化较为接近 2. 该阶段质量没有较大变化
放热量	放热速率减小阶段	随水分含量增加呈现先增加后减小的趋势，其中水分含量为11.43%的煤样放热量最大
自由基	1. g 因子值较高，小于2.00237 2. 线宽较高 3. 自由基浓度较高	1. g 因子值：随水分含量增加而增大 2. 线宽：随水分含量的增加先增加后减小，水分含量为5.83%煤样的线宽最高 3. 自由基浓度：随水分含量的增加先增加后减小，水分含量为5.83%煤样的自由基浓度最高

表 2-16　快速放热阶段实验结果对比

实验结果	表现特征	变　化　趋　势
耗氧速率	耗氧速率较高，最高可至 $3700\times10^{-11}mol/(cm^3\cdot s^1)$ 以下	随水分含量增加先减小后增加，水分含量为5.83%煤样的耗氧速率最小
CO 产生量	CO 浓度较大，最高可至6800 ppm	随水分含量增加先减小后增加，水分含量为5.83%煤样的 CO 浓度最低
质量变化	1. 水分蒸发及脱附阶段 2. 动态平衡阶段 3. 吸氧增重阶段	1. 随水分含量增加质量先增加后减小再增加，其中水分含量为5.83%和11.43%的煤样质量变化较为接近

表 2-16（续）

实验结果	表现特征	变 化 趋 势
放热量	快速放热阶段	2. 该阶段质量没有较大变化，随水分含量增加放热量先减小后增加，其中，水分含量为 5.83% 煤样的放热量最小
自由基	1. g 因子值较低，小于 2.00232 2. 线宽较高 3. 自由基浓度较高	1. g 因子值：随水分含量增加而增大 2. 线宽：随水分含量的增加先增加后减小，水分含量为 5.83% 煤样的线宽最高 3. 自由基浓度：随水分含量的增加先增加后减小，水分含量为 4.83% 煤样的自由基浓度最高

由表中各实验结果的对比可知，不同水分含量煤样的实验结果之间具有一定的关联性，当煤样的放热量较高时，其耗氧速率、CO 产生量也相对较高，质量变化较大，同时自由基浓度也出现消耗速率大于生成速率的情况。当煤样的放热量较低时，耗氧速率、CO 产生量会出现一定程度的减小，同时自由基浓度也呈现出生成速率大于消耗速率的情况。实验结果之间基本呈现出正比例的变化关系。在 100 ℃之前，耗氧速率、CO 产生量、自由基浓度均较小，热量变化情况也体现为吸热阶段和放热量较小的缓慢放热和放热速率减小阶段，说明在 100 ℃之前煤氧反应的程度并不强。在 100 ℃之后，耗氧速率和 CO 产生量明显增加，自由基浓度也有所增加，热量变化情况体现为放热量很大的快速放热阶段，说明在 100 ℃之后煤氧反应逐渐占据主导地位。

2.7.2 特征参数关联性分析

造成煤低温氧化过程中特性参数成正比例关系的原因主要有两个方面：一方面，水分对煤低温氧化过程中特性参数的影响；另一方面，各特性参数之间相互的影响。

水分对煤低温氧化反应进程的影响体现在以下几方面：

（1）水分蒸发：水分的蒸发会吸收热量并阻碍煤氧反应的进行。

（2）水液膜：水液膜会附着在煤体表面，阻止煤与氧气接触，阻碍煤氧反应的进行。

（3）蒸气压：在环境中的相对湿度达到 60% 的情况下，煤样的蒸气压最高能达到空气干燥条件下的 16~20 倍，煤样的水分含量越高，蒸气压就越大，较大的蒸气压会阻止煤与氧气间的接触，从而抑制煤氧反应的进行。

（4）水分润湿热：煤样从空气中吸收水分的过程会产生润湿热，从而促进热量的积聚。

（5）水分对孔隙的影响：水分的溶胀作用会使煤样孔隙增加，使得煤样与氧气的接触面积增大，促进煤氧反应的进行。

（6）水氧络合物：水分含量的增加会促进水氧络合物的生成，水氧络合物又是煤氧反应的反应物，水氧络合物含量的增加会促进煤氧反应的进行。

（7）水分与黄铁矿的反应：在温热潮湿的环境下，水分会与黄铁矿发生反应，在放出大量热的同时也会产生 $Fe(OH)_3$ 胶体，由于 $Fe(OH)_3$ 胶体粒径小于煤孔隙直径，所以 $Fe(OH)_3$ 胶体会堵塞煤中的孔隙。故水分与黄铁矿的反应会消耗部分水分，减少水分的蒸发吸热，同时自身发生放热反应，二者结合会促进煤的放热作用，阻塞煤中的孔隙从而阻碍煤氧反应的进行。

(8) 水分对自由基的影响：由于自由基的强氧化性会促进煤氧反应的进行，水分的增加会与煤中部分活性物质发生反应，生成新的自由基，同时煤氧反应也会消耗自由基，而水分会对煤氧反应的强弱产生影响，所以水分对自由基的消耗量也会有一定程度的影响。

由上可知，水分对煤低温氧化反应的影响是多方面的、复杂的过程，其对热量、煤氧反应强弱程度的影响是一个动态变化的过程。当水分抑制放热和煤氧反应进行的因素作用较强时，就会出现放热量减少、煤氧反应变弱、耗氧速率减小、自由基的生成速率大于消耗速率的现象；当水分促进放热和煤氧反应进行的因素作用较强时，就会出现放热量增加、煤氧反应变强、耗氧速率增大、自由基的消耗速率大于生成速率的现象。如水分含量为5.83%的煤样，其水分含量有一定程度的增加，水分的蒸发作用增强，蒸气压增大，但是由于增加程度有限，部分水分还在升温过程中与黄铁矿发生了反应，故水氧络合物产生量比较有限，自由基消耗量较小，水分对煤氧反应的抑制作用较强，体现出耗氧速率、CO 产生量，总放热量等参数均小于原始煤样。但在 100 ℃之前的缓慢放热阶段，由于水分与黄铁矿的反应会产生大量的热，虽然水分 5.83% 的煤样煤氧反应强度要低于原始煤样，但是在该阶段，其放热量相对于原始煤样却有一定程度的增加。而水分含量为 11.43% 和 16.31% 的煤样，其水分增加量较多，水分蒸发作用较强，蒸气压增大，但是其水分增加量远超煤中黄铁矿充分反应所需的水分含量，水氧络合物生成量较多，自由基消耗量较大，水分对煤氧反应的促进作用较强，体现出耗氧速率、CO 产生量、总放热量等参数大于原始煤样和水分含量为 5.83% 的煤样。

除水分对煤低温氧化过程特性参数实验结果的影响外，各特性参数之间也存在相互的影响，具体如下：

(1) 孔隙率与指标气体之间的关系。煤的孔隙率可以由真密度值有效表示，真密度即煤样的质量与体积之比，真密度值与煤样的孔隙率成反比，真密度值越大，孔隙率越小，反之则越大。煤低温氧化过程中的指标气体参数主要有耗氧速率、CO 产生量等。由真密度实验和程序升温实验结果可知，水分含量的增加会使煤样的孔隙率增大，耗氧速率和 CO 产生量出现先减小后增大的现象。煤氧反应是造成氧气消耗和 CO 等气体生成的主要原因，在煤低温氧化过程中，煤体的孔隙率越高，能与氧气接触的面积就越大，进而促进煤氧反应的进行。由此可知，在理论情况下水分含量越高的煤样耗氧速率和 CO 生成量应该越大，但是实验结果表明水分含量为 5.83% 的煤样孔隙率大于原始煤样，其耗氧速率和 CO 产生量却小于原始煤样，这是因为煤氧反应的强弱并不仅仅受孔隙结构变化这一单一因素的影响，还受多种因素综合影响，孔隙结构的变化仅是造成煤氧反应强弱变化的一个方面。

(2) 孔隙率与放热量之间的关系。不同水分含量煤孔隙率与放热量间的变化如图 2-29 所示。不同水分含量煤样的放热量具有明显的阶段性特征，在缓慢放热阶段，放热量随水分含量增加而增加，在快速放热阶段，放热量先减小后增大。煤样中水分含量的增加使煤的孔隙率增大，煤与氧气间的接触面积增加，促进了煤氧反应的进行，在煤氧反应过程中会释放出大量的热使得放热量增长。由此得知，水分含量高的煤样孔隙率较大，理论上放热量也应该较大，所以在缓慢放热阶段，水分含量的增加引起孔隙率的增长是造成水分含量高的煤样放热量不断增大的原因之一；而在快速放热阶段，由于水分含量 5.83% 的煤样放热量减小，可知在该阶段水分含量增加造成的孔隙变化并不是引起放热量变化的主要原因。

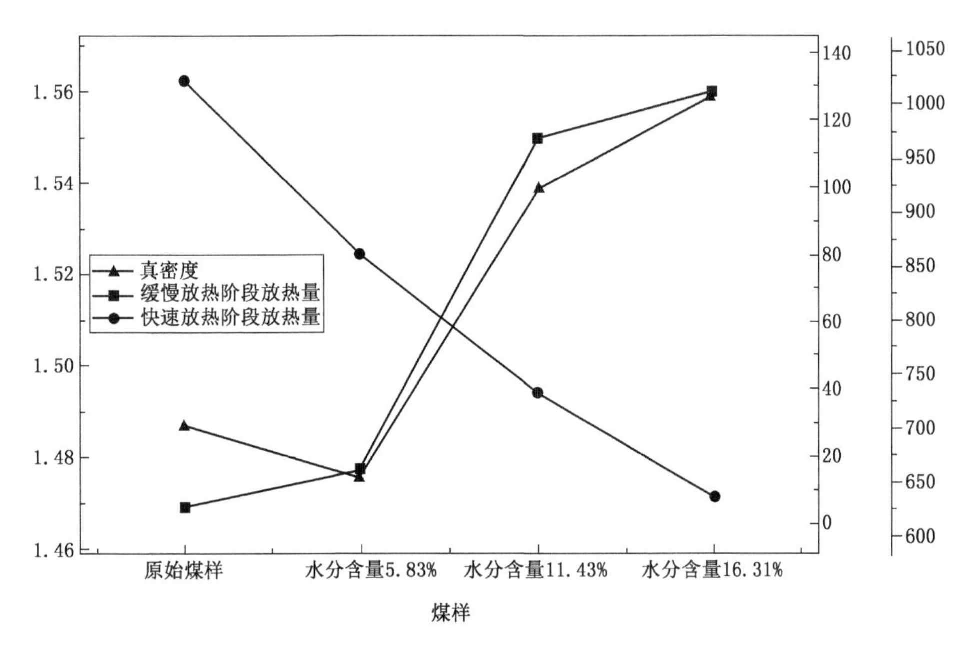

图 2-29 孔隙率与放热量间的关系

（3）孔隙率与自由基之间的关系。不同水分含量煤孔隙率与自由基间的变化如图 2-30 所示。

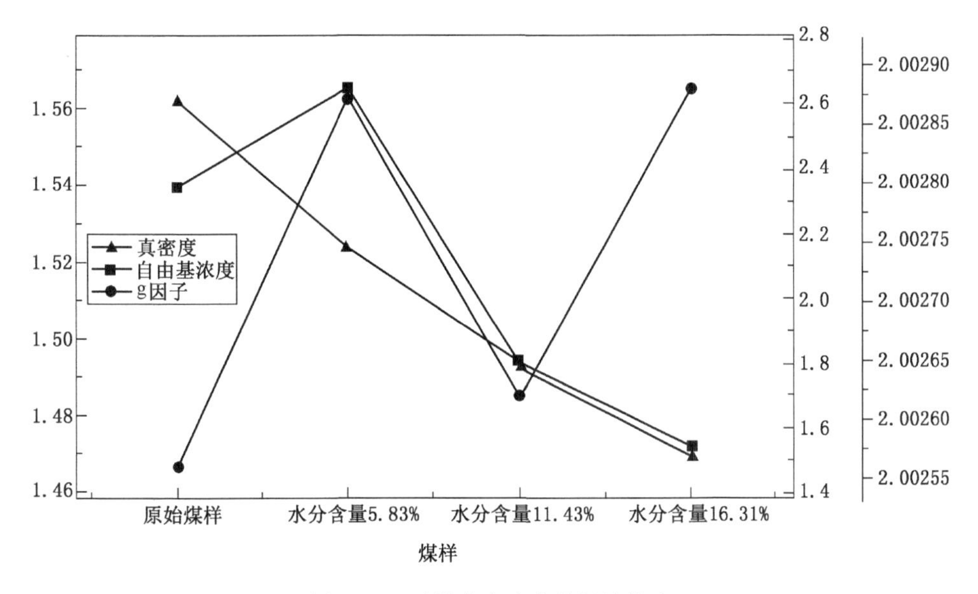

图 2-30 孔隙率与自由基间的关系

煤体在外力的作用下发生破碎而产生裂隙的过程中会产生大量的自由基，这些自由基一部分会存在于煤体表面，另一部分会存在于煤体内部的新生裂隙中。由实验结果可知，在水分的溶胀作用下，水分含量越高的煤样孔隙率越大，新产生的孔隙越多，新的孔隙产生必然会使煤体发生断裂，从而产生新的自由基，所以理论上水分含量越高的煤样，自由基种类应该越多，浓度应该越大。但自由基的含量是动态变化的，在生成的同时也会不断消耗，由实验结果可知，随着水分的增加，煤样的自由基浓度先增加后减小，自由基种类变化则较不规律，但大致呈逐渐增加的趋势。由此可知，水分含量增加引起的孔隙增长是造成自由基种类增加的主要原因；而对自由基浓度而言，水分含量较高的煤样自由基浓度反而出现了减小的现象，所以因水分含量增加引起的孔隙增长并不是造成自由基浓度变化的主要原因。

（4）自由基与放热量之间的关系。不同水分含量煤自由基与放热量间的变化如图 2-31 所示。当煤体与氧气发生接触时，自由基就会与氧气发生氧化反应生成过氧化物自由基，具体见式（2-9）：

$$R\bullet + O_2 \longrightarrow R—O—O\bullet \tag{2-9}$$

此反应为放热反应，产生的热量会使放热量增大，同时使过氧化物自由基进一步的反应，具体见式（2-10）：

$$R—O—O\bullet + RH \longrightarrow R—O—O—H + R\bullet \tag{2-10}$$

该反应仍为放热反应，由此可知，自由基与氧气接触得越多，反应程度越大，放出的热量相应也就越大。通过 C80 热分析实验，在缓慢放热阶段，水分含量的增加使煤样的孔隙率增大，水氧络合物的生成量增多，同时该阶段水分的蒸发作用没有吸热阶段强烈，水分也未完全蒸发，蒸气压较小，所以该阶段水分含量越高的煤样吸收氧气的量就越多，从而使氧气与自由基之间的反应程度变强。由程序升温实验的结果可知，在 100 ℃之前，水分含量为 5% 的煤样耗氧量是最小的，但放热量却要高于原始煤样，所以在该阶段自由基与氧气之间发生氧化反应放出热量并不是造成热量发生变化的主要原因。而在快速放热阶段，由于水分含量为 5. 83% 的煤样在前期产生的水氧络合物量较少，水分完全蒸发而产生的蒸气压较大，其吸收氧气的量就会减少，自由基与氧气之间的反应程度变弱；水分含量 11. 43% 和 16. 31% 的煤样虽然蒸气压较大，但是因为水分增加量多，水氧络合物的生成量较大，在该阶段仍会使吸收氧气的量增大，自由基与氧气之间的反应程度变强。所以在该阶段自由基与氧气之间发生氧化反应放出热量是造成热量发生变化的主要原因。

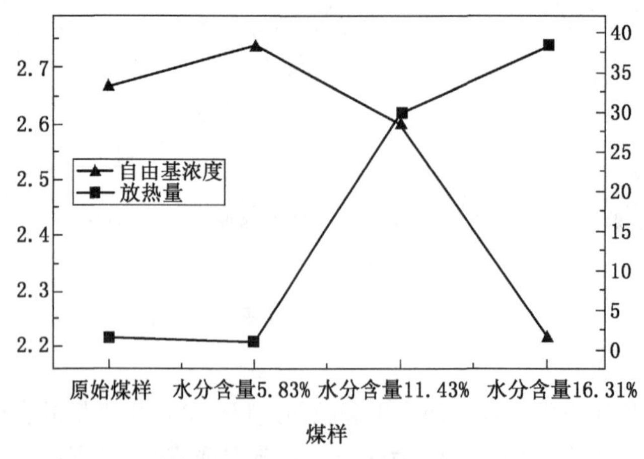

(a) 100℃时自由基与放热量间的关系

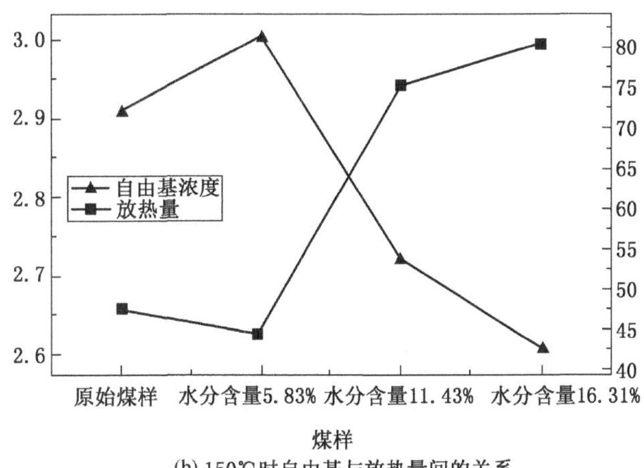

(b) 150℃时自由基与放热量间的关系

图 2-31 自由基与放热量间的关系

（5）自由基与指标气体之间的关系。不同水分含量煤样自由基与指标气体间的变化如图 2-32 所示。

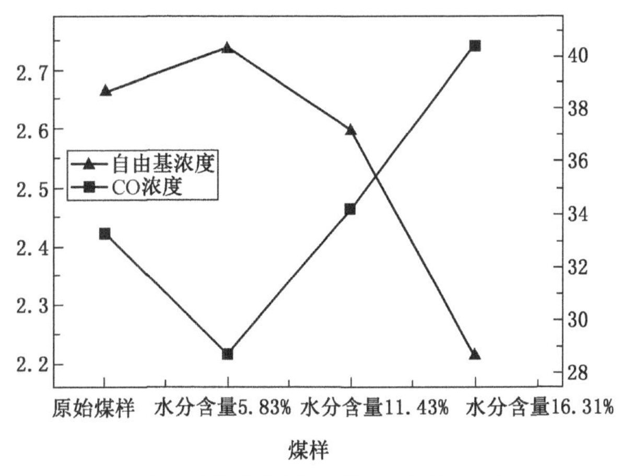

(a) 100℃时自由基与指标气体间的关系

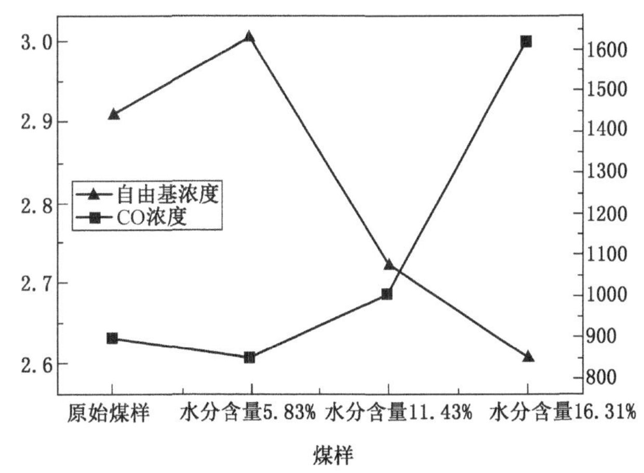

(b) 150℃时自由基与指标气体间的关系

图 2-32 自由基与指标气体间的关系

自由基与氧气发生氧化反应生成过氧化物自由基，过氧化物根据其结构不同会进一步分解，具体见式（2-11）、式（2-12）。

$$R-\overset{\overset{\large O}{\|}}{R}-O\cdot \longrightarrow R\cdot + CO_2\uparrow \tag{2-11}$$

$$R-CH{=}CH-OOH \longrightarrow R-CH{=}CHO\cdot + OH\cdot \longrightarrow R-CH_2-\overset{\overset{\large O}{\|}}{C}\cdot \longrightarrow R\cdot + CO\uparrow \tag{2-12}$$

由以上反应可知，过氧化物自由基分解过程中会生成 CO 和 CO_2，自由基与氧气发生氧化反应的程度越强，生成的过氧化物自由基越多，后期分解形成的 CO 和 CO_2 也就越多。由程序升温实验结果可知，随着水分含量的增加，煤样的耗氧速率、CO 和 CO_2 产生量先减小后增加。在水分蒸发、蒸气压、水氧络合物等因素的共同影响下，水分含量为 5.83% 的煤样耗氧量会有所减少，自由基与氧气反应生成过氧化物自由基的量减少，分解生成的 CO 和 CO_2 气体减少；水分含量 11.43% 和 16.31% 的煤样耗氧量会逐渐增加，自由基与氧气反应生成过氧化物自由基的量随之增加，分解生成的 CO 和 CO_2 气体逐渐增加。所以水分含量变化引起的过氧化物自由基分解反应强弱变化是造成指标性气体变化的主要原因。

（6）放热量与指标气体之间的关系。放热量与指标气体之间的关系如图 2-33 所示。由图 2-33 可知，在 70 ℃时，煤样处于缓慢放热阶段，该阶段煤样的放热量随水分增加而逐渐增加，但该温度下 CO 的浓度变化规律性并不明显，说明在缓慢放热阶段，煤样的放热量和指标气体并没有明显的比例关系；在 150 ℃时，煤样处于快速放热阶段，该阶段随着水分含量的增长，煤样的放热量和 CO 浓度均呈现出先减小后增加的趋势，这说明在快速放热阶段中，煤样放热量和指标气体间存在一定的正比例关系，这是由于在快速放热阶段中，煤氧反应的作用较强，煤氧反应越强放热量越大，生成的气体量也就越多。

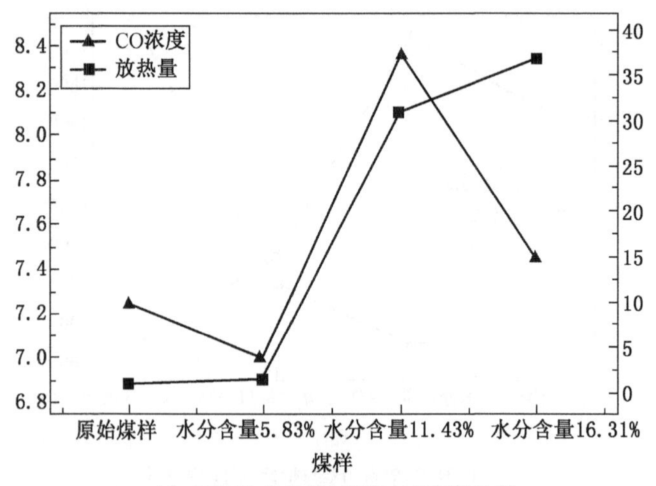

(a) 70℃时放热量与指标气体间的关系

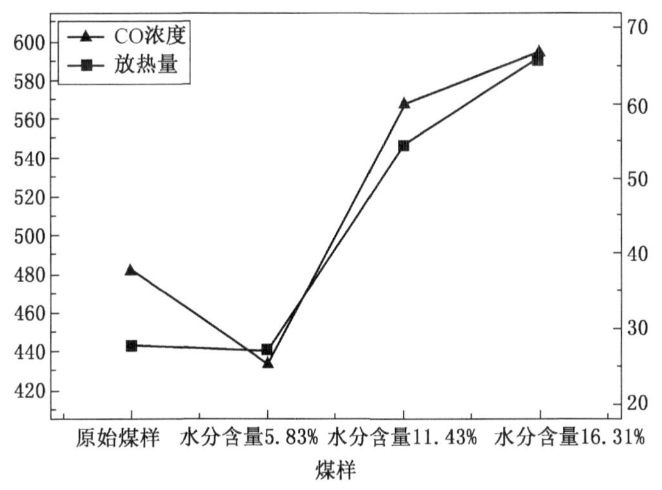

(b) 150℃时放热量与指标气体间的关系

图 2-33　放热量与指标气体间的关系

2.8　本章小结

本章利用工业分析实验、元素分析实验、程序升温实验、C80热分析实验、比表面积实验与原位漫反射红外光谱实验，研究黄铁矿对煤物理结构、黄铁矿对煤氧化性、黄铁矿对煤放热性的影响及黄铁矿对煤微观结构的影响，结论如下：

（1）在煤低温氧化过程中，黄铁矿会影响煤的孔隙结构从而改变煤的蓄热环境，随着黄铁矿的含量的增加，煤样比表面积先增加后减小，添加2%黄铁矿的煤样比表面积最大，煤样与氧的接触面积最大，最容易发生吸附反应。

（2）在煤低温氧化过程中，煤样的CO、CO_2浓度与耗氧速率的变化趋势一致，都是随着黄铁矿含量的增加呈先增加后减小的趋势。添加2%黄铁矿的煤样的CO、CO_2浓度与耗氧速率最大；因此添加的黄铁矿含量为2%时对煤自燃的促进作用最大。

（3）在煤低温氧化过程中，煤样的放热量随着黄铁矿含量的增加呈先增加后减小的趋势。结合煤样处于临界温度与干裂温度时的总放热量以及比表面积、程序升温试验的结果可以得出煤样的放热量随着黄铁矿含量的增加呈先增加后减小的趋势。综合煤低温氧化过程中黄铁矿对煤的氧化性以及放热性的影响规律，可以得出原始煤样与添加2%黄铁矿的煤样的氧化放热性最强，该黄铁矿条件下煤样最易自燃。

（4）在煤低温氧化过程中，脂肪烃、芳香环C=C双键与碳氧键C-O/C-O-C的峰强度皆随着黄铁矿含量的增加呈增加趋势，原煤的峰强度最小，添加6%黄铁矿的峰强度最大；而取代苯与游离羟基随着黄铁矿的增加呈先增大后减小的趋势，其中原煤的峰强度最小，添加2%黄铁矿的峰强度最大。煤中各官能团的峰强度变化量随着黄铁矿含量的增加呈先增大后减小的趋势，其中添加的黄铁矿含量为2%时，煤样的峰强度变化量最大。说明添加的黄铁矿含量处于2%之间时，煤样的官能团参与煤氧复合反应的数量最多，对煤自燃的促进作用最大。

（5）干裂温度前，不同黄铁矿含量的煤样的氧化性与煤中脂肪烃、含氧官能团存在一定的关联；不同黄铁矿含量的煤样的放热特性与煤中芳香烃的关联性较强，煤样的放热量较多时表示煤样易与氧气反应，此时煤分子中芳香比例减小；不同黄铁矿含量的煤样的氧化性与放热性之间有一定的关联，同时也存在差异。干裂温度后与干裂温度前不同黄铁矿含量的煤样的氧化性、放热性以及微观结构官能团之间的关联性基本相同。干裂温度后煤样的氧化反应加快，含氧官能团参与煤样的氧化反应较少，脂肪烃、芳香烃的峰强度变化量也增大。

3　伴生黄铁矿对煤氧化过程的影响

3.1　煤质指标测试

3.1.1　实验煤样采集与制备

选用气煤作为黄铁矿处理煤样，现场采集块煤，经密封处理后运送至实验室，在空气气氛中将实验煤样破碎并筛分出各实验所需粒径的煤样，密封后保存在阴凉背光处待用。

将煤样与黄铁矿分别破碎至0.075 mm以下，按不同的黄铁矿比例（0、2%、4%、6%）将黄铁矿粉与煤样均匀混合，制得符合比表面积、红外、C80微量热仪所要求的实验样品。将煤样破碎至0.125~0.075 mm，用密封袋密封，制得元素分析以及工业分析所需实验样品。

3.1.2　煤质指标测试过程

伴生黄铁矿煤质指标分析过程及元素分析过程与水分处理煤样操作过程一致。

3.1.3　煤质分析

各煤样得到的煤质指标见表3-1。

表3-1　煤样煤质指标　　%

煤样	元素分析					工业分析			
气煤	C	H	N	S	O	M_{ad}	A_{ad}	V_{ad}	FC_{ad}
	83.15	5.20	3.42	1.89	6.34	2.91	16.81	29.84	50.44

1. 元素分析

煤的组成元素主要有碳、氢、氧、氮、硫、磷、氯等，其中碳、氢、氧三者总和约占有机质的95%。由表3-1可以看出，煤的有机质中C含量较高，O、H元素较少，但煤中S含量较高。因为研究的是黄铁矿对煤自燃特性的影响，所以对煤中黄铁矿的含量也进行了测试，得出煤中黄铁矿的含量为1.24%。

2. 工业分析

通常情况下煤中的水分由外在水分、内在水分以及化合水分共同组成，而工业分析实验采用的指标是内在水分M_{ad}。煤中所有的可燃物质在特定的温度下灰化，燃烧至质量不变，煤样的残渣与原始煤样质量的百分比称之为灰分，工业分析实验选用空气干燥基下的灰分产率V_{ad}。煤在隔绝空气与高温的条件下加热后产生的气体产物与液体产物称为挥发分，主要包括有机质热解产物、CO_2以及水分。由表3-1可知，原始煤样中的水分含量较低，仅为2.91%；灰分与挥发分较高，高挥发分条件下煤自燃的可能性较高。

3.2 黄铁矿对煤比表面积的影响

3.2.1 实验过程

1. 实验目的

为了研究常温状态下黄铁矿对煤物理结构的影响，用物理化学吸附仪测定了不同黄铁矿含量煤样的比表面积。

2. 实验装置与原理

采用西安庆华公司的物理化学吸附仪进行测试实物如图 3-1 所示。1938 年，Stephen Brunauer、Paul Hugh Emmett 与 Edward Teller 建立了用一个模型解释多分子吸附在固体表面上的气体分子的吸附现象，称为 BET 方程。由于煤的分子结构对 N_2 与 O_2 等气体的吸附为多分子层吸附状态，针对测试的吸附曲线，利用 BET 理论方法，通过测试实验煤样在不同分压时的多层吸附量，根据计算量推导不同黄铁矿含量的煤样比表面积。

图 3-1 物理化学吸附仪

3. 实验条件

实验选取添加不同黄铁矿含量的煤样作为研究对象，测试常温常压条件下黄铁矿对煤比表面积的影响。从实验煤样的预处理开始至实验开始前保持真空状态。预处理过程：首先，在 5 ℃/min 的升温速率下将实验试管升温至 100 ℃，保持 100 min；其次，以 5 ℃/min 的升温速率将实验试管升温至 110 ℃，保持 600 min；最后让实验试管自然降至室温。实验煤样的预处理结束后开始实验，向实验试管注入 N_2。在-196 ℃下测量不同压力下实验煤样对于 N_2 的吸附量，得出实验煤样的吸附曲线，分析实验结果。

3.2.2 比表面积分析

通过分析计算得到不同黄铁矿含量的煤样比表面积值（表 3-2）。

由表 3-2 可知，不同黄铁矿含量的煤样比表面积值在 2~2.5 m^2/g 的范围内。煤样的比表面积随着黄铁矿含量的增加先增大后减小，添加黄铁矿的煤样比表面积均大于原始煤样，添加 2% 黄铁矿的煤样比表面积最大。由于实验样品是黄铁矿与煤的混合物，因此添

表 3-2　黄铁矿处理煤样的比表面积

煤　样	比表面积/($m^2 \cdot g^{-1}$)
原始煤样	2.01
添加 2% 黄铁矿	2.30
添加 4% 黄铁矿	2.21
添加 6% 黄铁矿	2.14

加的黄铁矿不同，煤样的比表面积会存在一定的差异，这可能是由以下两方面原因造成的：一是黄铁矿的比表面积与煤样的比表面积不同，故添加的黄铁矿含量不同，样品的比表面积也不同；二是黄铁矿会发生氧化反应，产生胀裂效应，对样品的比表面积也会有一定的影响。由表 3-2 可知，添加 2% 黄铁矿的煤样与 O_2 接触的面积最大，最容易发生氧化反应；相较于原始煤样，添加黄铁矿的煤样更容易与氧反应。

3.3　黄铁矿对煤微观结构变化的影响

傅里叶变换红外光谱出现于 20 世纪 70 年代后期，随着现代计算机技术的不断发展，结合红外仪器可以有效提高红外光谱测试的准确性。煤中化学结构变化的连续分析是研究煤氧化过程的一种有效方法，红外光谱实验是最常使用的实验手段之一。因此，采用原位漫反射红外光谱实验，测试不同黄铁矿含量的煤分子结构中主要官能团的分布特征，对比分析黄铁矿在煤低温氧化过程中对煤中主要官能团的影响。

3.3.1　实验过程

1. 实验目的

傅里叶变换红外光谱是常见的测试煤分子结构的实验手段，是研究氧化过程中煤分子内部微观变化情况最直观的方法，可以直接测得煤分子中官能团的位置、种类和数量。通过对不同黄铁矿含量的煤样进行红外光谱测试，测得不同黄铁矿含量的煤中官能团在常温状态下的分布特征及其随温度的变化规律。

2. 实验装置与原理

实验采用西安庆华公司的德国布鲁克 VENTEX70 原位漫反射红外光谱仪（图 3-2）。

将原位反应池、水冷装置、供气系统与外置控温装置相连，之后启动傅里叶变换红外光谱仪，并向检测器上的液氮口灌入液氮，直至液氮两次溢出液氮口。通过 OPUS 软件设定实验参数；在玛瑙钵中将干燥的溴化钾粉末粉研碎，填满原位反应池中的小坩埚并压平，重复两次后盖上窗片密封。在红外光谱仪的测试平台上将原位池固定，采集溴化钾背景。采集完成后将溴化钾倒出，用洗耳球将小坩埚清理干净；将实验煤样填满原位反应池中的小坩埚并压平，重复两次后盖上窗片密封。在红外光谱仪的测试平台上，将原位池固定；打开空气气瓶，调节气体流量计，启动水冷系统保护反应池并打开控温装置，设定实验的升温速率以及终止温度；最后设置实验所需的其他参数，当原位反应池的环境温度上升至 25 ℃时，启动红外光谱仪的重复测量数据采集系统，连续采集实验煤样在低温氧化过程中的红外光谱图。

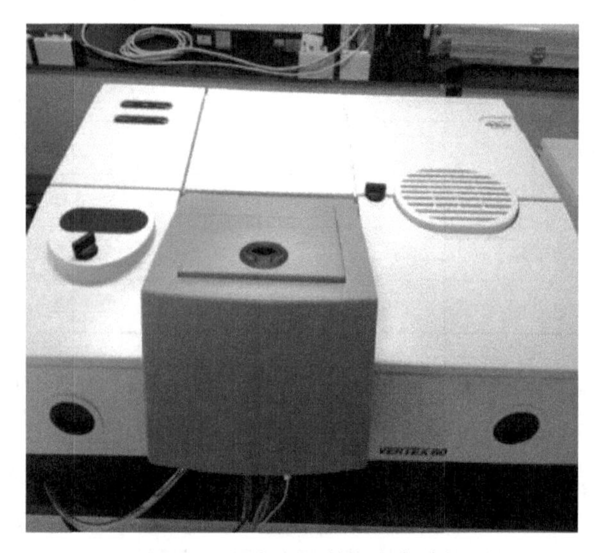

图 3-2　原位漫反射红外光谱仪

3. 实验条件

扫描波数范围为 650~4000 cm^{-1}，样品扫描次数为 32 次，分辨率为 4 cm^{-1}，调节气体流量计至 100 mL/min，升温速率为 5 K/min，最高温度为 200 ℃。对不同黄铁矿含量的煤样进行原位红外光谱测试，得出常温状态下不同黄铁矿含量的煤中官能团分布特征以及煤中官能团随温度升高的变化规律。制得的煤样为原位红外光谱实验所需实验样品。

3.3.2　官能团分布特征

实验测得添加不同黄铁矿含量的煤样在低温氧化过程中的红外谱图，每组实验测得的第一张谱图即为室温 25 ℃时该煤样红外光谱图（图 3-3）。

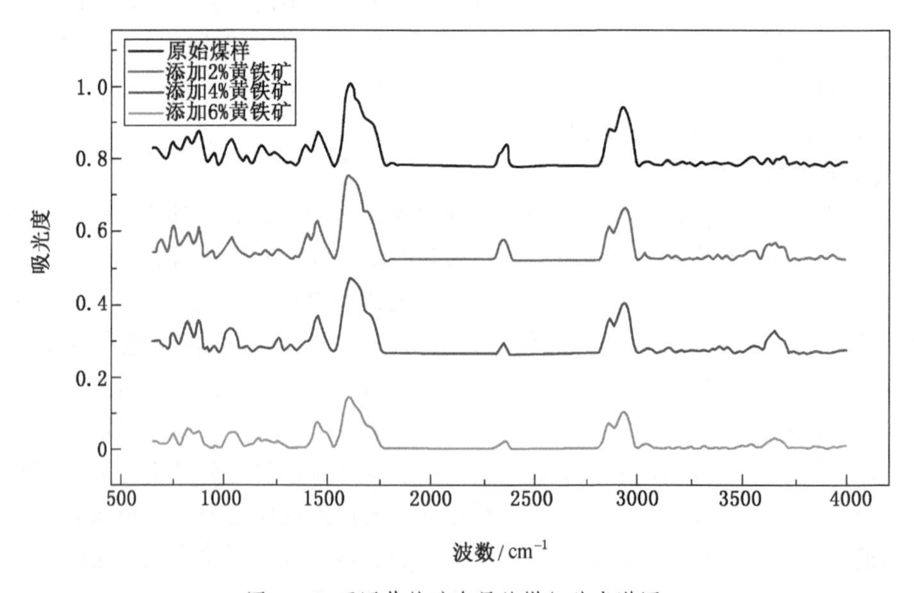

图 3-3　不同黄铁矿含量的煤红外光谱图

根据以往的研究结果，结合煤红外光谱特征、煤化学理论及红外波谱知识，得出煤样红外光谱特征峰归属表（表3-3）。

表3-3　煤样红外光谱主要特征谱峰归属

吸收峰类型	谱峰位置/cm^{-1}	官能团	归　属
脂肪烃	2975～2915	$-CH_2$、$-CH_3$	甲基、亚甲基不对称伸缩振动
	2875～2858	$-CH_2$、$-CH_3$	甲基、亚甲基对称伸缩振动
	1449～1439	$-CH_2$	亚甲基剪切振动
脂肪烃	1379～1373	$-CH_3$	甲基剪切振动
	3100～3000	$-CH$	芳烃CH伸缩振动
芳香烃	1690～1500	C=C	芳香环中C=C骨架伸缩振动
	900～700	取代苯	多种取代芳烃的面外弯曲振动
含氧官能团	3700～3625	$-OH$	游离的羟基
	3624～3610	$-OH$	分子内氢键
	3500～3200	$-OH$	酚羟基、醇羟基或氨基在分子间缔合的氢键
	1790～1770	C=O	酯类的羰基伸缩振动
	1710～1700	C=O	醛、酮、酸的羰基伸缩振动
	1330～900	C-O	酚、醇、醚、酯碳氧键

由于煤中的官能团种类较多，因此红外谱图中的峰较多，一个大峰中包含多个小峰。峰位置存在偏移是受相邻官能团的影响，故直接利用红外图谱判定官能团和计算峰面积会存在一定的误差。因此，要定量分析不同黄铁矿含量煤中官能团的分布特征较为困难。本节运用分峰软件Peakfit对不同黄铁矿含量的煤样在常温常压下测得的红外谱图进行分峰拟合处理，利用软件得出谱图中各个峰的峰高、峰面积以及峰位置，再计算各个峰的面积百分比，可以更准确地分析常温状态下煤中主要官能团的分布特征。

参照表3-3，对不同黄铁矿含量的煤样进行分峰处理。图3-4～图3-7所示为常温状态下实验煤样的红外谱图分峰拟合处理结果，煤中主要官能团的峰位置归属见表3-4～表3-7。

表3-4　I原始煤样红外拟合分峰数据及其归属

官能团类别		峰位/cm^{-1}	峰高	峰面积	面积百分比/%	谱峰编号
芳香烃	取代苯	752.61	0.035	1.01	2.28	1
		817.23	0.044	1.53	3.46	1
		856.77	0.037	1.73	3.92	1
		882.24	0.025	0.67	1.52	1
	芳香环	1584.12	0.077	3.82	8.66	2
		1616.73	0.110	6.11	13.86	2
		1660.60	0.085	4.13	9.37	2
	芳烃	3023.45	0.006	0.12	0.28	3
		3044.44	0.010	0.34	0.77	3

表 3-4（续）

官能团类别		峰位/cm^{-1}	峰高	峰面积	面积百分比/%	谱峰编号
脂肪烃	$-CH_2$	1449.82	0.073	3.46	7.84	4
	$-CH_2$、$-CH_3$	2858.54	0.065	2.99	6.78	5
	$-CH_2$	2922.31	0.100	6.25	14.17	6
	$-CH_3$	2960.78	0.047	1.65	3.74	6
含氧官能团	C-O	1024.52	0.039	1.60	3.62	7
		1060.24	0.036	1.37	3.10	7
		1126.12	0.008	0.18	0.42	7
		1162.78	0.025	0.75	1.70	7
		1197.14	0.020	0.67	1.51	7
		1225.22	0.015	0.43	0.97	7
		1260.28	0.018	0.67	1.52	7
		1292.47	0.006	0.15	0.33	7
	C=O	1700.83	0.046	2.06	4.66	8
	-OH	3246.62	0.004	0.07	0.15	9
		3313.18	0.006	0.13	0.29	9
		3401.51	0.003	0.07	0.16	9
		3489.13	0.006	0.13	0.29	9
		3616.48	0.015	0.48	1.08	10
		3652.46	0.026	1.16	2.62	11
		3686.99	0.016	0.41	0.93	11

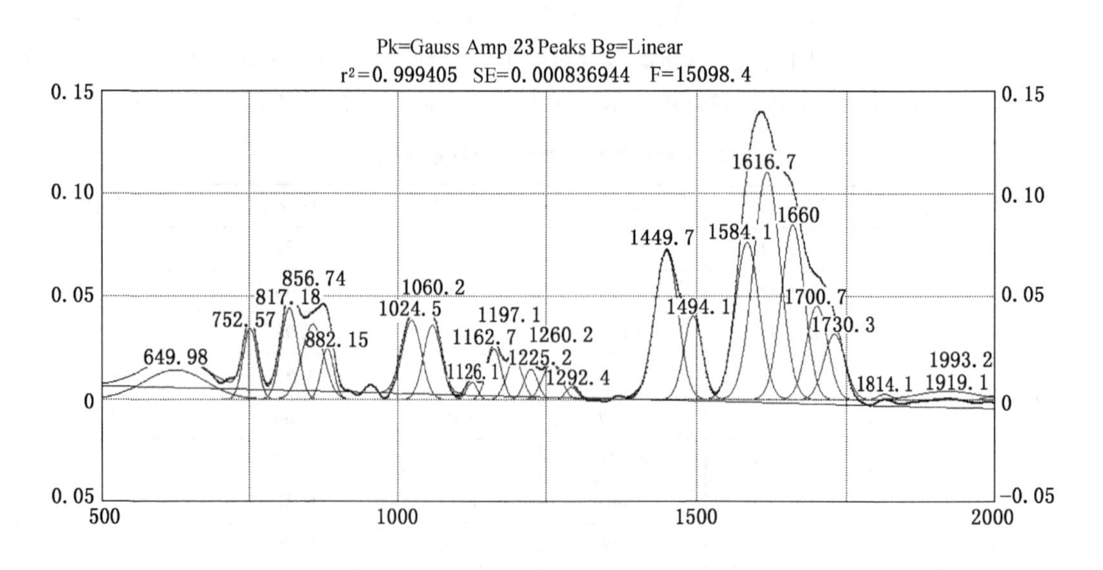

(a) 波数/cm^{-1}

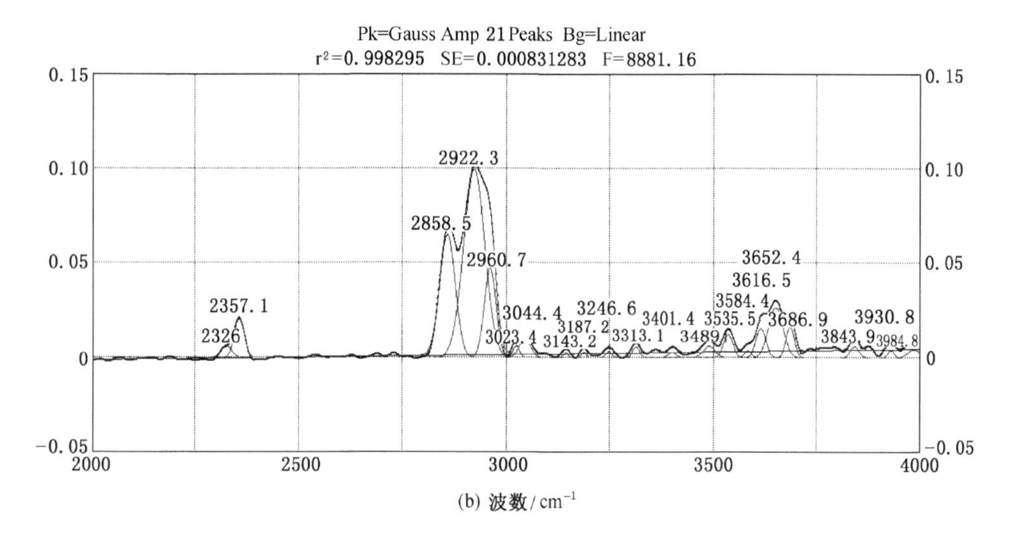

图 3-4 Ⅰ原始煤样红外拟合分峰结果

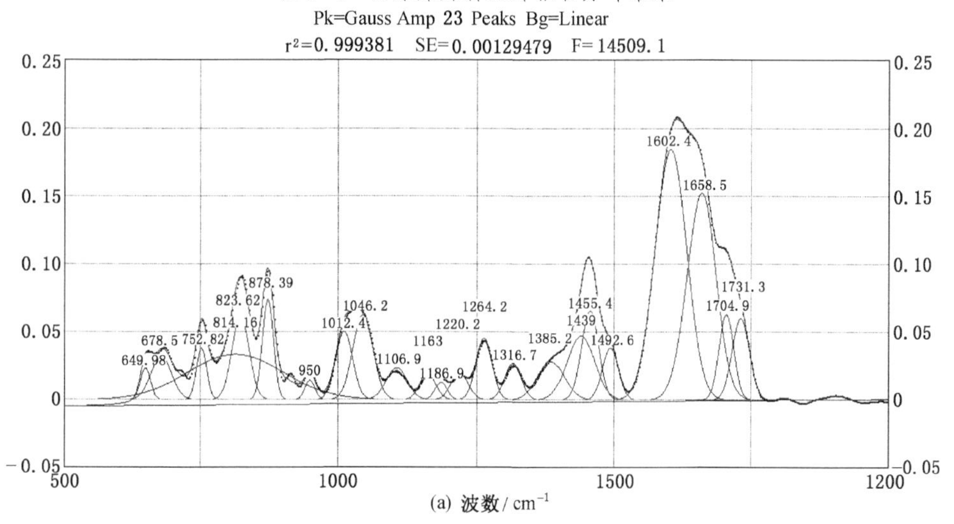

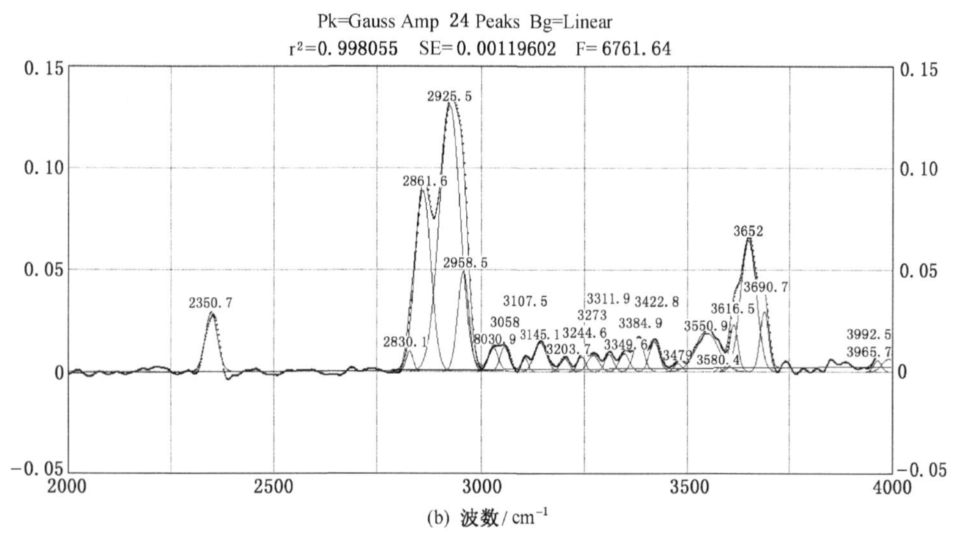

图 3-5 Ⅱ添加 2% 黄铁矿的煤样红外拟合分峰结果

表 3-5 Ⅱ添加 2%黄铁矿的煤样红外拟合分峰数据及其归属

官能团类别		峰位 1/(cm^{-1})	峰高	峰面积	面积百分比/%	谱峰编号
芳香烃	取代苯	752.84	0.038	0.88	1.22	1
		814.25	0.033	7.23	9.98	1
		823.67	0.061	2.40	3.32	1
		873.42	0.074	1.84	2.54	1
	芳香环	1602.47	0.184	13.05	18.02	2
		1658.53	0.152	10.18	14.06	2
	芳烃	3030.95	0.012	0.35	0.48	3
		3058.60	0.012	0.33	0.45	3
脂肪烃	$-CH_2$	1439.45	0.047	2.89	4.00	4
	$-CH_2-CH_3$	2861.64	0.089	4.24	5.85	5
	$-CH_2$	2925.58	0.131	8.08	11.16	6
	$-CH_3$	2958.53	0.049	1.65	2.28	6
含氧官能团	C-O	950.47	0.014	0.32	0.45	7
		1012.43	0.050	1.92	2.66	7
		1046.28	0.063	2.79	3.86	7
		1106.95	0.023	1.09	1.50	7
		1163.28	0.019	0.68	0.94	7
		1186.98	0.013	0.34	0.47	7
		1220.24	0.020	0.77	1.06	7
		1264.26	0.045	1.62	2.23	7
		1316.77	0.027	1.01	1.39	7
	C=O	1704.93	0.063	2.13	2.94	8
	-OH	3203.76	0.007	0.17	0.24	9
		3244.63	0.007	0.18	0.24	9
		3273.24	0.008	0.28	0.39	9
		3311.91	0.009	0.23	0.31	9
		3349.76	0.009	0.28	0.39	9
		3384.93	0.016	0.51	0.71	9
		3422.83	0.015	0.44	0.61	9
		3479.05	0.004	0.09	0.12	9
		3616.56	0.023	0.60	0.83	10
		3652.91	0.064	3.06	4.23	11
		3690.74	0.064	0.77	1.07	11

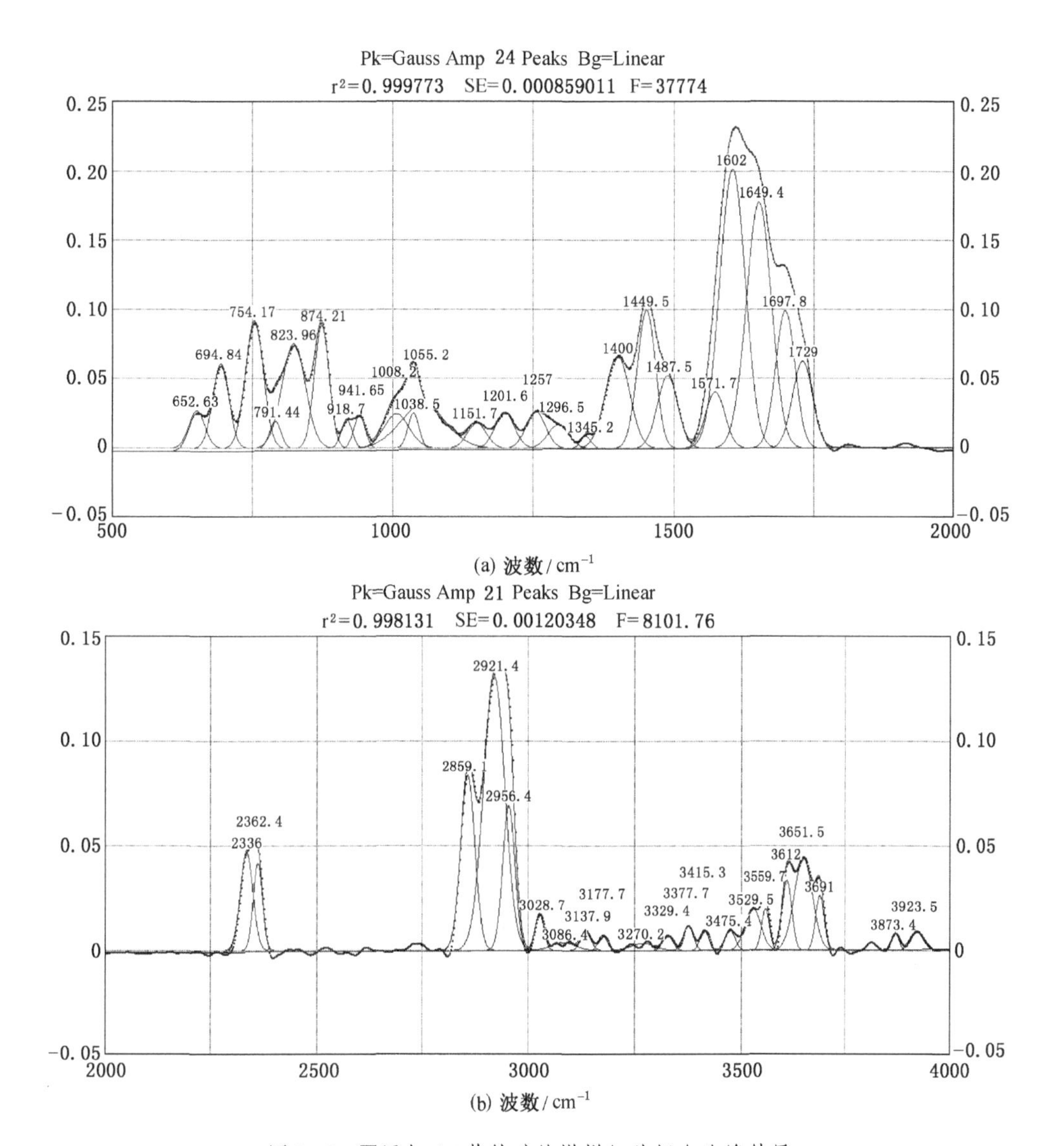

图 3-6 Ⅲ添加 4% 黄铁矿的煤样红外拟合分峰结果

表 3-6 Ⅲ添加 4% 黄铁矿的煤样红外拟合分峰数据及其归属

官能团类别		峰位/cm^{-1}	峰高	峰面积	面积百分比/%	谱峰编号
芳香烃	取代苯	754.25	0.092	3.63	5.37	1
		791.47	0.020	0.49	0.73	1
		824.60	0.075	3.95	5.85	1
		874.23	0.089	2.88	4.26	1
	芳香环	1571.76	0.040	1.73	2.57	2
		1602.66	0.201	11.28	16.71	2
		1649.45	0.177	10.09	14.94	2
	芳烃	3028.70	0.017	0.44	0.64	3
		3086.48	0.004	0.27	0.40	3

表 3-6（续）

官能团类别		峰位/cm^{-1}	峰高	峰面积	面积百分比/%	谱峰编号
脂肪烃	$-CH_2$	1449.57	0.100	3.93	5.82	4
	$-CH_2$、$-CH_3$	2859.13	0.084	3.55	5.25	5
	$-CH_2$	2921.48	0.131	8.24	12.21	6
	$-CH_3$	2956.43	0.069	2.49	3.68	6
含氧官能团	C-O	918.75	0.021	0.49	0.73	7
		941.72	0.023	0.59	0.88	7
		1008.27	0.024	1.38	2.05	7
		1038.54	0.025	0.61	0.91	7
		1055.22	0.031	3.14	4.65	7
		1151.76	0.018	0.76	1.12	7
		1201.67	0.026	1.11	1.64	7
		1257.27	0.026	1.11	1.65	7
	-OH	3270.22	0.003	0.23	0.35	8
		3329.44	0.007	0.25	0.36	8
		3377.71	0.012	0.34	0.50	8
		3415.32	0.010	0.24	0.35	8
		3475.57	0.010	0.28	0.42	8
		3612.09	0.034	0.97	1.44	9
		3651.46	0.044	2.39	3.54	10
		3691.00	0.026	0.66	0.98	10

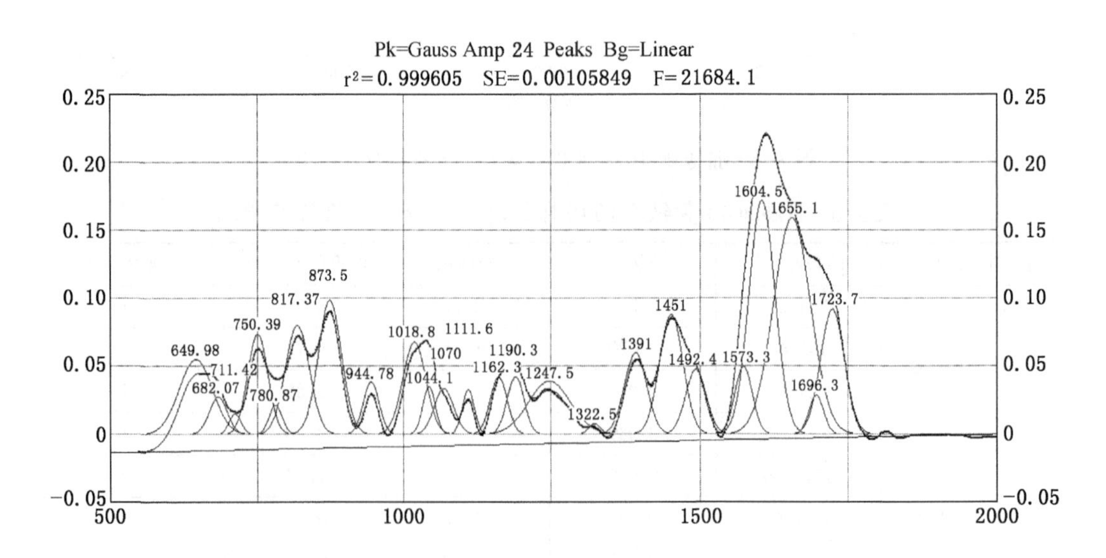

(a) 波数/cm^{-1}

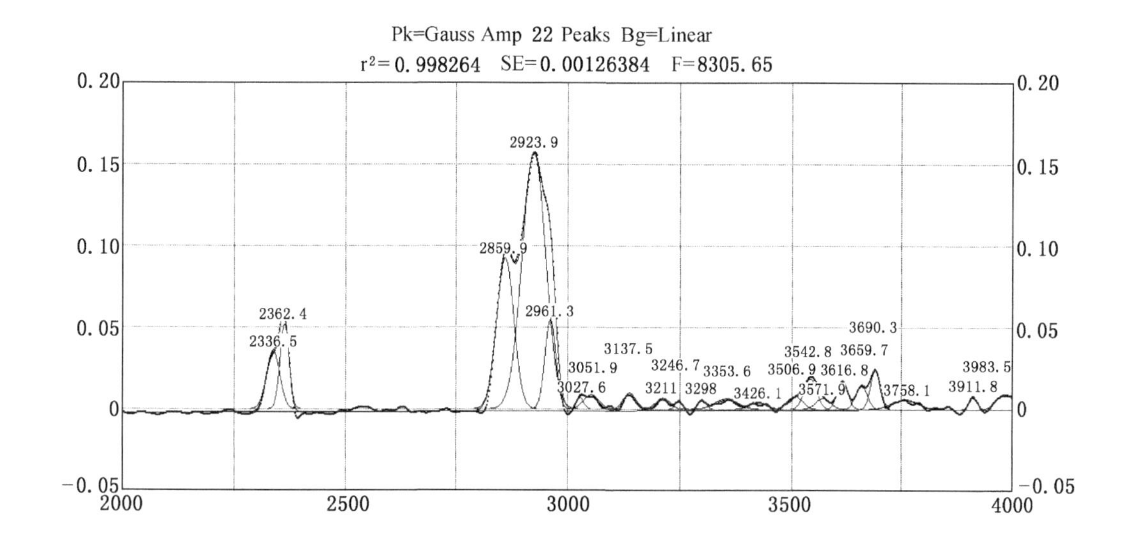

(b) 波数/cm^{-1}

图 3-7 Ⅳ添加 6%黄铁矿的煤样红外拟合分峰结果

表 3-7 Ⅳ添加 6%黄铁矿的煤样红外拟合分峰数据及其归属

官能团类别		峰位/cm^{-1}	峰高	峰面积	面积百分比/%	谱峰编号
芳香烃	取代苯	750. 47	0. 074	3. 16	4. 47	1
		780. 97	0. 022	0. 59	0. 84	1
		817. 44	0. 080	4. 05	5. 74	1
		873. 52	0. 099	5. 03	7. 12	1
	芳香环	1573. 38	0. 050	1. 86	2. 63	2
		1604. 54	0. 172	9. 41	13. 32	2
		1655. 12	0. 159	12. 46	17. 64	2
	芳烃	3027. 68	0. 007	0. 14	0. 20	3
		3051. 94	0. 009	0. 37	0. 52	3
脂肪烃	$-CH_2-CH_3$	2859. 99	0. 093	4. 47	6. 32	4
	$-CH_2$	2923. 93	0. 158	10. 23	14. 48	5
		2961. 38	0. 055	1. 65	2. 33	5
含氧官能团	$-CH_3$	944. 82	0. 038	1. 30	1. 83	6
		1018. 84	0. 068	3. 36	4. 76	6
		1044. 13	0. 035	0. 97	1. 37	6
		1070. 06	0. 034	1. 41	1. 99	6
	C−O	1111. 68	0. 033	0. 82	1. 16	6
		1162. 32	0. 042	1. 50	2. 12	6
		1190. 31	0. 042	1. 51	2. 14	6
		1247. 52	0. 039	3. 45	4. 88	6

表 3-7（续）

官能团类别		峰位/cm^{-1}	峰高	峰面积	面积百分比/%	谱峰编号
含氧官能团	C-O	1322.58	0.080	0.19	0.27	6
	-OH	3211.47	0.007	0.27	0.38	7
		3246.78	0.005	0.10	0.15	7
		3298.86	0.006	0.13	0.19	7
		3353.68	0.006	0.42	0.59	7
		3426.13	0.004	0.20	0.29	7
		3616.87	0.018	0.52	0.73	8
		3659.64	0.015	0.48	0.68	9
		3690.22	0.024	0.62	0.87	9

煤的化学活性主要取决于煤分子中官能团的分布特征。因此，采用红外光谱定量分析方法，对煤分子中官能团的组成和含量进行分析，对研究煤在低温氧化过程中的放热特性有重要意义。

红外光谱定量分析方法主要是基于朗伯-比尔定律：当一束光通过实验样品时，任何波长的吸收强度与光程长成正比，与样品浓度成正比。其表述公式如下：

$$A(\nu) = \lg 1/T(\nu) = K(\nu)bc \tag{3-1}$$

式中，$A(\nu)$ 为样品在波数 ν 处的吸光度；$T(\nu)$ 为样品在波数 ν 处的透射比；$K(\nu)$ 为样品在波数 ν 处的吸光度系数；b 为样品厚度；c 为样品浓度。

仪器会影响煤中官能团的峰高，因此采用峰面积法分析常温状态下煤中主要官能团的分布特征；由于实验数据较多，对各个温度点的红外谱图进行分峰拟合会存在较大的误差，因此用峰高法分析了煤样在低温氧化过程中主要官能团的变化规律。

通过对不同黄铁矿含量的煤样进行分峰拟合，并利用表 3-3 将分峰拟合分出的峰进行归属，实验煤样中脂肪烃、芳香烃以及含氧官能团的面积百分比见表 3-8。

表 3-8　不同黄铁矿含量的煤中主要官能团红外光谱吸收峰面积百分比

煤样	脂肪烃/%	芳香烃/%				含氧官能团/%		
		取代苯	芳香环	芳烃	小计	C-O	-OH	小计
原始煤样	32.53	11.18	31.89	1.05	43.12	13.17	5.52	18.69
添加 2% 黄铁矿	23.28	17.06	32.08	0.93	50.07	14.56	9.14	23.7
添加 4% 黄铁矿	26.96	16.22	34.22	1.04	51.48	13.62	7.94	21.56
添加 6% 黄铁矿	23.13	18.16	33.59	0.71	52.46	20.53	3.88	24.41

由表 3-8 可以看出，添加不同黄铁矿含量的煤样的官能团分布特征存在一定的差异。这是由以下两方面的原因所致：一是实验样品中的黄铁矿含量不同，黄铁矿自身所含的官能团的种类与数量和煤样不同，故添加的黄铁矿含量不同，实验样品的官能团分布必然会发生变化；二是黄铁矿在常温条件下会进行氧化反应，会消耗一部分官能团，又会生成一部分新的官能团，这都会对实验样品中的官能团分布产生影响。

由表 3-8 可知，添加不同黄铁矿煤样的分子结构中，三大类官能团所占比例大小依次为：含氧官能团<脂肪烃<芳香烃。含氧官能团和脂肪烃是煤的重要结构，原始煤样中含氧官能团和脂肪烃含量之和达到 54.69%。随着黄铁矿含量的增加，煤中芳香烃的含量逐渐增大，但煤中芳香环的含量却随着黄铁矿含量的增加呈现先增加后减小的趋势，其中，原始煤样的芳香环结构含量最低，远低于其余三种煤样的芳香烃，说明原始煤样的结构最不稳定；煤中的脂肪烃随着黄铁矿含量的增加呈波动趋势，但煤样中的脂肪烃含量最多，远远超过其他三种煤的脂肪烃含量，而煤中的含氧官能团，尤其是游离羟基 OH 含量较低。随着黄铁矿含量的增加，含氧官能团并未呈现明显的变化规律，但添加 2% 与 6% 黄铁矿的煤中含氧官能团的数量远大于其余煤样。煤温处于 50 ℃之前时煤样与 O_2 主要是进行物理吸附，而且黄铁矿在低温时与 O_2 的氧化反应速率较低，因此在常温状态下不同黄铁矿含量的煤中官能团的变化较小，且有部分官能团并未随着黄铁矿含量的增加出现明显的变化规律。

煤的自燃是煤中各种官能团和氧的物理吸附、化学吸附及化学反应的一系列过程。煤主要由芳香烃、脂肪烃和含氧官能团组成。添加的黄铁矿含量不同，煤中各类官能团的含量也随之发生变化，黄铁矿在煤低温氧化过程中也会对各类官能团造成一定影响。不同的官能团具有不同的化学活性。它们的活化能和释放的反应热也存在一定差异，如含氧官能团的化学活性很高。含氧官能团接触到氧气会更容易发生化学反应并释放反应热。在相同条件下，煤中含氧官能团所占的比例越大，煤中参与氧化反应的含氧官能团越多，释放的反应热也越大，煤样热量积聚速度加快，更容易发生自燃。黄铁矿在煤低温氧化过程中也会发生氧化反应并释放大量反应热，对煤自燃也有一定的促进作用。因此，单一的以煤中官能团含量的大小判定煤样的氧化放热特性会存在一定的误差，应结合程序升温实验与 C80 热分析实验，综合所有实验数据分析黄铁矿对煤自燃特性的影响机理。

3.3.3 黄铁矿对煤氧化过程中主要官能团的影响

为了分析不同黄铁矿含量的煤样中官能团随温度的变化趋势，以及黄铁矿在煤低温氧化过程中对各类官能团的影响，实验采用原位红外光谱仪测得四种实验煤样在 25~400 ℃的三维红外光谱图（图 3-8）。由于在后续的程序升温实验与 C80 热分析实验的终止温度均在200 ℃之前，因此实验仅分析 200 ℃之前煤中官能团的变化规律。

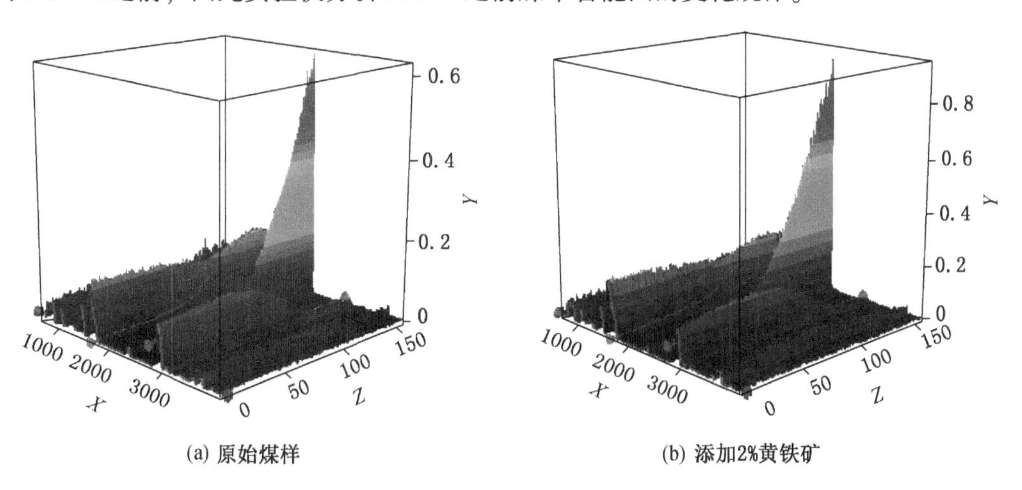

(a) 原始煤样

(b) 添加2%黄铁矿

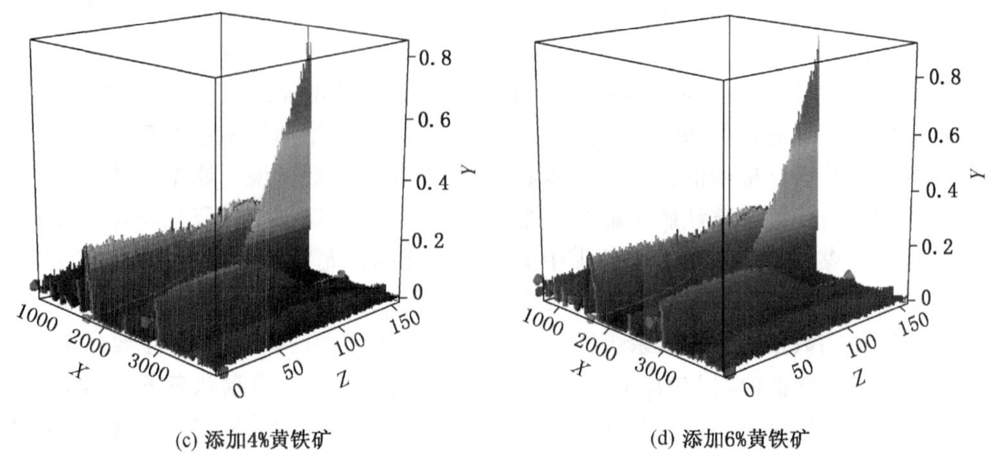

图 3-8 煤样氧化过程中原位三维红外光谱图

采用 OPUS 软件分析不同黄铁矿含量煤样的三维红外光谱图，参照表 3-4～表 3-7，将不同黄铁矿含量煤样的红外特征谱峰进行位置归属。结合表 3-3，对煤中主要官能团的特征峰强度随温度升高发生的变化进行了定量分析，并分析了黄铁矿对煤中主要官能团的影响。

1. 脂肪烃变化规律

脂肪烃$-CH_3/-CH_2-$的伸缩振动主要位于 2975～2915 cm^{-1}和 2880～2850 cm^{-1}，根据实验煤样在升温过程中的原位红外光谱测试结果，选取 2931 cm^{-1}和 2864 cm^{-1}两个峰位置的脂肪烃，得出不同黄铁矿含量的煤中脂肪烃的峰强度随温度变化曲线（图 3-9）。

从图 3-9 中可以看出，不同黄铁矿含量的煤中脂肪烃$-CH_3/-CH_2-$吸收峰在 25～200 ℃范围内均随着温度升高呈先增加后减小的趋势，说明实验煤样在低温氧化过程中有次生的甲基、亚甲基产生，由于甲基与亚甲基的化学特性比较活泼，因此在低温阶段便参与煤的氧化反应。

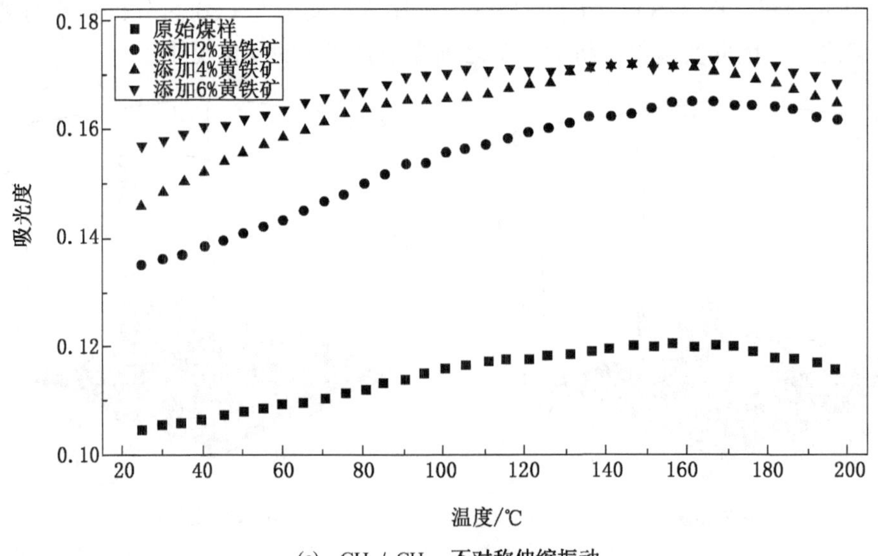

(a) $-CH_3/-CH_2-$ 不对称伸缩振动

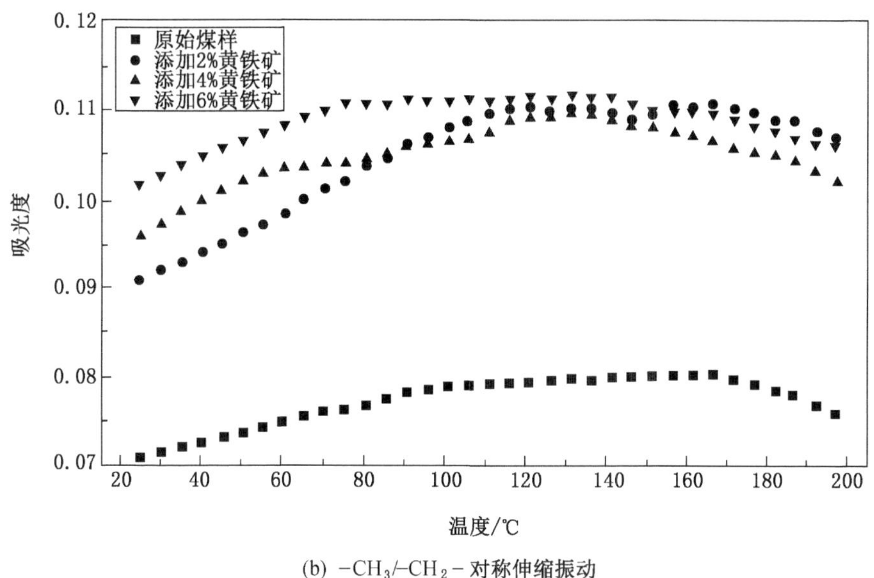

(b) $-CH_3/-CH_2-$ 对称伸缩振动

图 3-9　煤中脂肪烃在升温过程中的变化

由图 3-9 可知，在常温状态下，煤中脂肪烃的吸光度差别极大，这是由于实验样品中煤样所占比例不同，从而导致脂肪烃的吸光度不同。因此，本书通过吸光度的变化量分析黄铁矿对煤中脂肪烃的影响。

由图 3-9a 可知，当煤样的温度低于 160 ℃时，2931 cm^{-1}处脂肪烃的吸收峰强度呈不断增大的趋势，其峰强度增加量处于 0.015~0.030 之间，说明 160 ℃前煤样的甲基、亚甲基不对称伸缩振动结构的产生量大于消耗量；而当煤温大于 160 ℃后，其峰强度减少量处于 0.005~0.010 之间，煤的氧化反应越来越剧烈，更多的甲基、亚甲基参与煤的氧化反应，消耗量增大，此时煤样的甲基、亚甲基不对称伸缩振动结构消耗量大于产生量，宏观上表现为吸收峰的强度减小。随着黄铁矿含量的增加，煤中 2931 cm^{-1}处脂肪烃的吸收峰强度不断增大的趋势，其中添加 6% 黄铁矿的煤样的吸收峰强度最大；而煤样的峰强度变化量则随着黄铁矿含量的增加先增加后减小的趋势，添加 2% 黄铁矿煤样的峰强度变化量最大。

由图 3-9b 可知，当煤样的温度低于 150 ℃时，2864 cm^{-1}处脂肪烃的吸收峰强度不断增大，其峰强度增加量处于 0.009~0.013 之间，说明 150 ℃之前有大量次生的甲基、亚甲基对称伸缩振动结构生成，其产生量大于消耗量；而当煤温大于 150 ℃后，其峰强度减少量处于 0.003~0.007 之间，煤中越来越多的甲基、亚甲基对称伸缩振动结构参与煤的氧化反应，此时煤中甲基、亚甲基对称伸缩振动结构消耗量大于产生量，宏观上表现为吸收峰的强度减小。煤中 2864 cm^{-1}处脂肪烃的吸收峰强度随着黄铁矿的增加不断增大。当煤温高于 90 ℃时，添加 2% 黄铁矿的煤样吸收峰强度超过添加 4% 黄铁矿煤样的吸收峰强度；当煤温高于 160 ℃时，添加 2% 黄铁矿的煤样吸收峰强度超过添加 6% 黄铁矿煤样的吸收峰强度。煤样的峰强度变化量随着黄铁矿的增加先增大后减小，添加 2% 黄铁矿煤样的峰强度变化量最大。

黄铁矿在煤低温氧化过程中会氧化放热促进煤的自燃进程，加快煤中甲基、亚甲基结构的生成；脂肪烃侧链的甲基、亚甲基会因为 C-C 断裂而脱落，同时也会受氧原子的攻击并生成化学性质较为稳定的羰基和羧基等含氧官能团，释放反应热加快煤体升温，缩短煤自燃进程。由上述可知，添加的黄铁矿含量低于 2% 时，煤中脂肪烃的峰强度变化量不断增大，说明添加 2% 黄铁矿的煤样中参与煤氧化反应的脂肪烃最多，氧化反应的速率最快；添加的黄铁矿含量超过 2% 时，部分黄铁矿未发生氧化反应，而煤样的质量又随着黄铁矿含量的增加而减小，因此脂肪烃的产生量减少。

2. 芳香烃变化规律

1）煤氧化过程中 C=C 含量变化

煤中芳香环 C=C 骨架伸缩振动结构位于 1690~1500 cm^{-1}，根据实验煤样在煤升温过程中的原位红外光谱测试结果，得出不同黄铁矿含量的煤中芳香环的峰强度随温度变化曲线（图 3-10）。

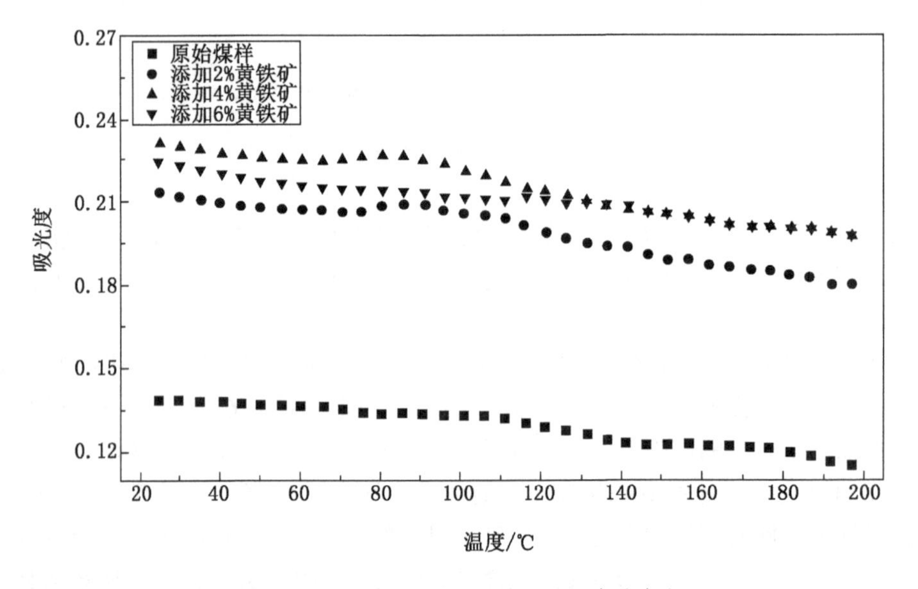

图 3-10　煤中芳环 C=C 升温过程中的变化

由图 3-10 可知，在常温状态下，煤中芳环的吸光度差别极大，这是因为实验样品中煤样所占比例不同，导致芳环的吸光度不同。因此，本书通过吸光度的变化量分析黄铁矿对煤中芳环的影响。不同黄铁矿含量的煤中芳香烃芳环骨架 C=C 双键结构吸收峰在煤低温氧化过程中随着温度的升高呈逐渐减小的趋势。当煤样的温度低于 90 ℃时，煤中芳环峰强度的减少幅度较小，峰强度减少量处于 0.004~0.012 的区间内；当煤样的温度超过 90 ℃时，煤中芳环的峰强度减少幅度较大，峰强度减少量处于 0.018~0.031 的区间内。随着黄铁矿含量的增加，煤中芳环 C=C 双键结构的峰强度先增加后减小，添加的黄铁矿含量为 4% 时，煤中芳环的峰强度最大。

煤分子结构的核心是芳香烃，其基本结构单元为芳环、较少的脂环以及杂环，它们由脂肪烃或含氧官能团的化学键连接。因此，煤中芳烃骨架结构相对稳定，煤样低温氧化反应难以接触到煤分子结构中稳定的核心芳香核。煤样达到一定温度后，C=C 双键结构峰的强度开始下降。芳环 C=C 双键的峰强度变化量随着黄铁矿的增加先增大后减小，添加 2% 与 4% 黄铁矿煤样的峰强度变化量最大，原始煤样的芳环 C=C 双键峰强度变化量最小。说明在煤低温氧化过程中，黄铁矿会促使芳香烃骨架结构上的脂肪侧链发生热解反应，含氧官能团及各类不稳定环烃发生氧化反应，最终使化学键断裂破坏芳香环 C=C 双键结构。宏观表现为原始煤样的芳环 C=C 双键结构峰强度变化量最小，添加 2% 的黄铁矿对芳环 C=C双键结构的影响最大。

2）煤氧化过程中取代苯含量变化规律

取代苯主要位于 900~700 cm^{-1}，根据实验煤样在煤升温过程中的原位红外光谱测试结果，选取 826 cm^{-1}处峰位置得出不同黄铁矿含量的煤中取代苯 C-H 峰强度随温度变化的曲线（图 3-11）。

由于实验样品中煤样所占比例不同，黄铁矿自身所含的官能团与煤样所含的官能团不同，故煤中取代苯的吸光度不同。因此，本文通过吸光度的变化量分析黄铁矿对煤中取代苯的影响。

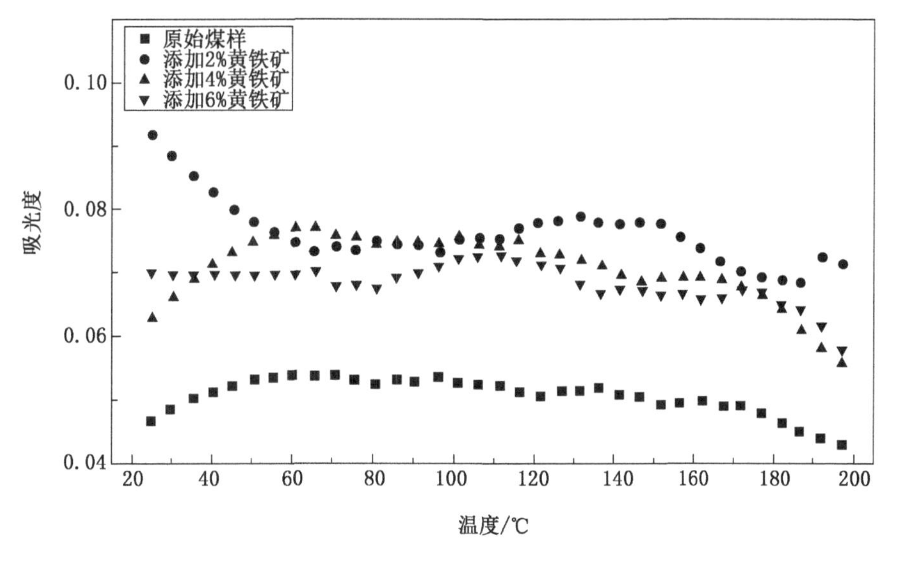

图 3-11　煤中取代苯升温过程中的变化

从图 3-11 可以看出，不同黄铁矿含量的煤中取代苯在 826 cm^{-1}处的峰强度随着温度的升高呈先增加后减小的趋势，而添加 2% 黄铁矿的煤样例外。说明在煤低温氧化过程中有次生的取代苯生成，且在低温氧化前期取代苯的生成量大于消耗量。煤样的峰强度随着黄铁矿含量的增加先增加后减小，添加 2% 黄铁矿煤样的峰强度最大。而煤样的峰强度变化量则随着黄铁矿含量的增加波动变化，其峰强度减少量处于 0.004~0.021 之间。添加 2% 黄铁矿的煤中取代苯的峰强度变化量最大，说明添加的黄铁矿小于等于 2% 时，在煤的分子结构中，芳香比例下降，芳香核缩聚程度变小，网络缩合的程度也随之减小，煤样更容易进行氧化反应；而添加的黄铁矿高于 2% 时，煤中取代苯的峰强度变化量明显减小。由此可以说明，添加 2% 的黄铁矿，煤分子结构中芳香比例最低，煤样最容易与 O_2 反应。

3. 含氧官能团变化规律

1）煤氧化过程中-OH 含量变化

游离羟基-OH 主要位于 3700~3625 cm^{-1}，根据实验煤样在煤升温过程中的原位红外光谱测试结果，选取 3653 cm^{-1}处峰位置得出不同黄铁矿含量的煤中-OH 峰强度随温度的曲线（图 3-12）。

由于实验样品中煤样所占比例不同，黄铁矿自身所含的官能团与煤样所含的官能团不同，故煤中游离羟基的吸光度不同。因此，本书通过吸光度的变化量分析黄铁矿对煤中游离羟基的影响。

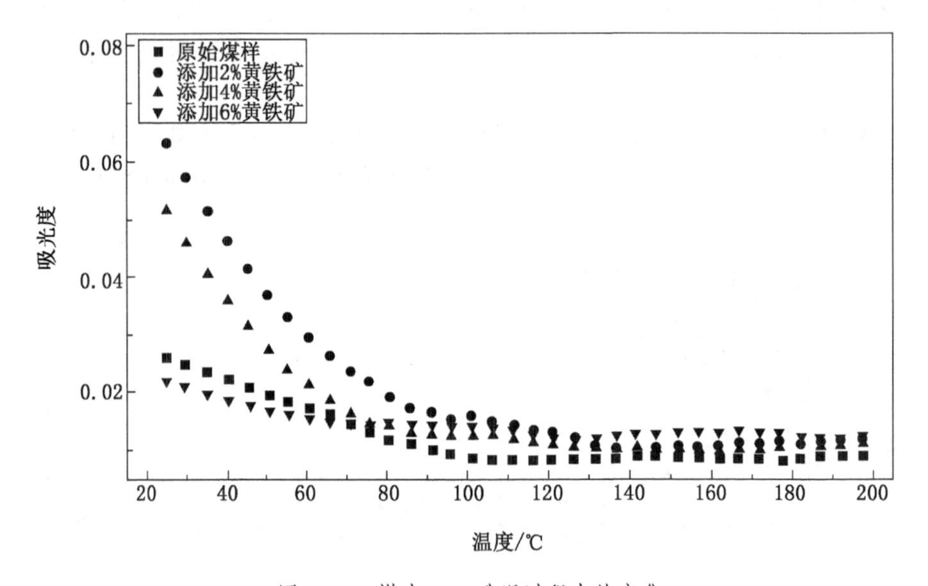

图 3-12　煤中-OH 升温过程中的变化

由图 3-12 可知，不同黄铁矿含量的煤中游离羟基-OH 吸收峰在煤低温氧化过程中随着温度的升高逐渐减小。当温度超过 90 ℃时，煤中游离羟基-OH 的峰强度基本保持不变。随着黄铁矿含量的增加，煤中游离羟基-OH 峰强度先增加后减小，添加的黄铁矿含量为 2%时，煤中游离羟基-OH 的峰强度最大。这是因为煤中脂肪烃在低温氧化过程中与氧气结合形成次生的-OH，进一步氧化后，通过化学键作用形成新的产物。添加不同含量的黄铁矿对煤中脂肪烃的生成均有不同程度的促进作用。添加 2% 黄铁矿的煤中脂肪烃的产生量最多，因此添加 2% 黄铁矿的煤中游离羟基-OH 的峰强度最大。

随着黄铁矿含量的增加，煤中游离羟基-OH 的峰强度变化量先增大后减小。当添加的黄铁矿含量在 0~2%时，煤样的游离羟基-OH 峰强度变化量不断增加，这是因为黄铁矿氧化放热会促进煤自燃进程，游离羟基-OH 是化学性质较为活泼的基团，在煤氧复合反应初期游离羟基-OH 很快就参与煤的氧化反应，因此在该阶段煤中游离羟基-OH 的消耗量最大，宏观表现为游离羟基-OH 的峰强度变化量上升；添加的黄铁矿含量超过 2%时，煤样的游离羟基-OH 峰强度变化量下降，这是因为部分黄铁矿在升温过程中并未发生化学反应促进脂肪烃的生成。因此，虽然黄铁矿含量上升，但游离羟基-OH 的生成量并未增加。

由图 3-9～图 3-12 可知，添加 2% 黄铁矿的煤中游离羟基-OH 的峰强度、峰强度变化量以及脂肪烃的峰强度变化量最大。由此可以得出，添加 2% 黄铁矿的煤样在升温过程中参与氧化反应的官能团最多。

2）煤氧化过程中 C-O/C-O-C 含量变化

酚、醇、醚、酯等分子中碳氧键 C-O/C-O-C 主要位于 1300～900 cm^{-1}处，根据实验煤样在煤升温过程中的原位红外光谱测试结果，选取 1033 cm^{-1}处峰位置得出不同黄铁矿含量的煤中 C-O 峰强度随温度的曲线（图 3-13）。

实验样品中煤样所占比例不同，黄铁矿自身所含的官能团与煤样所含的官能团不同，故煤中碳氧键的吸光度不同。因此，本节通过吸光度的变化量分析黄铁矿对煤中碳氧键的影响。

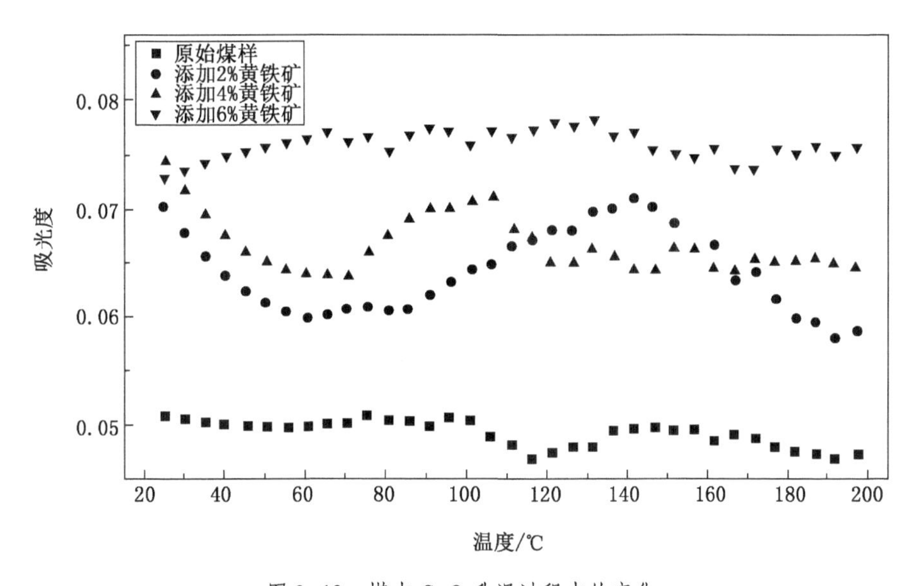

图 3-13　煤中 C-O 升温过程中的变化

由图 3-13 可知，不同黄铁矿含量的煤中 C-O 吸收峰在低温氧化过程中随着温度的升高进而产生波动性变化。其中，添加 6% 黄铁矿的煤中 C-O 吸收峰强度总体上呈增加趋势，说明煤在升温过程中有次生的 C-O 结构产生，而其余三种煤样的 C-O 吸收峰强度总体上呈减小趋势。故原始煤样、添加 2% 与 4% 黄铁矿的煤样在低温氧化过程中会消耗大量的 C-O 结构，C-O 结构的生成量低于消耗量。碳氧键 C-O/C-O-C 主要是原煤中的醇 C-OH、酚 Ar-OH、醚 C-O-C、酯-CO-O-中原生甲氧基 C-O 以及脂肪烃侧链断裂后甲基与氧气接触形成的次生 C-O。由于 C-O 吸收峰的组成成分较为复杂，因此添加不同黄铁矿含量的煤中 C-O 吸收峰随温度呈不规律变化。

随着黄铁矿含量的增加，煤中 C-O 吸收峰的峰强度变化量先增大后减小，添加 2% 黄铁矿的煤中 C-O 吸收峰的峰强度变化量最大。说明在煤低温氧化过程中添加 2% 黄铁矿的煤中 C-O 结构消耗量最大；由于 C-O 吸收峰代表煤中的含氧量，因此可以得出添加 2% 黄铁矿时煤样的耗氧量最大；由于煤中含氧官能团的占比较小，因此煤样的 C-O 吸收峰强度变化量较小，在 0.15 以内。

3.4 黄铁矿对煤放热性的影响

3.4.1 实验过程

对添加不同黄铁矿含量的煤样进行热分析实验，测定煤的初始放热温度、总放热量以及不同温度阶段煤样的热效应，对比分析不同黄铁矿含量煤样之间放热量等参数的变化规律，研究黄铁矿对煤放热特性的影响规律。

选取 3.1.1 制得的样品为研究对象。实验操作过程、实验条件同 2.4。

3.4.2 升温速率对煤放热特性的影响

煤的绝热氧化基本不受外界因素的影响，主要是通过自身的反应放热使煤样升温。而实验采用的 C80 微量热仪采集煤低温氧化过程中的放热特性参数是在程序控温的条件下进行的，故无法实现绝热条件。因此，为了通过 C80 微量热仪研究煤低温氧化过程中黄铁矿对煤放热特性的影响，应确定在程序升温过程中升温速率对煤放热特性的影响，从而选择合适的升温速率进行实验。本书选取 0.1 ℃/min、0.2 ℃/min、0.3 ℃/min 三种升温速率，其余实验条件不变，对原始煤样进行 C80 实验，分析升温速率对煤放热特性的影响。实验结果如图 3-14 所示。

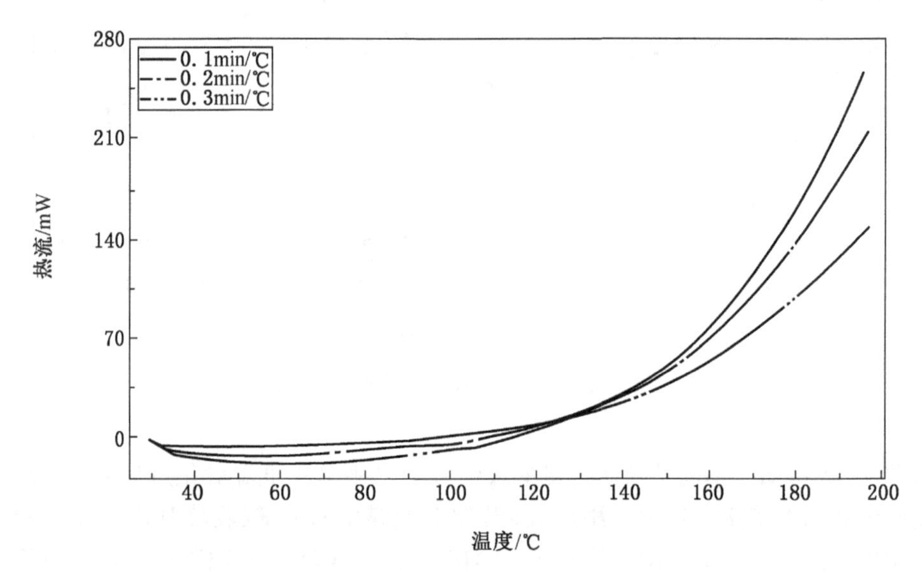

图 3-14　不同升温速率条件下煤氧化过程的热流曲线

50 ℃之前，煤与氧气的相互作用主要以物理吸附和化学吸附为主。同时，由于煤中存在一定的外在水分，因此，常温状态下煤体内部存在复杂的热效应。煤在低温氧化前期可能存在吸热的过程，主要体现为外在水分的蒸发。当煤中外在水分完全蒸发，煤体内部的热量逐渐积聚，煤体的温度不断上升，其反应体系全面进入放热状态。本节通过对煤低温氧化过程中热流曲线的分析，定义煤的初始放热温度为煤样开始放热时的温度。放热作用是导致煤体升温并最终导致煤自燃的主要原因，因此，确定低温氧化过程中煤的放热特性，必须确定实验煤样的初始放热温度。

通过 C80 实验测得三种不同升温速率下原始煤样的热流曲线。根据初始放热温度的判断方法，得出原始煤样在0.1 ℃/min、0.2 ℃/min、0.3 ℃/min升温速率下的初始放热温度；通过对热流曲线进行基线积分可以得到原始煤样在低温氧化过程中释放的总热量（表3-9）。

表3-9 放热主要特征参数结果

升温速率/(℃·min^{-1})	初始放热温度/℃	总放热量/(J·g^{-1})
0.1	42.71	2082.17
0.2	53.77	1426.76
0.3	58.42	1100.70

由表3-6可知，不同的升温速率下原始煤样的热流值随着温度的升高不断增大。在临界温度前，热流值的增加幅度减小；当温度处于临界温度与干裂温度之间时，热流值的增加幅度明显增大，说明在该温度区间内煤样发生煤氧复合反应的速率高于临界温度之前的；当煤样的温度高于干裂温度后，热流值呈指数增长，说明当温度高于干裂温度后煤样发生煤氧复合反应的速率越来越高，释放的热量极大。

随着升温速率的增加，煤样的初始放热温度呈上升趋势，表明煤样进入放热阶段的温度变大，需要的时间越多。究其原因，有以下两点：第一，在装实验煤样的反应池中，煤样堆积有一定的厚度。而本书选取的实验煤样的粒径在200目以下，煤样之间较为紧密。因此，当煤样的升温速率越缓慢，温度从反应池边缘传递至中心位置的时间越长，反应池的温度场分布较为均匀。当煤样的升温速率增大时，温度从反应池边缘传递至中心位置的时间减少，反应池温度场分布的均匀程度相较于升温速率较低时有所下降，对仪器的测试结果有一定的影响。如在实验开始前设置终止温度为200 ℃，此时，分别以0.1 ℃/min、0.2 ℃/min、0.3 ℃/min的升温速率进行试验的原始煤样所对应上升的最高温度分别为197.08 ℃、196.26 ℃、195.29 ℃。由此可知，煤样升温速率越大，反应池的温度场分布越不均匀，因此，计算煤低温氧化过程的总放热量取的温度范围应从初始放热温度开始，至190 ℃结束。第二，煤样的初始放热温度随着升温速率的增大而增大，但煤样的总放热量随着升温速率的增加逐渐减少。这表明升温速率较大时，在某一温度下存在部分煤样还未来得及反应，而煤样的温度便升至更高。因此，这部分煤样在低温氧化过程中应进行的氧化反应会滞后甚至未进行反应，煤样的升温越大，这部分煤样的质量越大，宏观表现为煤样的总放热量减小。

综上所述，煤样的升温速率越小，越有利于煤氧化自燃反应充分进行，越能真实地反映煤氧化自燃的全过程，最理想的状态就是煤样在绝热的条件下进行氧化反应。由于C80微量热仪无法实现完全绝热，因此，应尽量选择较小的升温速率进行实验。由于升温速率为0.1 ℃/min时煤样从室温升至200 ℃所需的时间大约为30 h，因此，当升温速率更低时，实验所需的时间更久，会影响实验仪器的使用。综合考虑实验时间以及升温速率对煤放热特性的影响，选择0.1 ℃/min的升温速率研究低温氧化过程中黄铁矿对煤放热特性的影响。

3.4.3 黄铁矿对煤放热特性的影响

1. 黄铁矿对煤氧化过程中热流曲线的影响

通过 C80 热分析实验，测得实验煤样在 0.1 ℃/min 的程序升温条件下，从室温升温至 200 ℃时的热流变化曲线，如图 3-15 所示。

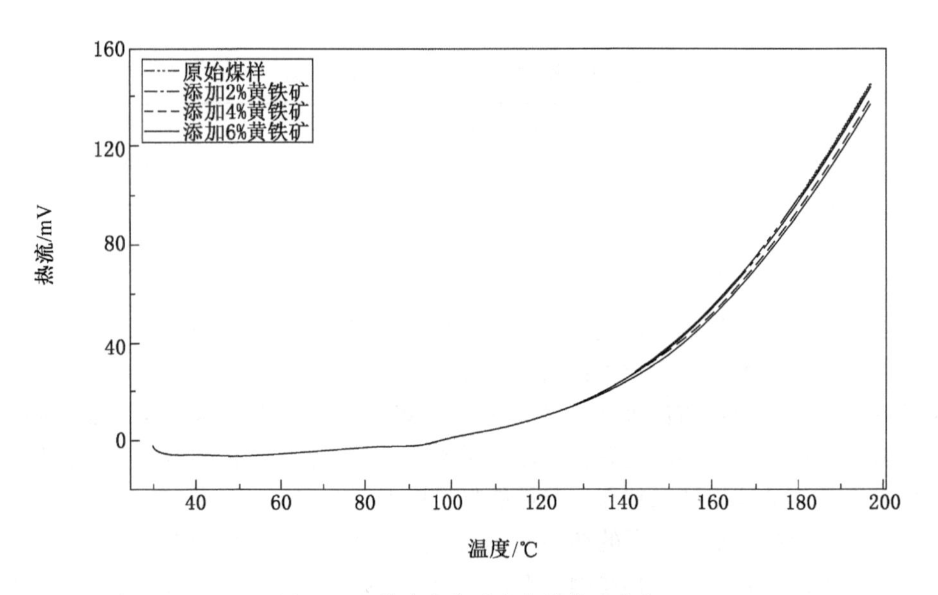

图 3-15　煤在氧化过程中的热流曲线

煤低温氧化过程中，煤样会吸收或释放热量，形成温度变化。这种变化会引起热电偶电阻率的变化，从而使电压发生变化，所以实验测得的信号是电压信号。也就是说，实验得到的热流曲线实际上是由样品与基准比之间的电压差转换得到的信号。在理想情况下，若实验样品中并未发生吸热或者放热反应，那么在相同的环境下，实验煤样的温度与参比一致。也就是说，参考池的电压信号与样品池中测量的电压信号相同，所以热流信号应该是 0。当吸热或吸热反应发生时，热流信号会发生变化。在实际情况下，由于参比池与样品池之间的质量、空气湿度等条件存在一定的差异，对热流信号有一定的影响。所以在实验开始时，热流信号会不稳定。因此，在分析煤在低温氧化过程中的放热特性时，当热流信号走平，通常认为样品池和参比池的热流信号处于动态平衡状态。在热流信号走平之后，若热流信号大于走平时的热流信号，那么反应为放热反应；相反，若热流信号小于走平时的热流信号，那么反应为吸热反应。

由图 3-15 可知，煤样的热流值随着温度的增加先缓慢增加后迅速增加。煤温低于临界温度时，煤样的热流值变化较小；煤温度超过干裂温度后，煤样的热流值急剧增加，说明干裂温度以后煤样的氧化反应速度加快，因此释放的热量急剧增加。而随着黄铁矿的增加，煤样的热流值逐渐减小，但原煤与添加 2% 黄铁矿煤样的热流值相差较小，添加 2% 黄铁矿的煤样与添加 4% 黄铁矿的煤样之间的热流值差值较大。结合物理吸附的实验结果与程序升温的实验结果可知，添加的黄铁矿含量为 2% 时，煤样的比表面积最大，CO、CO_2 的浓度以及耗氧速率最大。种种实验现象表明在该黄铁矿含量条件下煤样最易发生氧化反应。因此，推断煤样的热流值随着黄铁矿含量的增加呈先增加后减小趋势，其最大值处于添加 0~2% 的黄铁矿之间。

2. 黄铁矿对煤初始放热温度及放热量的影响

根据对煤样初始放热温度的定义，利用基线积分得出不同黄铁矿含量煤样的初始放热温度与总放热量，不同黄铁矿含量的煤样对应的初始放热温度值与放热量见表 3-10。

表 3-10 煤样的初始放热温度与总放热量

煤样	原始煤样	添加 2% 黄铁矿	添加 4% 黄铁矿	添加 6% 黄铁矿
初始放热温度/℃	42.71	41.34	41.77	42.31
总放热量/($J \cdot g^{-1}$)	-1704.76	-1691.52	-1626.21	-1601.26
氧化时间/h	26.25	26.22	26.14	26.05

由图 3-15 可知，不同黄铁矿含量煤样的热流曲线变化规律与煤自燃特性参数的变化规律相似，都是先缓慢增加，超过临界温度后热流值的增加幅度变大，当高于干裂温度后热流值呈指数增长。煤样的初始放热温度随着黄铁矿含量的增加先减小后增大，其中原始煤样的初始放热温度最大，但四种实验煤样的初始放热温度相差较小，差值在 1.5 ℃以内，也就是说在 0.1 ℃/min 的升温速率下煤样进入放热阶段的时间差在 15 min 以内。煤样的初始放热温度仅能在一定程度上表示煤样进入放热状态的温度，并不能体现煤样是否容易发生自燃。由于煤矿的实际情况，井下温度有时可达近 40 ℃，煤样经过一段时间的水分蒸发和热吸收，因此，一旦煤体开始进入放热阶段，热量就会不断积累，煤进入自燃状态的时间较短。在较低温度下，由于物理吸附、化学吸附过程和水的作用，煤会释放一定的热量。同时，水分蒸发会吸收部分热量，所以这个阶段的热力学效应更复杂。研究煤低温氧化过程主要是对煤温大于初始放热温度后的放热特性进行分析。

由表 3-10 可以得出，随着黄铁矿含量的增加，煤样的总放热量逐渐减小，原始煤样的总放热量最大，但添加 2% 黄铁矿煤样放热量与原始煤样的放热量较为接近，添加的黄铁矿含量超过 2% 时，煤样的总放热量下降的幅度较大。煤样自热升温至 200 ℃所需的时间随着黄铁矿含量的增加逐渐减小。原煤所需的时间最短，但四种煤样各自需要的时间相差较小，原煤与添加 6% 黄铁矿煤样的时间差在 15 min 左右，结合煤样的初始放热温度可知，不同黄铁矿含量煤样的终止温度相同。

3. 放热量随温度的变化规律

根据煤氧化过程放热特性的测试结果，从初始放热温度开始，平均每隔 10 ℃对煤样进行一次基线积分，可以得到煤样在不同温度下的总放热量，研究总放热量随温度的变化规律，如图 3-16 所示。

由图 3-16 可知，不同黄铁矿含量的煤样其放热过程都具有相似的规律，即煤温低于临界温度时，实验煤样的放热量不仅非常小，而且热量积聚的速度缓慢，添加 2% 黄铁矿煤样的放热量最大，仅为 33.52 J/g，且原煤的放热量与其相差较小，不足 1 J/g；但随着氧化的进行，煤温超过临界温度后，煤样热量积聚的速度加快，放热量的增长幅度也大于临界温度之前，其中，原煤在该阶段的放热量最大，为 105.697 J/g，添加 2% 黄铁矿煤样的放热量为 195.43 J/g，与原煤相差极小；当煤温超过干裂温度时，煤的放热量增长幅度呈指数增长，其中原煤的放热量最大，为1700.76 J/g，添加 2% 黄铁矿煤样的放热量为 1692.52 J/g，二者相差 8 J/g 左右，且添加 2% 黄铁矿的煤样与添加 4% 和 6% 黄铁矿的煤

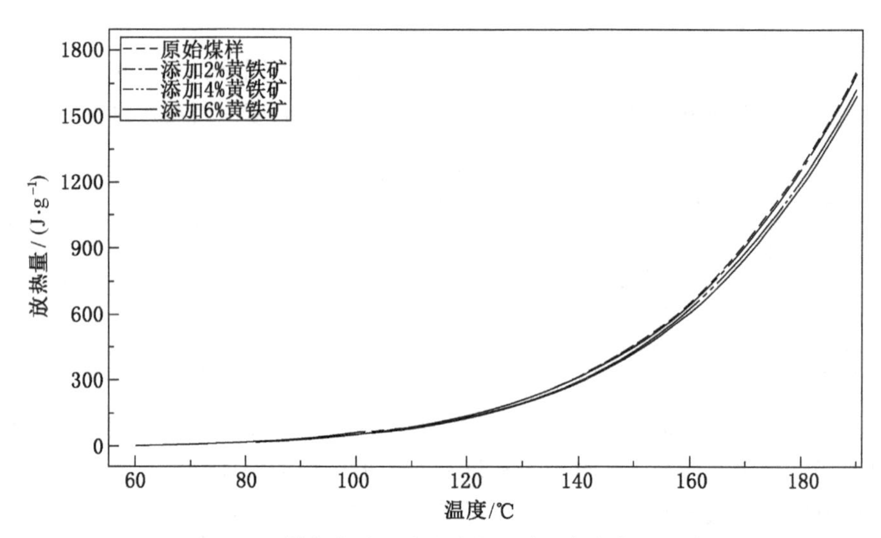

图 3-16　煤氧化过程的总放热量随温度的变化规律

样的放热量差值远大于 8 J/g。结合比表面积以及程序升温实验的结果，推断煤样的总放热量随黄铁矿含量的增加先增加后减小，其最大值对应的黄铁矿含量在 0~2%之间。

黄铁矿与 O_2 发生氧化反应时会释放大量的反应热，反应释放的热量又会使煤样的温度升高，煤样发生氧化反应的速度加快，从而释放更多的热量，因此添加的黄铁矿含量处于 0~2%之间时对煤自燃的促进作用最大。当添加的黄铁矿超过 2%时，煤样的比表面积减小，煤样与 O_2 的接触面积变小，煤氧复合反应的速率变慢。由于煤样中水分含量较少，添加的黄铁矿较多时仅有部分黄铁矿发生反应，未反应的黄铁矿化学性质不活泼，反而会阻碍煤样反应。故添加的黄铁矿含量处于 0~2%之间的煤样放热量最大。

3.5　黄铁矿影响煤自燃关联性分析

煤低温氧化过程中，煤与氧气发生复杂的化学反应，不仅会生成部分指标气体，同时还会释放大量的反应热；微观上表现为煤中官能团的数量随温度的升高发生变化，这表示煤中官能团与指标气体的生成以及放热量存在一定的联系。因此，本书以煤样的干裂温度为特征温度，对比分析红外光谱实验、程序升温实验以及 C80 热分析实验的实验结果，研究干裂温度前后黄铁矿对煤自燃特性的影响。

3.5.1　黄铁矿自热氧化特性

由表 3-1 可知，实验煤样的水分含量仅为 2.91%。假设在水分不蒸发且仅与黄铁矿发生反应，利用化学方程式计算黄铁矿发生氧化反应所需的水分含量。

$$m_{FeS_2} = \frac{m_{H_2O}}{M_{H_2O}} \times M_{FeS_2} \tag{3-2}$$

式中，M_{FeS_2}为黄铁矿的相对分子质量，kg/mol；m_{FeS_2}为黄铁矿的相对分子质量，kg；m_{H_2O}为水分的相对分子质量，kg/mol；M_{H_2O}为水分的相对分子质量，kg。

黄铁矿与空气、水分接触时发生氧化反应，其氧化产物进一步反应。假设煤中的全部水分都参与黄铁矿的氧化反应，则此时黄铁矿的反应量最大。

假设煤样的质量为 100 g，则煤中水分的质量为 2.91 g。根据式（3-2）与黄铁矿的氧化反应方程式（1-2）、式（1-3）计算黄铁矿的最大反应量。设式（3-2）中水分的质量为 x，则式（1-2）中 FeS_2 的质量为 6.7x，氧化产物 $FeSO_4$ 的质量为 8.4x。根据 $FeSO_4$ 的质量可以计算出式（1-3）中水分的质量为 3x。由此，可以计算得出 x 为 0.73 g，式（1-2）中 FeS_2 的质量为 4.85 g，黄铁矿的最大反应量为 4.85 g。

黄铁矿在低温条件下反应速率慢，此时参与黄铁矿氧化反应的水分质量极少；而当煤样的温度升高时，煤中水分也随之蒸发；同时，部分水分与氧气结合形成水氧络合物，因此，煤中的水分会减少，故参与黄铁矿氧化反应的水分质量低于 2.91 g，黄铁矿的最大反应量低于 4.85 g。

煤中黄铁矿的含量经实验测定为 1.24%，结合程序升温实验分析、C80 热分析实验与红外光谱实验的分析结果可知，添加的黄铁矿含量超过 2% 时，必然存在一部分黄铁矿并未充分与水分及氧气发生化学反应。此时，能够促进煤化学反应的黄铁矿其他反应也受到不同程度的抑制。因此，这部分黄铁矿反而会阻碍煤氧复合反应。

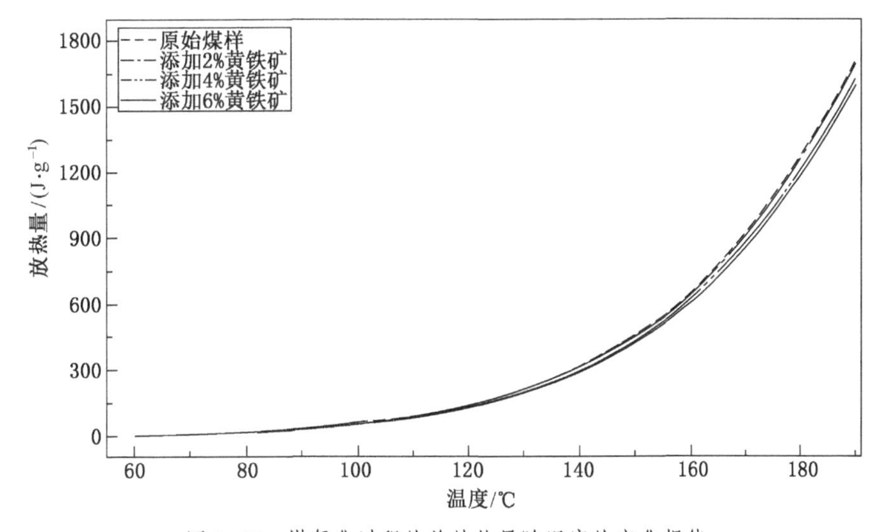

图 3-17　煤氧化过程的总放热量随温度的变化规律

由图 3-17 可知，不同黄铁矿含量的煤样其放热过程都具有相似的规律，即煤温低于临界温度时，实验煤样的放热量不仅非常小，而且热量积聚的速度缓慢，添加 2% 黄铁矿煤样的放热量最大，仅为 33.52 J/g，且原煤的放热量与其相差较小，不足 1 J/g；但随着氧化的进行，煤温在超过临界温度之后，煤样热量积聚的速度加快，放热量的增长幅度也大于临界温度之前，其中，原煤在该阶段的放热量最大，为 105.697 J/g，添加 2% 黄铁矿煤样的放热量为 195.43 J/g，与原煤相差极小；当煤温超过干裂温度时，煤的放热量增长幅度呈指数增长，原煤的放热量最大，为 1700.76 J/g，添加 2% 黄铁矿煤样的放热量为 1692.52 J/g，二者相差 8 J/g 左右，且添加 2% 黄铁矿的煤样与添加 4% 和 6% 黄铁矿煤样的放热量差值远大于 8 J/g。结合比表面积以及程序升温实验的结果，推断煤样的总放热量随黄铁矿含量的增加先增加后减小，其最大值对应的黄铁矿含量在 0~2% 之间。

黄铁矿与 O_2 发生氧化反应时会释放大量的反应热，反应释放的热量又会使煤样的温度升高，煤样发生氧化反应的速度加快，从而释放更多的热量，因此添加的黄铁矿含量处于 0～2% 之间时对煤自燃的促进作用最大。当添加的黄铁矿超过 2% 时，煤样的比表面积减小，煤样与 O_2 的接触面积变小，煤氧复合反应的速率变慢。由于煤样中水分含量较少，添加的黄铁矿较多时仅有部分黄铁矿发生反应，未反应的黄铁矿化学性质不活泼，反而会阻碍煤样反应。故添加的黄铁矿含量处于 0～2% 之间煤样的放热量最大。

3.5.2 煤自燃特性的关联性分析

1. 干裂温度前煤自燃特性的关联性分析

对比干裂温度前煤中主要官能团以及煤氧化放热特性的变化规律，分析黄铁矿对煤低温氧化阶段的影响。

图 3-18 所示为从室温上升至干裂温度时煤中主要官能团的峰强度变化量，图 3-19 所示为从室温上升至干裂温度时煤指标气体及耗氧速率的变化量。由图 3-18、图 3-19 可知，添加 2% 黄铁矿含量煤样的 CO 浓度与 CO_2 浓度最大，煤中脂肪烃与含氧官能团的峰强度变化量最大。脂肪烃侧链与氧通过化合反应会生成 CO 与 H_2O，造成脂肪烃侧链的减少。添加的黄铁矿为 2% 时，煤中脂肪烃的生成量最多，此时参与煤氧化反应的脂肪烃也随之增加，因此释放的指标气体 CO 的浓度上升。由于干裂温度前煤样的氧化反应较慢，故参与煤氧化反应的脂肪烃较少，宏观表现为脂肪烃的峰强度上升。煤中游离羟基的吸收峰强度随着温度的升高而降低，部分含氧官能团的桥键断裂，生成大量的 CO、CO_2、H_2O 和烃类气体。添加的黄铁矿含量为 2% 时，煤中游离羟基消耗量最大，说明参与煤氧化反应的游离羟基最多。因此，干裂温度前添加 2% 黄铁矿煤样的指标气体 CO、CO_2 浓度最大。

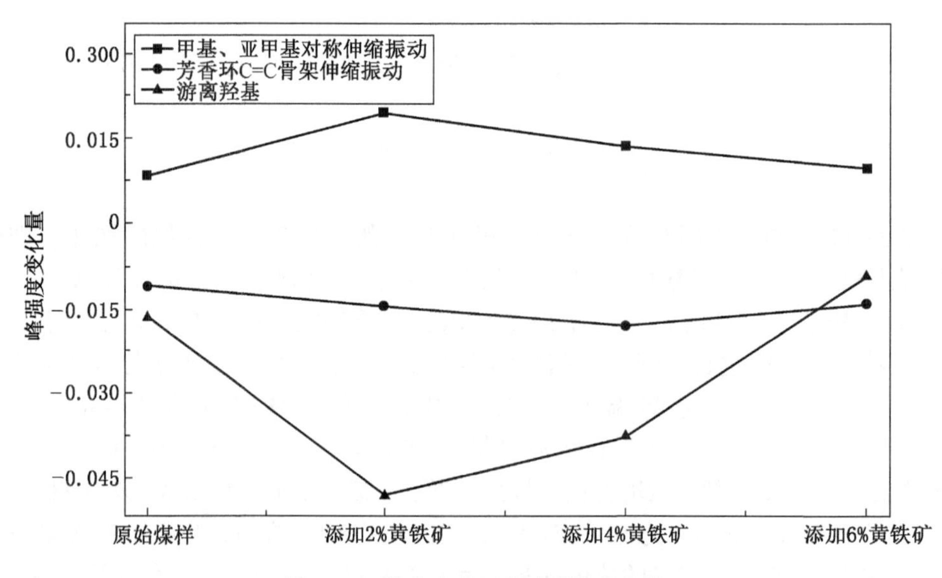

图 3-18 煤中官能团的峰强度变化量

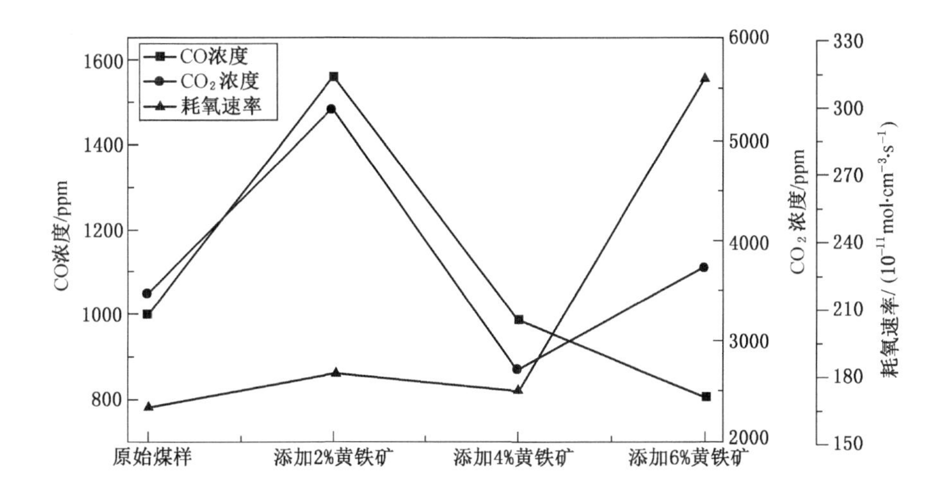

图 3-19　不同黄铁矿添加量的煤自燃指标气体及耗氧速率

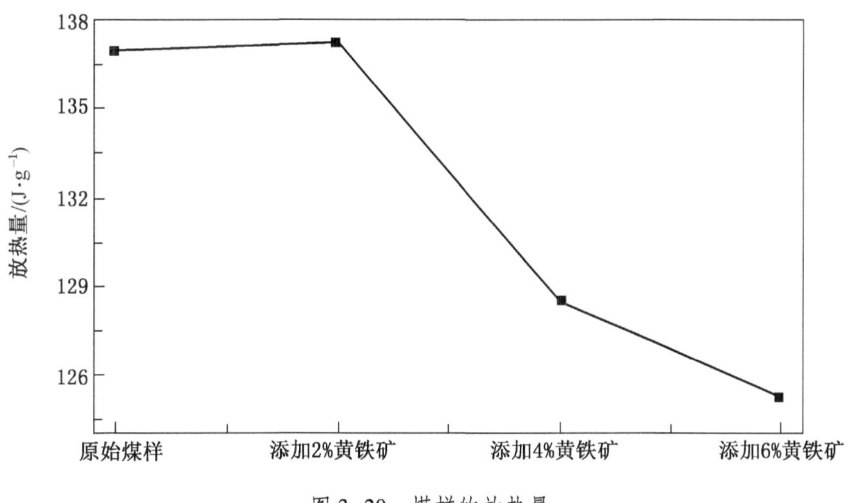

图 3-20　煤样的放热量

图 3-20 所示为从室温上升至干裂温度时煤样的放热量。由图 3-18 与图 3-20 可知，原煤与添加 2% 黄铁矿的煤样放热量最大，煤中脂肪烃与含氧官能团的峰强度变化量最大。煤样中的脂肪烃侧链与氧通过化合反应释放部分热量，添加的黄铁矿为 2% 时，煤中脂肪烃的生成量最多，因此参与煤氧化反应的脂肪烃也最多，释放的热量最大。煤中含氧官能团的化学性质比较活泼，在煤低温阶段便会参与煤的氧化反应并释放反应热。添加 2% 黄铁矿的煤样在干裂温度前消耗的游离羟基-OH 最多，部分含氧官能团的桥键断裂释放出较多的热量。煤样的放热量增多会促进煤的温度升高从而更容易与氧气反应，煤中芳香环 C=C 双键结构的峰强度减小也说明煤分子结构中芳香比例减小，煤样更容易氧化自燃。

由图 3-19、图 3-20 可知，添加 2% 黄铁矿煤样的指标气体 CO 浓度与 CO_2 浓度最大，添加 2% 黄铁矿煤样的放热量最大。常温下添加 2% 黄铁矿煤样的比表面积最大，表明在添加的黄铁矿为2%时煤样与O_2的接触面积最大，最容易与O_2反应；黄铁矿与O_2反应会释放热量促进煤样的氧化反应，煤样的氧化反应加剧导致指标气体CO浓度增大。煤样的放热量来源较复杂，黄铁矿氧化放热只是其中的一种，且在干裂温度前黄铁矿与O_2的反应速率较慢。因此，煤样的氧化性与放热性之间有一定的关联，同时也存在差异。

2. 干裂温度后煤自燃特性的关联性分析

对比煤温超过干裂温度后不同黄铁矿含量的煤中主要官能团以及煤氧化放热特性的变化，分析黄铁矿对煤低温氧化阶段的影响。分析煤中官能团、煤氧化性与放热性之间的联系。图3-21所示为煤中官能团的峰强度变化量，图3-22所示为不同黄铁矿添加量的煤自燃指标气体及耗氧速率，图3-23所示为煤样的放热量。

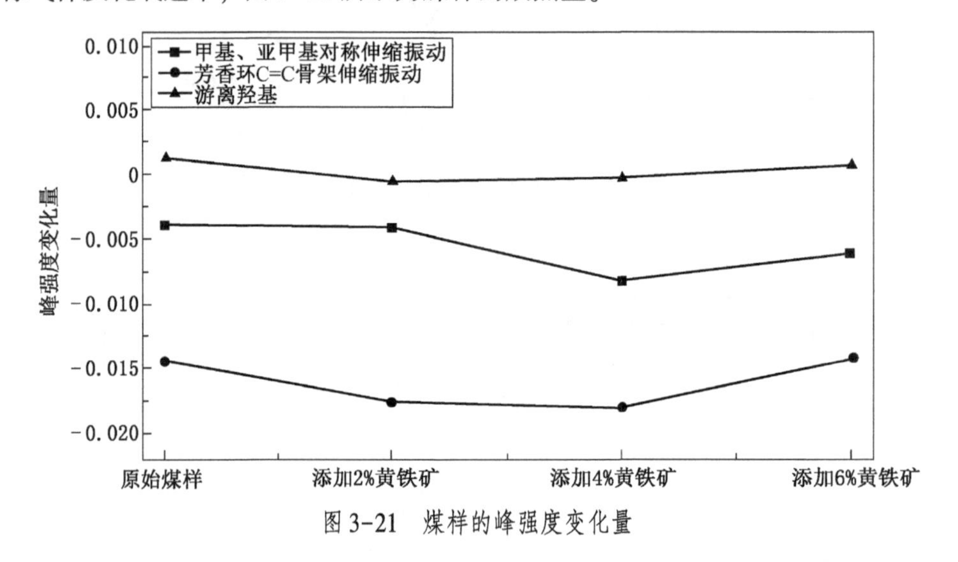

图3-21 煤样的峰强度变化量

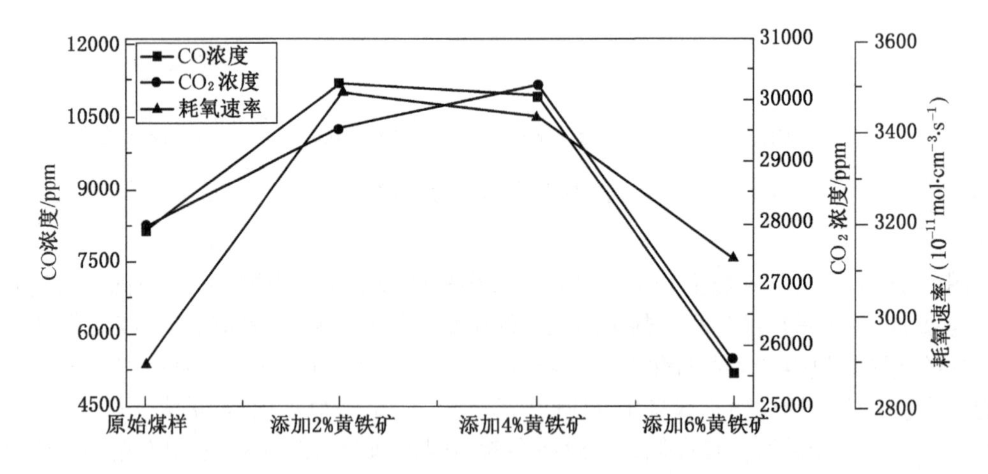

图3-22 不同黄铁矿添加量的煤自燃指标气体及耗氧速率

由图3-21、图3-22可知，添加2%黄铁矿含量煤样的CO浓度与耗氧速率最大，煤中含氧官能团的峰强度变化量最大；添加4%黄铁矿的煤中脂肪烃的峰强度变化量最大。煤样中的脂肪烃侧链与氧通过化合反应生成 CO 与 H_2O，造成脂肪烃侧链的减少。由于干裂温度后煤样的氧化反应剧烈，参与反应的脂肪烃随着温度的升高不断增多，因此脂肪烃的峰强度先增加后减小。结合图 3-9 可知，干裂温度前，添加 2% 黄铁矿的煤中脂肪烃的生成量最多，因此在煤低温氧化过程中添加 2% 黄铁矿的煤中脂肪烃的峰强度变化量最大。同时，煤温超过干裂温度后，脂肪烃的峰强度变化量减小，表明参与干裂温度后的煤氧复合反应的脂肪烃减少。煤中游离羟基的变化量较少，添加 2% 黄铁矿的煤中游离羟基的消耗量最大，说明添加的黄铁矿含量为 2% 时，参与煤氧化反应的游离羟基最多，故 CO 的生成量最大。但干裂温度后煤中游离羟基的峰强度极小，说明煤中大部分游离羟基主要参与干裂温度前的煤氧化反应。

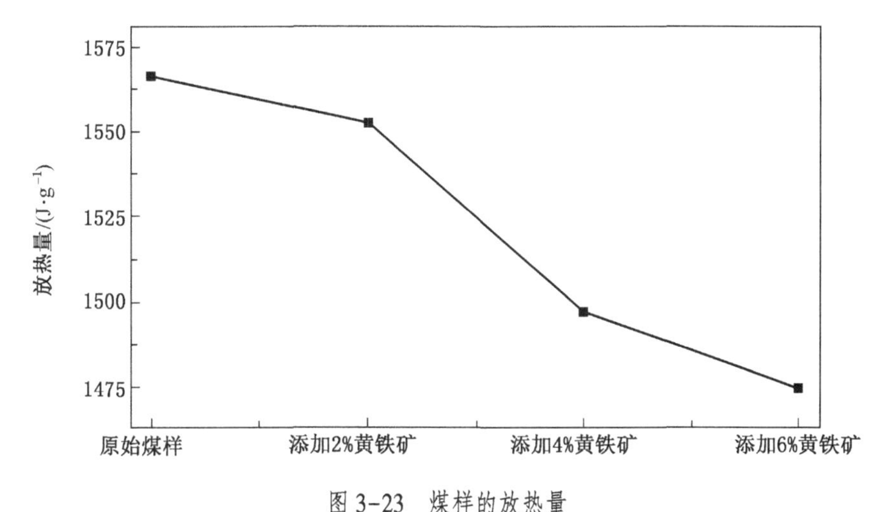

图 3-23　煤样的放热量

由图 3-21 与图 3-23 可知，原煤与添加 2% 黄铁矿的煤样放热量最大，含氧官能团与芳香烃的峰强度变化量最大。煤中含氧官能团比较活泼，会参与煤的氧化反应释放大量热，由于干裂温度后煤中含氧官能团的峰强度较小，因此参与反应的含氧官能团较少。干裂温度后煤样的放热量主要来自煤氧复合反应释放的热量，此时煤样的放热量增加，易发生氧化反应，煤分子结构中芳香烃比例减小，表现为煤中芳香烃的峰强度减小。

由图 3-22、图 3-23 可知，添加 2% 黄铁矿煤样的指标气体 CO 浓度与耗氧速率最大，原煤与添加 2% 黄铁矿煤样的放热量最大。添加 2% 黄铁矿煤样的比表面积最大，表明在该黄铁矿含量条件下煤样与 O_2 的接触面积最大，黄铁矿与 O_2 反应会释放热量促进煤样的氧化反应，煤样的氧化反应加剧导致指标气体 CO 及耗氧速率增大。煤样的放热量主要来自煤氧复合反应释放的热量，结合黄铁矿对煤氧化反应的影响，添加的黄铁矿含量为 0~2% 时，煤样的放热量先增加后减小。因此，煤样的氧化性与放热性之间有一定的关联，同时也存在差异。

3.6　黄铁矿对煤氧化特性的影响

3.6.1　实验过程

选用气煤的原始煤样及含黄铁矿为 2%、4%、6% 的六种煤样进行实验，煤样质量为

1 kg，煤样粒径为混样。实验条件、实验操作过程、实验装置同 2.6.1。

3.6.2 黄铁矿含量对煤指标气体的影响

CO、CO_2 是煤低温氧化过程中的气体产物，在较低温度时就可以被色谱分析仪检测到，是目前大多数矿井自燃预测系统中使用的指标气体。图 3-24 与图 3-25 分别为不同黄铁矿含量的煤样在低温氧化过程中的 CO、CO_2 浓度变化趋势。

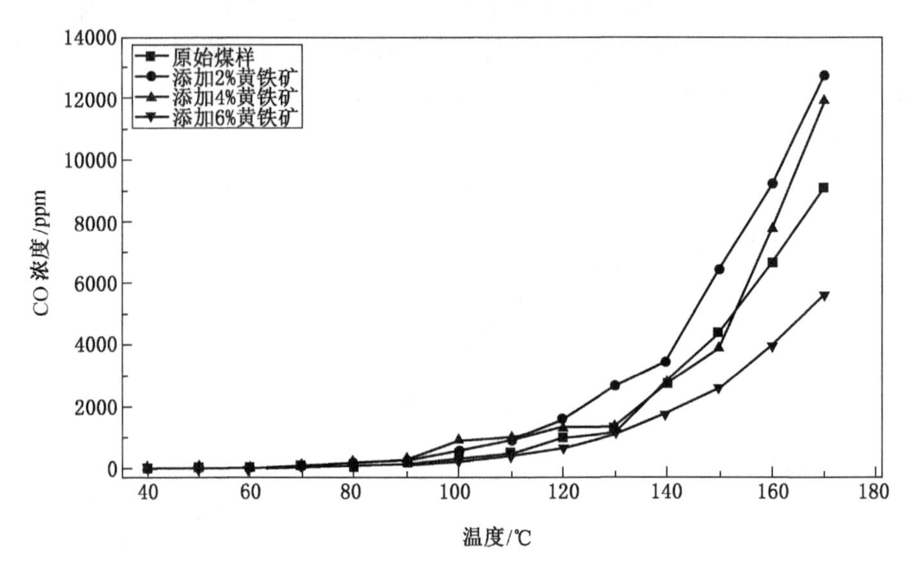

图 3-24　程序升温条件下煤的 CO 浓度

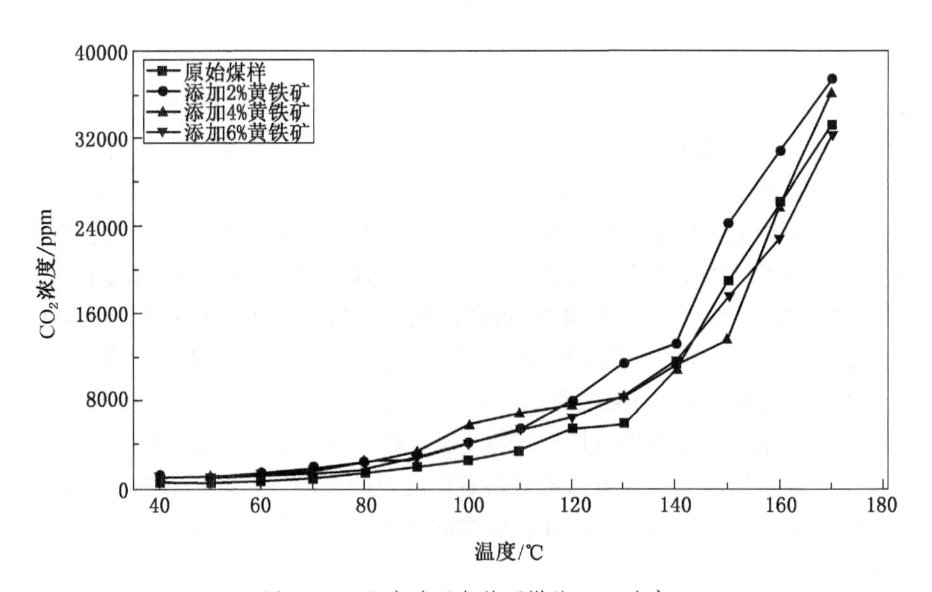

图 3-25　程序升温条件下煤的 CO_2 浓度

由图 3-24、图 3-25 可知，随着温度的升高，不同黄铁矿含量的煤样在低温氧化过程中产生的 CO、CO_2 气体浓度的整体变化趋势一致。随着温度的升高先缓慢增大，随后急剧增大。当煤温低于 90 ℃时，煤样的 CO、CO_2 浓度随着温度的增加而增加，但增加的幅度极小，几乎可以忽略不计。由于黄铁矿在温度较低时放出的热量很小，因此在该阶段内黄铁矿对煤样氧化产生 CO、CO_2 的浓度影响较小，其中 CO_2 的浓度在 170~260 ppm。当煤温处于 90~120 ℃区间时，煤样 CO、CO_2 浓度随着温度的增加逐渐增大，且增加的幅度较大。在该区间内，添加 2%与 4%黄铁矿的煤样，其 CO、CO_2 浓度明显高于原煤以及添加 6%黄铁矿的煤样。当煤温超过 120 ℃时，煤样的 CO、CO_2 浓度随着温度的增加呈指数增长，说明当温度大于 120 ℃后煤的氧化反应特别剧烈，因此产生的 CO、CO_2 浓度增加幅度极大。

不同黄铁矿含量的煤样在低温氧化过程中生成的 CO、CO_2 浓度也不相同。随着黄铁矿含量的增加，煤样的 CO、CO_2 浓度先增加后减小，添加的黄铁矿含量为 2%时，煤样的 CO、CO_2 浓度最大，分别为 12710 ppm、37440 ppm。其后依次是添加 4%黄铁矿的煤样、原煤、添加 6%黄铁矿的煤样。由此可知，黄铁矿会影响煤自燃指标气体的产生量。这代表黄铁矿会影响煤的自燃进程，添加 2%黄铁矿的煤样对煤自燃的促进作用最大。

综上所述，黄铁矿在温度较低时发生化学反应的速率很慢，因此，当煤温低于临界温度时，黄铁矿对升温过程中 CO、CO_2 浓度的影响极小，几乎可以忽略不计；当煤温度超过临界温度后，黄铁矿会迅速发生反应放出热量，从而加快煤氧复合反应，因此在临界温度之后不同黄铁矿含量的煤样 CO、CO_2 的浓度开始出现差距；当温度大于干裂温度后，不同黄铁矿含量的煤样，其 CO、CO_2 浓度的差距进一步扩大，体现出黄铁矿在干裂温度后对 CO、CO_2 生成量有极大的促进作用。

CO_2/CO 比值与 CO、CO_2、CH_4 等其他指标气体数据构成了煤炭自燃预测技术的综合指标数据，是提高矿井煤自燃预测预报水平的方式之一。分析不同黄铁矿含量煤样在临界温度的 CO_2/CO 比值，分析了黄铁矿在低温氧化过程中对 CO_2/CO 比值的影响规律。实验煤样临界温度点 CO_2/CO 比值变化曲线的计算结果如图 3-26 所示。

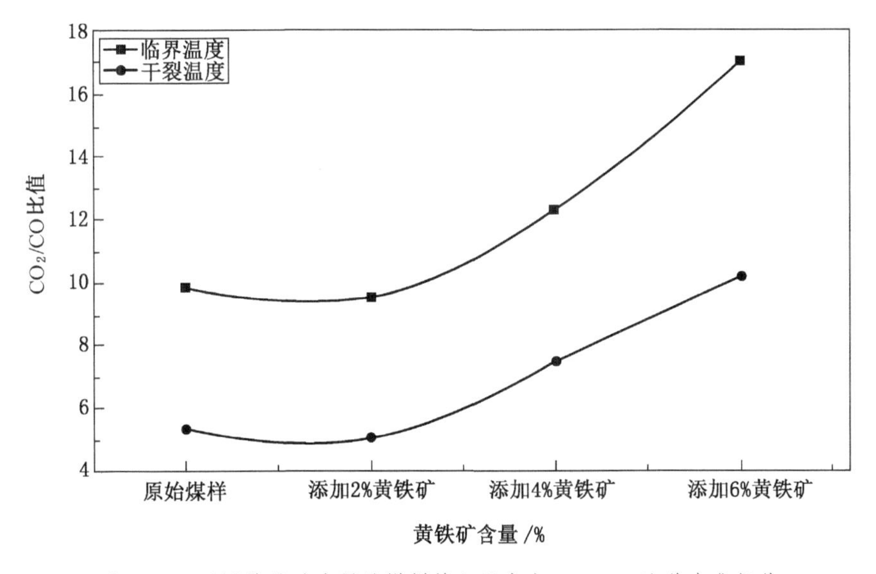

图 3-26　不同黄铁矿含量的煤样特征温度点 CO_2/CO 比值变化规律

由图 3-26 可知，干裂温度的 CO_2/CO 比值相较于临界温度有所减小。煤样的 CO_2/CO 比值随着黄铁矿含量的增加先减后增大，添加的黄铁矿含量为 2% 时，煤样的 CO_2/CO 比值最小。

3.6.3 黄铁矿对煤耗氧速率的影响

煤氧复合放热是煤自燃过程中煤升温的关键影响因素。通常用煤的氧化性来表述煤氧复合能力，而耗氧速率是煤氧化性的一个测量指标。当其他条件相同时，煤的耗氧速率与其氧化性正相关。煤中黄铁矿与氧气和水分相互作用并释放反应热，同时又有大量的反应产物生成，对煤氧复合作用产生重要的影响。研究了不同黄铁矿含量的煤在低温氧化过程中耗氧速率的变化规律，分析了黄铁矿对煤氧化的影响。根据计算得出实验煤样的耗氧速率变化规律曲线，如图 3-27 所示。

由图 3-27 可知，添加不同黄铁矿含量的煤样，其耗氧速率的变化趋势与 CO、CO_2 浓度的变化趋势大致相同，都是随着温度的升高而不断增大。当温度低于 90 ℃时，煤样的耗氧速率变化较小，其增长幅度可以忽略不计；当温度处于 90～120 ℃之间时，煤样耗氧速率的增长幅度明显增大；当温度高于 120 ℃时，煤样的耗氧速率呈指数增长。说明当温度超过 120 ℃时，煤与 O_2 发生复合反应的速率加快，氧气的消耗量上升，因此耗氧速率的增加幅度极大。

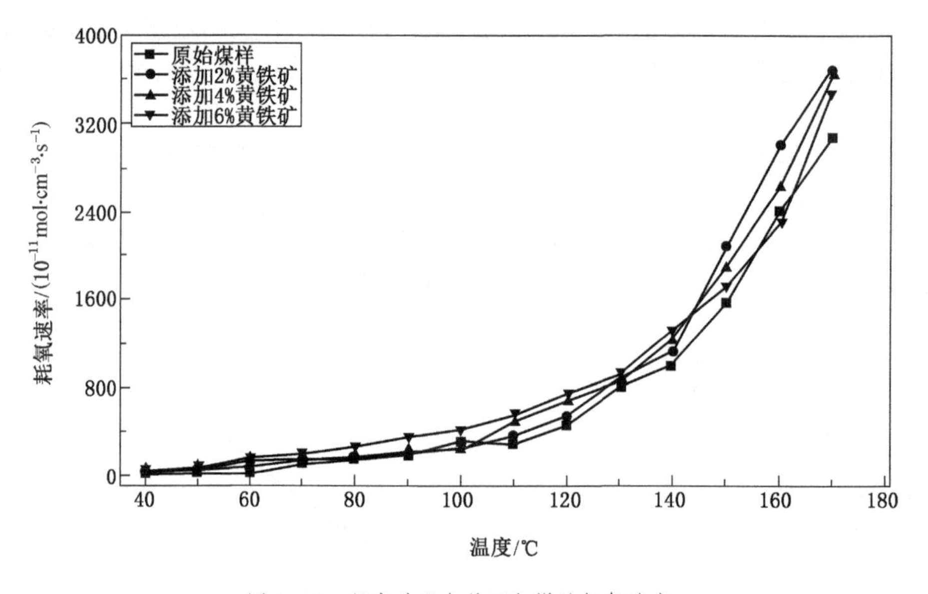

图 3-27 程序升温条件下气煤的耗氧速率

由图 3-27 还可以得出黄铁矿在煤低温氧化过程中会影响煤的氧化性。首先，添加不同黄铁矿含量的煤样在煤低温氧化过程中的耗氧速率不同；其次，黄铁矿在 90 ℃之前基本未参与氧化反应或氧化反应进行得很慢，在该温度区间黄铁矿几乎不影响煤的氧化放热特性；最后，随着黄铁矿含量的增加，煤样的耗氧速率先增大后减小，添加 2% 黄铁矿煤样耗氧速率最大，之后依次是添加 4% 黄铁矿的煤样、添加 6% 黄铁矿的煤样与原煤。

由于黄铁矿在潮湿环境下与 O_2 会发生放热反应，反应释放的热量急剧又会加剧煤氧复合反应。但黄铁矿在温度较低时发生氧化反应的速率很低，因此释放的热量有限，具体表现为在临界温度之前不同黄铁矿含量煤样的 CO、CO_2 浓度与耗氧速率的变化幅度极小。当温度超过临界温度后，黄铁矿发生氧化反应的速率加快，尤其是当温度高于临界温度之后，不同黄铁矿含量煤样的 CO、CO_2 浓度与耗氧速率差别越来越明显，添加 2% 黄铁矿煤样的 CO、CO_2 浓度与耗氧速率最大。

上述现象是三种因素共同作用的结果。第一，黄铁矿与 O_2 发生氧化反应需要水分的参与，而煤样中的水分含量较高，因此添加的黄铁矿较多时仅有部分黄铁矿能发生氧化反应。第二，黄铁矿氧化生成的 $Fe(OH)_3$ 溶胶颗粒半径极小，仅为 10^{-7}~10^{-5}cm，煤大分子的孔隙半径为 10^{-5}cm；因此在煤低温氧化过程中，黄铁矿反应产生的 $Fe(OH)_3$ 溶胶能进入煤大分子孔隙中，逐渐凝聚成 $Fe(OH)_3$ 胶团填充煤大分子孔隙，减少煤表面与氧气的接触面积同时减少煤的吸氧量，抑制煤氧复合反应。第三，酸性环境会促进煤的氧化自燃，黄铁矿氧化生成的产物有铁离子、H_2SO_4、$Fe(OH)_3$ 和单质 S 等。铁离子会促进黄铁矿发生反应放出更多热量，释放的热量积聚又会促进煤氧复合反应；黄铁矿生成的 H_2SO_4 中大量的 H^+ 会吸附空气中的氧分子，在煤分子表面形成富含氧分子的液膜，增加煤对氧气的吸附量，对煤氧复合反应具有一定的促进作用。

在三者的综合作用下，添加 2% 黄铁矿煤样的 CO、CO_2 浓度与耗氧速率最大，氧化性最强。

综上所述，在煤低温氧化过程中，当温度低于 90 ℃时，煤样的耗氧速率变化幅度较小，其变化幅度在 166~313 之间；当温度超过 90 ℃后，煤样的耗氧速率均明显增大，故推断煤样的临界温度为 90 ℃。当煤样的温度超过 120 ℃时，煤样的耗氧速率也同时显著增大，呈指数增长，故推断煤的干裂温度为 120 ℃。添加的黄铁矿为 2% 时，煤样的耗氧速率为 3690.84×11^{-11} $mol\cdot cm^{-3}\cdot s^{-1}$，高于其他三种煤样。结合黄铁矿对煤指标气体的影响规律可知，添加的黄铁矿为 2% 时，煤样的氧化性最强。

3.7 本章小结

本章以不同水分含量为研究对象，通过煤样基础参数测试、程序升温实验、热重实验、C80 微量量热实验和电子自旋共振实验，研究了水分含量对煤物理特性、煤氧化过程热动力学、热效应及煤自燃特性影响，最终确定了不同特征参数间的相互关系，主要得出以下结论：

（1）水分对热量改变，煤氧反应强弱程度的影响是一个相对动态变化的过程，水分蒸发、蒸气压、水氧络合物、水分对自由基和孔隙的影响等因素均会产生不同的作用，煤样中硫含量也是重要因素之一。通过实验分析得知，水分含量为 5.83% 的煤样较不容易氧化，不易发生自燃发火现象，水分含量为 11.43% 和 16.31% 的煤样较容易氧化，易发生自燃发火现象。在实际工作过程中，应密切注意煤的水分含量。

（2）水分含量的增加会使煤的孔隙率逐渐增大，增加煤氧反应的面积，暴露出一定数量的活性基团，从而促进煤氧反应的进行。从耗氧速率、CO 产生量、质量变化等参数来看，随着水分含量的增加均呈现出先减小后增加的趋势，其中水分含量为 5.83% 的煤样最小，水分含量为 16.31% 的煤样最大。

（3）水分对自由基参数具有较大的影响，水分溶胀作用，氢离子和氢氧根离子的特异性催化作用，水分对自由基与氧气间的氧化反应强弱程度的影响均会造成自由基浓度和种类的变化。水分含量增加会使煤中自由基的种类增多。自由基浓度随水分含量的增大先增加后减小，因为自由基浓度是生成与消耗间动态变化的过程，故水分含量 5.83%煤样的自由基生成速率大于消耗速率，自由基参与氧化反应的量减小，抑制了煤氧反应的进行；水分含量 11.43%和 16.31%煤样的自由基消耗速率大于生成速率，自由基参与氧化反应的量不断增大，促进了煤氧反应的进行。

（4）水分含量的不同对煤最大吸热温度和初始放热温度具有较明显的影响。煤的热量变化特性具有明显的分段性，在 100 ℃之前，煤氧反应的强弱程度较弱，主要出现吸热、缓慢放热和放热速率减小三个阶段，该阶段放热量占总放热量的比例不足 15%；100 ℃之后，煤氧反应的强弱程度不断增强，出现快速放热阶段，该阶段放热量占总放热量的比例超过 85%，容易造成煤体内部热量的快速累积，致使温度升高。水分含量为 5.83%的煤样在缓慢放热和放热量减少两个阶段的放热量均大于原始煤样，造成其总放热量小于原始煤样的原因是由于快速放热阶段放热量较小。

（5）不同水分含量煤样低温氧化特性参数具有一定的关联性，随水分含量的变化，各特征参数间会相互产生影响且影响程度各不相同，特性参数间的变化基本呈现出正比例关系。

4　水与伴生黄铁矿协同影响煤样微观结构特征

煤的大分子结构包含众多的基本结构单元，其中基本单元中的规则部分构成了煤分子的重要结构，主要有苯环、脂环、氢化芳香环及杂环（含氮、氧、硫），在主要结构侧链连接着许多种类的含氧官能团和烷基侧链，这些称为基本结构单元的不规则部分。

在水分和矿物质（如伴生黄铁矿）等多因素综合作用下，煤表面活性结构、氧化放热特性发生变化，使水分与矿物质对煤自燃倾向性产生不同程度的影响。本章通过煤质分析、X射线衍射、真密度实验和红外光谱实验，研究水与伴生黄铁矿协同作用对煤孔隙结构、吸附氧特性、微晶结构及化学基团等物理、化学微观结构特征的影响规律，为进一步揭示水分与伴生黄铁矿协同影响煤自燃机理奠定基础。

4.1　无烟煤元素特征

4.1.1　样品制备

煤在生成过程中常伴随生成黄铁矿，通过添加黄铁矿及水分可以模拟煤的伴生矿物质附存及煤开采储存环境。样品制备过程如下：以四川白皎煤矿开采的无烟煤为研究对象；破碎并筛分出200目以下作为实验样品，每份煤样约100 g，原始煤样不做脱灰处理，做脱水处理，具体为将煤样在30 ℃条件下真空干燥48 h；根据不同的水分含量计算出每份煤中需要添加的水分质量。然后给原煤中添加水分，经过多次测试计算，添加到实验要求的不同比例水分，使其均匀混合，密封后放置在阴凉处一周左右等待水分吸收并进行工业分析，近似得到外在水分含量为1%、5%、10%、15%、20%的实验煤样。

将黄铁矿破碎至0.075 mm以下，根据不同的黄铁矿含量计算出每份煤中需要添加的黄铁矿质量，得到黄铁矿含量为0、1%、2%、4%、6%的实验煤样，与5种水分进行正交实验，得到25个不同水分及黄铁矿含量的煤样，分别为W1P0、W1P1、W1P2、W1P4、W1P6、W5P0、W5P1、W5P2、W5P4、W5P6、W10P0、W10P1、W10P2、W10P4、W10P6、W15P0、W15P1、W15P2、W15P4、W15P6、W20P0、W20P1、W20P2、W20P4、W20P6，W表示水分，P表示黄铁矿。并对25个样品进行元素分析及工业分析，近似得到煤样的水分含量为1%、5%、10%、15%、20%，黄铁矿含量为0、1%、2%、4%、6%，放置在阴凉干燥处密封保存。图4-1所示为黄铁矿样品及样品处理图。

4.1.2　元素分析

实验采用德国Elementar公司VarioELⅢ型有机元素测定仪（图4-2），在常温常压下进行测试。样品在氧气中燃烧，在有机成分被氧化的过程中，煤中各元素变成能被定量表征的挥发性物质，运动过程中经过硅胶填充柱的色谱，然后可测定各元素浓度，采用外标法确定C、H、N、S等元素的含量，差减法得到O含量。

(a)黄铁矿　　　　(b)样品处理

图4-1　黄铁矿样品及样品处理图

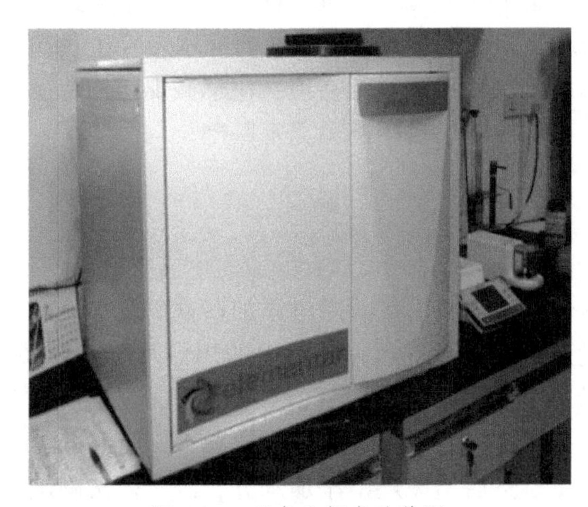

图4-2　元素分析实验装置

1. 实验原理

将样品置于氧气流中燃烧，用氧化剂使其有机成分充分氧化，令各种元素定量地转化成与其相对应的挥发性氧化物，使这些产物流经硅胶填充柱色谱，用热导池检测器分别测定其浓度，最后用外标法确定每种元素的含量。

2. 实验步骤

1）空白实验

将装置连接好，检查整个系统的气密性，直到每一部分都不漏气后开始通电升温，并接通氧气。在升温过程中，将第一节电炉往返移动几次，并将新装好的吸收系统通气20 min左右。取下吸收系统，用绒布擦净，在天平旁放置10 min左右称量。当第一节和第二节炉达到并保持在（800±10)℃，第三节炉达到并保持在（600±10)℃后开始做空白试验。此时将第一节炉移至紧靠第二节炉，接上已经通气并称量过的吸收系统。在一个燃烧舟上加入氧化铬。打开橡皮帽，取出铜丝卷，将装有氧化铬的燃烧舟用镍铬丝推至第一节炉入口处，将铜丝卷放在燃烧舟后面，套紧橡皮帽，接通氧气，调节氧气流量为120 mL/min。

移动第一节炉，使燃烧舟位于炉子中心。通气 23 min，将炉子移回原位。2 min 后取下 U 形管，用绒布擦净，在天平旁放置 10 min 后称量。吸水 U 形管的质量增加数即为空白值。重复上述试验，直到连续两次所得空白值相差不超过 0.0010 g，除氮管、二氧化碳吸收管最后一次质量变化不超过 0.0005 g 为止。

2）碳与氢的测定

在预先灼烧过的燃烧舟中称取粒度小于 0.2 mm 的空气干燥白皎无烟煤 0.2 g，精确至 0.0002 g，并均匀铺平。在煤样上铺一层三氧化二铬。可把燃烧舟暂存入专用的磨口玻璃管或不加干燥剂的干燥器中。

接上已称量的吸收系统，并以 120 mL/min 的流量通入氧气。关闭靠近燃烧管出口端的 U 形管，打开橡皮帽，取出铜丝卷，迅速将燃烧舟放入燃烧管中，使其前端刚好在第一节炉口。再将铜丝卷放在燃烧舟后面，套紧橡皮帽，立即开启 U 形管，通入氧气，并保持 120 mL/min 的流量。1 min 后向净化系统方向移动第一节炉，使燃烧舟的一半进入炉子。过 2 min，使燃烧舟全部进入炉子。再过 2 min，使燃烧舟位于炉子中心。保温 18 min 后，把第一节炉移回原位。2 min 后，停止排水抽气。关闭和拆下吸收系统，用绒布擦净，在天平旁放置 10 min 后称量。

3）氮的测定

在薄纸上称取粒度小于 0.2 mm 的空气干燥白皎无烟煤 0.2 g，精确至 0.0002 g。把煤样包好，放入 50 mL 开氏瓶中，加入混合催化剂 2 g 和浓硫酸 5 mL。然后将开氏瓶放入铝加热体的孔中，并用石棉板盖住开氏瓶的球形部分。在瓶口插入一小漏斗，防止硒粉飞溅。在铝加热体中心的小孔中放温度计。接通电源，缓缓加热到 350 ℃左右，保持此温度，直到溶液清澈透明、漂浮的黑色颗粒完全消失为止。遇到分解不完全的煤样时，可将 0.2 mm 的空气干燥煤样磨细至 0.1 mm 以下，再按上述方法消化，但必须加入铬酸酐 0.2~0.5 g。分解后如无黑色粒状物且呈草绿色浆状，表示消化完全。

将冷却后的溶液用少量蒸馏水稀释后移至 250 mL 开氏瓶中。充分洗净原开氏瓶中的剩余物，使溶液体积为 100 mL。然后将盛溶液的开氏瓶放在蒸馏装置上准备蒸馏。把直形玻璃冷凝管的上端连接到开氏瓶上，下端用橡皮管连上玻璃管，直接插入一个盛有 20 mL、3%硼酸溶液和 1~2 滴混合指示剂的锥形瓶中。玻璃管浸入溶液并距瓶底约 2 mm。在 250 mL 开氏瓶中注入 25 mL 混合碱溶液，然后通入蒸汽进行蒸馏，蒸馏至锥形瓶中溶液的总体积达 80 mL 为止，此时硼酸溶液由紫色变成绿色。

蒸馏完毕后，拆下开氏瓶并停止供给蒸汽。插入硼酸溶液中的玻璃管内、外用蒸馏水冲洗。洗液收入锥形瓶中，用硫酸标准溶液滴定到溶液由绿色变成微红色即为终点。由硫酸用量求出煤中氮的含量。

4）硫的测定

在 30 mL 坩埚内称取粒度为 0.2 mm 以下的白皎无烟煤 1 g 和艾氏剂 2 g，仔细混合均匀，再用 1 g 艾氏剂覆盖；将装有煤样的坩埚移入通风良好的箱形炉中，必须在 1~2 h 内将电炉从室温升到 800~850 ℃，并在该温度下加热 1~2 h；将坩埚从电炉中取出，冷却到室温，再将坩埚中的灼烧物用玻璃棒仔细搅松捣碎，然后放入 400 mL 烧杯中，用热蒸馏水冲洗坩埚内壁，将冲洗液加入烧杯中，再加入 100~150 mL 刚煮沸的蒸馏水，充分搅拌，如果此时发现尚有未烧尽的煤的黑色颗粒漂浮在液面上，则本次测定作废。

用中速定性滤纸以倾泻法过滤，用热蒸馏水倾泻冲洗三次后将残渣移入滤纸中，用热蒸馏水仔细冲洗，次数不少于10次，洗液总体积为250~300 mL；向滤液中滴入2~3滴甲基橙指示剂，然后加1∶1盐酸至中性，再过量加入2 mL盐酸，使溶液呈微酸性。将溶液加热到沸腾，用玻璃棒不断搅拌，并滴入10%氯化钡溶液10 mL，保持近沸状态约2 h，最后溶液体积为200 mL左右；溶液冷却后或静置过夜后用致密无灰定量滤纸过滤，并用热蒸馏水洗至无氯离子为止；将沉淀连同滤纸移入已知重量的瓷坩埚中，先在低温下灰化滤纸，然后在温度为800~850 ℃箱形电炉内灼烧20~40 min，取出坩埚在空气中稍加冷却后，再放入干燥器中冷却到室温称重。

每配制一批艾氏剂或改换其他任一试剂时，应进行空白试验，同时测定2个以上，硫酸钡最高值与最低值相差不得大于0.0010 g，取算术平均值作为空白值。

3. 分析结果的计算

（1）空气干燥煤样的碳、氢按下式计算：

$$C_{ad} = \frac{0.2729m_1}{m} \times 100\% \tag{4-1}$$

$$H_{ad} = \frac{0.1119(m_2 - m_3)}{m} \times 100\% - 0.1119M_{ad} \tag{4-2}$$

式中，C_{ad}为空气干燥煤样的碳含量,%；H_{ad}为空气干燥煤样的氢含量,%；m_1为吸收二氧化碳的U形管的增重，g；m_2为吸收水分的U形管的增重，g；m_3为水分空白值，g；m为煤样的质量，g；0.2729为将二氧化碳折算成碳的因数；0.1119为将水折算成氢的因数；M_{ad}为空气干燥煤样的水分含量,%。

（2）空气干燥煤样的氮按下式计算：

$$C_{ad} = \frac{0.2729m_1}{m} \times 100 - 0.2729(CO_2)_{ad} \tag{4-3}$$

$$N_{ad} = \frac{c(V_1 - V_2) \times 0.014}{m} \times 100\% \tag{4-4}$$

式中，N_{ad}为空气干燥煤样的氮含量,%；C为硫酸标准溶液的浓度，mol/L；V_1为硫酸标准溶液的用量，mL；V_2为空白试验时硫酸标准溶液的用量，mL；0.014为氮（1/2N_2）的毫摩尔质量，g/mmol；m为煤样的质量，g。

（3）空气干燥煤样的硫按下式计算：

$$S_Q^f = \frac{(G_1 - G_2) \times 0.1374}{G} \times 100\% \tag{4-5}$$

式中，S_Q^f为分析煤样中全硫含量,%；G_1为硫酸钡质量，g；G_2为空白实验时硫酸钡质量，g；0.1374为由硫酸钡换算成硫的系数；G为煤样的质量。

（4）空气干燥煤样的氧按下式计算：

$$O_{ad} = 1 - C_{ad} - H_{ad} - N_{ad} - S_Q^f - M_{ad} - A_{ad} \tag{4-6}$$

式中，O_{ad}为空气干燥煤样的氧含量,%；S_Q^f为空气干燥煤样的全硫含量,%；M_{ad}为空气干燥煤样的水分含量,%；A_{ad}为空气干燥煤样的灰分含量,%。

（5）干燥无灰基计算：

$$C_{daf} = \frac{C_{ad}}{1 - M_{ad} - A_{ad}} \tag{4-7}$$

$$H_{daf} = \frac{H_{ad}}{1 - M_{ad} - A_{ad}} \tag{4-8}$$

$$O_{daf} = \frac{O_{ad}}{1 - M_{ad} - A_{ad}} \tag{4-9}$$

$$N_{daf} = \frac{N_{ad}}{1 - M_{ad} - A_{ad}} \tag{4-10}$$

$$S_{daf} = \frac{S_{Q}^{f}}{1 - M_{ad} - A_{ad}} \tag{4-11}$$

式中，C_{ad}为干燥无灰基煤样的碳含量,%；H_{ad}为干燥无灰基煤样的氢含量,%；O_{ad}为干燥无灰基煤样的氧含量,%；N_{ad}为干燥无灰基煤样的氮含量,%；S_{Q}^{f} 为干燥无灰基煤样的全硫含量,%。

4.1.3 工业分析

工业分析采用5E-MAG6700型工业分析仪（图4-3），在常温常压下进行测试。在燃烧过程中不断对样品进行测试，获得样品的质量，并通过计算得到样品的水分（M_{ad}）、灰分（A_{ad}）以及挥发分（V_{ad}），最后通过差减法求得固定碳（FC_{ad}）等指标。

图4-3 工业分析实验装置

1. 实验原理

实验采用热重分析，将远红外加热设备与称量用的电子天平结合在一起，在特定的气氛条件、规定的温度、规定的时间内对受热过程中的试样称重，以此计算出试样的水分、灰分以及挥发分等工业分析指标。

2. 实验步骤

1）水分的测定

在预先干燥并已称量过的称量瓶内称取粒度小于0.2 mm的白皎无烟煤1 g，称准至0.0002 g，平摊在称量瓶中。打开称量瓶盖，将其放入预先鼓风并已加热到110 ℃的干燥箱中。在一直鼓风的条件下，烟煤干燥 1 h，无烟煤干燥 1.5 h。从干燥箱中取出称量瓶，立即盖上盖，放入干燥器中冷却至室温(约 20 min)后称量。进行检查性干燥，每次 30 min，直到连续两次干燥煤样的质量减少或增加不超过 0.0010 g 时为止。在后一种情况下，采用质量增加前一次的质量为计算依据。水分小于 2.00% 时，不必进行检查性干燥。

水分结果计算：

$$M_{ad} = \frac{m_1}{m} \times 100 \tag{4-12}$$

式中，M_{ad}为煤样水分的质量分数,%；m 为称取的测试煤样的质量，g；m_1 为煤样干燥后失去的质量，g。

2）灰分的测定

将快速灰分测定仪预先加热至 815 ℃。开动传送带并将其传送速度调节到 17 mm/min 左右或其他合适的速度。在预先灼烧至质量恒定的灰皿中，称取粒度小于 0.2 mm 的白皎无烟煤 0.5 g，称准至 0.0002 g，均匀地摊平在灰皿中，使每平方厘米的质量不超过 0.08 g。将盛有煤样的灰皿放在快速灰分测定仪的传送带上，灰皿即自动送入炉中。当灰皿从炉内送出时，取下并放在耐热瓷板或石棉板上，在空气中冷却 5 min 左右，移入干燥器中冷却至室温（约 20 min）后称量。

灰分结果计算：

$$A_{ad} = \frac{m_1}{m} \times 100 \tag{4-13}$$

式中，A_{ad}为空气干燥基灰分的质量分数,%；m 为称取的测试煤样的质量，g；m_1 为灼烧后残留物的质量，g。

3）挥发分的测定

在预先于 900 ℃温度下灼烧至质量恒定的带盖瓷坩埚中，称取粒度小于 0.2 mm 的白皎无烟煤 1 g，称准至 0.0002 g，然后轻轻振动坩埚，使煤样摊平，盖上盖，放在坩埚架上。将马弗炉预先加热至 920 ℃左右。打开炉门，迅速将放有坩埚的坩埚架送入恒温区，立即关上炉门并计时，准确加热 7 min。坩埚及坩埚架放入后，要求炉温在 3 min 内恢复至 900 ℃，此后保持在 900 ℃，否则此次试验作废。加热时间包括温度恢复时间在内。从炉中取出坩埚，放在空气中冷却 5 min 左右，移入干燥器中冷却至室温（约 20 min）后称量。

挥发分结果计算：

$$V_{ad} = \frac{m_1}{m} \times 100 - M_{ad} \tag{4-14}$$

式中，V_{ad}为空气干燥基挥发分的质量分数,%；m 为称取的测试煤样的质量，g；m_1 为煤样加热后减少的质量，g；M_{ad}为煤样水分的质量分数,%。

4）含碳量的测定

$$FC_{ad} = 1 - M_{ad} - A_{ad} - V_{ad} \tag{4-15}$$

式中，M_{ad}为煤样水分的质量分数,%；A_{ad}为煤样灰分的质量分数,%；V_{ad}为煤样挥发分的质量分数,%。

4.1.4 煤质分析

煤样煤质指标见表 4-1。

表 4-1 实验煤样的煤质分析结果

样品		简称	元素分析/(%，daf)					工业分析/%			
			C	H	O	N	S	M_{ad}	A_{ad}	V_{ad}	FC_{ad}
原煤		YM	90.47	3.21	1.51	2.80	2.01	1.40	26.02	8.85	63.73
W1P0		W1P0	89.69	3.61	1.71	2.85	2.14	2.32	25.49	9.10	63.39
水分 1%	黄铁矿 1%	W1P1	88.96	3.49	1.59	2.75	3.21	2.30	25.34	9.01	63.35
	黄铁矿 2%	W1P2	88.43	3.45	1.35	2.52	4.25	2.29	24.92	9.23	63.56
	黄铁矿 4%	W1P4	86.25	3.58	1.24	2.59	6.34	2.34	25.54	8.92	63.20
	黄铁矿 6%	W1P6	84.69	3.48	1.2	2.34	8.29	2.21	25.8	8.98	63.01
水分 5%	黄铁矿 0	W5P0	86.98	5.82	3.01	2.21	1.98	6.27	24.96	9.49	60.15
	黄铁矿 1%	W5P1	87.00	5.58	2.98	2.19	2.25	6.30	24.22	9.28	60.20
	黄铁矿 2%	W5P2	85.96	5.36	2.78	2.12	3.78	6.28	24.19	9.38	60.15
	黄铁矿 4%	W5P4	84.26	5.29	2.68	2.09	5.68	6.27	24.04	9.58	60.19
	黄铁矿 6%	W5P6	82.32	5.3	2.78	2.01	7.59	6.19	24.19	9.54	60.08
水分 10%	黄铁矿 0	W10P0	84.51	6.54	4.26	2.8	1.89	9.73	24.01	9.02	57.24
	黄铁矿 1%	W10P1	83.77	6.52	4.21	2.75	2.75	9.80	24.18	9.01	57.01
	黄铁矿 2%	W10P2	83.25	6.01	4.32	2.83	3.59	9.68	24.22	8.89	57.21
	黄铁矿 4%	W10P4	81.71	5.95	4.01	2.65	5.68	9.59	24.21	8.80	57.40
	黄铁矿 6%	W10P6	80.13	5.69	3.73	2.32	8.13	9.46	24.31	9.04	57.19
水分 15%	黄铁矿 0	W15P0	83.08	7.61	5.45	2.18	1.68	14.95	22.30	8.82	53.93
	黄铁矿 1%	W15P1	82.35	7.52	5.42	2.12	2.59	14.89	22.47	8.75	53.89
	黄铁矿 2%	W15P2	82.59	7.21	5.38	2.10	2.72	14.58	22.66	8.98	53.78
	黄铁矿 4%	W15P4	80.05	7.09	5.28	1.99	5.59	14.99	22.36	8.69	53.96
	黄铁矿 6%	W15P6	78.35	7.01	5.16	1.89	7.59	15.01	22.19	8.78	54.02
水分 20%	黄铁矿 0	W20P0	80.83	8.94	6.66	2.08	1.49	19.59	20.96	8.31	51.14
	黄铁矿 1%	W20P1	80.5	8.54	6.56	2.02	2.38	19.60	20.99	8.29	51.12
	黄铁矿 2%	W20P2	79.95	8.21	6.4	2.12	3.32	19.55	18.16	8.19	54.10
	黄铁矿 4%	W20P4	78.49	8.01	6.23	1.98	5.29	19.45	17.99	8.40	54.16
	黄铁矿 6%	W20P6	76.07	8.75	6.01	1.58	7.59	19.44	18.06	8.30	54.20

煤有机质中 C_{daf} 含量是煤变质程度的一个表征参数，随着变质程度的加深呈现逐渐上升的趋势，H_{daf} 含量则随着变质程度的升高而降低，由表 4-1 可知，原煤中 C 含量较高，达到 90.47%，H 含量低，只有 3.21%，进一步表明了白皎煤矿无烟煤变质程度很高。煤分子中测到的有机氧主要是以羧酸、羟基、羰基、甲氧基和醚等含氧官能团的形式存在，对煤自燃倾向性影响较大，O_{daf} 含量只有 1.51%，说明原始白皎无烟煤易自燃的氧条件较低。因此 O、H 两种元素相比其他变质程度煤含量低，这说明氧元素和氢元素可以作为煤分子活性基团的参

考因素，为后面的氧化活性、放热强度、关联度分析提供依据和参考。水分、灰分、挥发分含量较低，其中挥发分含量为 8.85%，说明高变质程度的无烟煤自燃倾向性较低。

随着水分含量的增加，煤分子中的氧元素和氢元素含量也增加，表明水分含量的增加会造成含氧官能团的增加，并且水分含量在 1%～5%时增加幅度较大，5%～10%、10%～15%、15%～20%时增加幅度较缓慢。碳元素、硫元素、氮元素的含量降低，水分和挥发分的含量增加，固定碳和灰分含量降低。这是由于添加的水分含量较大时，相对百分含量增加，挥发分也相应增加，但是固定碳和灰分的相对百分含量是降低的。

随着黄铁矿含量的增加，碳、氢、氧、氮四种元素含量的减小程度与添加水分相比变化幅度较小。表明在常温条件下，黄铁矿含量的增加会带来煤中硫元素的增加，但对其他元素结构的影响不是很大，挥发分呈现先增大后减小的趋势。出现上述现象是因为随着水分与黄铁矿含量的增加，煤分子与水分和黄铁矿发生协同反应，水分的增加使 CO_2 等物质的生成量增大，当水分含量在 10%左右时变化作用最强，随后会水分会过多形成水液膜和蒸汽压，变化作用减弱。

4.2 无烟煤孔隙结构特征

煤是一种多孔介质，其内部存在大量的孔隙。将煤中孔隙体积占总体积的百分比定义为孔隙率。煤的孔隙率是影响煤低温氧化的重要参数。煤孔隙率越大，则参与反应的煤表面积也就越大。煤孔隙系结构可以分为有效孔与无效孔。通常将孔隙结构与煤的表面连通的孔称为有效孔，其又分为开孔与半开孔两种类型；与煤的表面不连通的孔称为闭孔。根据孔的分类可知，煤的孔隙率主要取决于有效孔的数量与体积。

4.2.1 煤孔隙结构理论

1. 煤孔隙结构的研究方法

煤体是由大量孔隙构成的固态物质，孔隙结构决定着煤的吸附、解吸、扩散、渗流、力学性质。孔隙结构特征必然会对煤自燃难易程度产生影响，大量学者对煤中孔隙结构进行了细致的研究，研究方法主要包括观察描述和物理测试两大类。观察描述法主要是宏观描述和利用光学显微镜对煤样成像，进行局部孔隙的成因分类，对煤样抛光面上的孔裂隙参数进行半定量化研究，不能够深入研究煤体内部孔隙结构，具有局限性。常见的煤孔隙结构物理测试法包括密度计算法、压汞法、低温氮气吸附法以及扫描电镜法、核磁共振法、显微 CT 技术等。大多数学者采用压汞法与低温氮气吸附法研究煤体内部孔隙结构。压汞法通过施加压力使汞压进入煤中孔隙，根据 Washburn 方程得到压力与孔隙半径的分布信息，汞的体积量反映了对应半径范围内的孔隙体积，通过进汞体积曲线与退汞体积曲线差异判断煤孔隙类型与特征结构。压汞法研究孔隙结构存在一定限制，压汞法的测量下限为 7.5 nm，但由于煤中孔隙结构有大量的微孔（<10 nm）存在，所以采用压汞法会丢失煤体内微孔大量信息；压力在压入汞的同时会对煤体中的孔隙结构造成破坏，所以测量的孔隙结构信息不是煤体孔隙结构的原始信息，Mahamud 通过研究认为压入汞压力大于 10 MPa 时，煤样产生压缩效应从而破坏煤的原生孔系统。低温氮气吸附法是将煤样烘干脱气后，调节不同压力，使煤样在低温 77.5 K 下吸附氮气，通过氮气吸附量绘制吸附-脱附曲线。利用不同模型计算孔径分布、比表面积分布、孔体积分布等参数，根据等温吸附线的滞后环来分析孔的形状。测量最小孔径可达到 0.6 nm，能够对煤体内微孔进行详细研

究。显微 CT 技术在煤孔隙结构研究中也有广泛应用，目前国内外的煤显微结构分析技术的主要缺点是分辨率不够高，可靠度不够高，造成在某些情况下研究人员无法识别所采样煤的微观结构，满足不了自燃性能研究的要求。近几年来，随着科技的进步，基于第三代同步光源相衬显微 CT 技术的出现改变了这一现状，由于同步辐射光源有着前两代光源无法比拟的优点，基于此解决了困扰成像技术的诸多难题，使实现对扫描样本的清晰三维成像成为可能。因此，对煤体内部的高清无损成像技术成为研究孔隙结构的一种有效的新方法。

2. 煤中孔隙结构参数的表征

国内外学者通过实验对煤中孔隙结构（比表面积、体积、孔径分布等）进行了描述，但由于煤孔隙结构的随机性，利用传统的欧式几何理论对孔隙结构进行定量描述具有一定的局限性，并不能用一个客观参数来表征孔隙结构的整体特性，而分形几何理论的建立，为解决那些没有特征长度但在一定意义下相似性的客观事物提供了新的方法。国外学者 Thompson 和 Kueper 首先对多孔物质进行研究，计算出了其分形维数。国内学者傅学海通过对煤表面宏观裂隙进行观测统计，计算了宏观裂隙的面密度分形位数；通过压汞实验对煤岩的破碎结构进行分形维数计算，发现在孔径 10^{-7}m 处煤中孔隙分形特征发生突变，分形维数成两条直线，认为大于孔径 10^{-7}m 的孔以进行气体的解吸与运移为主，小于 10^{-7}m 的孔隙主要进行气体的吸附与扩散。王文峰对不同变质程度煤进行压汞实验，通过体积分形理论求得不同变质程度的体积分形维数，发现体积维数随着煤化程度加深而降低。赵爱红分析了孔径大于 65~87 nm 的不同变质程度、不同煤岩类型、不同煤岩破坏类型煤样的体积分形维数。张玉涛利用分形几何理论推导了煤孔隙分形表达式，对不同温度下煤孔隙分形维数进行计算，认为煤体温度会对孔隙分形维数产生巨大影响。孟巧荣利用显微 CT 技术获得不同煤种的孔隙结构参数，运用几何分形理论计算了不同煤种孔隙孔径、比表面积、体积在煤热解过程中分形维数的变化规律。孔隙结构作为气体运移通道，对氧气的吸附、解析、扩散具有重要的影响。由此可见，研究煤的孔隙结构，可进一步探索煤内部孔隙结构与自燃机理，对预防与治理煤自燃具有重要意义。

4.2.2　实验方法与条件

采用 TD-2200 型真密度分析仪，在常温常压条件下，对表 4-1 中煤样进行实验测试。运用阿基米德原理（密度=质量/体积）及波尔定律（$PV=nRT$），可以准确地测量煤样的真实体积，从而根据上述定理可以精确地计算煤样的真密度和孔隙结构特征。实验过程如下：

（1）使用精度为万分之一的电子天平称量被测样品，如条件允许加大测试样品的量，以获得最为真实的测试数据。

（2）选用合适的样品仓盛装被测样品，装入仪器，旋紧样品仓盖子，开启气瓶。

（3）进行样品测试的设定时，闲置的分析口相关图标显示为灰白色，用手指触摸其相对应的区域启动相应的分析口。

（4）点击天平图标，在弹出的窗口输入样品质量，点击确定保存，返回到主页面。

（5）最后根据所使用的样品仓规格做相应选择，点击开始分析，测试自动完成。

4.2.3　真密度实验分析

1. 黄铁矿对煤孔隙结构特征的影响

对每个样品测试三次，取其平均值，得到不同黄铁矿含量（P0、P1、P2、P4、P6）煤样的真密度特征（图 4-4）。

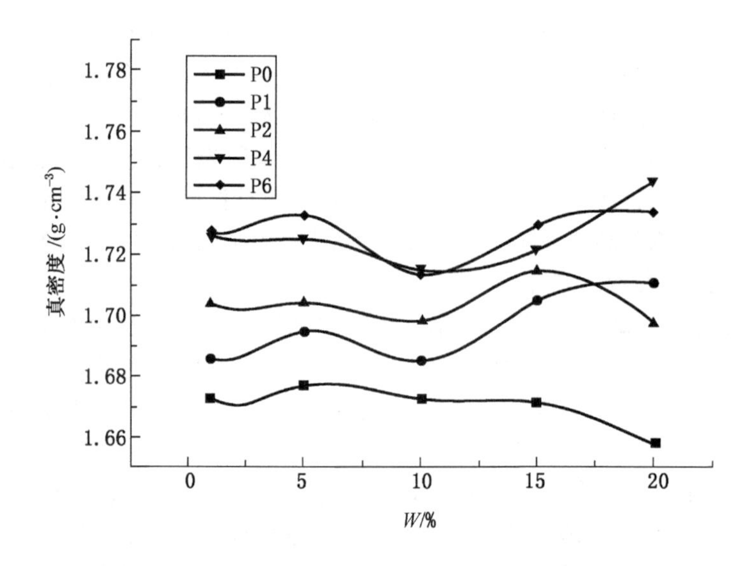

图 4-4　不同黄铁矿含量煤样的真密度变化

由图 4-4 可知，黄铁矿含量与真密度之间呈现非线性关系，随黄铁矿含量的增加，真密度变化趋势基本一致，先增大后减小再增加再减小，并在水分为 10% 时出现极小值，表明此时的孔隙率较大。黄铁矿含量为 4% 时，真密度较大，表明此时的孔隙率较小，因此，可以得出黄铁矿含量 4% 是临界点。在水分作用下，黄铁矿会与氧气发生反应，形成 $Fe(OH)_3$ 胶体，黄铁矿含量大于 4% 时，随着黄铁矿含量的不断增加，$Fe(OH)_3$ 胶体含量也不断增加，其对煤分子的填充作用逐渐变得明显，煤样的真密度值逐渐增大，孔隙率就会逐渐变小。

2. 水分含量对煤孔隙结构特征的影响

对每个样品测试三次，取其平均值，得到不同水分含量（W1、W5、W10、W15、W20）煤样的真密度特征（图 4-5）。

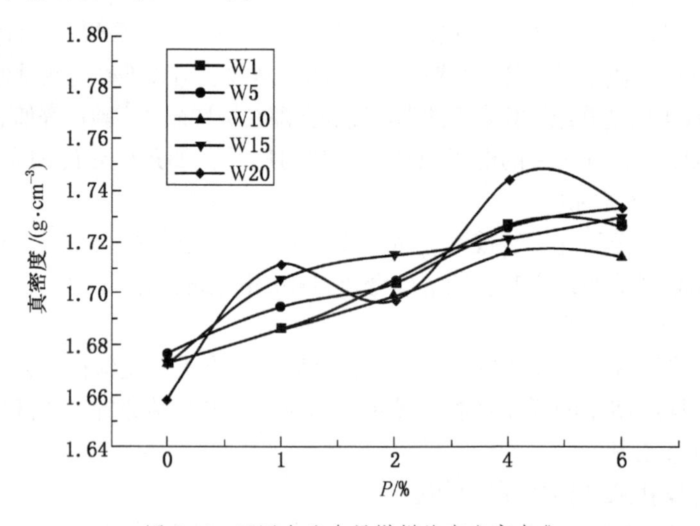

图 4-5　不同水分含量煤样的真密度变化

由图 4-5 可知，黄铁矿含量为 0 和 6% 时，水分与煤真密度之间没有明显的规律性，可见在黄铁矿过低和过高时，水分的多少对煤孔隙结构的影响不大。当黄铁矿含量为 1%、2%、4% 时，随着水分含量的增加，样品真密度在 10% 处达到最低值后增加，表明在含黄铁矿量为 1% ~4% 时，水分含量 10% 是临界点，变化作用最强。在水分含量为 10% 的情况下，虽然 $Fe(OH)_3$ 胶体的产生量有一定的增多，但是水氧络合物的生成量也相对出现了增长，且此时水氧络合物对煤分子孔隙的作用比 $Fe(OH)_3$ 胶体的填充作用要大，所以煤样的真密度值变小，孔隙率增大。

4.3 无烟煤微晶结构特征

1929 年 Mahadevan 最先利用 X 射线衍射仪（XRD）对煤的结构特征进行研究。Warren 在研究煤的晶格特征中提出了估算煤基本结构单元的 Warren 方程，后经 Franklin 进一步完善为 Warren-Franklin 方法。Franklin 还根据石墨化和非石墨化煤的结晶生长提出了第一个煤结构的物理模型。Yen 首次提出根据 X 射线衍射图谱上的（002）带和 y 带分辨后的峰面积计算芳香度及其他结构参数。

煤 XRD 研究主要针对煤大分子结构和煤显微组分的晶体特点展开。李美芬、曾凡桂等分析得出一系列不同变质程度煤样的 Raman 光谱参数与 XRD 结构参数之间的关系。姜波、秦勇等通过对比系列构造煤和正常煤的 XRD 特征，指明构造应力作用是促使煤单元面网间距减小和堆砌度及延展度增大的重要影响因素。构造煤镜质组最大反射率与基本结构单元的演化具有良好的相关关系，是煤田构造研究中进行应力-应变分析的重要标志物之一。张代钧、徐龙君、陈国昌等人对煤的微晶结构特征与煤变质程度关系进行研究。戴广龙等人通过 4 种不同变质程度的煤低温氧化过程中的晶体结构变化，表明煤的微晶结构特征与其低温氧化之间有着内在的本质联系。罗陨飞等人研究了中低变质程度的不同煤中镜质组和惰质组的大分子结构特征及变化规律，指出惰质组芳构化程度随变质程度升高的规律不如镜质组显著。张代钧、张蓬洲和曾凡桂等也研究了不同煤阶的镜煤、丝炭等煤岩组分的 XRD 结构特征，并计算了相应结构参数。

大量研究表明，煤属于一种短程有序而长程无序的非晶态物质，其中的有机物质是一种介于晶体与无定形态之间的物质，即煤中存在一定数量由若干芳香环层片以不同平行程度堆砌而成的类似石墨化的小晶体，称为芳香微晶或芳香核。因此，利用 XRD 实验，可以研究煤的芳香微晶结构平面的大小和堆砌的高度等晶体结构信息，从而了解煤的结构与演化等特点。

4.3.1 实验方法与条件

1. 实验原理

X 衍射原理：X 射线在晶体中的衍射现象，实质上是大量的原子散射波互相干涉的结果。晶体所产生的衍射花样反映出晶体内部的原子分布规律。概括地讲，一个衍射花样的特征可以认为由两方面的内容组成：一方面是衍射线在空间的分布规律（称之为衍射几何），衍射线的分布规律由晶胞的大小、形状和位向决定；另一方面是衍射线束的强度，衍射线的强度取决于原子的品种和它们在晶胞中的位置。对某物质的性质进行研究时，不仅需要知道它的元素组成，更为重要的是了解它的物相组成。X 射线衍射方法可以说是对晶态物质进行物相分析最权威的方法。

每一种结晶物质都有各自独特的化学组成和晶体结构。没有任何两种物质，它们的晶胞大小、质点种类及其在晶胞中的排列方式是完全一致的。因此，当 X 射线被晶体衍射时，每一种结晶物质都有自己独特的衍射图谱，它们的特征可以用各个衍射晶面间距 d 和衍射线的相对强度 I/I_0 表征。其中，晶面间距 d 与晶胞的形状和大小有关，相对强度则与质点的种类及其在晶胞中的位置有关。所以任何一种结晶物质的衍射数据 d 和 I/I_0 是其晶体结构的必然反映，因而可以根据它们来鉴别结晶物质的物相。晶体的 X 射线衍射图谱是对晶体微观结构精细的形象变换，每种晶体结构与其 X 射线衍射图质检有着一一对应的关系，任何一种晶态物质都有自己特定的 X 射线衍射图，而且不会因为与其他物质混合而发生变化，这也是 X 射线衍射法进行物相分析的依据。

根据晶体对 X 射线的衍射特征-衍射线的位置、强度及数量来鉴定结晶物质物相的方法，即为 X 射线物相分析法。

2. 实验过程

实验采用 XRD-7000 型 X 射线衍射仪，实验仪器如图 4-6 所示。将制备的煤样装到铝框架上进行 XRD 扫描，得到不同煤样的衍射图谱。实验采用铜钯辐射，持续扫描模式，管压为 40 kV，管流为 30mA，扫描 2θ 角为 10°~80°，扫描速度为 4°/min。具体实验步骤如下：

（1）开启仪器。合上配电箱冷却水系统空气开关，将冷却水主机电源开关打到“ON”；合上配电箱内仪器电源空气开关；关好仪器门，将仪器上的高压锁开关顺时针向转动 90°；按下仪器面板上的“Power on”按钮启动仪器（高压显示 15 kV，5 mA，顶灯亮）；按下仪器面板上的“Light”按钮可以开启仪器内照明灯。

（2）启动测试程序并登录。

（3）连接仪器。

（4）设置电压和电流。电压和电流设置顺序如下，先升高电压：15 kV→20 kV→30 kV→40 kV；再升高电流：5 mA→10 mA→20 mA→30 mA。每一步操作完毕后，需要等待 5~10 min 后才能进行下一步操作。

（5）设置实验参数。实验选择一般定性分析测试程序（2θ 角不得小于 3°）。

（6）开始测试。放置被测样品时有效测试区域为距样品台垂直面 5~12 mm 范围内，同时保证试样表面落在测角仪轴心上（即保证试样表面与测角仪试样架下表面处于同一水平面上）；关好仪器门；修改文件名及保存路径；点击“OK”开始测试。

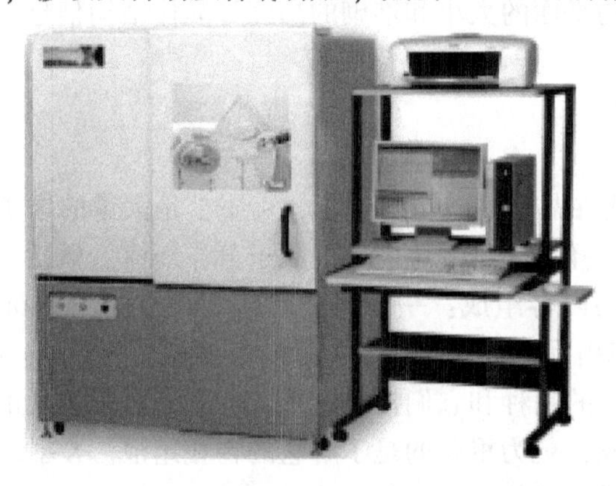

图 4-6　日本产 XRD-7000 型 X 射线衍射仪

4.3.2 煤样 XRD 谱图特征分析

图 4-7 所示为添加不同水分与黄铁矿含量的白皎无烟煤的 XRD 图谱。

由图 4-7 可知，各个样品的 XRD 谱图呈现出一定的规律性，002 和 100 衍射峰分别是在 $2\theta=20°\sim30°$、$40°\sim50°$之间存在，与天然石墨的谱图进行比对，可以发现两者之间的峰位置很相近。但是 100 衍射峰不是很明显，这可能是由于在高水平的背景下，煤中的石墨结构的基面中生长水平低。一般来讲，由于芳香环中碳网结构在空间排列成定向程度，也是层片的堆砌高度，因此，002 衍射峰表示煤样是否存在类石墨微晶结构。

对衍射谱图进行分析，在 002 峰的左侧出现一个峰，该峰与 002 峰形状有差异，并于 002 峰左右出现不对称，其原因被认为是收到煤结构中的饱和脂链或脂环结构的影响，这些结构与微晶结构相连并连在边缘，通常称为 γ 峰。在这些样品中，002 衍射峰表现出直立

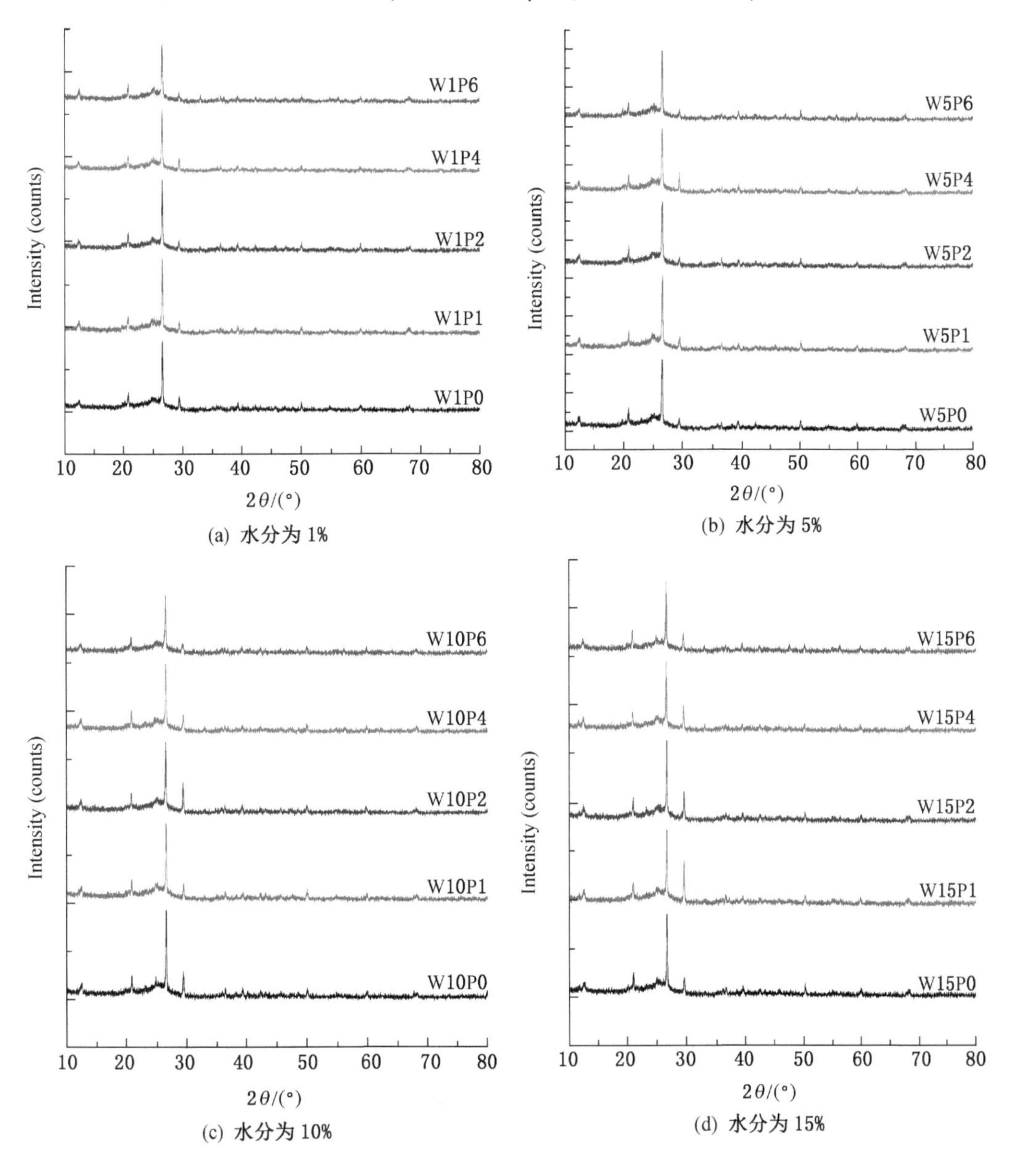

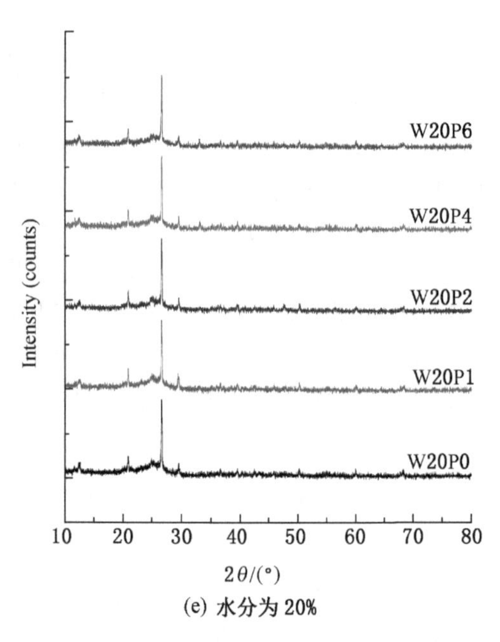

(e) 水分为20%

图4-7 不同水分含量煤样XRD图谱

的状态，并趋于对称。100衍射峰通常被认为是受到芳香环的缩合程度影响形成的，能够反映芳香环碳网层片的大小。而矿物质对谱图的影响在XRD中主要表现为其他位置的尖峰。由于不同煤样含有的芳香微晶结构受到黄铁矿与水生成的$Fe(OH)_3$的破坏，因此表现出尖峰的位置和强度的异同。但总体上XRD谱图表现出的特征和结构参数与煤的变质程度密切相关。对图4-7中的样品分析后发现，水分含量为1%时，不同含量的黄铁矿煤样的XRD图谱呈现出相同的衍射峰，通过观察XRD波峰可以发现，谱峰位置及峰强度出现了差别，谱峰主体结构未发生大幅度的变化，说明添加不同含量黄铁矿对煤样的微晶结构性质并无较大影响，不能改变煤样的微晶结构。同时发现不同水分含量煤样的XRD曲线也呈现出相同规律的衍射峰谱，但是衍射峰以及其余各峰位置表现出的强度发生了较小变化，这说明添加不同水分对煤样的微晶结构性质并无较大影响。

4.3.3 伴生矿物质

运用MID Jade分析软件，假设煤样中的元素种类，与标准图谱进行对比，最终分析得出煤样中含有的矿物质的种类及各成分的含量。通过分析发现所测实验煤样的矿物种类以石英和黄铁矿为主，其矿物质成分基本无差别。

由图4-7可知，随着水分含量的增加，不同黄铁矿含量煤样的XRD曲线的衍射峰谱形状基本一致，但是谱峰位置和各峰的强度发生了微小变化。矿物质成分随黄铁矿含量的增加没有发生变化，但是黄铁矿的含量发生了变化，这是添加比例不同造成的。随着黄铁矿含量的增加，不同水分含量煤样的XRD曲线的变化规律相似，但是谱峰位置及峰强度有微小区别，说明矿物质成分在添加不同水分含量过程中变化不大。

4.3.4 芳香微晶结构特征

芳香微晶结构在煤体中以紧密和分散两种方式存在，一般用芳香层片的层间距d_m、

堆砌高度 L_c 和有效堆砌芳香片数 M_c 等参数表征芳香微晶结构特点，这些参数用布拉格方程计算，具体公式如下：

$$d_m = \frac{\lambda}{2\sin\theta_{hkl}} \tag{4-16}$$

$$L_c = \frac{K_2\lambda}{\beta_{002}\cos\theta_{002}} \tag{4-17}$$

$$L_a = \frac{K_1\lambda}{\beta_{100}\cos\theta_{100}} \tag{4-18}$$

$$M_c = \frac{L_c}{d_m} \tag{4-19}$$

式中，λ 为 X 射线波长，铜靶取 1.54056Å；θ_{002}、θ_{100}为 002、100 峰对应的布拉格角，(°)；β_{002}、β_{100}为 002、100 峰对应的半宽高，rad；K_1、K_2 为微晶形状因子，$K_1 = 1.84$，$K_2 = 0.94$。

煤是复杂的大分子结构物质，其层间距在纤维素($d_{002} = 3.975\times10^{-1}$nm)与石墨（$d_{100} = 3.354\times10^{-1}$nm）之间。用煤化度 P 来描述煤中的缩合芳香层环的百分数，判断芳香层与脂肪层堆积结构的相对含量，d_{002}为 3.975×10^{-1}nm，计算公式如下：

$$P = \frac{3.975 - d_{002}}{3.975 - 3.345} \times 100\% \tag{4-20}$$

式中，P 为煤化度；d_{002}为芳香层片的层间距，$\times10^{-1}$nm。

1. 水分对芳香微晶结构特征的影响

通过 Jade6.0 将图谱进行光滑与数据处理，得到水分含量为 1%、5%、10%、15%、20% 的煤样微晶结构参数，计算结果见表 4-2～表 4-6。

表 4-2　水分含量为 1% 时不同黄铁矿含量煤样微晶结构参数

样品名称	d_{002}/($\times10^{-1}$nm)	d_{100}/($\times10^{-1}$nm)	L_c/($\times10^{-1}$nm)	L_a/($\times10^{-1}$nm)	M_C	P
W1P0	3.5211	2.0025	19.1493	10.0620	5.4384	73.08
W1P1	3.5206	2.0025	20.7560	10.6890	5.8957	73.18
W1P2	3.5299	2.0025	19.4226	9.4084	5.5023	71.67
W1P4	3.5238	2.0692	17.7302	9.5771	5.0316	72.66
W1P6	3.5112	2.0019	23.8248	9.2781	6.7854	74.69

表 4-3　水分含量为 5% 时不同黄铁矿含量煤样微晶结构参数

样品名称	d_{002}/($\times10^{-1}$nm)	d_{100}/($\times10^{-1}$nm)	L_c/($\times10^{-1}$nm)	L_a/($\times10^{-1}$nm)	M_C	P
W5P0	3.5250	2.0068	20.1629	10.3050	5.7199	72.46
W5P1	3.5035	2.0084	21.2367	6.8912	6.0616	75.93
W5P2	3.5147	2.0071	21.0526	8.9028	5.9899	74.13
W5P4	3.4984	2.0111	21.8318	8.1159	6.2406	76.75
W5P6	3.5131	2.0301	21.3253	7.8962	6.0702	74.38

表4-4　水分含量为10%时不同黄铁矿含量煤样微晶结构参数

样品名称	d_{002}/(×10^{-1}nm)	d_{100}/(×10^{-1}nm)	L_c/(×10^{-1}nm)	L_a/(×10^{-1}nm)	M_C	P
W10P0	3. 5179	2. 0067	17. 0395	10. 1510	4. 8437	73. 61
W10P1	3. 5089	2. 0194	21. 9901	11. 8260	6. 2670	75. 06
W10P2	3. 5141	2. 0210	17. 1586	9. 5605	4. 8828	74. 22
W10P4	3. 5117	2. 0545	18. 0569	9. 4694	5. 1419	74. 61
W10P6	3. 5068	2. 0241	22. 3854	9. 0288	6. 3834	75. 39

表4-5　水分含量为15%时不同黄铁矿含量煤样微晶结构参数

样品名称	d_{002}/(×10^{-1}nm)	d_{100}/(×10^{-1}nm)	L_c/(×10^{-1}nm)	L_a/(×10^{-1}nm)	M_C	P
W15P0	3. 5048	1. 9990	18. 2586	10. 2840	5. 2096	75. 72
W15P1	3. 4888	2. 0107	13. 8118	7. 8686	3. 9589	78. 30
W15P2	3. 4897	2. 0290	15. 1970	9. 6474	4. 3548	78. 15
W15P4	3. 5119	2. 0287	15. 4772	8. 8943	4. 4070	74. 57
W15P6	3. 5138	1. 9808	18. 2562	9. 0044	5. 1956	74. 27

表4-6　水分含量为20%时不同黄铁矿含量煤样微晶结构参数

样品名称	d_{002}/(×10^{-1}nm)	d_{100}/(×10^{-1}nm)	L_c/(×10^{-1}nm)	L_a/(×10^{-1}nm)	M_C	P
W20P0	3. 5068	2. 0654	19. 2028	10. 1460	5. 4759	75. 40
W20P1	3. 4984	2. 0466	18. 5107	10. 6940	5. 2911	76. 74
W20P2	3. 4979	1. 9979	19. 8472	12. 5500	5. 6740	76. 82
W20P4	3. 4938	2. 0086	20. 1446	10. 0670	5. 7658	77. 48
W20P6	3. 4968	2. 0920	20. 9393	8. 4737	5. 9881	77. 01

通过上述表中数据可知，水分含量为1%时，煤中芳香微晶的结构参数随添加的黄铁矿含量增大呈现非规律性变化。随着黄铁矿含量的增加，延展度 L_a、堆砌高度 L_c 和有效堆砌芳香片数 M_c 并未呈规律性变化，但芳香层片的层间距 d_m 先增大后减小，煤化度 P 先减小后增大。表明煤样中的芳香结构含量先减少后升高，脂肪结构含量先升高后减少。

水分含量为1%时，黄铁矿含量为6%的白皎无烟煤中的芳香结构含量虽然最高，但整体变化较小，说明煤的芳香微晶结构变化微小。

水分含量为5%时，芳香层片的层间距 d_m 随着黄铁矿含量的增加基本呈增大趋势，但延展度 L_a、堆砌高度 L_c、有效堆砌芳香片数 M_c 和煤化度 P 的变化幅度很小。水分含量为5%时，黄铁矿含量为4%的白皎无烟煤中的芳香结构含量最高，但整体变化幅度不大，表明在此水分含量下添加黄铁矿对煤样芳香微晶结构影响不大。

水分含量为10%时，随着黄铁矿含量的增加，煤样002峰位的芳香层片层间距减小，堆砌高度 L_c、有效堆砌芳香片数 M_c 和煤化度 P 逐渐增大，但变化幅度微小。表明随着黄铁矿含量的增加，煤样中的芳香结构含量逐渐升高，其脂肪结构含量减少。水分含量为10%时，黄铁矿含量为6%的白皎无烟煤中的芳香结构含量最高，但煤样的芳香微晶结构整体并无明显变化。

水分含量为15%时，随黄铁矿含量的增加，芳香层片的层间距 d_m 逐渐增大，堆砌高度 L_c、有效堆砌芳香片数 M_c 先减小后增大，煤化度 P 先增大后减小，表明煤样中的芳香结构含量先升高后减少，其脂肪结构含量先减少后升高，水分含量为15%时，黄铁矿含量为 0 时煤中的芳香结构含量最高，但煤样芳香微晶结构整体变化不明显。

水分含量为 20% 时，随着黄铁矿含量的增加，煤样 002 峰位的芳香层片的层间距 d_m 减小，堆砌高度 L_c、有效堆砌芳香片数 M_c 和煤化度 P 逐渐增大，但是变化幅度较小。表明随黄铁矿含量的增加，煤样中的芳香结构含量先减少后升高，其脂肪结构含量先升高后减少，煤样的微晶结构并无明显变化。水分含量为 20% 时，黄铁矿含量为 4% 的白皎无烟煤中的芳香结构含量最高。

综上分析，当水分含量增加时，煤样中芳香微晶结构的规律性变化不明显，表明水分含量的大小对煤芳香微晶结构的影响不大。

2. 黄铁矿对芳香微晶结构特征的影响

通过 Jade6.0 将图谱进行光滑与数据处理，得到黄铁矿含量为 0、1%、2%、4%、6% 的煤样微晶结构参数，计算结果见表 4-7～表 4-11。

表 4-7　黄铁矿含量为 0 时不同水分含量煤样微晶结构参数

样品名称	$d_{002}/(\times10^{-1}nm)$	$d_{100}/(\times10^{-1}nm)$	$L_c/(\times10^{-1}nm)$	$L_a/(\times10^{-1}nm)$	M_C	P
P0W1	3.5211	2.0025	19.1493	10.0620	5.4384	73.08
P0W5	3.5250	2.0068	20.1629	10.3050	5.7199	72.46
P0W10	3.5179	2.0067	17.0395	10.1510	4.8437	73.61
P0W15	3.5048	1.9990	18.2586	10.2840	5.2096	75.72
P0W20	3.5068	2.0654	19.2028	10.1460	5.4759	75.40

表 4-8　黄铁矿含量为 1% 时不同水分含量煤样微晶结构参数

样品名称	$d_{002}/(\times10^{-1}nm)$	$d_{100}/(\times10^{-1}nm)$	$L_c/(\times10^{-1}nm)$	$L_a/(\times10^{-1}nm)$	M_C	P
P1W1	3.5206	2.0025	20.7560	10.6890	5.8957	73.18
P1W5	3.5035	2.0084	21.2367	6.8912	6.0616	75.93
P1W10	3.5089	2.0194	21.9901	11.8260	6.2670	75.06
P1W15	3.4888	2.0107	13.8118	7.8686	3.9589	78.30
P1W20	3.4984	2.0466	18.5107	10.6940	5.2911	76.74

表 4-9　黄铁矿含量为 2% 时不同水分含量煤样微晶结构参数

样品名称	$d_{002}/(\times10^{-1}nm)$	$d_{100}/(\times10^{-1}nm)$	$L_c/(\times10^{-1}nm)$	$L_a/(\times10^{-1}nm)$	M_C	P
P2W1	3.5299	2.0025	19.4226	9.4084	5.5023	71.67
P2W5	3.5147	2.0071	21.0526	8.9028	5.9899	74.13
P2W10	3.5141	2.0210	17.1586	9.5605	4.8828	74.22
P2W15	3.4897	2.0290	15.1970	9.6474	4.3548	78.15
P2W20	3.4979	1.9979	19.8472	12.5500	5.6740	76.82

表 4-10　黄铁矿含量为 4% 时不同水分含量煤样微晶结构参数

样品名称	$d_{002}/(\times10^{-1}nm)$	$d_{100}/(\times10^{-1}nm)$	$L_c/(\times10^{-1}nm)$	$L_a/(\times10^{-1}nm)$	M_C	P
P4W1	3.5238	2.0692	17.7302	9.5771	5.0316	72.66
P4W5	3.4984	2.0111	21.8318	8.1159	6.2406	76.75
P4W10	3.5117	2.0545	18.0569	9.4694	5.1419	74.61
P4W15	3.5119	2.0287	15.4772	8.8943	4.4070	74.57
P4W20	3.4938	2.0086	20.1446	10.0670	5.7658	77.48

表 4-11　黄铁矿含量为 6% 时不同水分含量煤样微晶结构参数

样品名称	$d_{002}/(\times10^{-1}\text{nm})$	$d_{100}/(\times10^{-1}\text{nm})$	$L_c/(\times10^{-1}\text{nm})$	$L_a/(\times10^{-1}\text{nm})$	M_C	P
P6W1	3.5112	2.0019	23.8248	9.2781	6.7854	74.69
P6W5	3.5131	2.0301	21.3253	7.8962	6.0702	74.38
P6W10	3.5068	2.0241	22.3854	9.0288	6.3834	75.39
P6W15	3.5138	1.9808	18.2562	9.0044	5.1956	74.27
P6W20	3.4968	2.0920	20.9393	8.4737	5.9881	77.01

黄铁矿含量为 0 时煤中芳香微晶的结构参数变化幅度较小，变化无明显规律。但由表 4-7 可知，黄铁矿含量为 0 时，水分含量为 20% 的白皎无烟煤中的芳香结构含量最大。

黄铁矿含量为 1% 时，煤中芳香层片的层间距 d_m 基本呈减小趋势，延展度 L_a、堆砌高度 L_c、有效堆砌芳香片数 M_c 和煤化度 P 先增大后减小，表明煤样中的芳香结构含量先升高后减少，脂肪结构含量先升高后减少。当黄铁矿含量为 1% 时，水分含量为 10% 的白皎无烟煤中的芳香结构含量最高，煤样芳香微晶结构整体变化幅度较小。

黄铁矿含量为 2% 时，煤中芳香层片的层间距 d_m 呈减小趋势，堆砌高度 L_c 呈波动性变化，延展度 L_a、有效堆砌芳香片数 M_c 和煤化度 P 增大，表明煤样中的芳香结构含量逐渐增大，脂肪结构含量逐渐减小。当黄铁矿含量为 2% 时，水分含量为 20% 的白皎无烟煤中的芳香结构含量最大，但是变化幅度较小，表明煤样微晶结构并无明显变化。黄铁矿含量为 4% 时，水分含量为 20% 的白皎无烟煤中的芳香结构含量最高。黄铁矿含量为 6% 时，水分含量为 10% 的白皎无烟煤中的芳香结构含量最高。

综上分析，当黄铁矿含量增加时，煤样中芳香结构没有明显的规律性变化，表明黄铁矿含量的大小对煤芳香微晶结构的影响不大。对上述水分与黄铁矿的影响分析得出不同水分与黄铁矿含量对白皎无烟煤煤样微晶结构影响的最大值（图 4-8，表 4-12）。

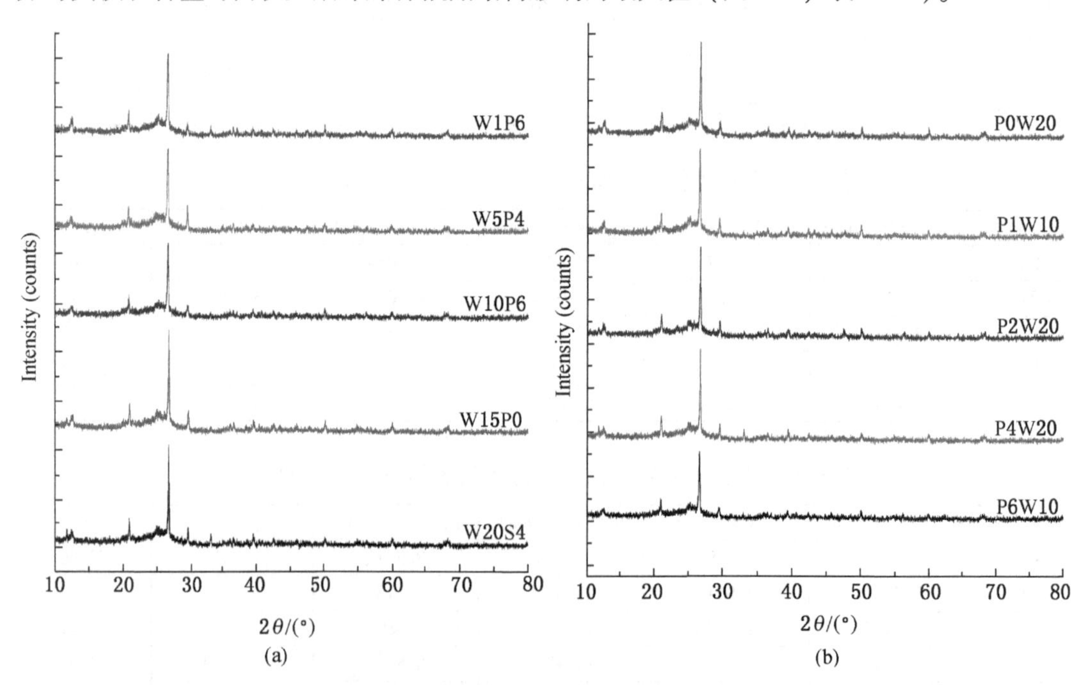

图 4-8　不同水分与黄铁矿含量白皎无烟煤煤样 XRD 图谱

表 4-12　不同水分与黄铁矿含量对白皎无烟煤微晶结构参数影响最大值

样品名称	$d_{002}/(\times10^{-1}\mathrm{nm})$	$d_{100}/(\times10^{-1}\mathrm{nm})$	$L_c/(\times10^{-1}\mathrm{nm})$	$L_a/(\times10^{-1}\mathrm{nm})$	M_C	P
W1P6	3.5112	2.0019	23.8248	9.2781	6.7854	74.69
W5P4	3.4984	2.0111	21.8318	8.1159	6.2406	76.75
W10P6	3.5068	2.0241	22.3854	9.0288	6.3834	75.39
W15P0	3.5048	1.9990	18.2586	10.2840	5.2096	75.72
W20P4	3.4938	2.0086	20.1446	10.0670	5.7658	77.48
P0W20	3.5068	2.0654	19.2028	10.1460	5.4759	75.40
P1W10	3.5089	2.0194	21.9901	11.8260	6.2670	75.06
P2W20	3.4979	1.9979	19.8472	12.5500	5.6740	76.82
P4W20	3.4938	2.0086	20.1446	10.0670	5.7658	77.48
P6W10	3.5068	2.0241	22.3854	9.0288	6.3834	75.39

由图 4-8 和表 4-12 发现，不同水分与黄铁矿含量对煤样的微晶结构影响整体不明显，矿物质成分在添加不同水分与黄铁矿含量过程中没发生变化，添加不同水分与黄铁矿含量对白皎无烟煤煤样芳香微晶结构参数的影响不同，当黄铁矿含量为 6%、水分含量为 10%时，白皎无烟煤中的芳香结构含量最高，但影响程度不明显。综上，添加水分与黄铁矿的白皎无烟煤分子结构中含有多种孔隙结构，也存在着由芳香微晶结构、缩合度较差的芳香结构及脂肪结构组成的复杂混合物。

4.4　无烟煤分子表面基团分布特征

煤氧复合作用学说认为，煤与氧分子接触是引起煤氧化自燃的基础，其中煤分子的部分结构与氧分子反应放热，这些容易发生反应的活性分子称为活性基团。由于煤的活性结构与变质程度密切相关，因此研究无烟煤在氧化初始时刻样品中主要化学基团的分布特征，确定在煤氧化过程中主要参与反应的活性基团种类与数量，对研究水分和黄铁矿如何作用煤氧化过程是十分必要的。

4.4.1　实验方法与条件

实验采用德国布鲁克 VENTEX80 原位漫反射傅里叶红外光谱仪。为了减少散射峰的干扰，将煤样与 KBr 粉末按照 1∶200 的比例混合，得到测试样品。打开实验装置，对各项参数进行设定，设定红外光谱扫描次数为 32 次，分辨率为 4 cm^{-1}，波谱扫描范围为 400~4000 cm^{-1}，实验装置如图 4-9 所示。具体实验步骤如下：

（1）打开红外光谱仪电源开关，待仪器稳定 30 min 以上，打开 OPUS 软件，进行实验参数的设置。

（2）利用液氮进行降温，之后将反应池中的坩埚取出，先对坩埚进行清洗，在红外灯下，将 KBr 研成粉末后放入坩埚内，将坩埚放回反应池，进行背景采集。

（3）若测试结果正常，将反应池中的坩埚取出，清除坩埚内的 KBr 粉末，将实验样品研成粉末后装填进坩埚并压实，将坩埚放回反应池，进行实验，若测试结果不正常，重复进行步骤（2）。

（4）扫谱结束后，取下样品架，按要求将坩埚、样品架等清理干净，妥善保管。

图 4-9　原位漫反射红外光谱分析仪

仪器测出的谱图中特有吸收峰的位置、强度和形状，利用基团振动频率与分子结构关系的特有属性，根据归属位置可以确定所含的基团或者分子结构。因此可以根据红外光谱提供的信息，将化合物的结构正确地“翻译”，图谱的解析现阶段主要靠学者长期的实践和积累。

通过测试得到煤样的 FTIR 图谱，基于对煤样中活性基团各吸收谱峰位置及各峰位变化规律的掌握，首先对 FTIR 各峰位进行解析，对 4000~1300 cm^{-1}位置的谱峰进行识别，然后在 1300~400 cm^{-1}的指纹区进行指认，最终确定煤样 FTIR 图谱中各活性基团的种类，煤结构红外光谱中主要特征谱峰及归属见表 4-13。

表 4-13　煤化学基团主要特征谱峰归属

吸收峰类型	谱峰位置/cm^{-1}	化学基团	归　属
脂肪烃	2975~2915	$-CH_2$、$-CH_3$	甲基、亚甲基不对称伸缩振动
	2875~2858	$-CH_2$、$-CH_3$	甲基、亚甲基对称伸缩振动
	1449~1439	$-CH_2$	亚甲基剪切振动
	1379~1373	$-CH_3$	甲基剪切振动
芳香烃	3040~3020	-CH	芳烃 CH 伸缩振动
	1594~1559	C=C	芳香环中 C=C 伸缩振动
	900~700		多种取代芳烃的面外弯曲振动（三类氢原子）
含氧官能团	3697~3684	-OH	游离的羟基
	3624~3613	-OH	分子内氢键
	3500~3200	-OH	酚羟基、醇羟基或氨基在分子间缔合的氢键
	1790~1770	C=O	酯类的羰基伸缩振动
	1710~1700	C=O	醛、酮、酸的羰基伸缩振动
	1040	C-O-C	烷基醚
	1220	Ar-CO	芳香醚

4.4.2　主要化学基团分布特征

通过红外光谱测试，得到不同水分与黄铁矿影响下实验煤样的红外光谱图（图 4-

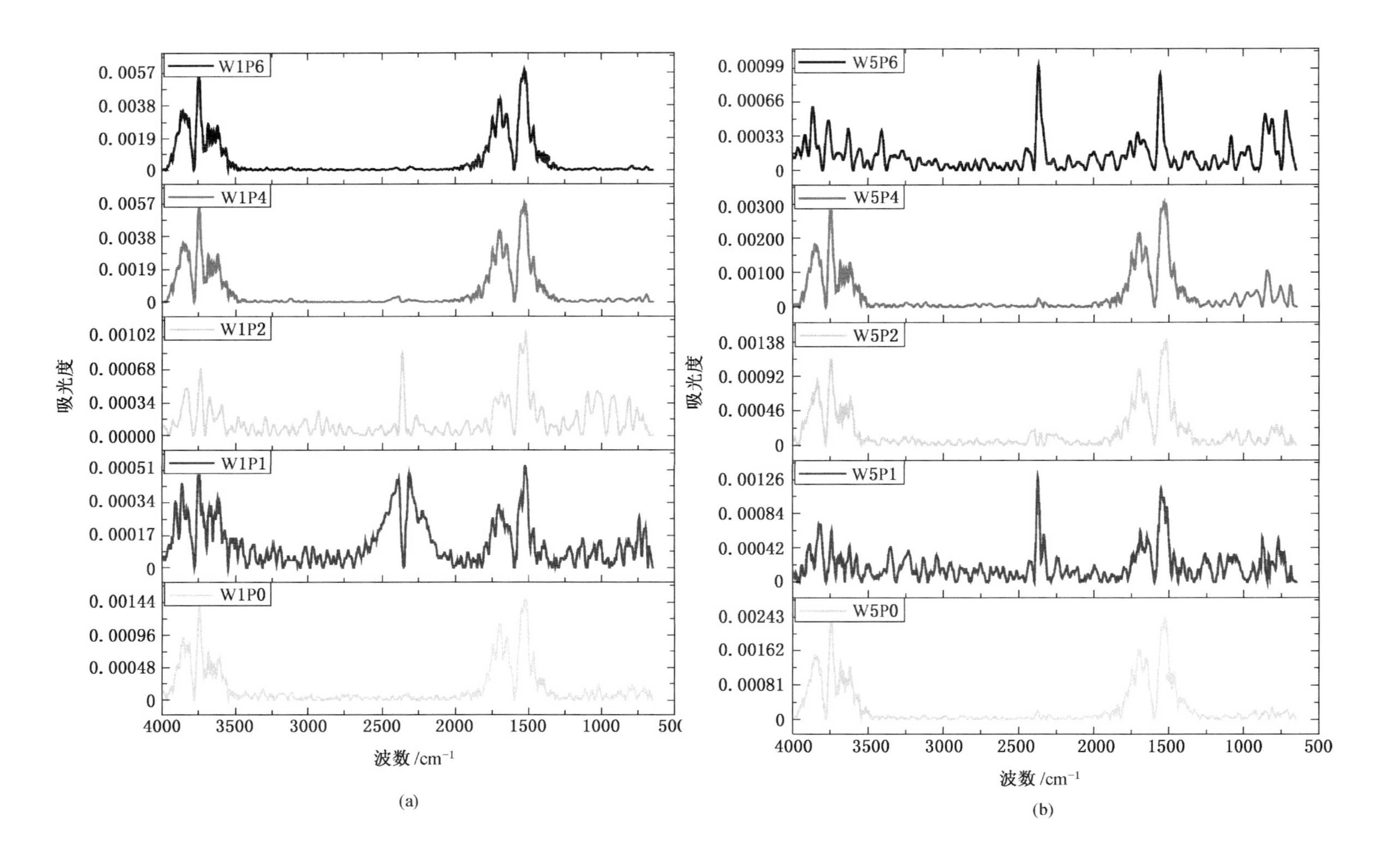

W1P6
W1P4
W1P2
W1P1
W1P0
吸光度
0. 0057
0. 0038
0. 0019
0
0. 00102
0. 00068
0. 00034
0. 00000
0. 00051
0. 00034
0. 00017
0. 00144
0. 00096
0. 00048
4000
3500
3000
2500
2000
1500
1000
500
波数 /cm⁻¹
W5P6
W5P4
W5P2
W5P1
W5P0
0. 00099
0. 00066
0. 00033
0. 00300
0. 00200
0. 00100
0. 00138
0. 00092
0. 00046
0. 00126
0. 00084
0. 00042
0. 00243
0. 00162
0. 00081

(a)

(b)

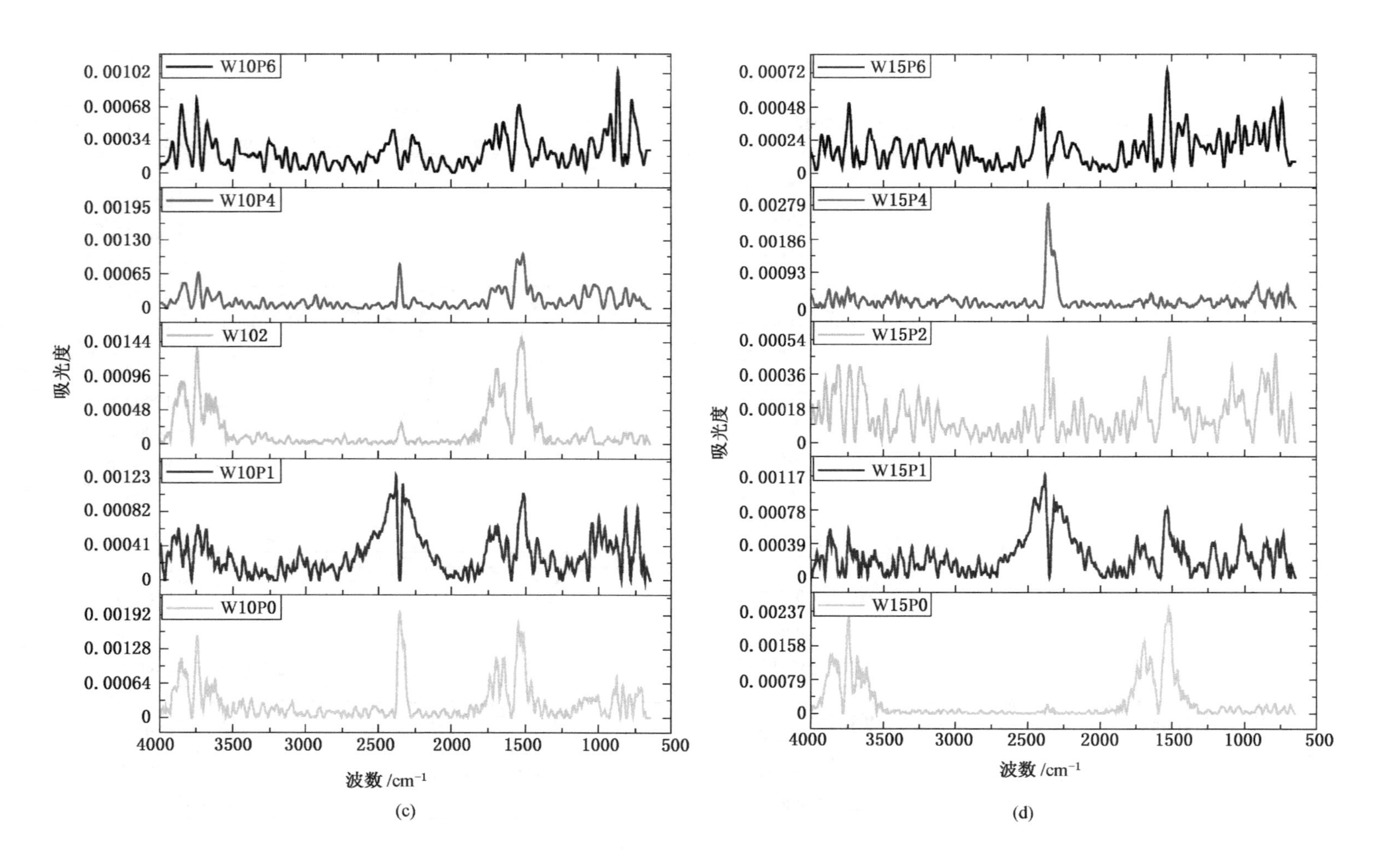

W10P6
W10P4
W102
W10P1
W10P0
吸光度
波数/cm⁻¹
W15P6
W15P4
W15P2
W15P1
W15P0
吸光度
波数/cm⁻¹

(c)

(d)

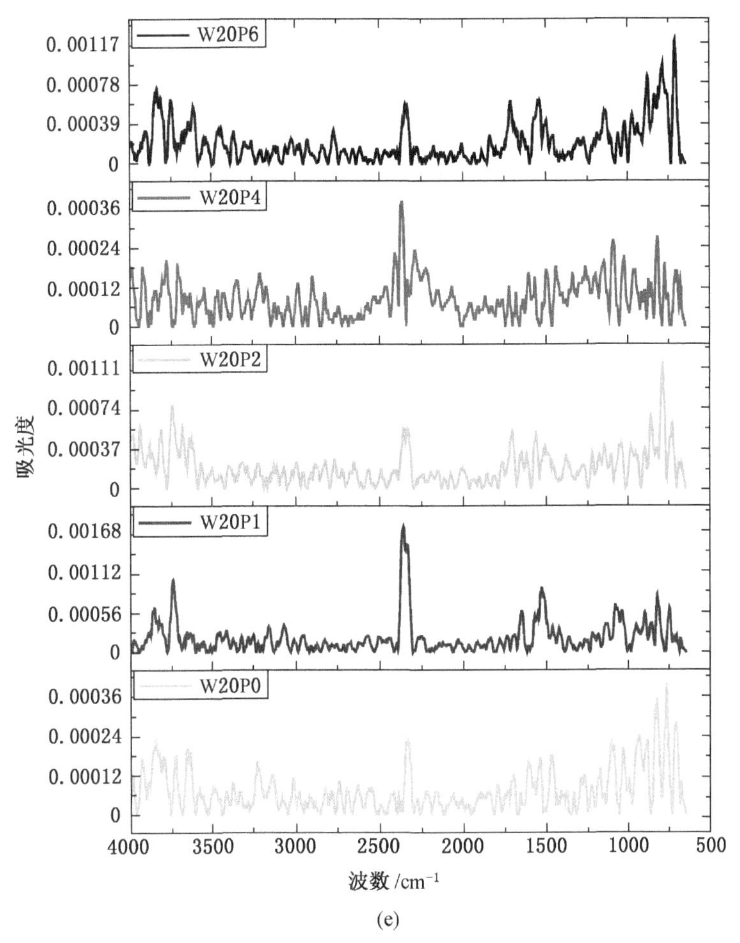

(e)

图 4-10　水分与黄铁矿影响下煤样的红外光谱图

10）。从图 4-10 中可看出，实验煤样的基团谱图相比于其他种类煤样谱图的波动变化较大，这是煤分子受黄铁矿与水分的影响所致。随着水分含量与黄铁矿含量的增加，样品谱图变化越明显，表现为-OH 等羟基基团发生偏移，黄铁矿中的 Fe 与 S 等元素对1300～400 cm^{-1}的基团产生较大的影响。对煤样的谱图进行解析可以发现，煤样的 FTIR 图谱中存在三大类化学基团，即脂肪烃、芳香烃及含氧官能团，在红外光谱图上主要由 7 类活性基团构成，包括 3040～3020 cm^{-1}位置的芳香烃芳核上Ⅳ类氢原子、Ⅲ类氢原子和Ⅰ类氢原子、1594～1559 cm^{-1}位置的芳烃 C=C 骨架、1449～1439 cm^{-1}亚甲基剪切振动-CH_2、3697～3684 cm^{-1}的游离的羟基-OH、3624～3613 cm^{-1}分子内氢键-OH。

1. 芳香烃

通过图 4-10 可以发现，实验煤样的芳香烃主要分布在 1594～1559 cm^{-1}及 900～700 cm^{-1}这两个区间内。芳香环中的 C=C 振动归属在 1594～1559 cm^{-1}、900～700 cm^{-1}（主要位置为 870 cm^{-1}、820 cm^{-1}和 750 cm^{-1}），主要是芳香环 CH 结构取代基氢原子振动，可以作为煤分子结构中芳香核缩聚程度的指标。结合 XRD 射线衍射分析的微晶结构分析，可以发现在受到水分与黄铁矿影响时，煤分子中的芳香环发生较大变化。这说明在水分与黄铁矿的影响下，煤分子中煤芳香结构中芳香环谱峰发生变化，稳定性受到一定影响。

2. 脂肪烃

实验煤样的 C-H 键振动主要表现为 1449~1439 cm^{-1}亚甲基剪切振动。通过分析图 4-10 可发现，样品的谱图中都有甲基、亚甲基的存在，这说明水分与黄铁矿在常温下对甲基、亚甲基的含量增加有一定贡献。研究发现甲基、亚甲基在煤分子中是比较活跃的基团，尤其亚甲基在氧化的过程中很容易发生转化，首先转化成甲基，然后随着温度的升高变为有机气体（CH_4、C_2H_4、C_2H_6 等物质）。这说明在水分与黄铁矿的影响下，白皎无烟煤有参与氧化反应的物质条件。

3. 含氧官能团

实验煤样的含氧官能团主要分布在波长为 1790~1770 cm^{-1}的酯类的羰基伸缩振动、1710~1700 cm^{-1}的醛、酮、酸的羰基伸缩振动以及 3697~3684 cm^{-1}的游离的羟基、3624~3613 cm^{-1}分子内氢键。羟基的主要分布变化特征是添加的水分导致煤样的游离羟基与分子内的羟基峰强与位置出现偏移。羟基不稳定，易参加反应，会裂解产生水分子，因此对煤氧化反应影响较大。因此，对照图谱分析，在水分的影响下羰基的谱峰变化强度较大，说明实验煤样在原始状态下有氧化的活性条件。

这些含氧官能团对煤氧化过程中的气体产物释放起主要作用，因此也是引起煤氧化的主要活性基团。由图谱可见，白皎无烟煤的含氧官能团在水分为 1%、5%、10% 和 15% 时特征谱峰强度很高，而水分含量在 20% 时，含氧官能团谱峰变化不明显，表明适量水分对含氧官能团数量的影响较大，添加适当的水分和黄铁矿为无烟煤的氧化反应提供了必要的条件。

4.5 本章小结

本章以不同水分与伴生黄铁矿含量的白皎无烟煤为研究对象，采用煤分子结构分析仪测定了煤的元素等，采用真密度分析仪测定了煤的孔隙结构变化，采用 XRD 衍射仪测定了煤的微晶结构，采用 FTIR 光谱仪测定了煤的主要化学基团分布规律，并得出以下主要结论：

（1）水分含量对煤元素特征有一定的影响，水分增加导致煤中氢氧元素增多，碳氮元素降低，一定程度上造成含氧官能团的增加。黄铁矿含量的增加造成硫元素增加，但对其他元素结构变化影响不大。水分和黄铁矿含量的增加使得煤的挥发分先增加后减少，在水分与黄铁矿分别为 10% 与 4% 协同作用时达到最大值，说明煤分子与水分和黄铁矿协同反应在该值时作用最大。

（2）黄铁矿含量与真密度之间正相关，黄铁矿含量为 4% 是临界点，大于 4% 时，随着黄铁矿含量不断增加，样品的孔隙率逐渐变小，真密度值逐渐增大。当煤中黄铁矿含量过低和过高时，水分的多少对煤孔隙结构的影响不大。当黄铁矿含量为 1%~4% 时，含水量 10% 是临界点，水氧络合物的生成量相对也出现了增长，且此时水氧络合物对煤分子孔隙的作用比 $Fe(OH)_3$ 胶体的填充作用要大，所以样品的孔隙率增大，真密度值变小，对煤吸氧促进作用最强。

（3）水分与伴生黄铁矿含量对煤样微晶结构影响较小。不同煤样 XRD 衍射图谱基本没有较大变化。层间距、延展度、堆砌高度、有效堆砌芳香片数等多数呈现出不规律的变化，少量呈现出有规律的变化，但是变化的幅度都较小。煤样的煤化度变化不大，矿物质成分无差别。

（4）白皎无烟煤中含有芳香烃、脂肪烃、含氧官能团三类化学基团，主要表现为7类活性基团，包括Ⅳ类氢原子、Ⅲ类氢原子和Ⅰ类氢原子、C=C骨架、亚甲基、游离羟基、分子内氢键。其中，水分与黄铁矿能够促进羟基、芳香烃的生成，添加适当的水分和黄铁矿为无烟煤的氧化反应提供了必要的条件。

5 水与伴生黄铁矿煤的表面活性基团动态演变机制

煤是一种由多种化学键组成的非晶体混合物，具有独特的、复杂的化学结构。由第4章研究可知，白皎无烟煤的活性基团主要有芳香烃、脂肪烃及含氧官能团。煤在氧化初期，主要是煤结构中的活性基团与氧发生复合反应，积聚并放出热量使煤体温度持续上升，直至达到燃点。可见煤的活性基团演变过程对煤的氧化历程起重要作用。因此，本章主要从煤分子结构活性基团在氧化阶段发生化学反应的角度，通过原位漫反射红外光谱实验，分析煤的表面活性基团种类、数量和动态演变特征的异同，研究水与伴生黄铁矿协同作用煤活性基团的动态演变机制。

5.1 煤中基团的主要来源及分类

5.1.1 基团的主要来源

煤的化学结构是研究煤自燃过程的重要基础。长期以来，为了阐明煤的化学结构，国内外研究人员在该方面开展了大量的研究。但是，由于煤是一种组成、结构极其复杂且极不均一的包括多种有机和无机化合物的非晶态混合物，人们至今尚无法准确、定量的对煤化学结构进行阐述。鉴于这一研究难点，建立合理的煤化学结构模型成为研究煤化学结构的重要途径。煤的化学结构模型是在对煤的各种结构参数进行推断和假想的基础上建立的，用以表示煤的平均化学结构。虽然煤的化学结构模型只是一种统计平均概念，并非煤中客观存在的真实分子形式，只能近似反映煤中基团空间分布的平均结构，但其对于煤自燃过程发生机理的研究仍具有十分重要的指导作用。

自20世纪初开始研究煤结构以来，人们已经提出了多种煤分子结构模型。如由Fuchs提出随后由Krevelen修正的Fuchs模型、Given模型、Wiser模型、本田模型、Shinn模型、Solomon模型等。对于这些前期提出的煤化学结构模型，虽然它们之间均存在不同程度的差异，但仍有一些观点在大多数结构模型中得到了共识：①煤的化学结构主要是芳香结构的聚合体；②不同的芳香基团之间通过桥键进行连接；③桥键形成于多种不同的化学结构，其中大部分为脂肪性结构；④煤结构中含有O、N、S等结构，N主要以杂环和芳香环外联基团两种形式存在，其中以杂环存在形式为主；S主要以杂环、硫醚键和芳香环外联基团等形式存在；⑤煤结构中含有游离相的结构，它们被认为是与煤主体化学结构之间存在非紧密关系的小分子结构，或是被镶嵌在煤主体化学结构中，或是通过氢键或范德华力与煤主体化学结构之间保持不同程度的弱联系；⑥煤化学结构中含有一定种类和数量的自由基，其反应活性存在差别。

按照形成时期的不同，煤中的基团分为原生基团和次生基团两类。

1. 原生基团

原生基团是指在漫长的成煤过程中形成并存活下来的基团。各种变质程度的煤中都含有原生基团，其浓度与煤变质程度存在较大关系。一般认为，煤中的原生基团主要有三种来源：①成煤过程中有机沉积物的沉积变质作用、空气氧化作用或酶化作用；②煤中化学键在 200 ℃左右的环境下经历数百万年发生热裂解；③煤中化学键在长达数百万年的天然辐射环境下发生断裂。成煤过程中，有机质会发生一系列的复杂反应，-COOH、C=O、-OCH_2、-OH 和侧链反应生成 H_2O、CO_2、CH_4 等，并伴随着基团的形成；一部分侧链也会发生断裂而形成基团；后期其他一些反应也生成了基团，这些基团中有一部分因未参与反应而存活下来。化学键的热裂解是煤中基团产生的最主要形式，根据埋藏深度和温度梯度，成煤时期往往处于 200 ℃或稍低的变质环境中，这一温度虽不高，但化学键长期处于该温度下会发生热裂解而形成各种基团。对于成煤过程中的辐射作用，现有研究表明只有将高阶煤（C%＞85%）置于放射性环境中时，煤中基团浓度才会发生明显变化。辐射作用导致煤中化学键断裂而产生基团的说法仍存在一定争议。上述三种方式在煤中基团的形成过程中均具有一定作用，其中煤中化学键的热裂解被认为是煤中基团的最主要来源。不论煤中的基团具体来源于哪种方式，它们均与煤的固有特性、基团的弱传递性和未成对电子在芳香结构中的离域作用等因素有关。所形成的原生基团因长期处于成煤过程的封闭环境中，不具备发生反应的条件而存活下来。当煤炭被开采之后，将不可避免地与空气接触，原生基团中的活性较大者将会发生反应而减少。

2. 次生基团

除了原生基团，煤自燃过程还存在大量的次生基团。次生基团是指煤体被开采，与空气接触后发生自热反应所产生的基团。此处定义的次生基团是为了与成煤过程中形成并存活下来的基团有所区分，从而便于煤自燃过程化学动力学机理的研究，而并非一个严格意义上的概念。实际上，次生基团应该包括成煤过程完成之后因外界环境或外力等因素而形成的所有基团。本书仅考虑煤被开采之后，与空气发生接触并发生自热反应过程中所形成的那部分次生基团。对于煤氧化过程存在的基团，大部分基团以 C 为结构中心，还有一部分基团以 O、N、S 为结构中心，此外还可能存在 Mn^{2+}、Cu^{2+}、Fe^{3+}、Fe^{2+}等过渡金属离子基团，不以 C 为结构中心的基团统称为杂原子基团。

5.1.2 基团的分类

1. 含氧基团

含氧官能团对于煤的性质影响最大，也是煤自燃过程的主要反应物之一。煤结构中的大部分含氧基团是具有反应活性的。煤中的含氧基团主要分为羟基、羧基、甲氧基、羰基和非活性氧。

1）羟基

长期以来，大量学者采用不同方式对煤中羟基进行了研究。Heathcoat 等发现低阶煤的羟基氧占含氧总量的 1/8~1/4，而高阶煤的这一比例则非常低，并认为羟基含量与煤变质程度之间存在函数关系。Fuchs 和 Stengel 发现褐煤中的羟基氧占含氧总量的 5%，但含碳量大于 83% 的煤中几乎不存在羟基。还有一些学者在煤中测得了更高的羟基氧含量。Orchin 发现含碳量为 84% 的煤中依然含有 5% 的羟基氧；Ihnatowicz 发现随着煤中碳含量由 77% 增加至 85%，羟基氧在含氧总量中所占的比例由 10% 降为 0；Brooks 和 Maher 发现含碳量为 78% 和 89% 的两类煤中羟基氧分别占含氧总量的 5.7% 和 0.6%；Blom 等发现对于泥炭含碳量为90%的高阶煤，其中羟基氧含量由8%持续减小至0.5%。煤中的羟基主要存在一些特性：①煤中的羟基主要以酚羟基或至少是偏酸性羟基的形式存在；②褐煤中含有8%~9%的羟基氧，该比例随煤变质程度的加深先是略有减小（65%<C%<80%），随后迅速减小，含碳量为90%时减小至1%以下。

2）羧基

羧基主要存在于泥炭和褐煤中。Fuchs、Ihnatowicz、Blom等发现褐煤中羧基氧占含氧总量的5.5%，随着煤变质程度的增加，羧基氧含量迅速减小，含碳量为65.5%、72%、76%和80%的煤中对应的羧基氧比例分别为8.0%、5.1%、1.6%和0.3%。含碳量83%的煤中已几乎不存在羧基。

3）甲氧基

甲氧基也主要存在于泥炭和褐煤中，随着煤变质程度的加深而逐渐消失。Fuchs和Stengel发现褐煤中的甲氧基氧占含氧总量的2.8%；Ihnatowicz发现含碳量为65%和70%的煤中甲氧基氧含量分别为0.4%和0.9%，含碳量高于70%的煤中甲氧基已几乎消失；Fuchs发现在含碳量为83%的煤中存在0.4%的甲氧基氧；Blom等发现含碳量为65%、72%、76%和80%的煤中甲氧基氧含量分别为1.1%、0.4%、0.3%和0.2%。

4）羰基

羰基是煤中广泛存在的官能团，存在于各个变质程度的煤中。Fuchs、Ihnatowicz发现褐煤中存在约3.5%的羰基氧；Ihnatowicz、Blom等发现含碳量大于83%的煤中的羰基氧含量在0.5%左右。尽管如此，由于当前测试技术及分析手段等方面的因素，人们对高阶煤中羰基氧含量的认识仍然存在差异，如Given、Schoen、Peover和Delavarenne等认为含碳量为83%的煤中羰基氧含量仍高达2.5%~4%。

5）非活性氧

非活性氧指煤中不易发生化学反应或者热分解的含氧基团。除了上述几种含氧基团外，煤中其他的O主要以非活性氧的形式存在。非活性氧的主要存在形式为醚键，还有一部分为杂环氧。褐煤中大约每100个碳对应含有0.3到1.8个有反应性的醚键，随变质程度的加深，非活性氧在煤中含氧总量所占的比例也越来越大，当含碳量达到92%时，几乎所有的O都以非活性氧的形式存在。在现有技术条件下，尚无法对煤中的非活性氧进行定性和定量分析。由于非活性氧的化学活性很弱，在煤自燃过程中发挥的作用微乎其微，故其相关特性的不明确性并不影响煤自燃过程发生机理的分析。

上述基团中，羟基、羧基、羰基是含氧基团的主要存在形式，以这三种形式存在的氧几乎与煤中可直接测知的含氧总数相等。随着煤变质程度加深，不同基团的衰减速度差别较大。

2. 烷基侧链

烷基侧链是煤化学构型中外围部分的主要存在形式。随着煤变质程度的加深，烷基侧链的长度会迅速减小，烷基碳在碳总数中所占的比例也随之减小。煤中的烷基侧链主要以甲基侧链的形式存在，而且随着煤变质程度的加深，甲基侧链在烷基碳中所占比例也会增加。对于含碳量为80%的煤，甲基碳占煤中含碳总量的4%~5%，约占烷基碳总量的75%；而对于含碳量为90%的煤，则分别占3%和80%。除甲基侧链外，煤中的烷基侧链还包括乙基侧链、丙基侧链等，碳原子数越多的烷基侧链所占的比例越小。

3. 含硫基团

煤中硫的存在形式分为无机硫和有机硫，无机硫主要以 FeS_2 的形式存在。一般来说，煤中有机硫的含量为每100~300个C原子对应含有1个S原子，高硫煤的这一比例则为约每50个C原子对应含有1个S原子。煤中的含硫基团主要以-SH、-SR、-S-S-R、等形式存在，其中前三者的总和占煤中有机硫总量的90%。对于含硫基团的反应活性，Iyengar和Attar等研究发现，煤中的含硫基团在空气或者 HNO_3 的作用下，会发生氧化反应生成 H_2S、SO_2 和-SOH等。对于煤中含硫结构对煤自燃过程的影响，目前仍存在广泛争议。

4. 含氮基团

相对于含硫基团，含氮基团的准确测定更为困难，目前只能根据煤热解或化学裂解的产物进行推断。Schultz、Birkofer、Montgomery、Winans和Sternberg等学者分别采用不同技术手段对煤中含氮基团进行了分析。研究结果表明每75~100个C原子对应含有1个N原子，这些N原子主要以 $N \equiv R_3$、$C-N=C$ 等形式存在，还有一小部分N原子以 =NH、$-NH_2$、-NO、$-NO_2$ 或者 $-C \equiv N$ 等形式存在。煤中的含氮结构一般非常稳定，在煤自燃过程中发挥的作用很小。

5.2 原位漫反射红外光谱实验方法

5.2.1 实验原理及装置

有机物分子的化学键或基团中的原子不断发生振动，红外光又与其振动频率相近，因此在用红外光照射有机物分子时，分子中的化学键或基团会进行振动吸收，不同的化学键或基团的吸收频率不同，在红外光谱上表现为不同的峰位置，依此可以确定有机物分子中含有何种化学键或基团。

采用漫反射傅里叶变换红外光谱原位测试系统（VENTEX80），如图5-1所示，该实验装置主要由漫反射仪、红外光谱仪及原位反应池等三部分组成。原位漫反射红外光谱主要是测试物质在不同实验条件下化学结构的实时动态变化情况，并且有样品处理简单、在线自动升温等优点。通过观察红外光谱图上相对应的吸收峰位置及强度，可以确定煤表面结构上主要活性基团的实时动态演变规律。

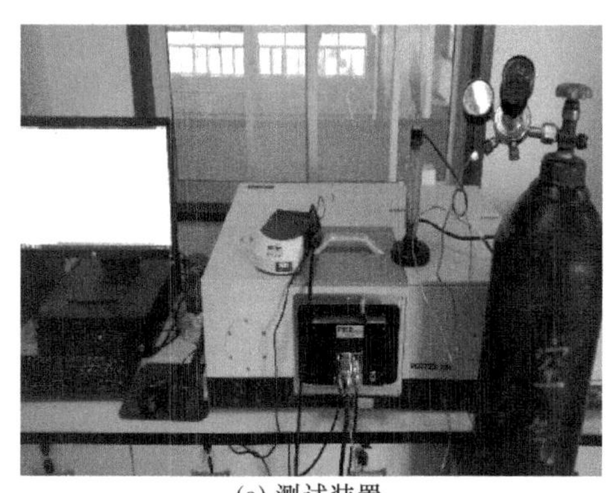
(a) 测试装置

(b) 原位反应池

图5-1　漫反射傅里叶变换红外光谱原位测试系统

5.2.2 实验条件及过程

实验煤样为4.1.1中的煤样，实验起始温度为30 ℃，终止温度为200 ℃，在100 mL/min的空气气氛下进行程序升温实验，升温速率为2 ℃/min，扫描波数范围为650~4000 cm^{-1}，分辨率为 4 cm^{-1}，样品扫描次数为 32 次。待原位反应池环境温度达到 30 ℃时，启动光谱仪的重复测量数据采集系统，连续采集煤在程序升温过程中的红外光谱图。利用液氮降温，取出反应池里的坩埚，对坩埚进行清洗，在红外灯下，将 KBr 研磨成粉末后放入坩埚内，将坩埚放回反应池，进行背景采集扫描。将反应池中的坩埚取出，清除坩埚内的 KBr 粉末，将实验煤样再次研成粉末后装进坩埚并压实，然后将坩埚放回反应池扫描，得到煤样的红外光谱图。

5.3 活性基团的红外三维图谱分析

对实验得到的不同煤样的 25 个红外图谱（图 5-2）进行曲线平滑和修正，在温度轴上合成三维图，通过结合不同煤样在常温状态下确定的主要活性基团位置，对比分析氧化升温状态下图谱吸收峰情况，可确定不同煤样低温氧化阶段变化较大的活性基团，研究水与伴生黄铁矿协同影响对氧化过程活性基团的演化作用机制。

图 5-2 中 y 轴为谱峰的振动强度，x 轴为红外光谱波数，z 轴为温度点。煤在氧化过程中，由于有氧气参与反应，不同化学基团的含量发生了变化，红外光谱图总体发生较大变化，主要表现为峰位置在 700～900 cm^{-1}的多种取代芳烃、1439～1449 cm^{-1}位置的亚甲基、1599～1605 cm^{-1}位置的芳香环 C=C 结构和 3684～3697 cm^{-1}位置的游离羟基、3624～3613 cm^{-1}位置的分子内氢键等化学基团强度发生增减，峰位置发生偏移。依靠 OPUS 软件对波谱中峰位置的变化数据进行采集，并将各峰位置依照表 4-13 进行归属，可以得到煤结构中各活性基团在氧化过程中的动态演变规律。

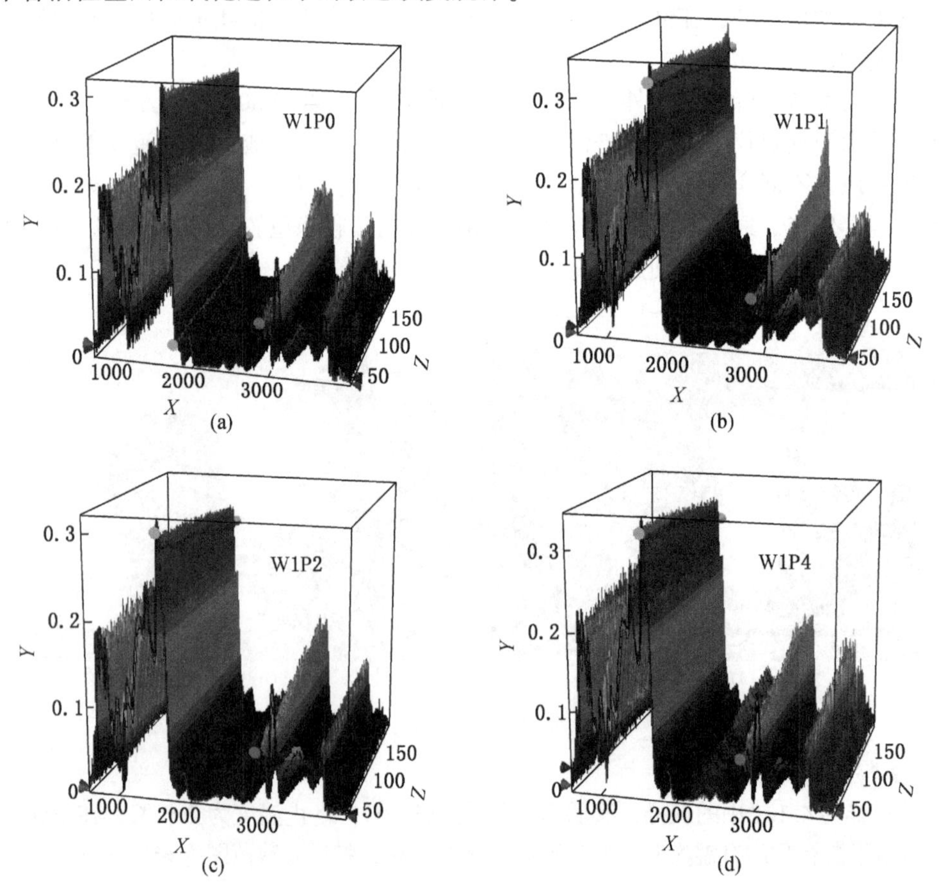

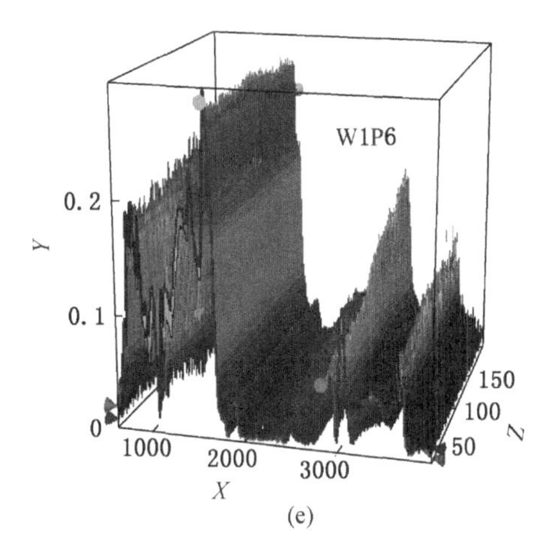
W1P6
0.2
0.1
0
Y
1000
2000
3000
X
150
100
50
Z

(e)

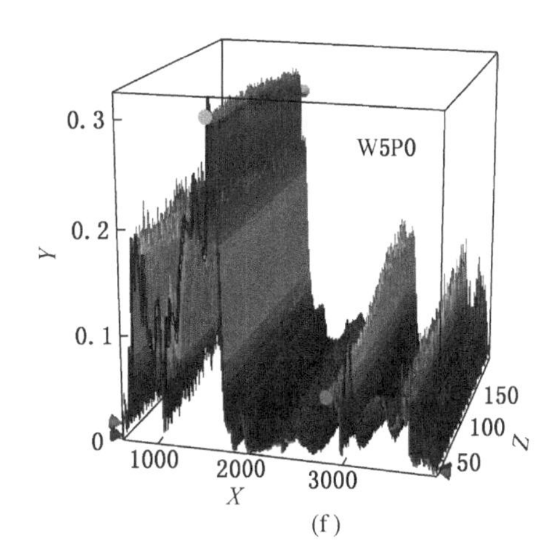
W5P0
0.3
0.2
0.1
0
Y
1000
2000
3000
X
150
100
50
Z

(f)

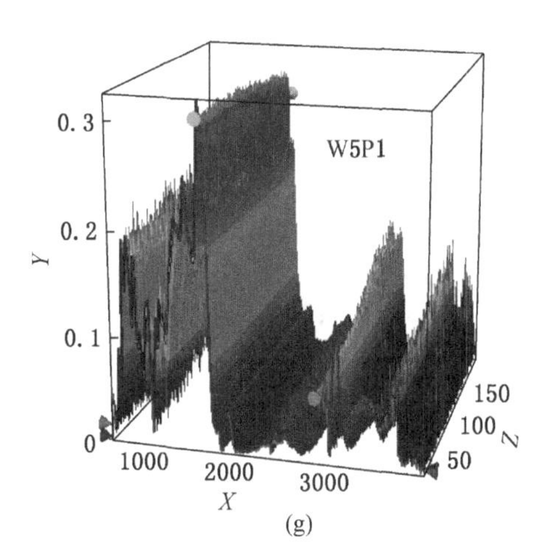
W5P1
0.3
0.2
0.1
0
Y
1000
2000
3000
X
150
100
50
Z

(g)

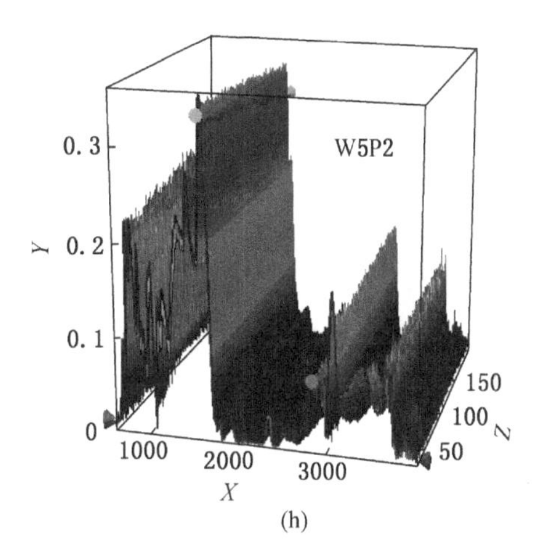
W5P2
0.3
0.2
0.1
0
Y
1000
2000
3000
X
150
100
50
Z

(h)

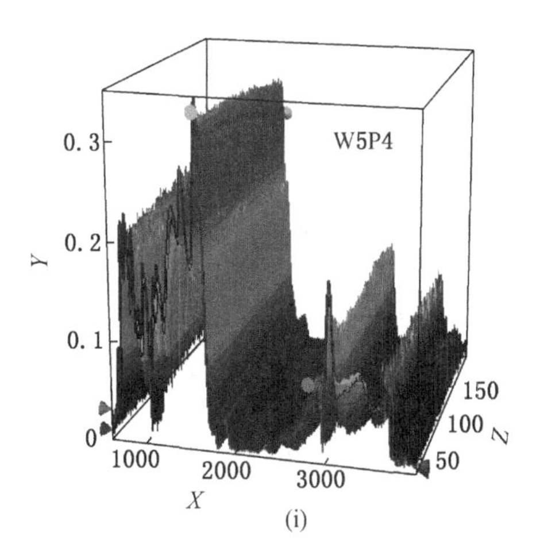
W5P4
0.3
0.2
0.1
0
Y
1000
2000
3000
X
150
100
50
Z

(i)

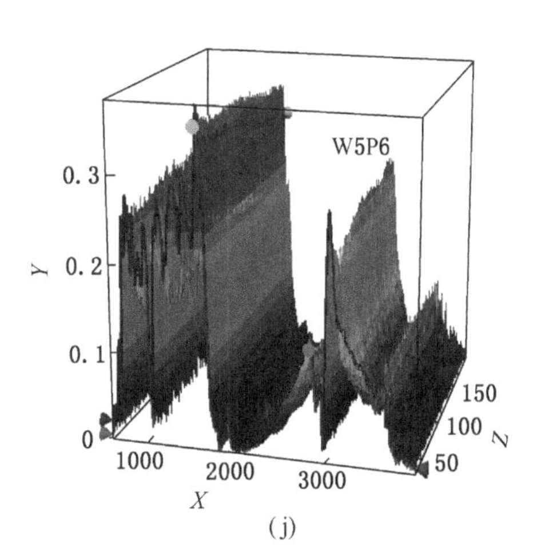
W5P6
0.3
0.2
0.1
0
Y
1000
2000
3000
X
150
100
50
Z

(j)

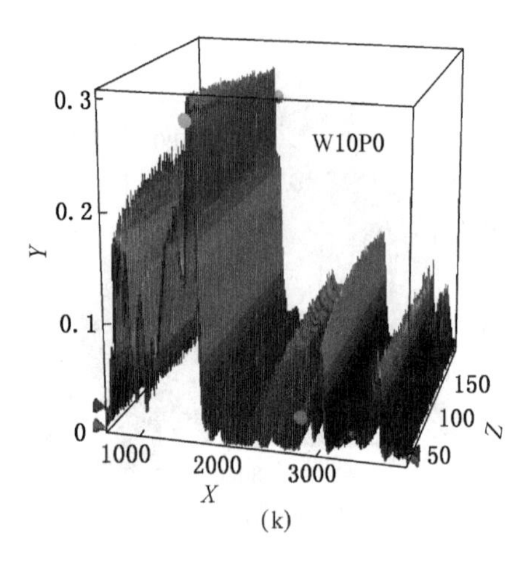
W10P0
0.3
0.2
0.1
0
Y
1000
2000
3000
X
150
100
50
Z
(k)

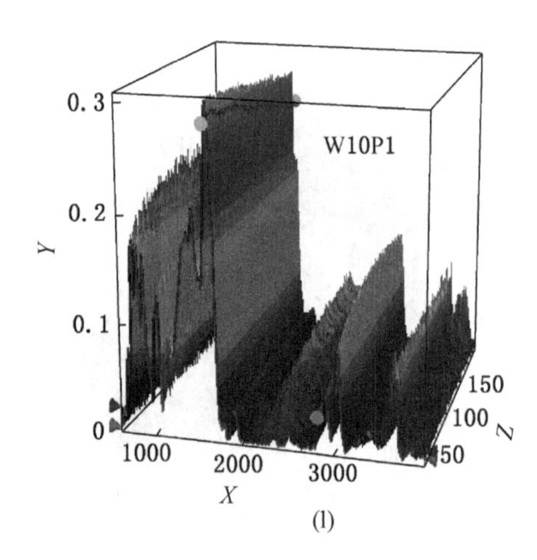
W10P1
0.3
0.2
0.1
0
Y
1000
2000
3000
X
150
100
50
Z
(l)

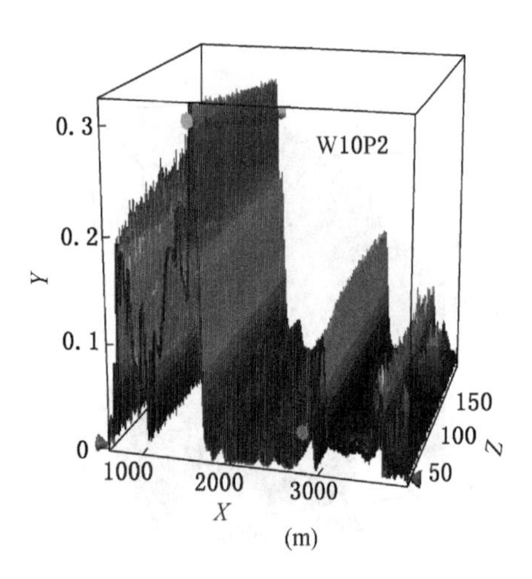
W10P2
0.3
0.2
0.1
0
Y
1000
2000
3000
X
150
100
50
Z
(m)

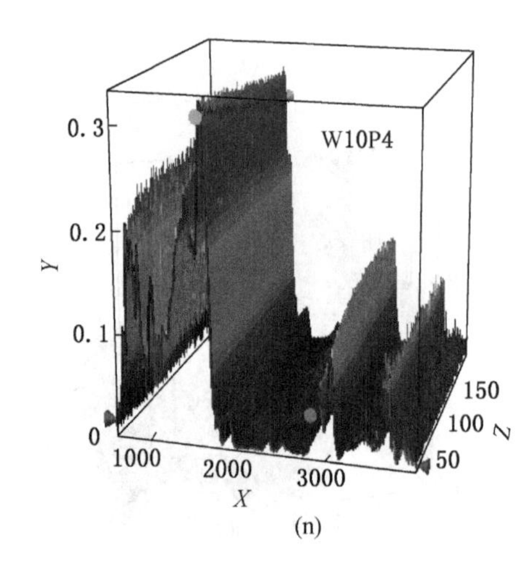
W10P4
0.3
0.2
0.1
0
Y
1000
2000
3000
X
150
100
50
Z
(n)

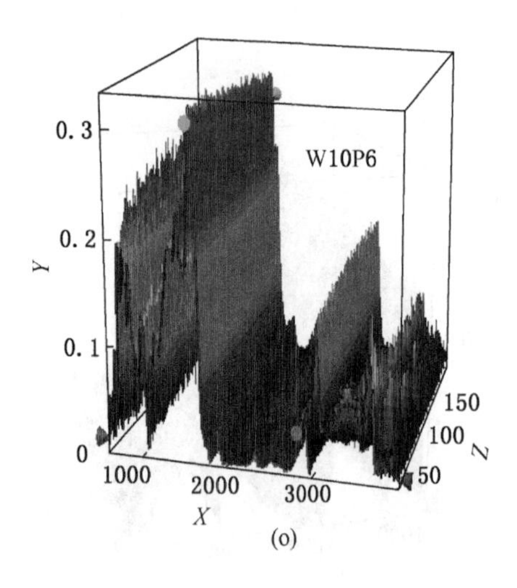
W10P6
0.3
0.2
0.1
0
Y
1000
2000
3000
X
150
100
50
Z
(o)

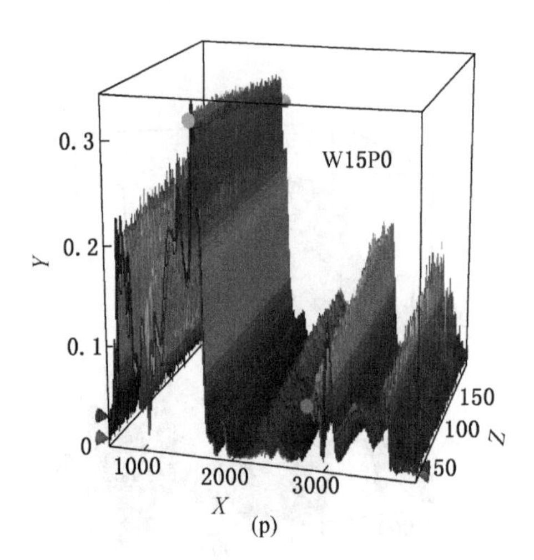
W15P0
0.3
0.2
0.1
0
Y
1000
2000
3000
X
150
100
50
Z
(p)

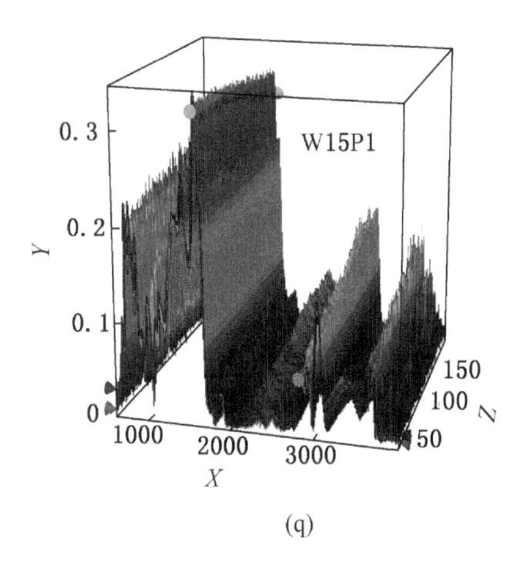
W15P1
0.3
0.2
0.1
0
Y
1000
2000
3000
X
150
100
50
Z

(q)

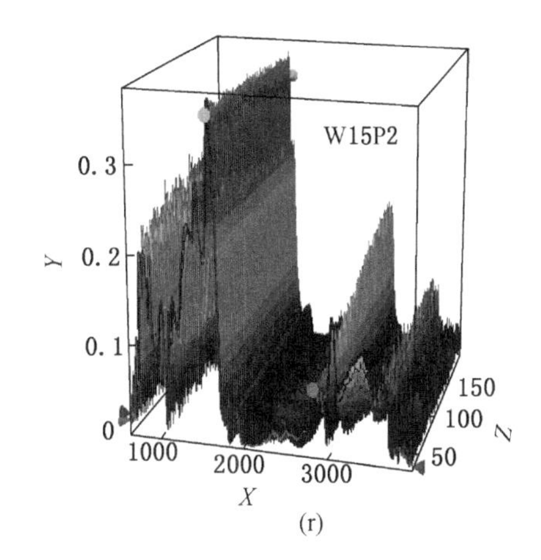
W15P2
0.3
0.2
0.1
0
Y
1000
2000
3000
X
150
100
50
Z

(r)

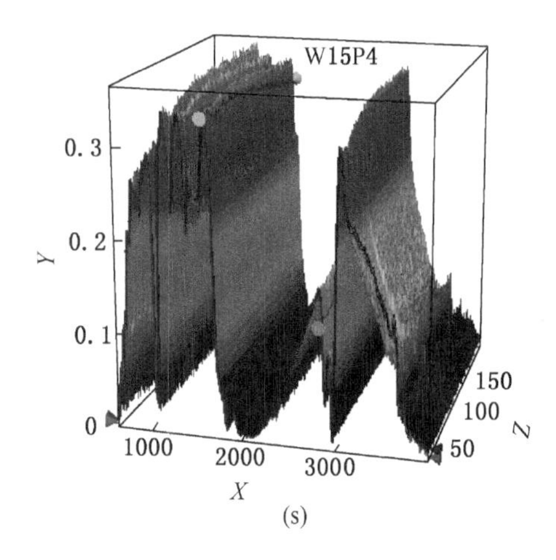
W15P4
0.3
0.2
0.1
0
Y
1000
2000
3000
X
150
100
50
Z

(s)

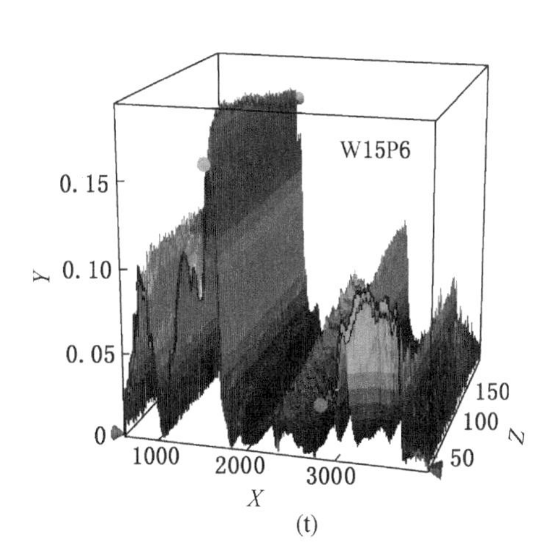
W15P6
0.15
0.10
0.05
0
Y
1000
2000
3000
X
150
100
50
Z

(t)

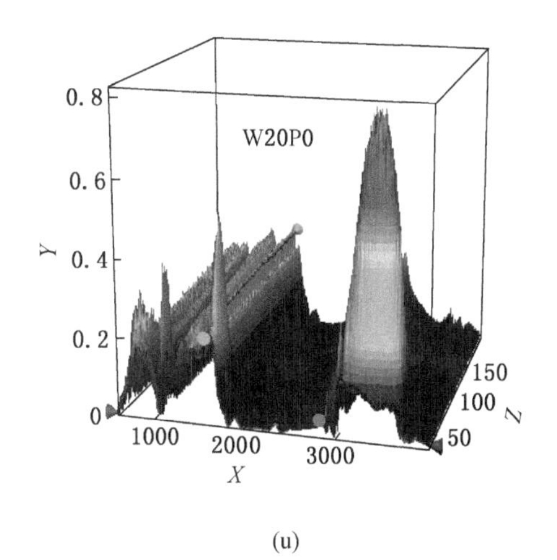
W20P0
0.8
0.6
0.4
0.2
0
Y
1000
2000
3000
X
150
100
50
Z

(u)

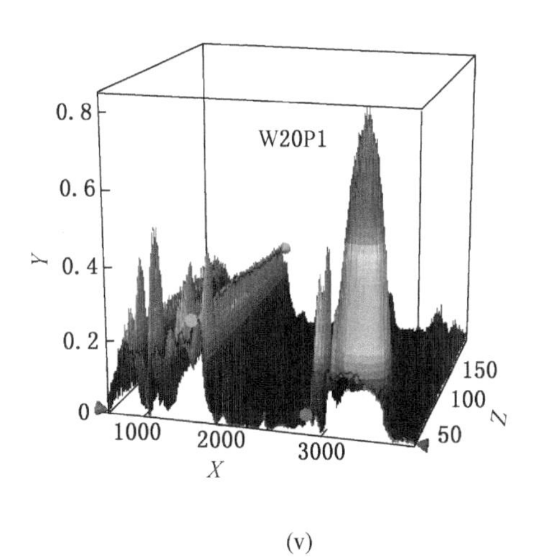
W20P1
0.8
0.6
0.4
0.2
0
Y
1000
2000
3000
X
150
100
50
Z

(v)

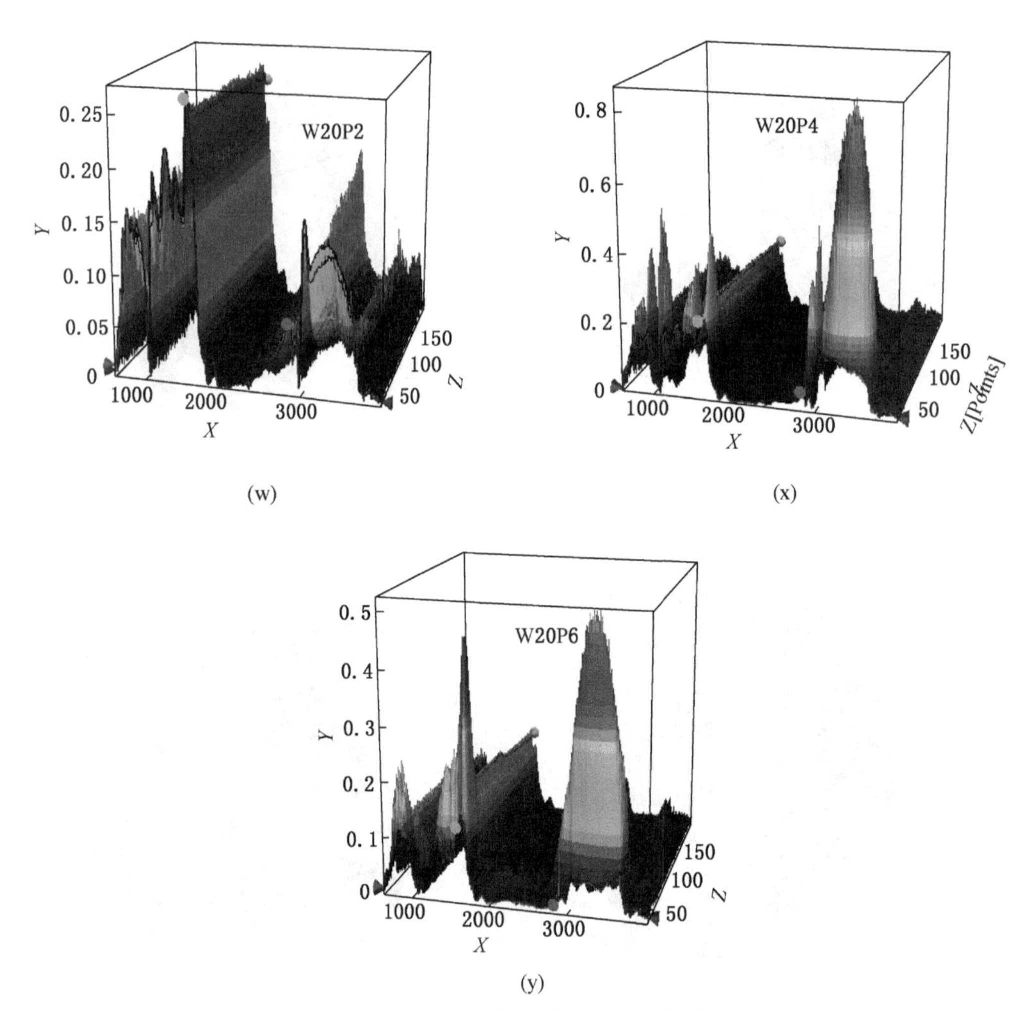

(w) (x) (y)

图 5-2 不同煤样氧化过程的红外光谱图

5.4 水与伴生黄铁矿协同影响的活性基团变化特征

5.4.1 芳香烃结构变化特征

由图 5-2 可知，煤在低温氧化过程中的芳香烃结构变化主要包含两类，主要体现为峰位置在 700~900 cm^{-1}处的多种取代芳烃以及 1599~1605 cm^{-1}位置的芳香环 C=C 结构，对红外光谱图中两个芳香烃结构的变化特征进行分析。

1. 多种取代芳烃结构变化特征

红外光谱图中 700~900 cm^{-1}的多种取代芳烃主要位于 756 cm^{-1}的芳核上Ⅳ类氢原子，810 cm^{-1}处的Ⅲ类氢原子和 872 cm^{-1}处的Ⅰ类氢原子。

1）Ⅳ类氢原子

对红外光谱图 756 cm^{-1}的多种取代芳烃结构变化数据进行提取，得到不同煤样的多种取代芳烃结构中Ⅳ类氢原子红外光谱峰强度变化特征曲线（图 5-3）；对图 5-3 进行分析总结得到煤样低温氧化过程中芳核上Ⅳ类氢原子峰强度变化量（表 5-1）。

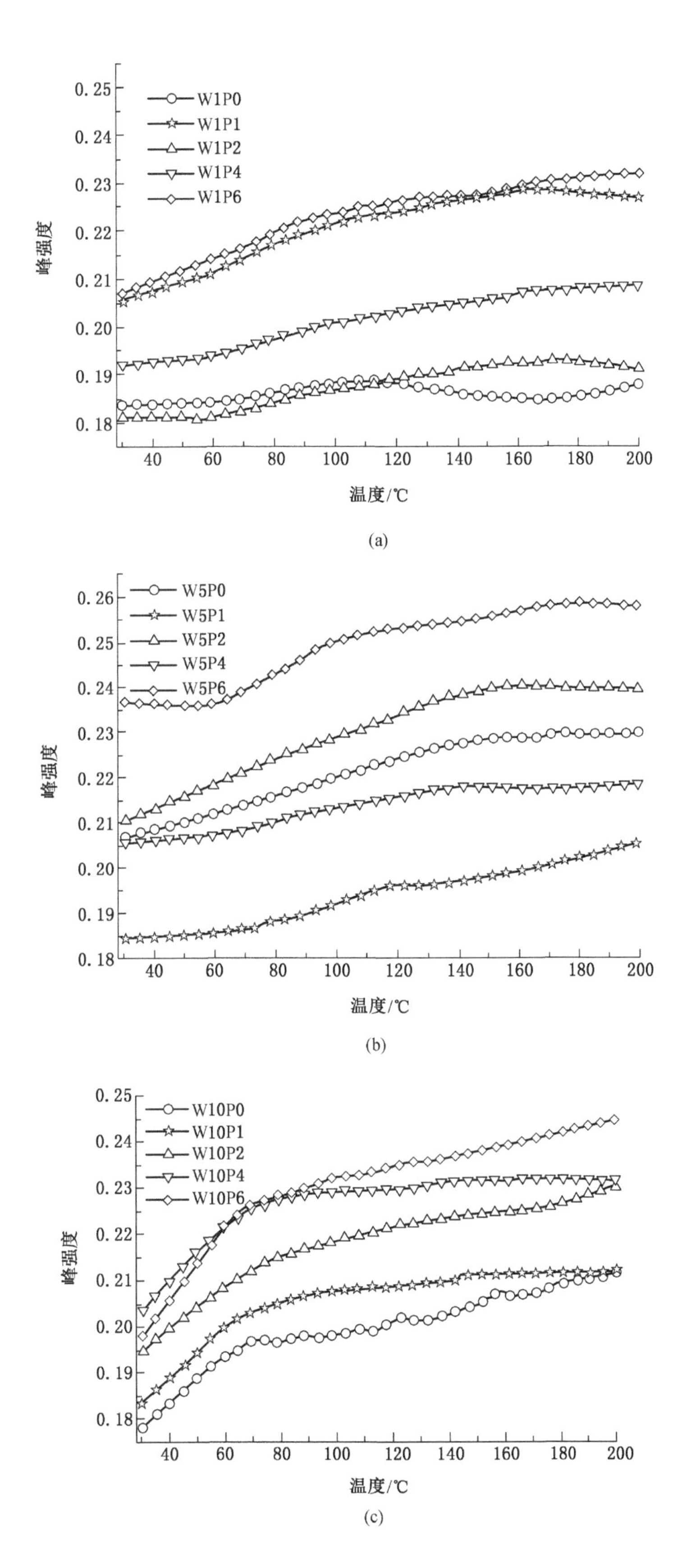
W1P0
W1P1
W1P2
W1P4
W1P6
峰强度
温度/℃
W5P0
W5P1
W5P2
W5P4
W5P6
W10P0
W10P1
W10P2
W10P4
W10P6

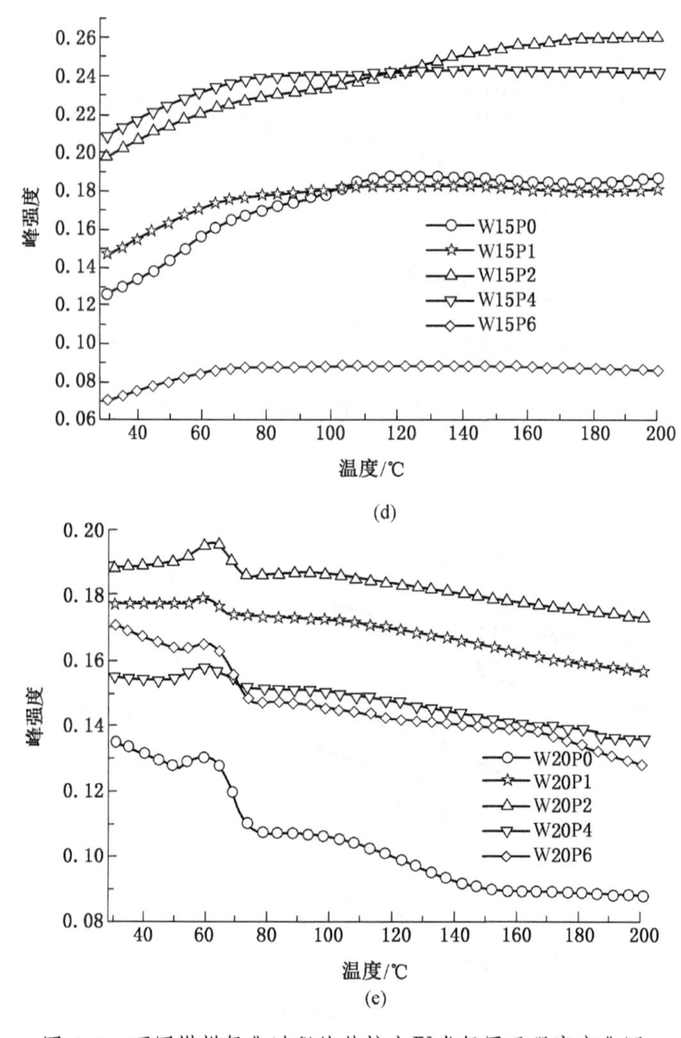

图 5-3 不同煤样氧化过程的芳核上Ⅳ类氢原子强度变化图

表 5-1 不同煤样低温氧化过程中芳核上Ⅳ类氢原子峰强度变化量

煤样	F_0	F	F_1	T/℃	Δ1	Δ2	Δ3
W1P0	0. 1837	0. 1887	0. 1871	116. 0	0. 0050	−0. 0016	0. 0034
W1P1	0. 2058	0. 2250	0. 2272	129. 5	0. 0192	0. 0022	0. 0214
W1P2	0. 1810	0. 1900	0. 1916	135. 8	0. 0090	0. 0016	0. 0106
W1P4	0. 1922	0. 2037	0. 2087	122. 5	0. 0115	0. 0050	0. 0165
W1P6	0. 2069	0. 2257	0. 2318	116. 0	0. 0188	0. 0061	0. 0249
W5P0	0. 2072	0. 2249	0. 2295	122. 6	0. 0177	0. 0046	0. 0223
W5P1	0. 1844	0. 1957	0. 2051	116. 2	0. 0113	0. 0094	0. 0207
W5P2	0. 2001	0. 2344	0. 2399	122. 6	0. 0343	0. 0055	0. 0398
W5P4	0. 2057	—	0. 2183	—	−0. 2057	0. 2183	0. 0126

表 5-1（续）

煤样	F_0	F	F_1	T/℃	Δ1	Δ2	Δ3
W5P6	0.2369	0.2525	0.2582	109.4	0.0156	0.0057	0.0213
W10P0	0.1780	0.1999	0.2115	116.1	0.0219	0.0116	0.0330
W10P1	0.1834	0.2078	0.2114	102.8	0.0244	0.0036	0.0280
W10P2	0.1947	0.2213	0.2403	116.1	0.0266	0.0190	0.0456
W10P4	0.2032	0.2296	0.2519	102.8	0.0264	0.0223	0.0487
W10P6	0.1976	0.2324	0.2444	102.8	0.0348	0.0120	0.0368
W15P0	0.1261	0.1869	0.1856	116.0	0.0608	-0.0013	0.0395
W15P1	0.1457	0.1817	0.2008	111.4	0.0360	0.0191	0.0551
W15P2	0.1977	0.2420	0.2599	122.8	0.0443	0.0179	0.0622
W15P4	0.2086	0.2390	0.2416	82.90	0.0304	0.0026	0.0330
W15P6	0.0700	—	0.0868	—	-0.0700	0.0868	0.0168
W20P0	0.1347	0.1289	0.0875	62.90	-0.0058	-0.0414	-0.0472
W20P1	0.1773	0.1773	0.1566	62.9	0	-0.0207	-0.0207
W20P2	0.1882	0.1959	0.1731	63.2	0.0077	-0.0228	-0.0151
W20P4	0.1549	0.1564	0.1352	63.2	0.0015	-0.0212	-0.0197
W20P6	0.1709	0.1637	0.1274	62.9	-0.0072	-0.0363	-0.0435

注：F_0 为起始点峰强度；F 为拐点峰强度；F_1 为终点峰强度；Δ1 为拐点峰强度-起始点峰强度；Δ2 为终点峰强度-拐点峰强度；Δ3 为终点峰强度-起始点峰强度。

由图 5-3 可知，各煤样Ⅳ类氢原子吸收峰强度随温度的升高整体呈增加的趋势，温度越高，增加的速率趋于缓慢，并且随着水分的增加，达到最大值时所需的温度也逐渐降低。Ⅳ类氢原子强度变化量分别在 0.0034～0.0249、0.0223～0.0213、0.0330～0.0368、0.0551～0.0168、-0.0472～-0.0435 范围内，这表明在煤低温氧化过程中有次生的取代芳烃结构出现，且反应过程中Ⅳ类氢原子的产生量大于反应的消耗量。说明黄铁矿与水分整体上能够促进芳核上Ⅳ类氢原子的生成，增加氧化活性，但是随着黄铁矿含量的增加，发现它们之间没有规律性的正相关或者负相关关系，在水分含量 15%以下时，随着水分的增大，对Ⅳ类氢原子的促进生成作用越强。

由表 5-1 可发现，对芳核上Ⅳ类氢原子峰强度变化量进行排序，得出变化量最大的 5 个煤样是 W15P2、W15P1、W10P4、W10P2、W5P2，表明水分在 15%以下和黄铁矿在 4%以下时，都对Ⅳ类氢原子的影响较大，并且在水分 15%和黄铁矿 4%协同作用时，这种促进氧化作用发挥到最大。但是当水分为 20%和黄铁矿 6%时，这种促进作用并不明显，反应的消耗量大于生成量。这说明当水分过高时，煤与水生成的水络合物与黄铁矿生成的 $Fe(OH)_3$ 相互作用，使芳核上Ⅳ类氢原子数量减少。由表 5-1 还可以发现，各个煤样吸收峰的突变温度点在 W15P4 的时候达到最低，表明当水分 15%和黄铁矿 4%时，对Ⅳ类氢原子的氧化进程有一定的推动作用。

2） Ⅲ类氢原子

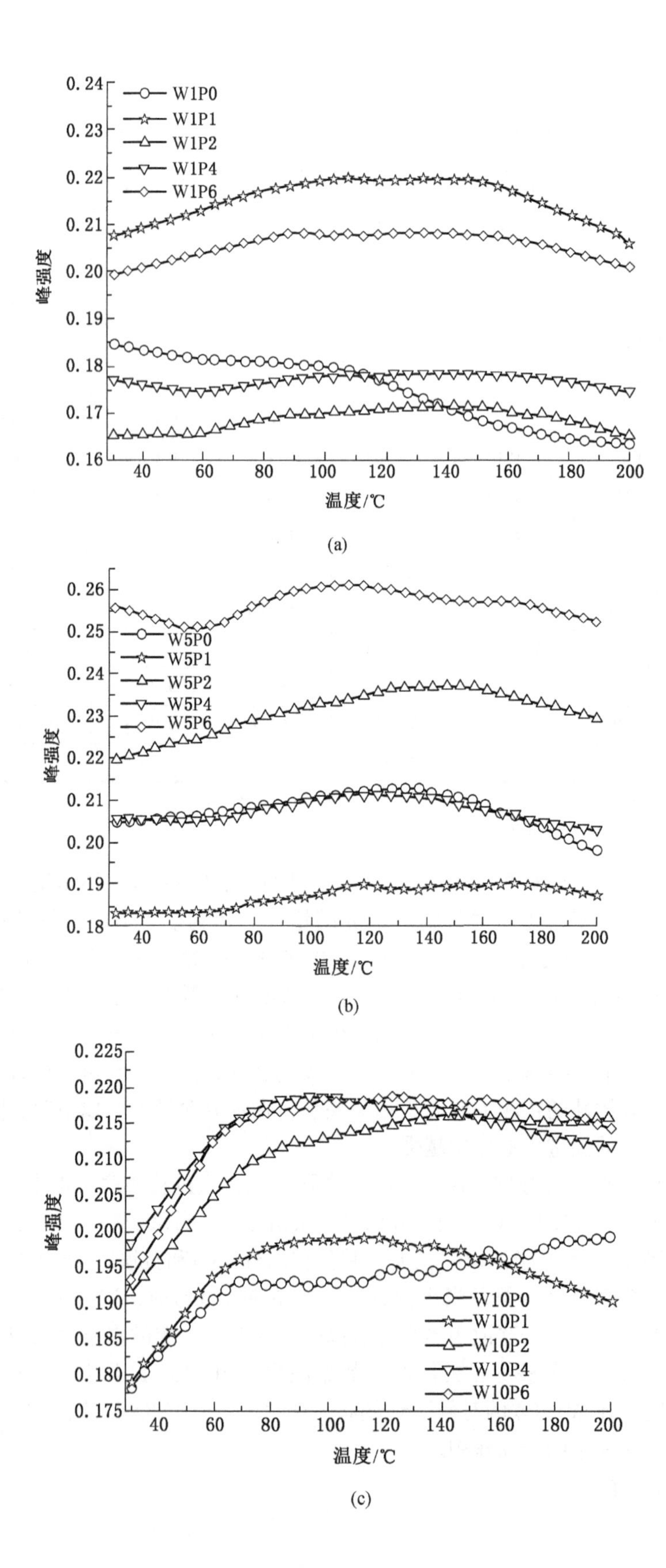

W1P0
W1P1
W1P2
W1P4
W1P6
峰强度
温度/℃
W5P0
W5P1
W5P2
W5P4
W5P6
W10P0
W10P1
W10P2
W10P4
W10P6

(a)

(b)

(c)

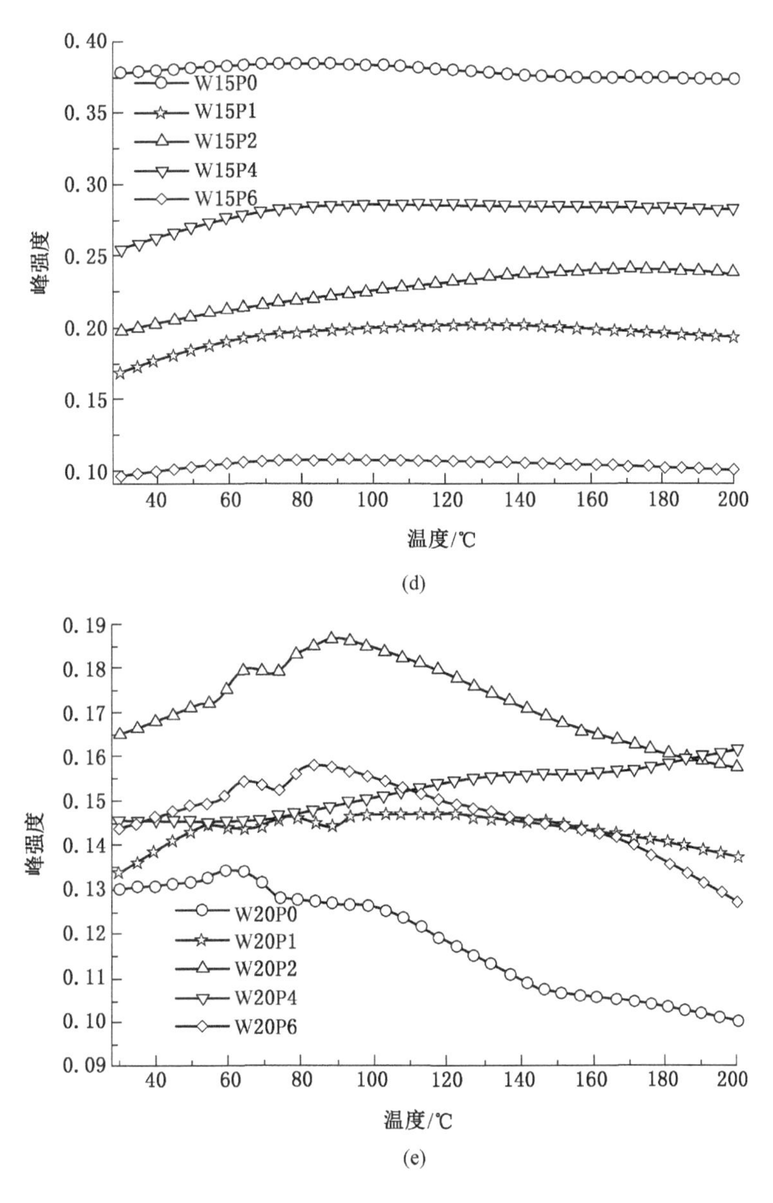

图 5-4 不同煤样氧化过程的芳核上Ⅲ类氢原子强度变化图

对红外光谱图 810 cm^{-1}处的多种取代芳烃结构变化数据进行提取，得到不同煤样多种取代芳烃结构中Ⅲ类氢原子红外光谱峰强度变化特征曲线（图 5-4）；得到不同煤样低温氧化过程中芳核上Ⅲ类氢原子峰强度变化量（表 5-2）。

表 5-2 不同煤样低温氧化过程中Ⅲ类氢原子峰强度变化量

煤样	F_0	F	F_1	T/℃	Δ1	Δ2	Δ3
W1P0	0. 1845	0. 2197	0. 1637	109. 4	0. 0352	−0. 0560	−0. 0208

表 5-2（续）

煤样	F_0	F	F_1	T/℃	Δ1	Δ2	Δ3
W1P1	0.2076	0.1790	0.2058	109.4	-0.0286	0.0268	-0.0018
W1P2	0.1655	0.1711	0.1650	115.9	0.0056	-0.0061	-0.0005
W1P4	0.1769	0.1778	0.1748	122.5	0.0009	-0.0030	-0.0021
W1P6	0.1990	0.2080	0.200	109.4	0.0090	-0.0080	0.0010
W5P0	0.2047	0.2130	0.1977	136.0	0.0083	-0.0153	-0.0070
W5P1	0.1830	0.1890	0.1880	116.2	0.0060	-0.0010	0.0050
W5P2	0.2195	0.2360	0.2293	129.4	0.0165	-0.0067	0.0098
W5P4	0.2058	0.2110	0.2030	122.9	0.0052	-0.0080	-0.0028
W5P6	0.2560	0.2610	0.2524	116.2	0.0050	-0.0086	-0.0036
W10P0	0.1778	0.1951	0.1992	120.7	0.0173	0.0041	0.0214
W10P1	0.1788	0.1990	0.1901	92.1	0.0202	-0.0089	0.0113
W10P2	0.1910	0.2160	0.2159	89.0	0.0250	-0.0071	0.0249
W10P4	0.1980	0.2186	0.2118	93.2	0.0206	-0.0068	0.0138
W10P6	0.1930	0.2192	0.2142	100.8	0.0262	-0.0050	0.0212
W15P0	0.0958	—	0.1003	—	-0.0958	0.1003	0.0045
W15P1	0.1680	—	0.1927	—	-0.1680	0.1927	0.0247
W15P2	0.1972	—	0.2389	—	-0.1972	0.2389	0.0417
W15P4	0.2549	—	0.2825	—	-0.2549	0.2825	0.0276
W15P6	0.0968	—	0.1003	—	-0.0968	0.1003	0.0035
W20P0	0.1303	0.1255	0.1004	102.8	-0.0048	-0.0251	-0.0299
W20P1	0.1339	0.1468	0.1386	96.2	0.0129	-0.0082	0.0047
W20P2	0.1647	0.1868	0.1576	89.6	0.0221	-0.0292	-0.0071
W20P4	0.1457	0.1527	0.1618	109.2	0.0070	0.0091	0.0161
W20P6	0.1436	0.1583	0.1272	83.0	0.0147	-0.0311	-0.0164

注：F_0 为起始点峰强度；F 为拐点峰强度；F_1 为终点峰强度；Δ1 为拐点峰强度-起始点峰强度；Δ2 为终点峰强度-拐点峰强度；Δ3 为终点峰强度-起始点峰强度。

通过图 5-4 可以发现，各煤样Ⅲ类氢原子吸收峰强度随温度的升高整体呈增加的趋势，Ⅲ类氢原子强度变化量分别在-0.0208～0.001、-0.007～-0.0036、0.0214～0.0212、0.0045～0.0035、-0.0299～-0.0164 范围内，这表明在煤低温氧化过程中有次生的取代芳烃结构出现，且反应过程中Ⅲ类氢原子的产生量大于反应的消耗量。说明黄铁矿与水分整体上能够促进芳核上Ⅲ类氢原子的生成，提高氧化活性，但与黄铁矿含量及水分的大小没有明显的线性关系，而是存在阶段性特征。当水分为10%时，Ⅲ类氢原子的变化速率明显增加，可加速Ⅲ类氢原子生成并参与氧化，在水分20%时各黄铁矿煤样Ⅲ类氢原子的消耗量大于产生量，抑制了Ⅲ类氢原子的生成。

由表5-2可发现，对煤低温氧化过程中芳核上Ⅲ类氢原子峰强度变化量进行排序，得出变化量最大的5个煤样是W15P2、W15P4、W15P1、W10P2、W10P0，表明水分在15%以下和不同含量黄铁矿协同交互作用的时候对Ⅲ类氢原子生成的促进作用较大，并且在水分15%和黄铁矿2%时这种作用最大。但是当水分为20%、黄铁矿6%时，氧化反应的消耗量大于生成量。这说明当水分与黄铁矿含量过高时，会导致芳核上Ⅲ类氢原子数量减小。由表5-2还可发现，各个煤样吸收峰的突变温度点在W10P2时达到最低，表明当水分10%和黄铁矿2%时，对Ⅲ类氢原子的氧化进程有一定的推动作用。

3）Ⅰ类氢原子

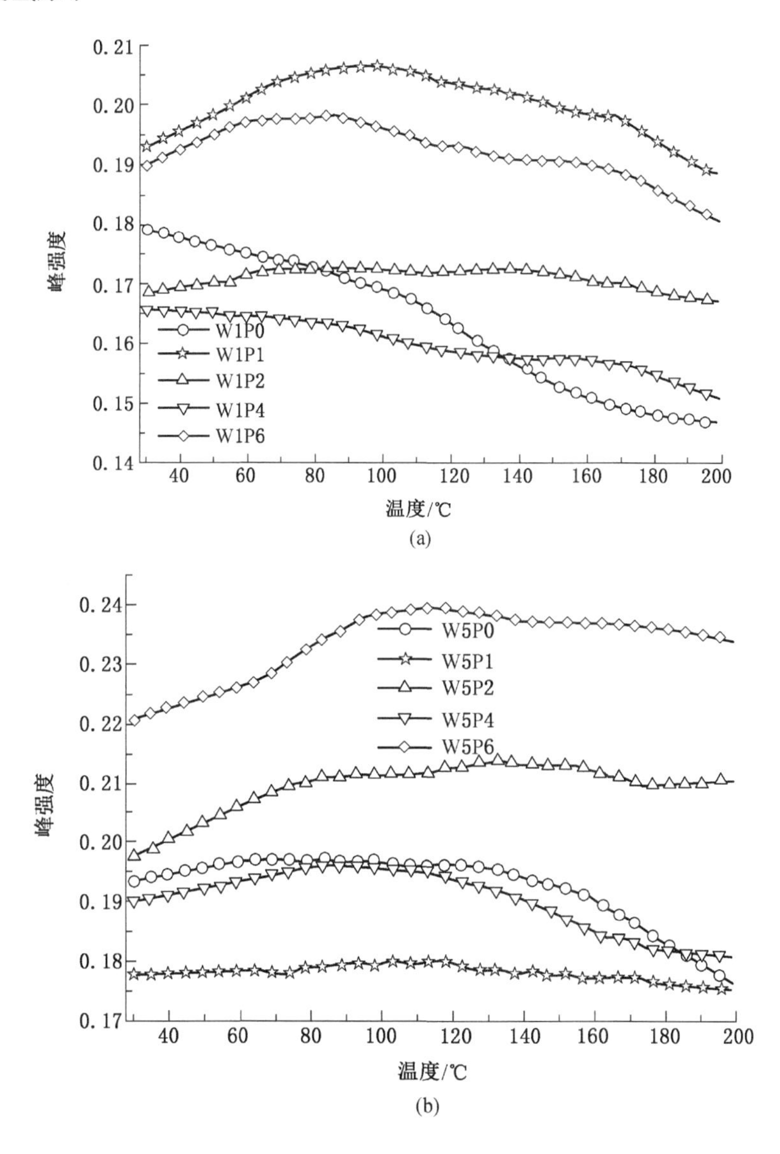

(a)

(b)

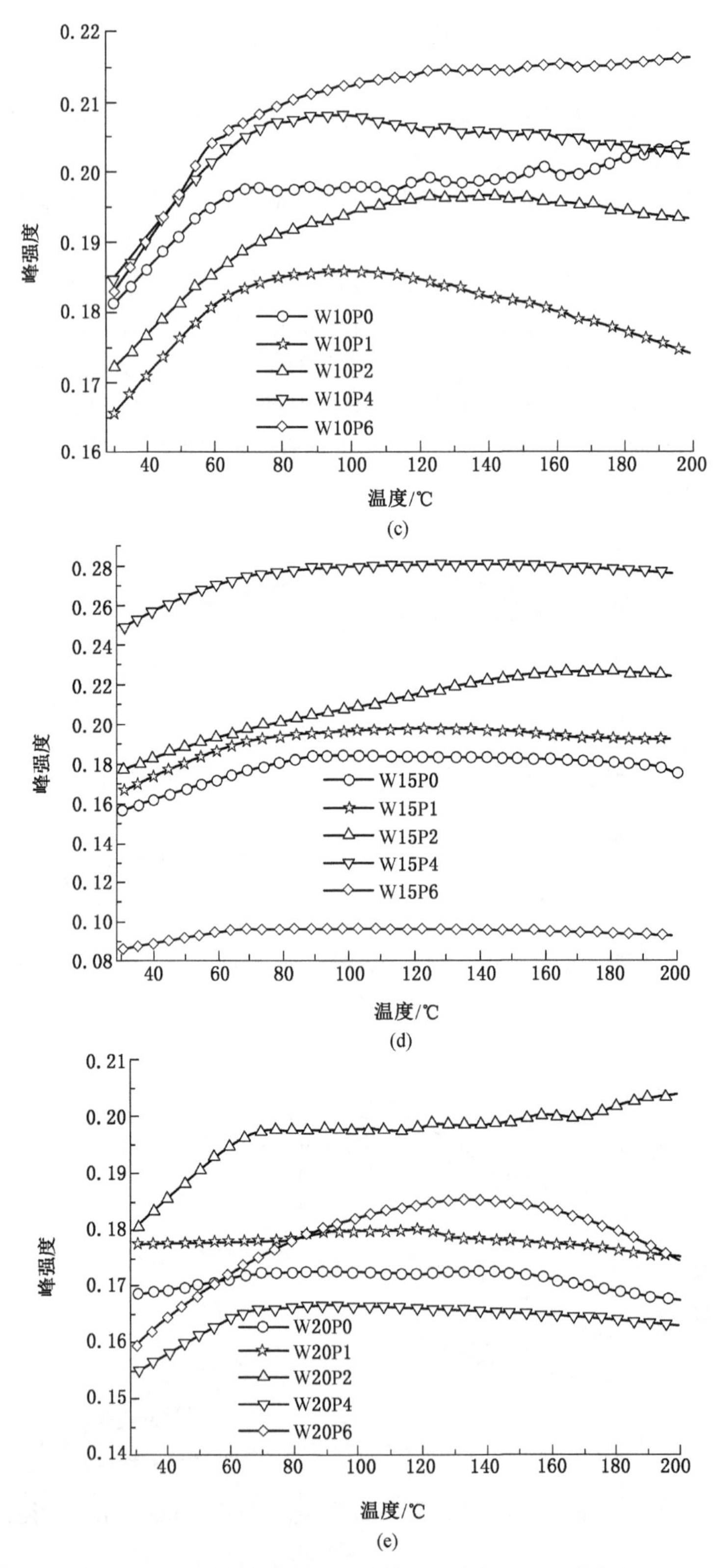

图 5-5　不同煤样氧化过程的芳核上Ⅰ类氢原子强度变化图

提取红外光谱图 872 cm^{-1}的多种取代芳烃结构变化数据，得到不同煤样多种取代芳烃结构中Ⅰ类氢原子红外光谱峰强度变化特征曲线（图 5-5）以及不同煤样低温氧化过程中芳核上Ⅰ类氢原子峰强度变化量（表 5-3）。

表 5-3　不同煤样低温氧化过程中Ⅰ类氢原子峰强度变化量

煤样	F_0	F	F_1	T/℃	Δ1	Δ2	Δ3
W1P0	0.1791	—	0.1468	—	-0.1791	0.1468	-0.0323
W1P1	0.1928	0.2065	0.1885	96.1	0.0137	-0.0180	-0.0043
W1P2	0.1687	—	0.1670	—	-0.1687	0.1670	-0.0017
W1P4	0.1656	—	0.1509	—	-0.1656	0.1509	-0.0147
W1P6	0.1897	0.1982	0.1805	82.9	0.0085	-0.0177	-0.0092
W5P0	0.1936	—	0.1765	—	-0.1936	0.1765	-0.0171
W5P1	0.1776	—	0.1750	—	-0.1776	0.1750	-0.0026
W5P2	0.1973	0.2110	0.2102	82.8	0.0137	-0.0008	0.0129
W5P4	0.1903	—	0.1809	—	-0.1903	0.1809	-0.0094
W5P6	0.2205	0.2383	0.2339	96.3	0.0178	-0.0044	0.0134
W10P0	0.1811	0.1978	0.2040	69.7	0.0167	0.0062	0.0229
W10P1	0.1655	0.1845	0.1738	76.4	0.0190	-0.0107	0.0083
W10P2	0.1719	0.1915	0.1933	82.9	0.0196	0.0018	0.0214
W10P4	0.1845	0.2072	0.2026	76.4	0.0227	-0.0046	0.0181
W10P6	0.1829	0.2054	0.2161	63.3	0.0225	0.0107	0.0332
W15P0	0.1565	—	0.1755	—	-0.1565	0.1755	0.0190
W15P1	0.1667	—	0.1922	—	-0.1667	0.1922	0.0255
W15P2	0.1777	—	0.2234	—	-0.1777	0.2234	0.0457
W15P4	0.2481	—	0.2763	—	-0.2481	0.2763	0.0282
W15P6	0.0861	—	0.0927	—	-0.0861	0.0927	0.0066
W20P0	0.1685	—	0.1700	—	-0.1685	0.1700	0.0015
W20P1	0.1774	—	0.1749	—	-0.1774	0.1749	-0.0025
W20P2	0.1803	0.1973	0.2038	68.9	0.0170	0.0065	0.0235
W20P4	0.1550	0.1660	0.1629	69.2	0.0110	-0.0031	0.0079
W20P6	0.1595	0.1840	0.1744	111.4	0.0245	-0.0096	0.0149

注：F_0 为起始点峰强度；F 为拐点峰强度；F_1 为终点峰强度；Δ1 为拐点峰强度-起始点峰强度；Δ2 为终点峰强度-拐点峰强度；Δ3 为终点峰强度-起始点峰强度。

由图 5-5 可知，各煤样在升温氧化过程中Ⅰ类氢原子数量整体变化不大，并且与黄铁矿及水分含量的大小无线性关系。强度变化量分别在-0.0323～-0.0092、-0.0171～0.0134、0.0229～0.0323、0.0190～0.018、0.030～0.0066 范围内，这表明在煤低温氧化过程中有极少量的次生的Ⅰ类氢原子取代芳烃结构出现，说明黄铁矿与水分对芳核上Ⅰ类氢原子的影响作用很小。

由表 5-3 可发现，对煤低温氧化过程中芳核上Ⅰ类氢原子峰强度变化量进行排序，得出变化量最大的 5 个煤样是 W15P2、W15P4、W10P6、W15P1、W10P0，表明水分在 15%以下和黄铁矿在 6%相互作用时，都对Ⅰ类氢原子的生成有一定的作用，并且在水分 10%和黄铁矿 2%协同作用时，这种促进氧化作用发挥到最大。当水分为 10%时，Ⅰ类氢原子的强度变化随温度升高而变大，表明此时与适当黄铁矿协同作用时，可加速Ⅰ类氢原子生成并参与氧化。但是当水分为20%、黄铁矿6%时，这种促进作用并不明显，反应的消耗量大于生成量。并且由表5.3还可发现，W10P6煤样吸收峰的突变温度点达到最低时为63 ℃，表明10%水分和6%黄铁矿交互作用可在60 ℃促进Ⅰ类氢原子的生成。但水与黄铁矿在100 ℃后对Ⅰ类氢原子的生成影响较小。表明100~200 ℃时Ⅰ类氢原子的活性原子较少，氧化反应缓慢。

2. 芳香环C=C结构变化特征

对红外光谱图1599~1605 cm^{-1}的结构变化数据进行提取，得到不同煤样的芳香环C=C红外光谱峰强度变化特征曲线（图5-6）以及不同煤样低温氧化过程中的芳香环C=C结构峰强度变化量（表5-4）。

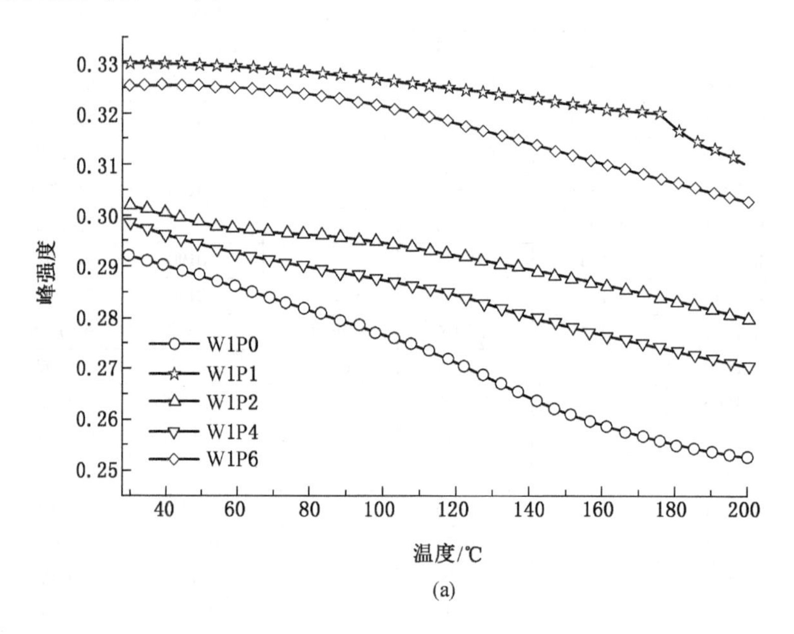

(a)

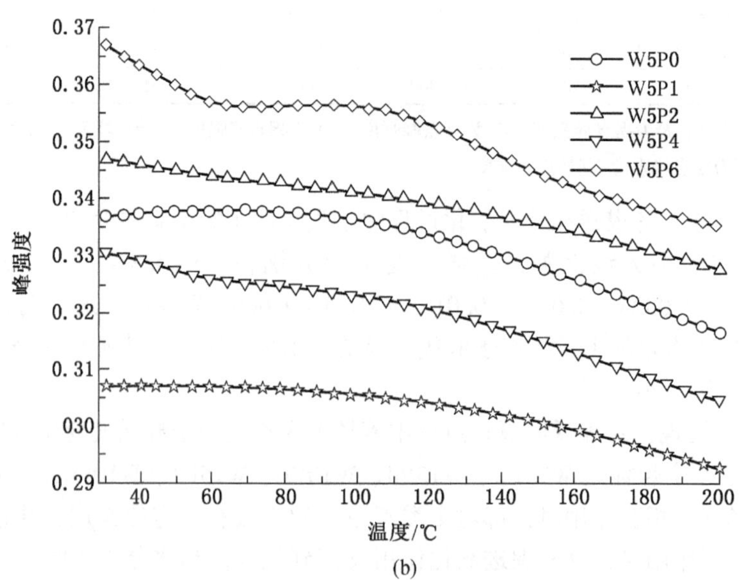

(b)

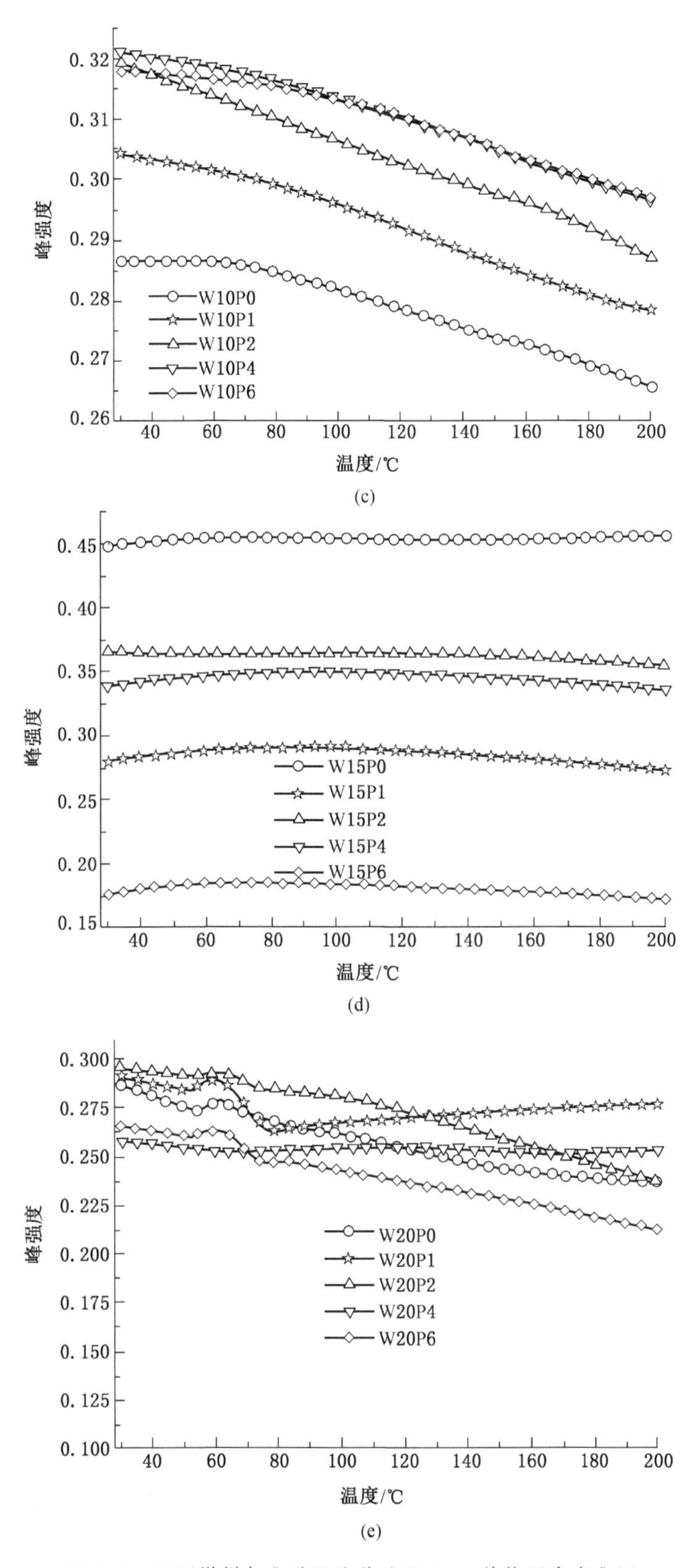

图 5-6 不同煤样氧化过程的芳香环 C=C 结构强度变化图

表 5-4 不同煤样低温氧化过程中芳香环 C=C 结构峰强度变化量

煤样	F_0	F	F_1	T/℃	Δ1	Δ2	Δ3
W1P0	0. 2919	—	0. 2725	—	-0. 2919	0. 2725	-0. 0194
W1P1	0. 3299	—	0. 3100	—	-0. 3299	0. 3100	-0. 0199
W1P2	0. 3022	—	0. 2794	—	-0. 3022	0. 2794	-0. 0228
W1P4	0. 2986	—	0. 2703	—	-0. 2986	0. 2703	-0. 0283
W1P6	0. 3258	—	0. 3055	—	-0. 3258	0. 3055	-0. 0203
W5P0	0. 3373	—	0. 3162	—	-0. 3373	0. 3162	-0. 0211
W5P1	0. 3071	—	0. 2923	—	-0. 3071	0. 2923	-0. 0148
W5P2	0. 3468	—	0. 3274	—	-0. 3468	0. 3274	-0. 0194
W5P4	0. 3305	—	0. 3044	—	-0. 3305	0. 3044	-0. 0261
W5P6	0. 3673	—	0. 3454	—	-0. 3673	0. 3454	-0. 0219
W10P0	0. 2863	—	0. 2652	—	-0. 2863	0. 2652	-0. 0211
W10P1	0. 3039	—	0. 2782	—	-0. 3039	0. 2782	-0. 0257
W10P2	0. 3190	—	0. 2868	—	-0. 3190	0. 2868	-0. 0322
W10P4	0. 3211	—	0. 2963	—	-0. 3211	0. 2963	-0. 0248
W10P6	0. 3181	—	0. 2965	—	-0. 3181	0. 2965	-0. 0216
W15P0	0. 4488	—	0. 4544	—	-0. 4488	0. 4544	0. 0056
W15P1	0. 2791	—	0. 2745	—	-0. 2791	0. 2745	-0. 0046
W15P2	0. 3651	—	0. 3543	—	-0. 3651	0. 3543	-0. 0108
W15P4	0. 3380	—	0. 3367	—	-0. 3380	0. 3367	-0. 0013
W15P6	0. 1752	—	0. 1719	—	-0. 1752	0. 1719	-0. 0033
W20P0	0. 2861	0. 2793	0. 2364	61. 7	-0. 0068	-0. 0429	-0. 0497
W20P1	0. 2907	0. 2969	0. 2767	62. 8	0. 0062	-0. 0202	-0. 0140
W20P2	0. 2958	0. 2929	0. 2377	62. 9	-0. 0029	-0. 0552	-0. 0581
W20P4	0. 2585	—	0. 2530	—	-0. 2585	0. 2530	-0. 0055
W20P6	0. 2653	0. 2623	0. 2188	60. 7	-0. 0030	-0. 0435	-0. 0465

注：F_0 为起始点峰强度；F 为拐点峰强度；F_1 为终点峰强度；Δ1 为拐点峰强度-起始点峰强度；Δ2 为终点峰强度-拐点峰强度；Δ3 为终点峰强度-起始点峰强度。

由图 5-6 可知，各煤样分子结构中芳香环 C=C 结构随温度的升高总体上呈减少趋势，其减少强度变化量分别在-0. 0194～-0. 0203、-0. 0211～-0. 0219、-0. 0211～-0. 0216、0. 0056～-0. 0033、-0. 0497～-0. 0465 范围内，这表明在煤低温氧化过程中芳香环 C=C 参与氧化反应或者分解消耗，消耗量大于反应的生成量，说明黄铁矿与水分整体上能够减少芳香环 C=C 结构的数量。

由表 5-4 可以发现，对煤低温氧化过程中芳核上Ⅳ类氢原子峰强度变化量进行排序，得出变化量最大的 5 个煤样是 W20P2、W20P0、W10P2、W1P4、W5P4，表明水分在 20% 以下及黄铁矿在 6% 以下时，对芳香环 C=C 结构的消耗作用较强，并且在水分 20% 及黄铁矿 4% 协同作用时，这种促进消耗的作用发挥到最大。但是在水分含量 15% 时，这种作用趋于平稳，表明当煤中水分高于 15% 时，对芳香环 C=C 结构数量的影响较小。

5.4.2 脂族结构特征结构变化

煤分子结构中的脂肪烃结构在红外光谱图中主要由三个谱峰表征：峰位置在 2975～2915 cm^{-1}被解释为甲基、亚甲基的不对称伸缩振动，峰位置在 2875～2858 cm^{-1}被归属为甲基、亚甲基对称伸缩振动，峰位置在 1439～1449 cm^{-1}被解释为亚甲基剪切振动。研究发现，1439～1449 cm^{-1}谱峰在氧化反应过程中变化较为剧烈，其峰强度在三个谱峰中最大，而且亚甲基易参与煤氧复合反应，是导致煤自燃的主要物质之一。因此，本章选择了亚甲基所在的 1439～1449 cm^{-1}谱峰变化规律进行分析，具体如图 5-7 所示。

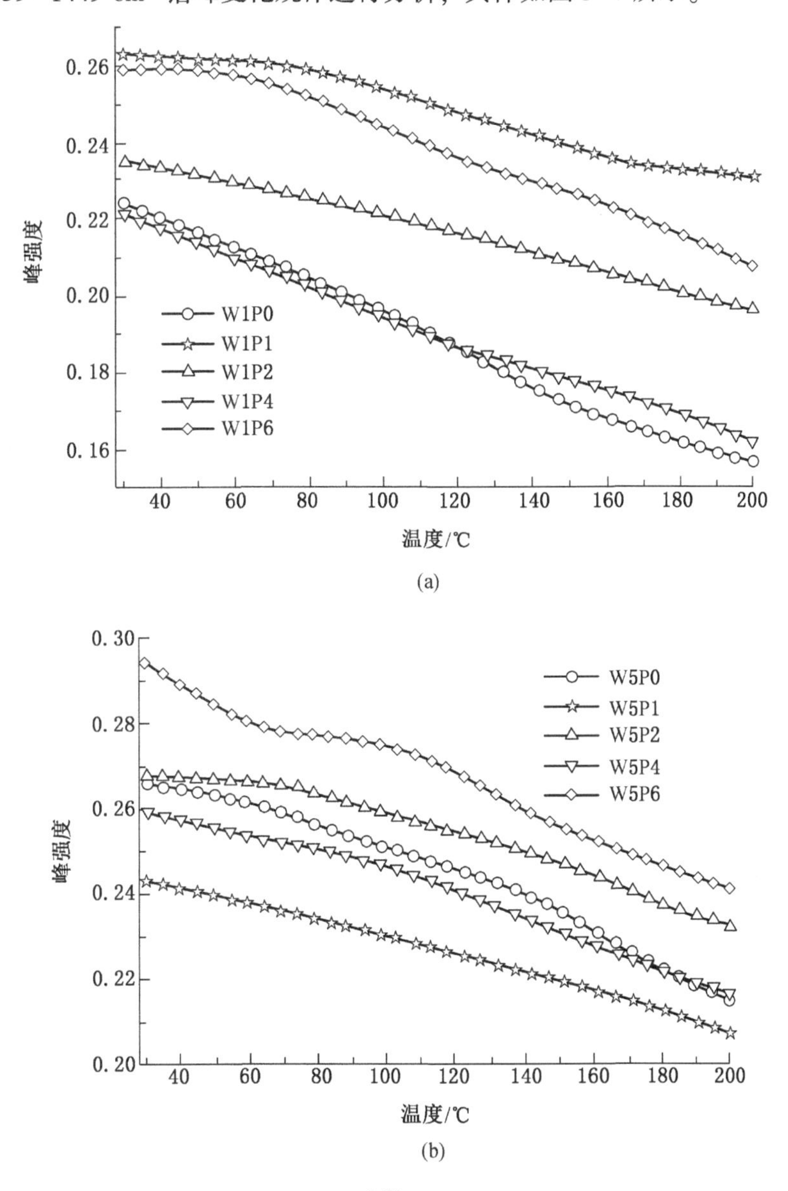

(a)

(b)

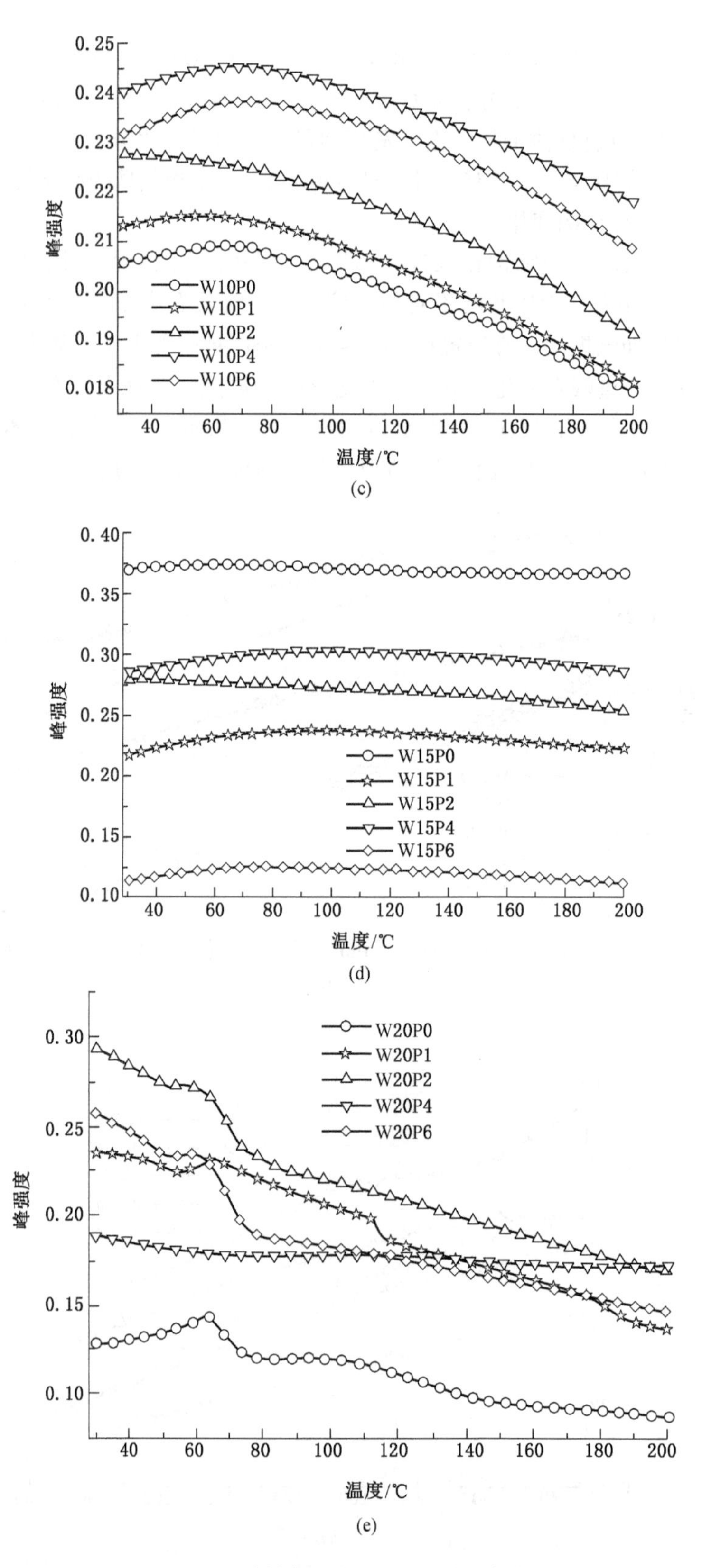

图 5-7　不同煤样氧化过程的亚甲基强度变化图

通过图 5-7 可以发现，各煤样脂肪烃中的亚甲基整体都是随着温度的升高而减少，其减少强度变化量分别在 -0.0674 ~ 0.0517、-0.0511 ~ -0.0530、-0.0262 ~ 0.0228、-0.0024~-0.0025、-0.0411~-0.1119 范围内，这表明脂肪烃亚甲基具有较高的活性，极不稳定，在较低的温度下能够参与反应来消耗部分亚甲基，说明黄铁矿与水分整体上能够减少脂肪烃亚甲基结构的数量，并且与黄铁矿及水分的大小没有明显的线性关系，而是存在阶段性特征。

表 5-5 不同煤样低温氧化过程中亚甲基峰强度变化量

煤样	F_0	F	F_1	T/℃	Δ1	Δ2	Δ3
W1P0	0.2241	—	0.1967	—	-0.2241	0.1967	-0.0274
W1P1	0.2631	—	0.2306	—	-0.2631	0.2306	-0.0325
W1P2	0.2352	—	0.1962	—	-0.2352	0.1962	-0.0390
W1P4	0.2218	—	0.1917	—	-0.2218	0.1917	-0.0301
W1P6	0.2593	—	0.2376	—	-0.2593	0.2376	-0.0217
W5P0	0.2660	—	0.2349	—	-0.2660	0.2349	-0.0311
W5P1	0.2429	—	0.2070	—	-0.2429	0.2070	-0.0359
W5P2	0.2677	—	0.2320	—	-0.2677	0.2320	-0.0357
W5P4	0.2594	—	0.2166	—	-0.2594	0.2166	-0.0428
W56	0.2941	—	0.2611	—	-0.2941	0.2611	-0.0330
W10P0	0.2057	0.2087	0.1795	69.7	0.0030	-0.0292	-0.0262
W10P1	0.2134	0.2145	0.1812	69.7	0.0011	-0.0333	-0.0322
W10P2	0.2275	—	0.1809	—	-0.2275	0.1809	-0.0466
W10P4	0.2406	0.2457	0.2178	69.7	0.0051	-0.0279	-0.0228
W10P6	0.2315	0.2383	0.2087	69.7	0.0068	-0.0296	-0.0228
W15P0	0.3700	—	0.3676	—	-0.3700	0.3676	-0.0024
W15P1	0.2163	—	0.2224	—	-0.2163	0.2224	0.0061
W15P1	0.2804	—	0.2535	—	-0.2804	0.2535	-0.0269
W15P4	0.2859	—	0.2864	—	-0.2859	0.2864	0.0005
W15P6	0.1132	—	0.1107	—	-0.1132	0.1107	-0.0025
W20P0	0.1283	0.1438	0.0972	63.0	0.0155	-0.0466	-0.0311
W20P1	0.2353	—	0.1354	—	-0.2353	0.1354	-0.0999
W20P2	0.2934	—	0.1679	—	-0.2934	0.1679	-0.1255
W20P4	0.1890	—	0.1720	—	-0.1890	0.1720	-0.0170
W20P6	0.2573	—	0.1454	—	-0.2573	0.1454	-0.1119

注：F_0 为起始点峰强度；F 为拐点峰强度；F_1 为终点峰强度；Δ1 为拐点峰强度-起始点峰强度；Δ2 为终点峰强度-拐点峰强度；Δ3 为终点峰强度-起始点峰强度。

由表 5-5 可发现，对各煤样低温氧化过程中脂肪烃中的亚甲基峰强度变化量进行排序，得出变化量最大的 5 个煤样是 W20P2、W20P6、W10P1、W10P2、W5P6，表明水分在 20% 以下和黄铁矿在 6% 以下时，对脂肪烃中的亚甲基的消耗作用较强，并且在水分 20% 和黄铁矿 2% 协同作用时，这种促进消耗的反应作用发挥到最大。

5.4.3 含氧官能团特征结构变化

煤的氧化过程离不开氧气参与，因此煤氧化升温过程中含氧官能团的变化特征能反映煤的氧化历程。从第 4 章的研究可知，白皎无烟煤活性基团中含氧官能团在红外光谱图中的归属位置为 3684~3697 cm^{-1}的游离羟基、3624~3613 cm^{-1}的分子内氢键等。

1. 游离羟基变化特征

对实验煤样低温氧化过程中红外光谱图 3684~3697 cm^{-1}进行分析，得到不同煤样的游离羟基变化特征曲线（图 5-8）以及不同煤样低温氧化过程中的游离羟基峰强度变化量（表 5-6）。

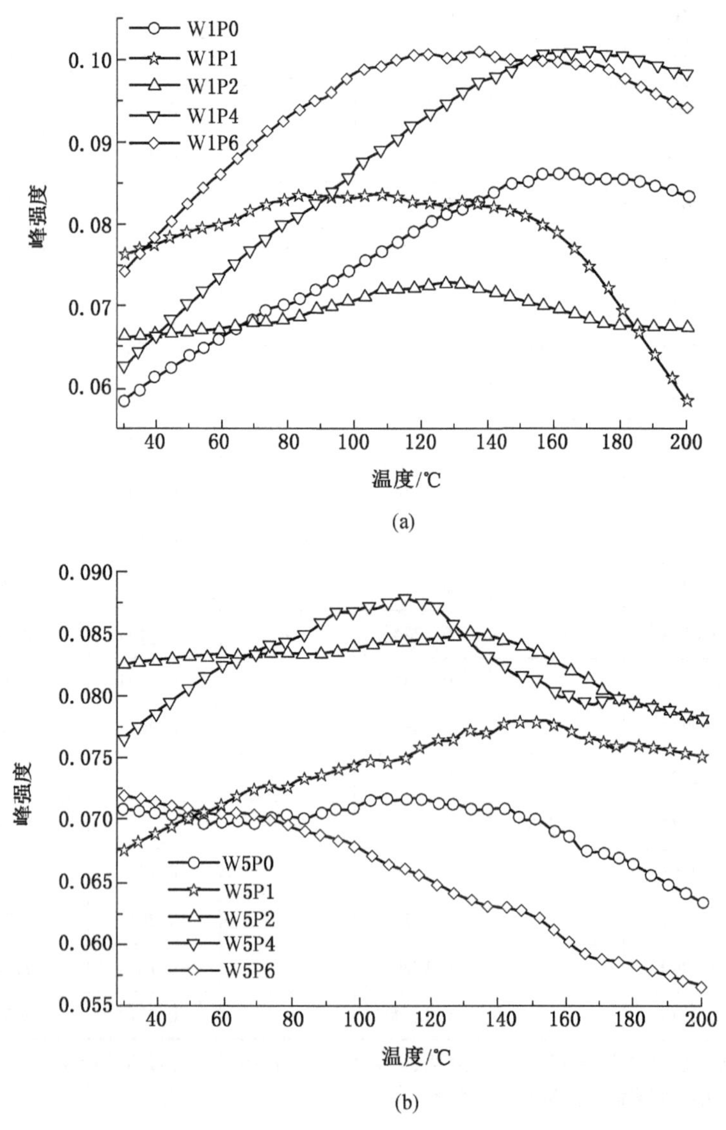

(a)

(b)

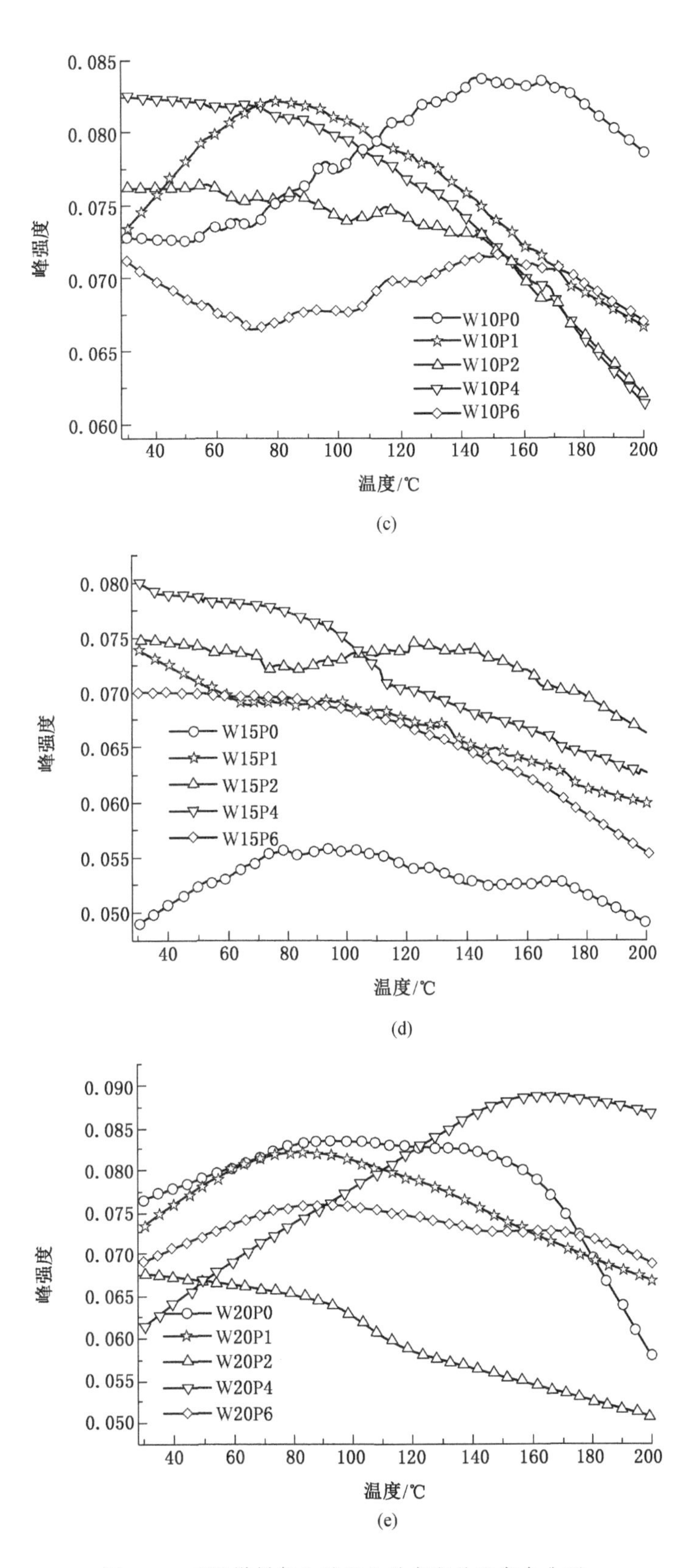

(c)

(d)

(e)

图 5-8　不同煤样氧化过程的游离羟基强度变化图

表 5-6　不同煤样氧化过程中游离羟基峰强度变化量

煤样	F_0	F	F_1	T/℃	Δ1	Δ2	Δ3
W1P0	0.0584	0.0859	0.0834	155.7	0.0275	−0.0025	0.0250
W1P1	0.0762	0.0822	0.0583	142.7	0.0060	−0.0239	−0.0179
W1P2	0.0663	0.0727	0.0672	129.4	0.0064	−0.0055	0.0009
W1P4	0.0626	0.1006	0.0982	155.7	0.0380	−0.0024	0.0356
W1P6	0.0742	0.1004	0.0939	116.1	0.0262	−0.0065	0.0197
W5P0	0.0708	0.0709	0.0632	141.2	0.0001	−0.0077	−0.0076
W5P1	0.0675	0.0780	0.0752	149.1	0.0105	−0.0028	0.0077
W5P2	0.0825	0.0849	0.0781	135.7	0.0024	−0.0068	−0.0044
W5P4	0.0764	0.0876	0.0782	126.2	0.0112	−0.0094	0.0018
W5P6	0.0719	—	0.0565	—	−0.0719	0.0565	−0.0154
W10P0	0.0727	0.0837	0.0787	144.1	0.0110	−0.0050	0.0060
W10P1	0.0734	0.0819	0.0667	89.6	0.0085	−0.0152	−0.0067
W10P2	0.0762	0.0749	0.0621	116.1	−0.0013	−0.0128	−0.0141
W10P4	0.0825	0.0819	0.0614	69.7	−0.0006	−0.0205	−0.0211
W10P6	0.0713	0.0715	0.0670	148.9	0.0002	−0.0045	−0.0043
W15P0	0.0490	0.0556	0.0491	78.3	0.0066	−0.0065	−0.0048
W15P1	0.0739	—	0.0599	—	−0.0739	0.0599	−0.014
W15P2	0.0748	0.0745	0.0663	121.5	−0.0003	−0.0082	−0.0085
W15P4	0.0800	—	0.0629	—	−0.0800	0.0629	−0.0171
W15P6	0.0702	—	0.0553	—	−0.0702	0.0553	−0.0149
W20P0	0.0762	0.0818	0.058	146.3	0.0056	−0.0238	−0.0182
W20P1	0.0732	0.0819	0.0667	86.5	0.0087	−0.0152	−0.0065
W20P2	0.0675	0.0887	0.0506	160.3	0.0212	−0.0381	−0.0169
W20P4	0.0613	—	0.0866	—	−0.0613	0.0866	0.0253
W20P6	0.0690	—	0.0688	—	−0.069	0.0688	−0.0002

注：F_0 为起始点峰强度；F 为拐点峰强度；F_1 为终点峰强度；Δ1 为拐点峰强度-起始点峰强度；Δ2 为终点峰强度-拐点峰强度；Δ3 为终点峰强度-起始点峰强度。

由图 5-8 可知，各煤样游离羟基吸收峰强度随温度的升高整体呈先增加后逐渐减小的趋势，游离羟基强度变化量分别在 0.0250～0.0197、−0.0076～−0.0154、0.0060～−0.0043、0.0023～−0.0149、−0.0472～−0.0435 范围内，这主要是由于氧化过程中黄铁矿与水的交互作用会促进某些基团氧化生成羟基，羟基本身具有较高的活性，又能与氧或煤分子中的烷基发生反应，这种相互作用造成羟基含量先增加后减少。游离羟基的增加说明此时反应的生成量大于消耗量，当温度增加到临界温度时，消耗量大于生成量。

由表 5-6 可以发现，对煤低温氧化过程中游离羟基峰强度变化量进行排序，得出变化量最大的 5 个煤样是 W1P4、W1P0、W1P6、W5P6、W1P2，表明水分在 5% 以下和黄铁矿在 6% 以下时，对游离羟基的作用较大，在水分 1% 和黄铁矿作用时，这种促进游离羟基生成的影响发挥到最大，说明少量的水分及黄铁矿可加快游离羟基的氧化速度，对反应有一定帮助，而过高的水分会抑制反应的进行，水分与黄铁矿对游离羟基的协同作用是相互的。

2. 分子内氢键变化特征

对实验煤样低温氧化过程中红外光谱图 3624～3613 cm^{-1} 位置的分子内氢键进行分析，得到不同煤样的分子内氢键峰强变化图（图 5-9）及不同煤样低温氧化过程中分子内氢键峰强度变化表（表 5-7）。

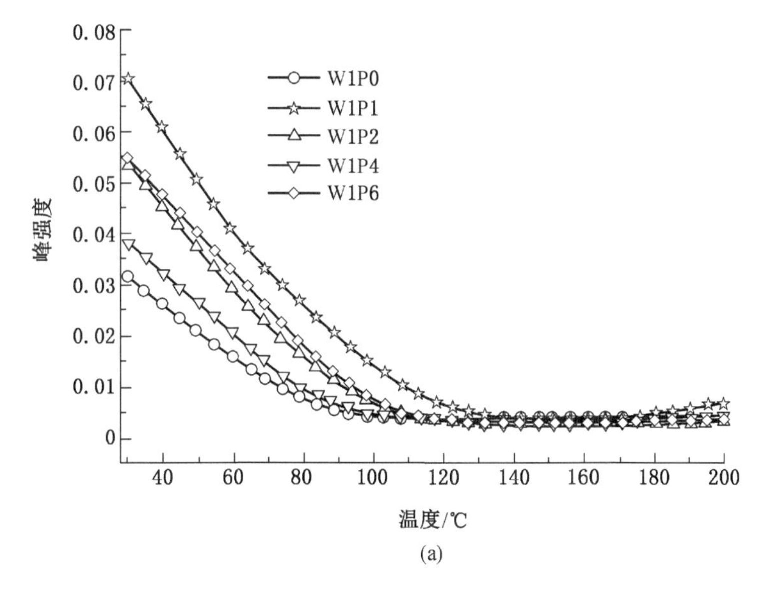

(a)

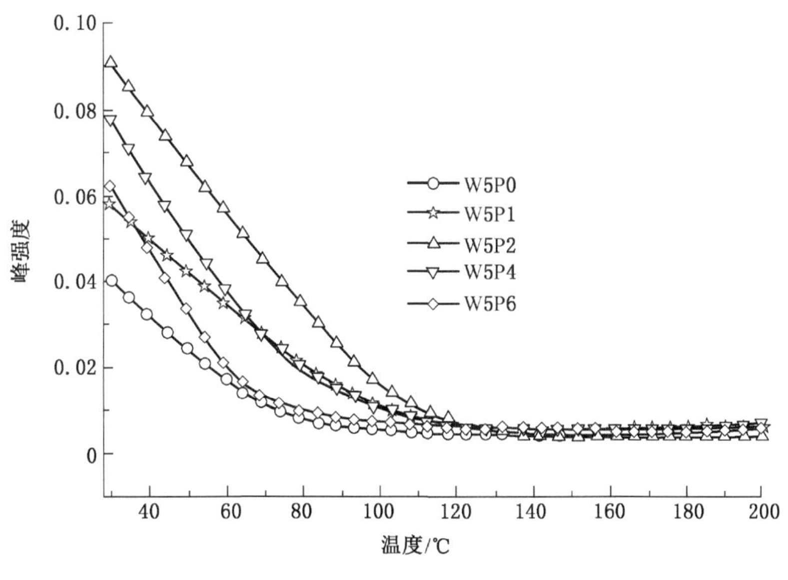

(b)

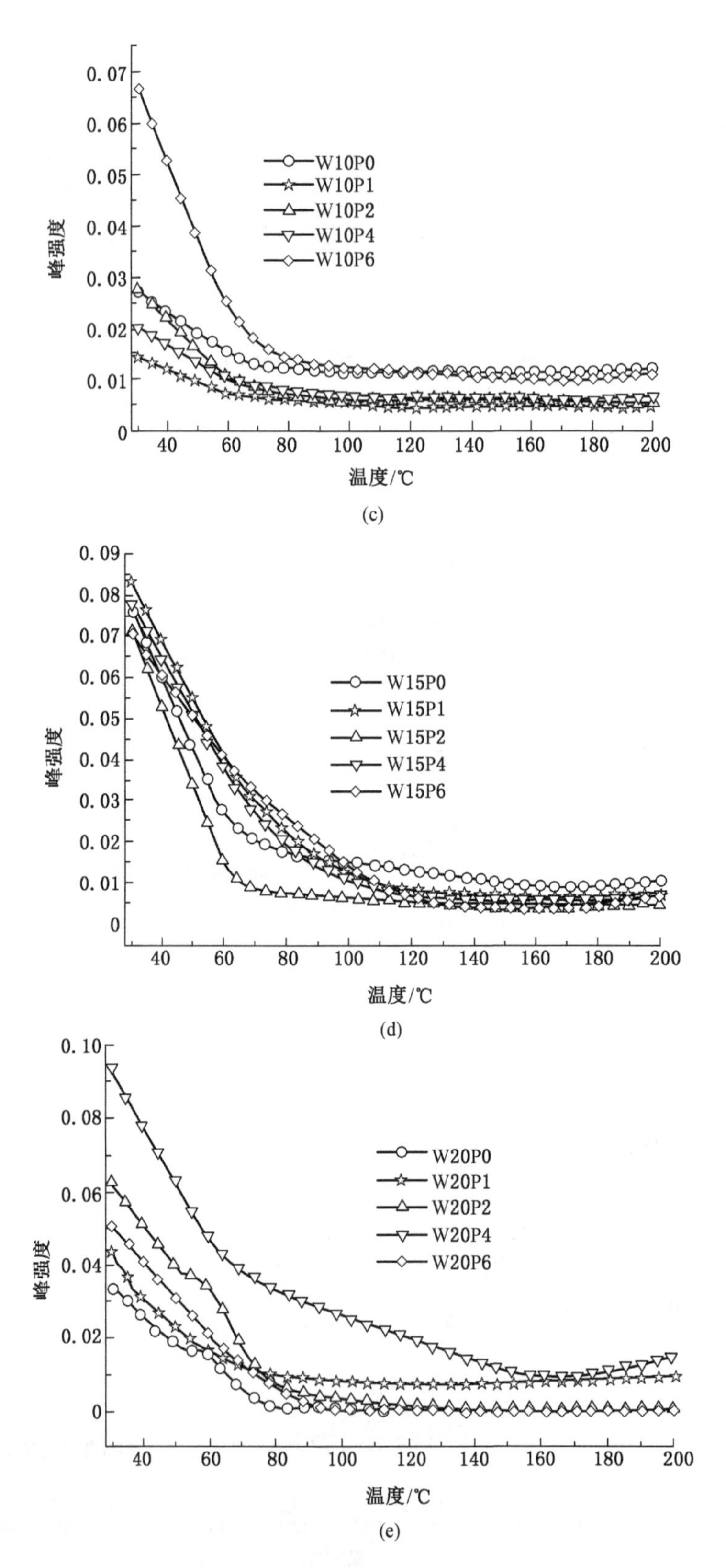

图 5-9　黄铁矿对煤低温氧化过程分子内氢键变化特征的影响

由图 5-9 可以发现，各煤样的分子内氢键随温度的升高呈减小的趋势，其强度减少量分别在-0.0294~-0.0515、-0.3992~-0.0559、-0.0150~-0.0559、-0.0660~-0.0636、-0.6177~-0.4570 的范围内。这表明分子内氢键具有较高的活性，很不稳定，在较低的温度下能够参与反应消耗，说明黄铁矿与水分整体上能够加快减少分子内氢键结构的数量，与其他活性基团相比需要较小的能量就可以率先完成反应，并且与黄铁矿和水分的大小没有明显的线性关系，而是存在阶段性特征。

由表 5-7 可以发现，对各煤样低温氧化过程中分子内氢键强度变化量进行排序，得出变化量最大的 5 个煤样是 W20P2、W20P6、W15P1、W15P4、W5P4，表明水分在 20% 以下和黄铁矿共同作用时，对分子内氢键的消耗作用较强，并且在水分 20% 及黄铁矿 4% 协同作用时，这种促进消耗的反应作用发挥到最大。在水分增加到 15% 时，分子内氢键的突变温度由 100 ℃左右提前到 70 ℃左右，反应速率加快，说明适量水分与黄铁矿可以缩短分子内氢键的氧化历程。因此可以看出水分和黄铁矿对煤分子内氢键的影响作用主要体现在低温阶段 100 ℃以前，并且存在水分含量 15% 的反应加速临界点。

表 5-7　煤氧化过程中分子内氢键峰强度变化过程

煤样	F_0	F	F_1	T/℃	Δ1	Δ2	Δ3
W1P0	0.0322	0.0043	0.0027	96.2	-0.0278	-0.0016	-0.0294
W1P1	0.0712	0.0048	0.0068	129.5	-0.0664	0.0020	-0.0644
W1P2	0.0538	0.0045	0.0029	109.5	-0.0493	-0.0016	-0.0509
W1P4	0.0386	0.0040	0.0043	109.5	-0.0347	0.0004	-0.0343
W1P6	0.0547	0.0038	0.0033	116.5	-0.0509	-0.0005	-0.0515
W5P0	0.4060	0.0049	0.0068	102.9	-0.4011	0.0019	-0.3992
W5P1	0.0583	0.0083	0.0061	109.7	-0.0500	-0.0022	-0.0522
W5P2	0.0909	0.0086	0.0042	116.3	-0.0823	-0.0044	-0.0567
W5P4	0.0780	0.0084	0.0073	109.7	-0.0696	-0.0011	-0.0707
W5P6	0.0624	0.0094	0.0066	83.0	-0.0530	-0.0028	-0.0559
W10P0	0.0271	0.0125	0.0121	76.2	-0.0146	-0.0004	-0.0150
W10P1	0.0143	0.0071	0.0046	63.0	-0.0073	-0.0024	-0.0097
W10P2	0.0277	0.0075	0.0054	76.3	-0.0202	-0.0021	-0.0223
W10P4	0.0204	0.0089	0.0066	69.6	-0.0115	-0.0023	-0.0138
W10P6	0.0668	0.0176	0.0109	69.8	-0.0493	-0.0067	-0.0559
W15P0	0.0764	0.0179	0.0104	76.4	-0.0585	-0.0075	-0.0660
W15P1	0.0841	0.0112	0.0069	102.7	-0.0729	-0.0043	-0.0772
W15P2	0.0715	0.0083	0.0047	69.7	-0.0632	-0.0036	-0.0668
W15P4	0.0779	0.0085	0.0071	109.7	-0.0694	-0.0014	-0.0708
W15P6	0.0703	0.0049	0.0067	129.5	-0.0654	0.0018	-0.0636
W20P0	0.6240	0.0157	0.0063	78.5	-0.6083	-0.0094	-0.6177
W20P1	0.4365	0.0898	0.0946	86.3	-0.3467	0.0048	-0.3419

表 5-7（续）

煤样	F_0	F	F_1	T/℃	Δ1	Δ2	Δ3
W20P2	0.6240	0.0456	0.0047	89.4	−0.5784	−0.0409	−0.6193
W20P4	0.0936	—	0.0141	—	−0.0936	0.0141	−0.0795
W20P6	0.5059	0.0078	0.0489	93.3	−0.4981	0.0411	−0.4570

注：F_0 为起始点峰强度；F 为拐点峰强度；F_1 为终点峰强度；Δ1 为拐点峰强度-起始点峰强度；Δ2 为终点峰强度-拐点峰强度；Δ3 为终点峰强度-起始点峰强度。

5.5 本章小结

本章针对不同水分与伴生黄铁矿含量的白皎无烟煤，采用原位漫反射红外光谱实验，得到煤氧化过程中三维红外光谱图，分析了 7 类活性基团在氧化过程中的动态演变特征，并得出以下主要结论：

（1）水与伴生黄铁矿整体上能够促进芳核上Ⅳ类氢原子的生成，增加氧化活性，但是他们之间没有规律性的正相关或者负相关关系。水分含量在 15% 以下和黄铁矿含量在 4% 以下时，都对Ⅳ类氢原子的促进生成作用较大。各个煤样吸收峰的突变温度点在 W15P4 的时候达到最低，当水分含量 15% 和黄铁矿含量 4% 时，Ⅳ类氢原子氧化进程速度加快。

（2）水与伴生黄铁矿整体上能够促进芳核上Ⅲ类氢原子的生成，但与黄铁矿含量及水分的大小存在阶段性影响特征。水分含量在 15% 以下时，黄铁矿协同交互作用对Ⅲ类氢原子生成的促进作用较大，并且在水分含量 15% 和黄铁矿含量 2% 时达到最大。但是当水分含量为 20% 和黄铁矿含量 6% 时，氧化反应的消耗量大于生成量。这说明当水分与黄铁矿含量过高时，会导致芳核上Ⅲ类氢原子数量减小。各个煤样吸收峰的突变温度点在 W10P2 时达到最低，表明当水分含量 10% 和黄铁矿含量 2% 时，Ⅲ类氢原子氧化进程的速度开始加快。

（3）水与伴生黄铁矿对芳核上Ⅰ类氢原子的作用影响很小，并且当水分含量为 10% 时，与适量黄铁矿协同作用，可加速Ⅰ类氢原子的生成并参与氧化。各个煤样吸收峰的突变温度点在 W10P6 时达到最低（63 ℃），表明含量为 10% 水分和含量为 6% 黄铁矿交互作用可在 60 ℃左右促进Ⅰ类氢原子的生成，并且在氧化温度 100～200 ℃时Ⅰ类氢原子的活性原子较少，氧化反应缓慢。

（4）水与伴生黄铁矿整体上能够减少芳香环 C=C 结构的数量。水分在 20% 以下和黄铁矿在 6% 以下时，对芳香环 C=C 结构的消耗作用较强，并且在水分含量 15% 和黄铁矿含量 4% 时，这种促进消耗反应的协同作用发挥到最大。但是在水分含量达到 15% 时，这种消耗作用趋于平稳，表明水分含量 15% 是对芳香环 C=C 结构影响较大的临界含量。

（5）水与伴生黄铁矿整体上能够减少亚甲基结构的数量，并且和黄铁矿与水分的大小存在阶段性特征。水分含量在 20% 以下和黄铁矿含量在 6% 以下时，对亚甲基的消耗作用较强，并且在水分含量 10% 和黄铁矿含量 2% 时，这种促进消耗反应的协同作用发挥到最大。

（6）水与伴生黄铁矿会促使某些基团氧化生成羟基，游离羟基的增加说明此时反应生成量大于消耗量，当温度增加到临界温度时，消耗量大于生成量，并且少量的水分及黄铁矿可加快游离羟基的氧化速度，对反应有一定帮助，过高的水分会抑制游离羟基的反应。

（7）水与伴生黄铁矿整体上能够加快减少分子内氢键结构的数量，与其他活性基团相比需要较小的能量就可以率先完成反应。综上可得，水分和黄铁矿在水分含量 10% ~ 15% 与伴生黄铁矿含量 2% ~ 4% 协同作用时对煤主要活性基团的氧化活性贡献度最大，过高的水分对活性基团的活性原子数量有一定的抑制作用。因此，适量水分与黄铁矿协同交互作用可以增加活性原子数量，增强煤的氧化活性。

6　水与伴生黄铁矿对煤氧化动力学过程的影响特征

根据第4、5章的研究发现，水分及伴生黄铁矿能够影响煤样的微观结构，并且氧化过程中活性基团的变化是一个动态发展的过程。这些化学变化在氧化过程中宏观表现为煤质量的变化、特征温度点的变化，综合表现为动力学参数的变化。因此，有必要对水与伴生黄铁矿影响的煤氧复合反应的氧化动力学机制进行研究。本章采用TG热分析技术研究水与伴生黄铁矿处理的煤样在低温氧化过程中重量、特征温度等参数的变化规律，并基于多升温速率下热重曲线的变化对氧化过程进行动力学分析，得到水与伴生黄铁矿影响下的氧化反应机制。

6.1　同步热分析实验方法

6.1.1　实验原理及装置

热重法（TG）是一种测量物质质量与温度之间关系的技术，可以得到物质随温度变化的TGA/DTG曲线。TGA曲线为物质随温度变化的积分曲线，通过热天平测得，DTG为TG曲线对温度一阶导数的微分曲线，表示质量变化率。因此，运用该技术可以得到煤样在升温过程中质量的变化以及随温度变化的质量变化率，从而进一步分析煤在氧化过程中的动态变化规律。

实验采用德国NETZSCH公司的STA-449-F3同步热分析仪（STA），实验装置如图6-1所示。设备包括样品坩埚及参比坩埚，均为10 mL氧化铝敞口坩埚，采用N_2保护气以及O_2、N_2两路反应吹扫气，温度范围为-150～1550 ℃，依靠水循环冷却天平和炉体。本书仅对实验测试过程中收集的TG和DTG数据进分析。

图6-1　STA实验装置

6.1.2 实验条件及过程

煤样称重约 5 mg 放在坩埚中进行实验，通入流量 50 mL/min 的空气气氛（V_{O2} : V_{N2} = 1 : 4），在 20 ℃下恒温 10 min，确保样品温度、环境温度和检测温度达到稳定，之后再以 5 K/min、10 K/min、15 K/min 的升温速率从 30 ℃升温至 400 ℃进行测试，采用 STA 采集模式，实验研究升温速率为 10 K/min 时的特征参数。

6.2 特征温度点变化规律

6.2.1 黄铁矿对特征温度点的影响

图 6-2 所示为煤样 W1P0（水分 1%、黄铁矿 0）在不同升温速率（5 K/min、10 K/min、15 K/min）的 TG-DTG 曲线，可以发现，随着升温速率的升高，煤样的 TG 曲线逐渐上移，DTG 曲线出现向温度更高的点偏移，表明随着升温速率的增加吸氧量减少，这与其他学者的研究一致，因此，实验以 10 K/min 的升温速率为例，研究水分与黄铁矿对热失重曲线特征的影响。

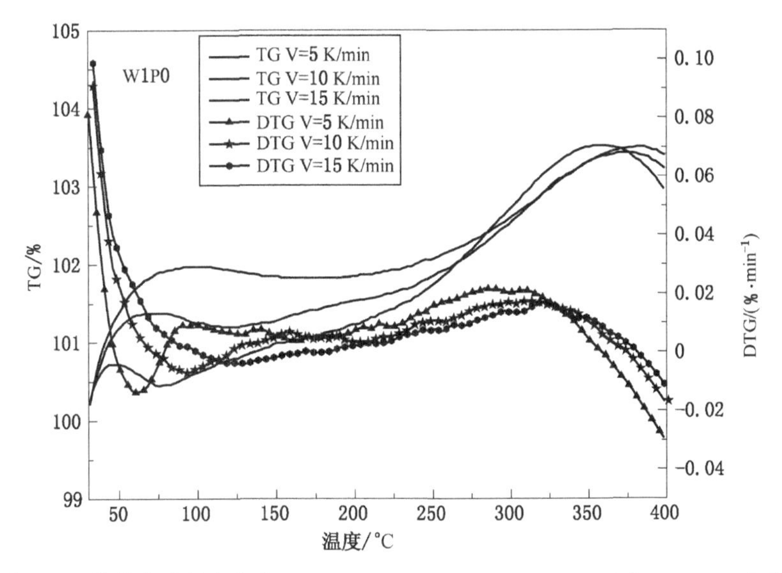

图 6-2　煤样在升温速率为 5 K/min、10 K/min、15 K/min 时的 TG-DTG 曲线

分别对 25 个不同水分与黄铁矿煤样的氧化过程热重曲线变化特征进行分析，发现各个煤样氧化过程的热重曲线变化趋势大致相同，样品在氧化过程中的失重、失重速率等都有着相近的变化规律。对样品氧化过程的特征温度点进行分析，可研究水分与黄铁矿对煤氧化过程热失重的影响特征。研究表明，煤在氧化过程中普遍有 5 个温度点：最大失水速率温度点 T_1，干裂温度点 T_2，活性温度点 T_3，增速温度点 T_4，质量极大值温度点 T_5，实验测试的 W1P0 煤样的 TG-DTG 曲线如图 6-3 所示。各个特征温度点定义如下：

（1）最大失水速率温度点 T_1。最大失水速率温度点 T_1 为煤在水分蒸发及脱附阶段最大失重速率对应的温度点，即为 DTG 曲线上第一个最大峰值温度点。在最大失水速率温度点处，煤氧复合开始加速，煤中水分开始蒸发，煤孔隙中吸附的 O_2 被迅速消耗，CO_2、N_2、CH_4 等气体开始脱附，煤分子中活性较大的官能团（如羧基、羟基）开始与 O_2 反应

而产生 CO、CO_2 等气体。在此温度点之后，煤氧复合程度增加，吸氧速率和气体吸附速率逐渐大于水分蒸发及煤孔隙中气体脱附速率，表现出失重速率降低。

（2）干裂温度点 T_2。干裂温度点 T_2 为 TG 曲线上煤样在着火温度前质量最小时的温度，是水分蒸发及脱附阶段的终点。在最大失水速率温度点 T_1 之后，煤对氧气的化学吸附作用逐渐占主导，吸附量迅速增加，直至与氧气消耗量和气体脱附量相等，失重速率减缓至零，达到干裂温度。在此温度点之后，煤中氧化和热解的活性基团种类和数量不断增加，开始产生 C_2H_4、C_2H_6 等烃类气体。

（3）活性温度点 T_3。T_2 之后，煤对氧气的化学吸附与氧气消耗量和气体脱附量达到动态平衡，致使煤样质量在一段时间内基本稳定不变。活性温度点 T_3 即为煤样质量保持不变直到开始增重前的温度点。氧化增重阶段从活性温度点开始，煤氧吸脱附动态平衡被打破，煤分子结构中大量基团被激活而发生氧化反应，化学吸附迅速增加，吸附量大于气体逸出量，煤样逐渐增重。

（4）增速温度点 T_4。增速温度点 T_4 为煤样在吸氧增重阶段质量增加速率最大点的温度，即为 DTG 曲线上增重速率最大值点。在此温度点，煤中活性基团氧化速率进一步加快，吸氧增重量与反应失重比值达到最大，之后煤与氧气发生化学反应产生的气体逐渐增加，增重速率开始降低。

（5）质量极大值温度点 T_5。质量极大值温度点 T_5 为煤氧结合使煤重量增至最大点的温度，即为 TG 曲线上最大值温度，是吸氧增重阶段的结束点。在此温度点煤样重量达到最大值，吸氧量与气体逸出量差值达到最大，在此之后煤分子结构中芳香结构热解氧化，伴随大量气体产生，煤样进入受热分解阶段，质量逐渐减小。

当水分含量为 1%，黄铁矿变化时各煤样（W1P0、W1P1、W1P2、W1P4、W1P6）热重曲线如图 6-3 所示。

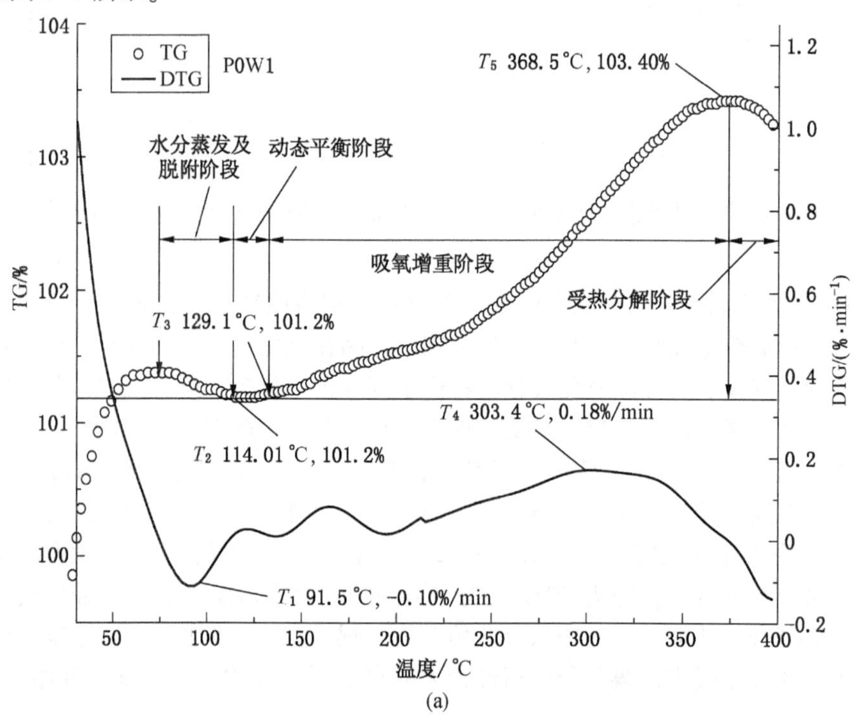

(a)

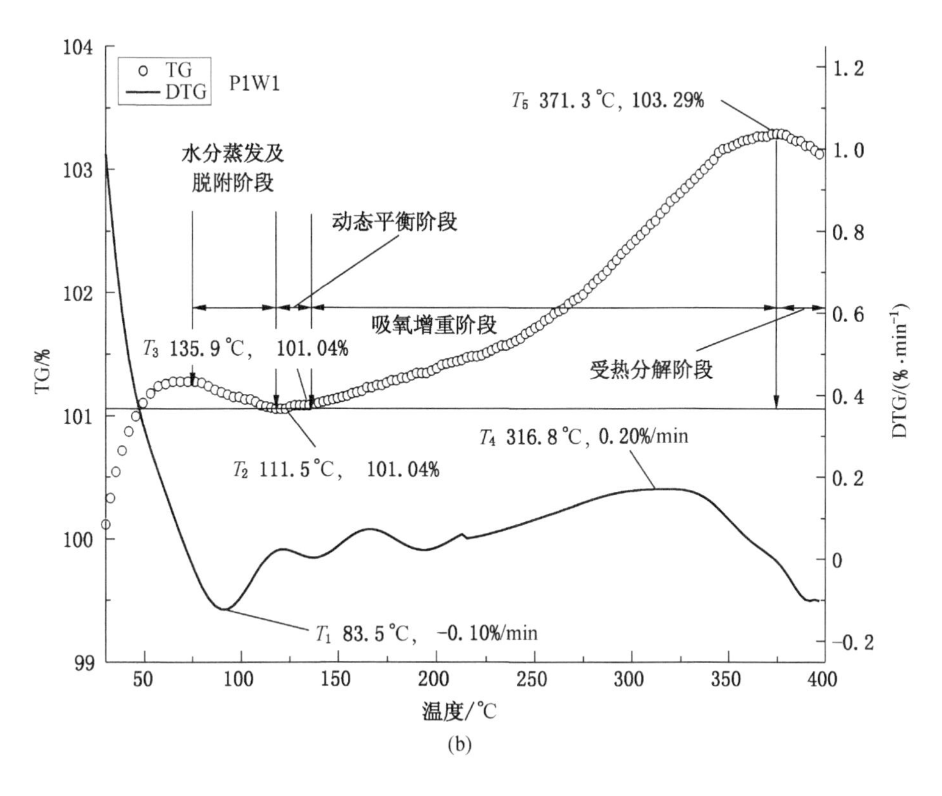

TG
DTG
P1W1
T_5 371.3℃, 103.29%
水分蒸发及
脱附阶段
动态平衡阶段
吸氧增重阶段
T_3 135.9℃, 101.04%
受热分解阶段
T_4 316.8℃, 0.20%/min
T_2 111.5℃, 101.04%
T_1 83.5℃, -0.10%/min
TG/%
DTG/(%·min⁻¹)
温度/℃

(b)

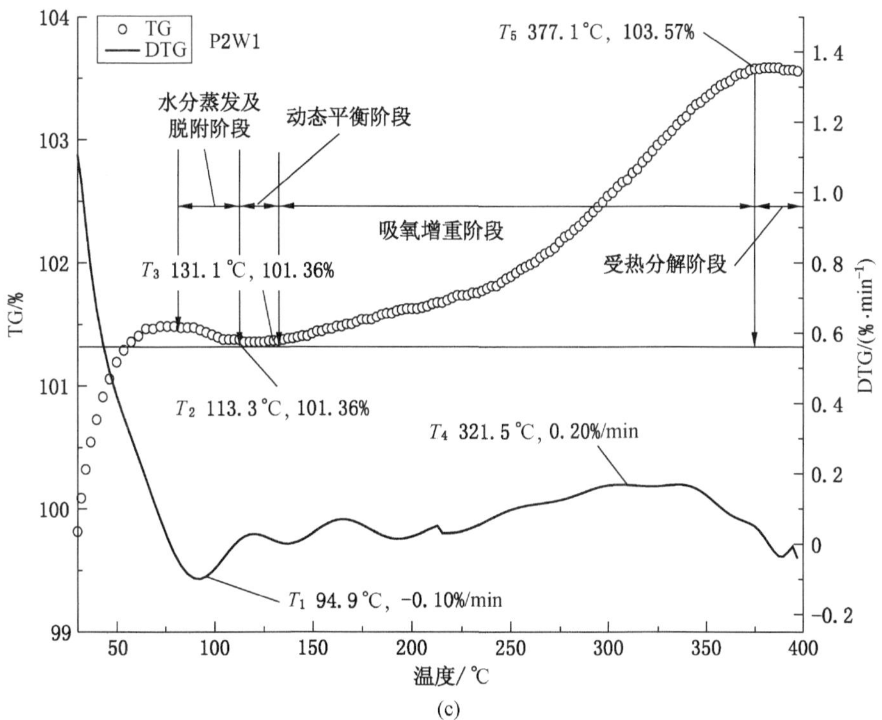

TG
DTG
P2W1
T_5 377.1℃, 103.57%
水分蒸发及
脱附阶段
动态平衡阶段
吸氧增重阶段
T_3 131.1℃, 101.36%
受热分解阶段
T_2 113.3℃, 101.36%
T_4 321.5℃, 0.20%/min
T_1 94.9℃, -0.10%/min
TG/%
DTG/(%·min⁻¹)
温度/℃

(c)

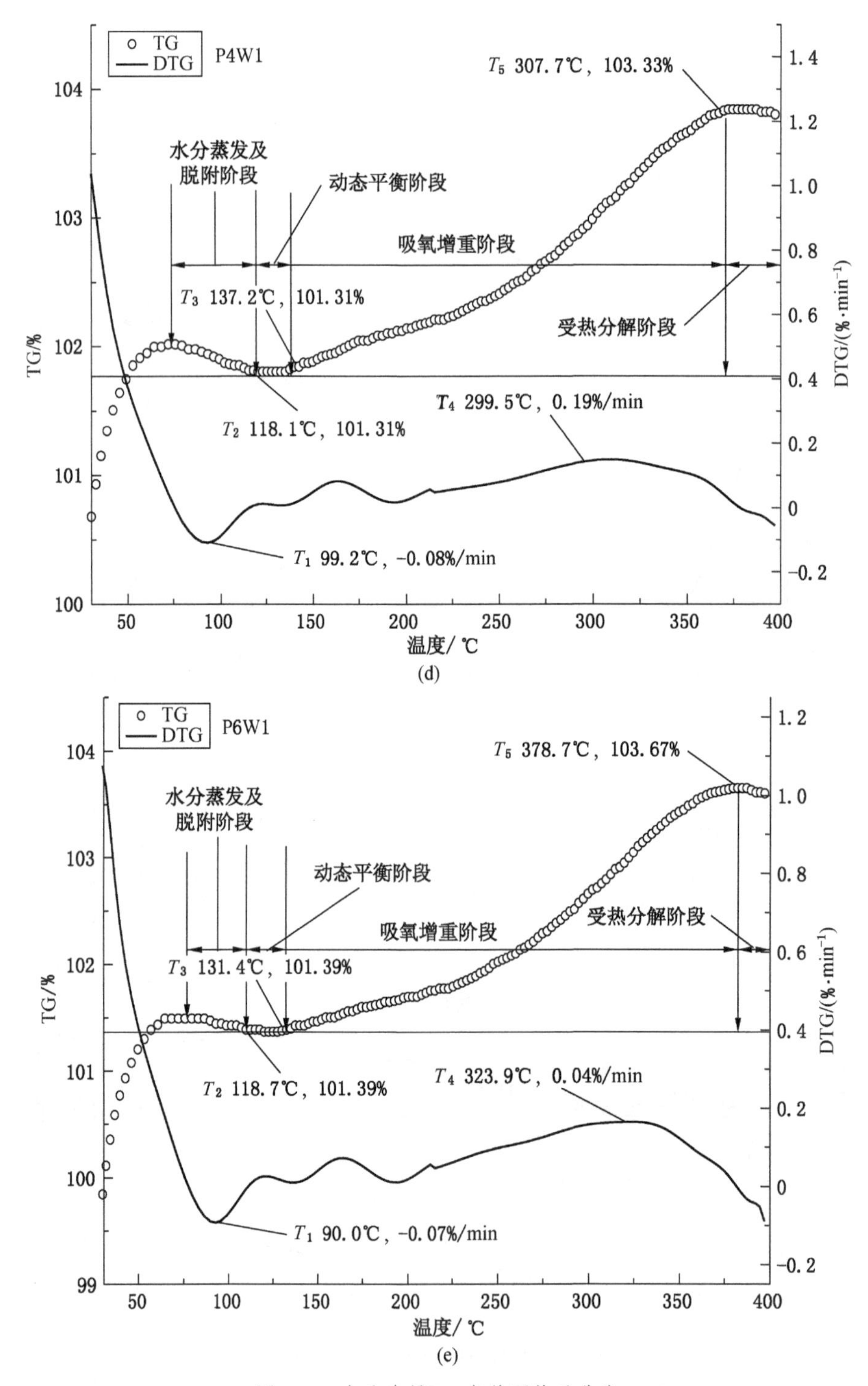

图 6-3 水分含量 1%条件下热重曲线

从图 6-3 中曲线可看出，不同温度下不同煤样的热失重速率有所区别，主要与不同黄铁矿含量的影响有关。结合 TG-DTG 曲线的失重速率的变化特征，可将煤的氧化过程分为水分蒸发及脱附阶段（$T_1 \sim T_2$）、动态平衡阶段（$T_2 \sim T_3$）、吸氧增重阶段（$T_3 \sim T_5$）、受热分解阶段（T_5 之后）。

观察煤氧化过程 TG 及 DTG 曲线变化趋势，总结得到实验煤样的各特征温度点及其所对应的热失重值（表 6-1）。

表 6-1　水分含量为 1% 时不同黄铁矿含量煤样特征温度点

煤样	T_1/℃	DTG_1/(%·min^{-1})	T_2/℃	DTG_2/(%·min^{-1})	T_3/℃	DTG_3/(%·min^{-1})	T_4/℃	DTG_4/(%·min^{-1})	T_5/℃	DTG_5/(%·min^{-1})
W1P0	91.5	-0.10	114.1	-0.05	129.1	0.04	303.4	0.18	368.2	0.05
W1P1	94.9	-0.10	111.5	-0.05	135.9	0.02	316.8	0.20	371.3	0.05
W1P2	83.5	-0.10	113.3	-0.08	133.1	0.04	321.5	0.20	377.1	0.05
W1P4	99.2	-0.08	118.1	-0.03	137.2	0.07	299.5	0.19	370.7	0.04
W1P6	90.0	-0.07	118.7	-0.04	134.4	0.04	323.9	0.04	378.7	0.03

注：DTG_1 为 T_1 温度时的失重速率；DTG_2 为 T_2 温度时的失重速率；DTG_3 为 T_3 温度时的失重速率；DTG_4 为 T_4 温度时的失重速率；DTG_5 为 T_5 温度时的失重速率。

由表 6-1 可知，在水分含量为 1% 的条件下，随着黄铁矿含量的不断增加，各煤样的各特征温度呈非线性波动变化。最大失水速率温度 T_1 在 83~99 ℃范围内，干裂温度 T_2 在 120 ℃左右，活性温度 T_3 在 130~140 ℃之间，增速温度 T_4 在 300 ℃左右，着火温度 T_5 为 370 ℃左右。并且每个阶段的温度变化区间随黄铁矿含量的变化也各不相同，这与每个阶段煤活性基团的数量有关。但总体上各个煤样的特征温度与其他无烟煤相比普遍较低，可见水分与黄铁矿可以促进煤的低温氧化进程。

T_1 的最低温度为煤样 W1P2，T_2 为煤样 W1P1，T_3 为煤样 W1P0，T_4 为煤样 W1P4，T_5 为煤样 W1P0，从整个低温氧化过程来看，在黄铁矿为 4% 以下时，和微量水结合，对特征温度点的影响较大。在经过 T_1 之后，煤发生的反应主要由两部分构成：一方面随着温度的升高，煤中的外在水分继续蒸发；另一方面煤中吸附的氧气参与氧化反应，开始消耗，此时煤孔隙中存在的 CO_2、N_2、CH_4 等气体发生脱附反应。在发生氧化反应的过程中，煤分子中活性较大的基团（如羟基）发生氧化反应，产生 CO、CO_2 等气体，会使气体的吸附量和消耗量逐渐达到平衡的状态。从 T_3 活性温度到 T_4 增速温度，随黄铁矿含量的增加，活性温度先升高后降低，表明在生成物 $Fe(OH)_3$ 胶体及水分蒸发时产生的蒸气压等多方面因素综合作用下，可以导致活性基团提前发生氧化，有一定的促进作用。

水分含量为 5%，黄铁矿变化时各煤样（W5P0、W5P1、W5P2、W5P4、W5P6）热重曲线如图 6-4 所示。

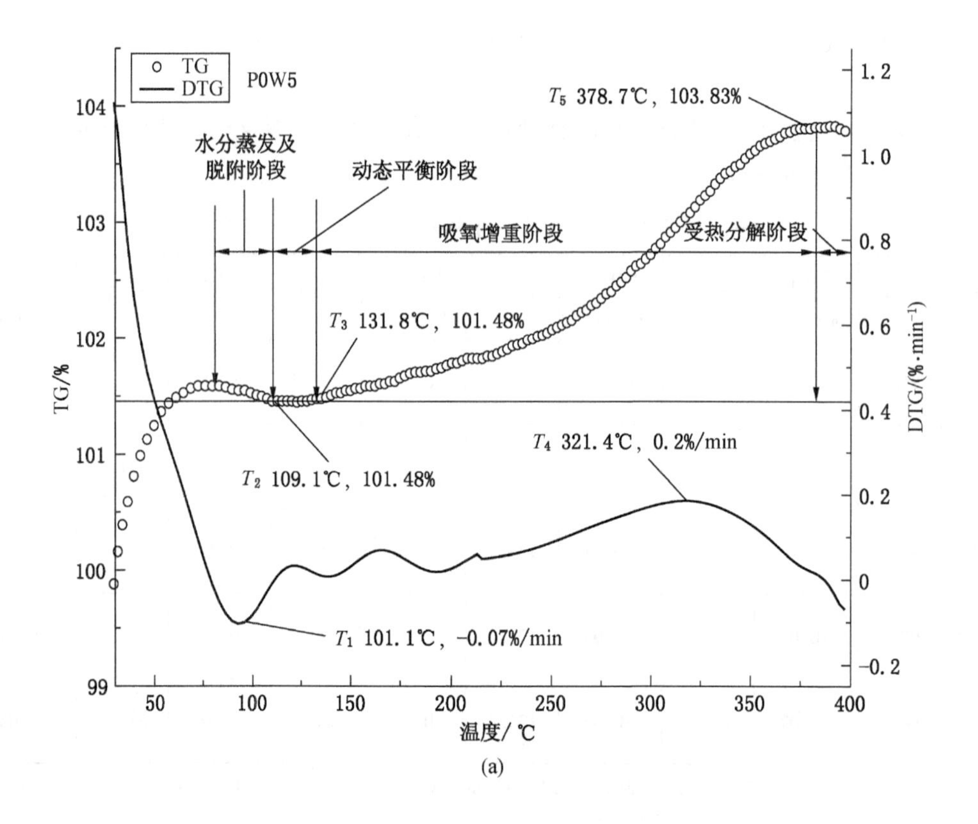
TG
DTG
P0W5
T_5 378.7℃，103.83%
水分蒸发及
脱附阶段
动态平衡阶段
吸氧增重阶段
受热分解阶段
T_3 131.8℃，101.48%
T_2 109.1℃，101.48%
T_4 321.4℃，0.2%/min
T_1 101.1℃，-0.07%/min
TG/%
DTG/(%·min^{-1})
温度/℃
(a)

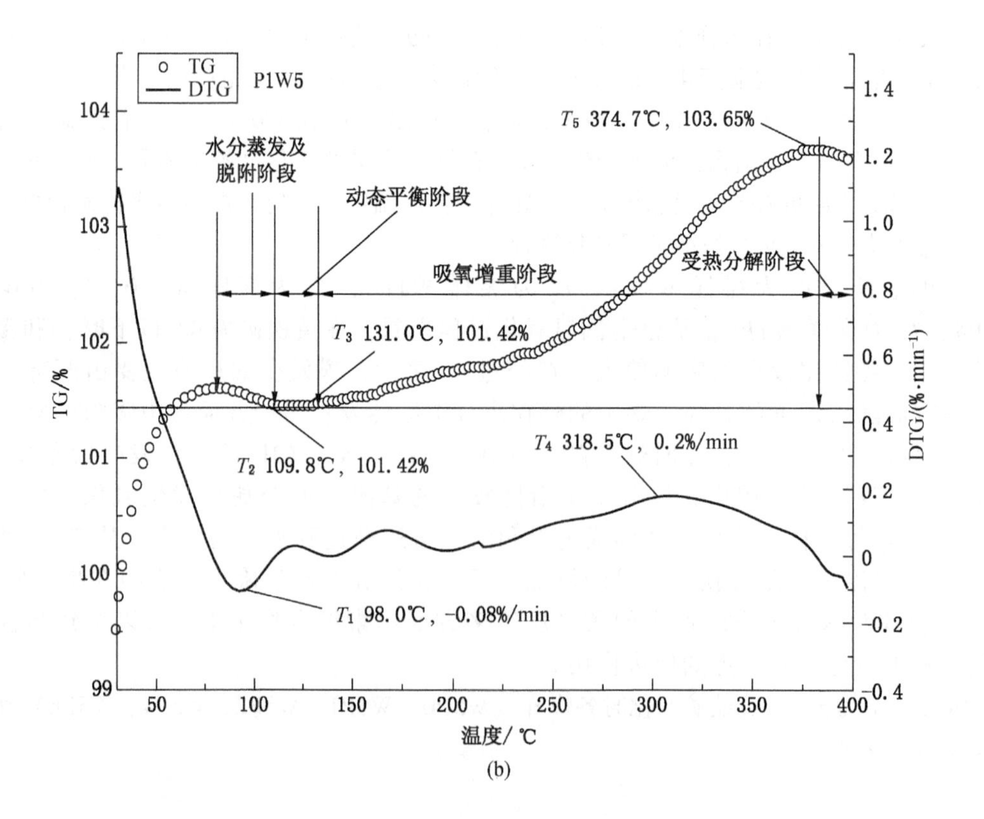
TG
DTG
P1W5
T_5 374.7℃，103.65%
水分蒸发及
脱附阶段
动态平衡阶段
吸氧增重阶段
受热分解阶段
T_3 131.0℃，101.42%
T_2 109.8℃，101.42%
T_4 318.5℃，0.2%/min
T_1 98.0℃，-0.08%/min
TG/%
DTG/(%·min^{-1})
温度/℃
(b)

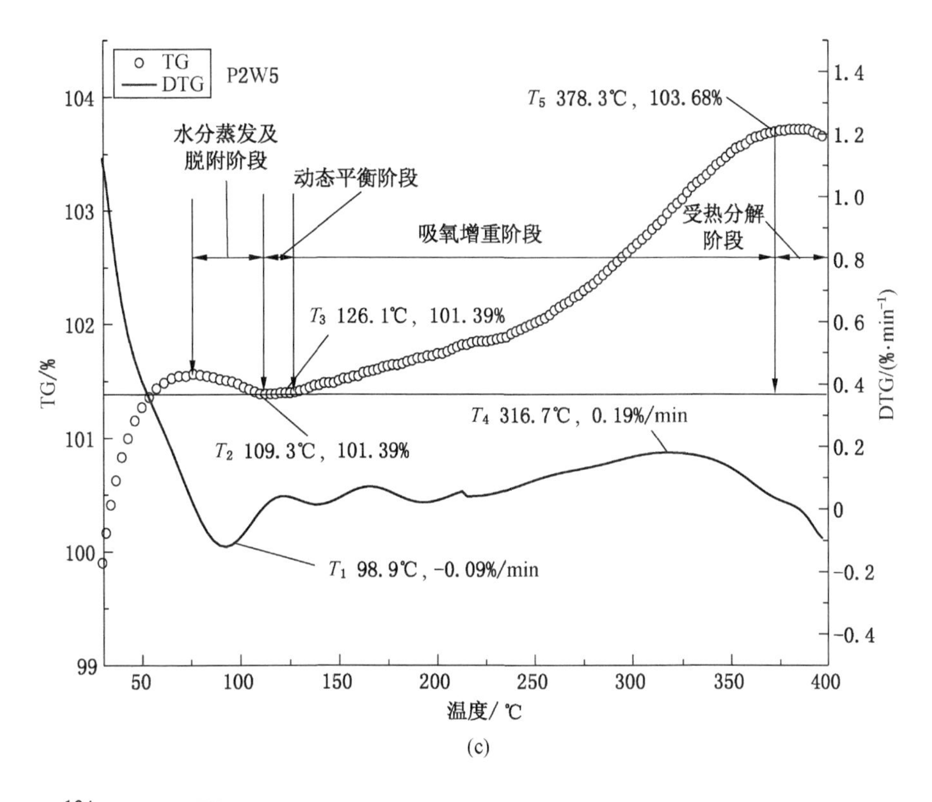
TG
DTG
P2W5
水分蒸发及
脱附阶段
动态平衡阶段
吸氧增重阶段
受热分解
阶段
T5 378.3℃, 103.68%
T3 126.1℃, 101.39%
T2 109.3℃, 101.39%
T4 316.7℃, 0.19%/min
T1 98.9℃, -0.09%/min
TG/%
DTG/(%·min-1)
温度/℃
(c)

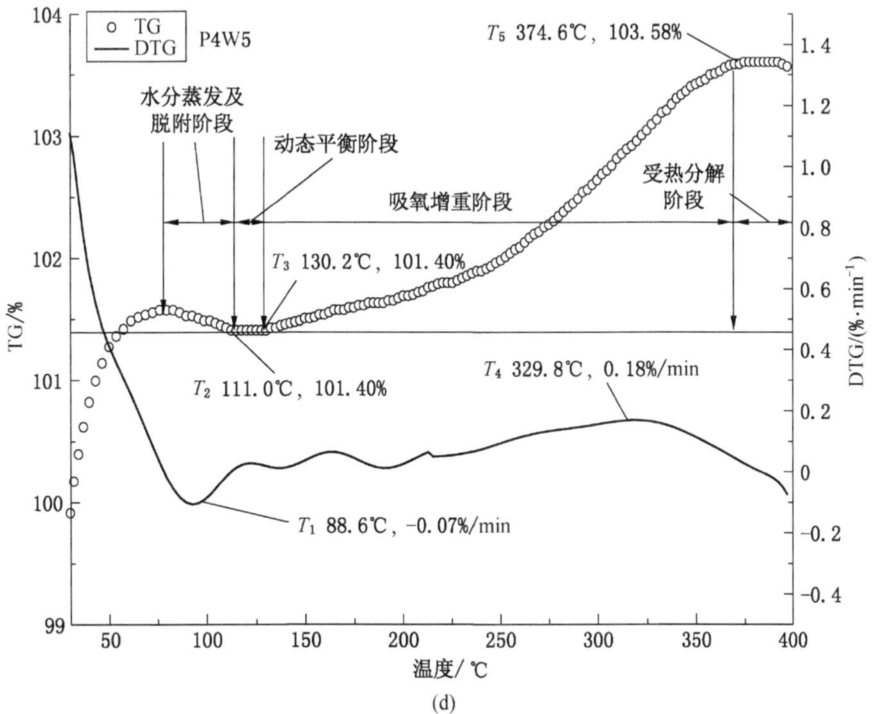
TG
DTG
P4W5
水分蒸发及
脱附阶段
动态平衡阶段
吸氧增重阶段
受热分解
阶段
T5 374.6℃, 103.58%
T3 130.2℃, 101.40%
T2 111.0℃, 101.40%
T4 329.8℃, 0.18%/min
T1 88.6℃, -0.07%/min
TG/%
DTG/(%·min-1)
温度/℃
(d)

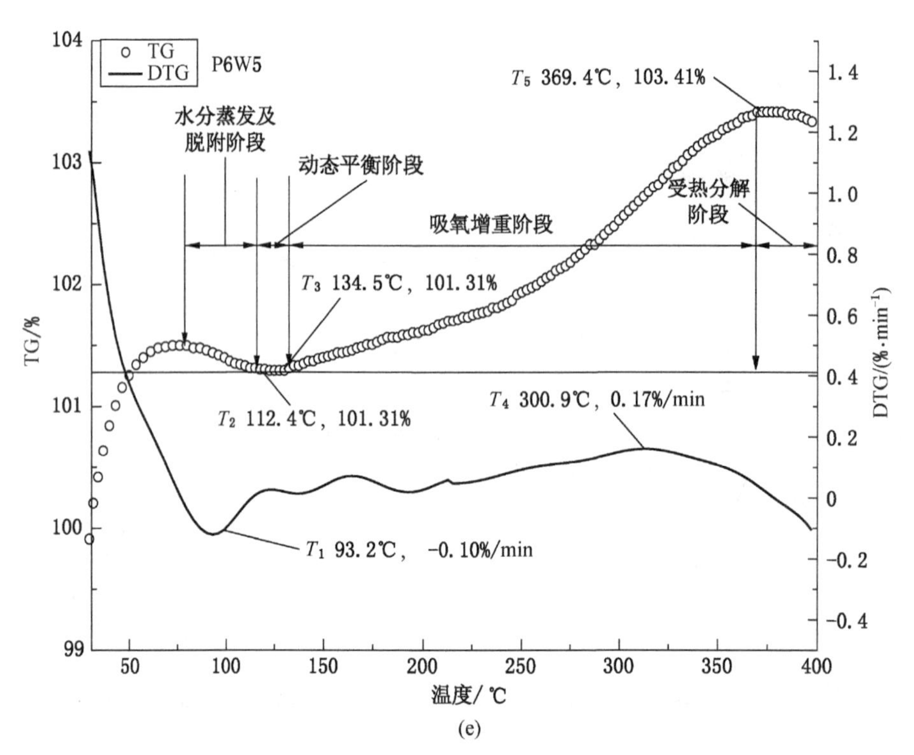

(e)

图 6-4　水分含量 5% 条件下热重曲线

对添加 5% 水分样品的 TG-DTG 曲线进行分析，标定各个特征温度点，得到煤氧化过程的各个特征温度点及其热失重值（表 6-2）。

表 6-2　水分含量为 5% 时不同黄铁矿含量煤样特征温度点

煤样	T_1/℃	DTG_1/(%·min^{-1})	T_2/℃	DTG_2/(%·min^{-1})	T_3/℃	DTG_3/(%·min^{-1})	T_4/℃	DTG_4/(%·min^{-1})	T_5/℃	DTG_5/(%·min^{-1})
W5P0	101.1	-0.07	109.0	-0.05	131.8	0.03	321.4	0.20	387.7	0.02
W5P1	98.0	-0.08	109.8	-0.04	131.0	0.05	317.5	0.20	374.7	0.07
W5P2	98.9	-0.09	108.3	-0.06	126.1	0.03	316.7	0.19	379.3	0.02
W5P4	88.6	-0.07	111.0	-0.06	130.2	0.03	329.8	0.18	374.6	0.03
W5P6	93.2	-0.10	112.4	-0.044	134.5	0.05	319.9	0.17	369.4	0.05

注：DTG_1 为 T_1 温度时的失重速率；DTG_2 为 T_2 温度时的失重速率；DTG_3 为 T_3 温度时的失重速率；DTG_4 为 T_4 温度时的失重速率；DTG_5 为 T_5 温度时的失重速率。

由表 6-2 可知，在水分含量为 5% 的条件下，随着黄铁矿含量的不断增加，各煤样的特征温度呈非线性波动变化。最大失水速率温度 T_1 在 88~100 ℃范围内，干裂温度 T_2 在 100 ℃左右，活性温度 T_3 在 130 ℃左右，增速温度 T_4 在 320 ℃左右，着火温度 T_5 在 370 ℃左右。每个阶段的温度变化区间随黄铁矿含量的变化也各不相同，这与每个阶段煤活性基团的数量有关。但总体上各个煤样的特征温度与水分为 1% 相比，在增速温度之前都有所降低，可见水分增多对煤低温氧化初期影响较大。

T_1 的最低温度为煤样 W5P4，T_2 为煤样 W5P2，T_3 为煤样 W5P2，T_4 为煤样 W5P2，T_5 为煤样 W5P6，从整个低温氧化过程来看，在黄铁矿为 2% 时，和适量水结合，对各特征温度点的影响较大。随着黄铁矿含量的不断增加，煤样最大失水速率温度 T_1 呈波动变化，干裂温度 T_2 呈现出增大的趋势，活性温度点 T_3 先减小后增大，增速温度点 T_4 与质量极大值温度点 T_5 先减小后增大再减小。这说明在水分含量为 5% 的情况下，黄铁矿含量的增加对煤样各特征温度点的影响有区别。

水分含量为 10%，黄铁矿变化时各煤样（W10P0、W10P1、W10P2、W10P4、W10P6）热重曲线如图 6-5 所示。

对添加 10% 水分样品的 TG-DTG 曲线进行观察，标定各个特征温度点，得到煤氧化过程的各个特征温度点及其热失重值（表 6-3）。

由表 6-3 可知，在水分含量为 10% 的条件下，随着黄铁矿含量的不断增加，各煤样的特征温度呈非线性波动变化。最大失水速率温度 T_1 在 89～105 ℃范围内，干裂温度 T_2 在 110～120 ℃之间，活性温度 T_3 在 130 ℃左右，增速温度 T_4 在 270～320 ℃，着火温度 T_5 在 380 ℃左右。每个阶段的温度变化区间随着黄铁矿含量的变化也各不相同，这与每个阶段煤活性基团的数量有关。但总体上各个煤样的特征温度与水分为 5% 时相比，最大失水速率温度和干裂温度都有所升高，其他特征温度没有明显变化，可见水分增多对煤低温氧化初期影响较大。

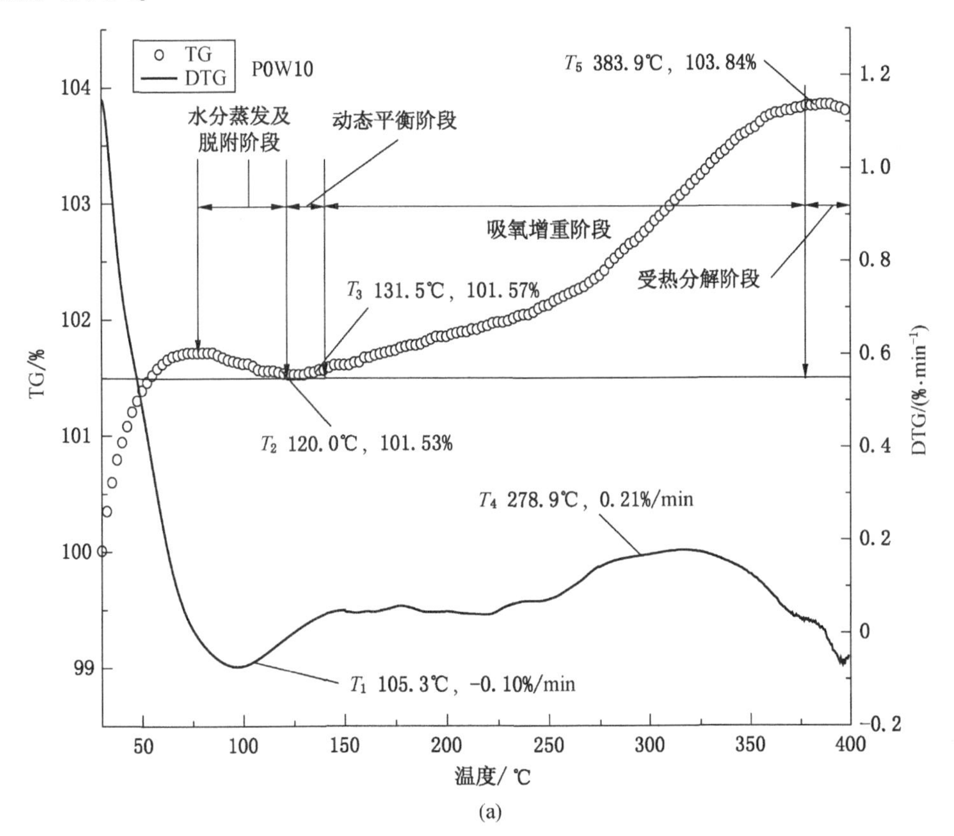

(a)

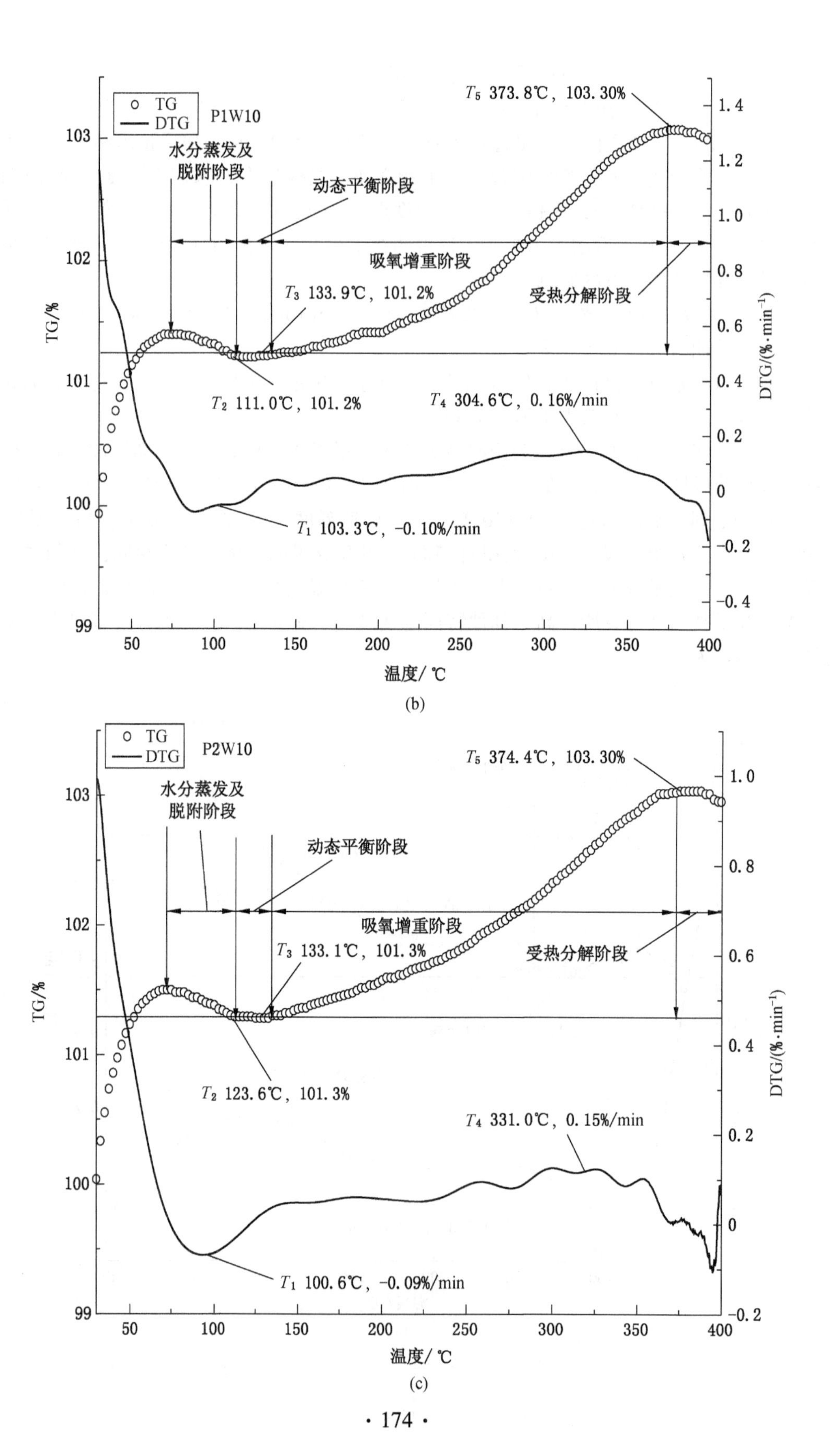

TG
DTG
P1W10
水分蒸发及
脱附阶段
动态平衡阶段
吸氧增重阶段
受热分解阶段
T5 373.8℃, 103.30%
T3 133.9℃, 101.2%
T2 111.0℃, 101.2%
T4 304.6℃, 0.16%/min
T1 103.3℃, -0.10%/min
TG/%
DTG/(%·min⁻¹)
温度/ ℃

(b)

TG
DTG
P2W10
水分蒸发及
脱附阶段
动态平衡阶段
吸氧增重阶段
受热分解阶段
T5 374.4℃, 103.30%
T3 133.1℃, 101.3%
T2 123.6℃, 101.3%
T4 331.0℃, 0.15%/min
T1 100.6℃, -0.09%/min
TG/%
DTG/(%·min⁻¹)
温度/ ℃

(c)

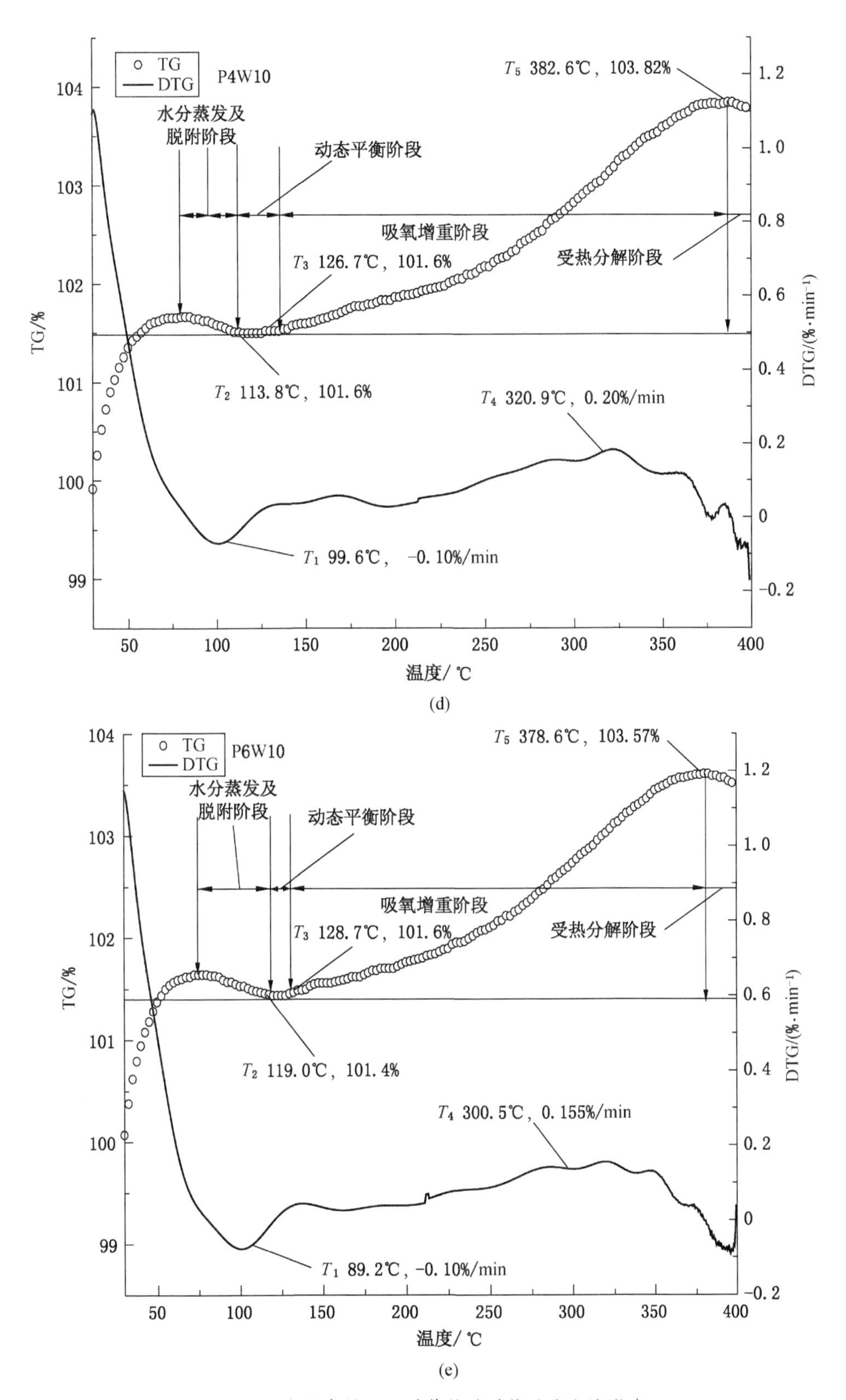

图 6-5　水分含量 10% 时黄铁矿对热重曲线的影响

表 6-3　水分含量为 10% 时不同黄铁矿含量煤样特征温度点

煤样	T_1/℃	DTG_1/(%·min^{-1})	T_2/℃	DTG_2/(%·min^{-1})	T_3/℃	DTG_3/(%·min^{-1})	T_4/℃	DTG_4/(%·min^{-1})	T_5/℃	DTG_5/(%·min^{-1})
W10P0	105.3	-0.10	120.0	-0.05	131.5	0.05	278.9	0.21	383.9	0.03
W10P1	103.3	-0.10	111.0	-0.05	133.9	0.02	304.6	0.16	373.8	0.03
W10P2	100.6	-0.09	123.6	-0.02	133.1	0.04	331.0	0.15	374.4	0.02
W10P4	99.6	-0.10	113.8	-0.03	126.7	0.05	320.9	0.20	382.6	0.01
W10P6	89.2	-0.10	119.0	-0.04	128.7	0.06	300.5	0.18	378.6	0.03

注：DTG_1 为 T_1 温度时的失重速率；DTG_2 为 T_2 温度时的失重速率；DTG_3 为 T_3 温度时的失重速率；DTG_4 为 T_4 温度时的失重速率；DTG_5 为 T_5 温度时的失重速率。

T_1 的最低温度为煤样 W10P6，T_2 为煤样 W10P1，T_3 为煤样 W10P4，T_4 为煤样 W10P0，T_5 为煤样 W10P1，可见黄铁矿对特征温度的影响贯穿整个氧化期间，与含量的关系不大。通过表 6-3 可知，在水分含量为 10% 的条件下，随着黄铁矿含量的不断增加，煤样最大失水速率温度 T_1 逐渐减小，干裂温度 T_2 呈波动性变化，活性温度 T_3 先增加后减小再增加，增速温度 T_4 先增加后减小，质量极大值温度点 T_5 先减小后增加再减小。这说明在水分含量为 10% 的情况下，黄铁矿含量的增加对煤样特征温度点变化的影响是不相同的。就增速温度 T_4 而言，它代表煤样在吸氧增重阶段质量增加速率最快的温度，在不同黄铁矿含量的条件下，由于黄铁矿与 O_2 的反应生成物的数量的多少，水氧络合物等多方面因素的综合作用，煤样质量增加速率最大温度也不尽相同，其中黄铁矿含量为 2% 的煤样增速温度最大，未添加黄铁矿的煤样增速温度最小。

水分含量为 15%，黄铁矿变化时各煤样（W15P0、W15P1、W15P2、W15P4、W15P6）热重曲线如图 6-6 所示。

对添加 15% 水分样品的 TG-DTG 曲线进行观察，标定各个特征温度点，得到煤氧化过程的各个特征温度点及其热失重值（表 6-4）。

由表 6-4 可知，在水分含量为 15% 的条件下，随着黄铁矿含量的不断增加，各煤样的特征温度呈非线性波动变化。最大失水速率温度 T_1 在 99～107 ℃范围内，干裂温度 T_2 在 110～120 ℃之间，活性温度 T_3 在 130 ℃左右，增速温度 T_4 在 305～320 ℃，着火温度 T_5 为 370 ℃左右。每个阶段的温度变化区间随着黄铁矿含量的变化也各不相同，这与每个阶段煤活性基团的数量有关。但总体上各个煤样的特征温度与水分为 10% 的相比，最大失水速率温度有所升高，增速温度有所升高，其他特征温度没有明显变化，可见水分增加到 15% 和黄铁矿共同作用时，对煤低温氧化的促进作用已缓慢减弱。

T_1 的最低温度为煤样 W15P2，T_2 为煤样 W15P6，T_3 为煤样 W15P2，T_4 为煤样 W15P6，T_5 为煤样 W15P6，可见，在水分 15% 和黄铁矿协同作用时，黄铁矿对特征温度

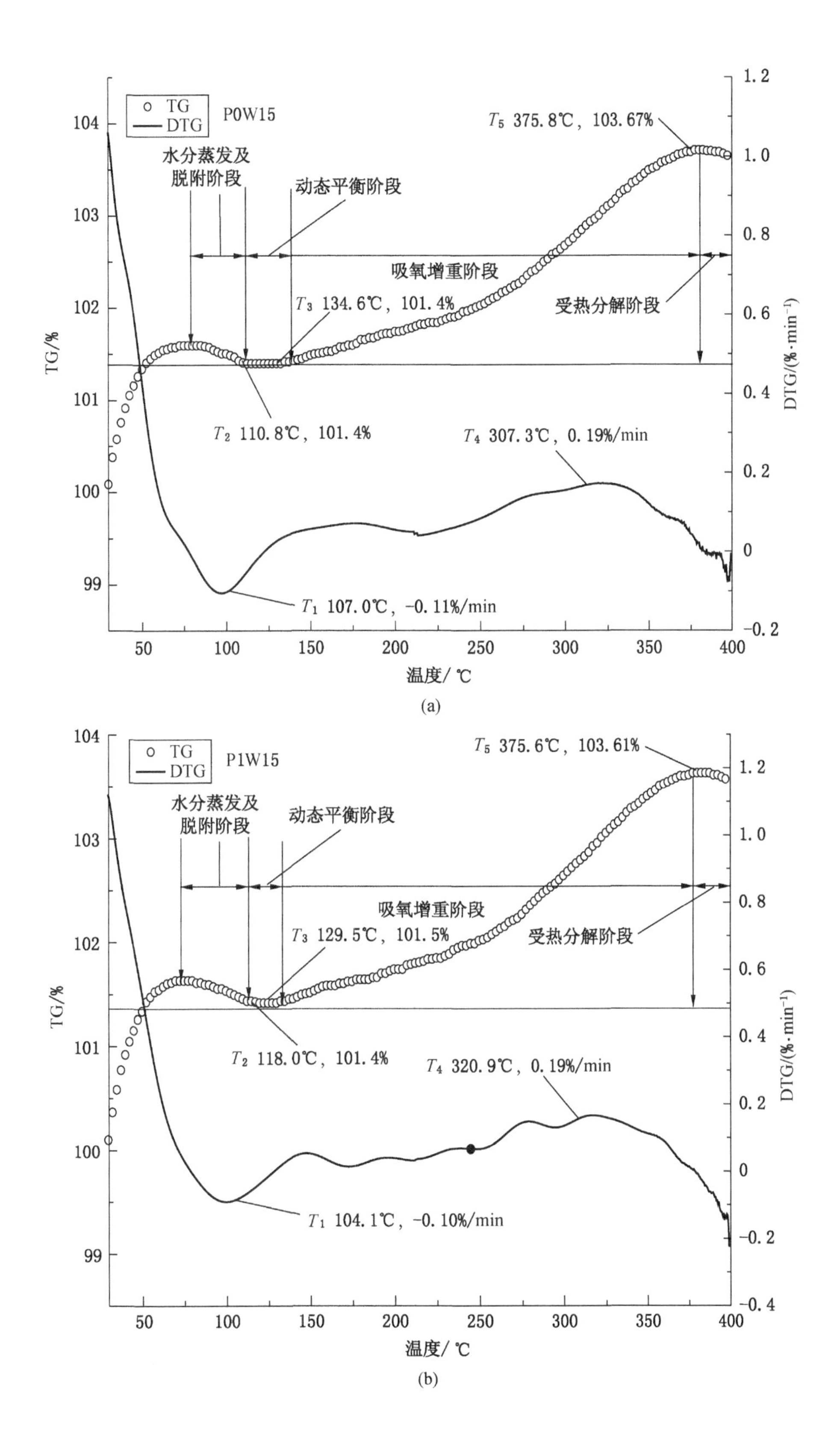
TG
DTG
P0W15
水分蒸发及
脱附阶段
动态平衡阶段
吸氧增重阶段
受热分解阶段
T5 375.8℃，103.67%
T3 134.6℃，101.4%
T2 110.8℃，101.4%
T4 307.3℃，0.19%/min
T1 107.0℃，-0.11%/min
TG/%
DTG/(%·min⁻¹)
温度/℃
(a)
TG
DTG
P1W15
水分蒸发及
脱附阶段
动态平衡阶段
吸氧增重阶段
受热分解阶段
T5 375.6℃，103.61%
T3 129.5℃，101.5%
T2 118.0℃，101.4%
T4 320.9℃，0.19%/min
T1 104.1℃，-0.10%/min
TG/%
DTG/(%·min⁻¹)
温度/℃
(b)

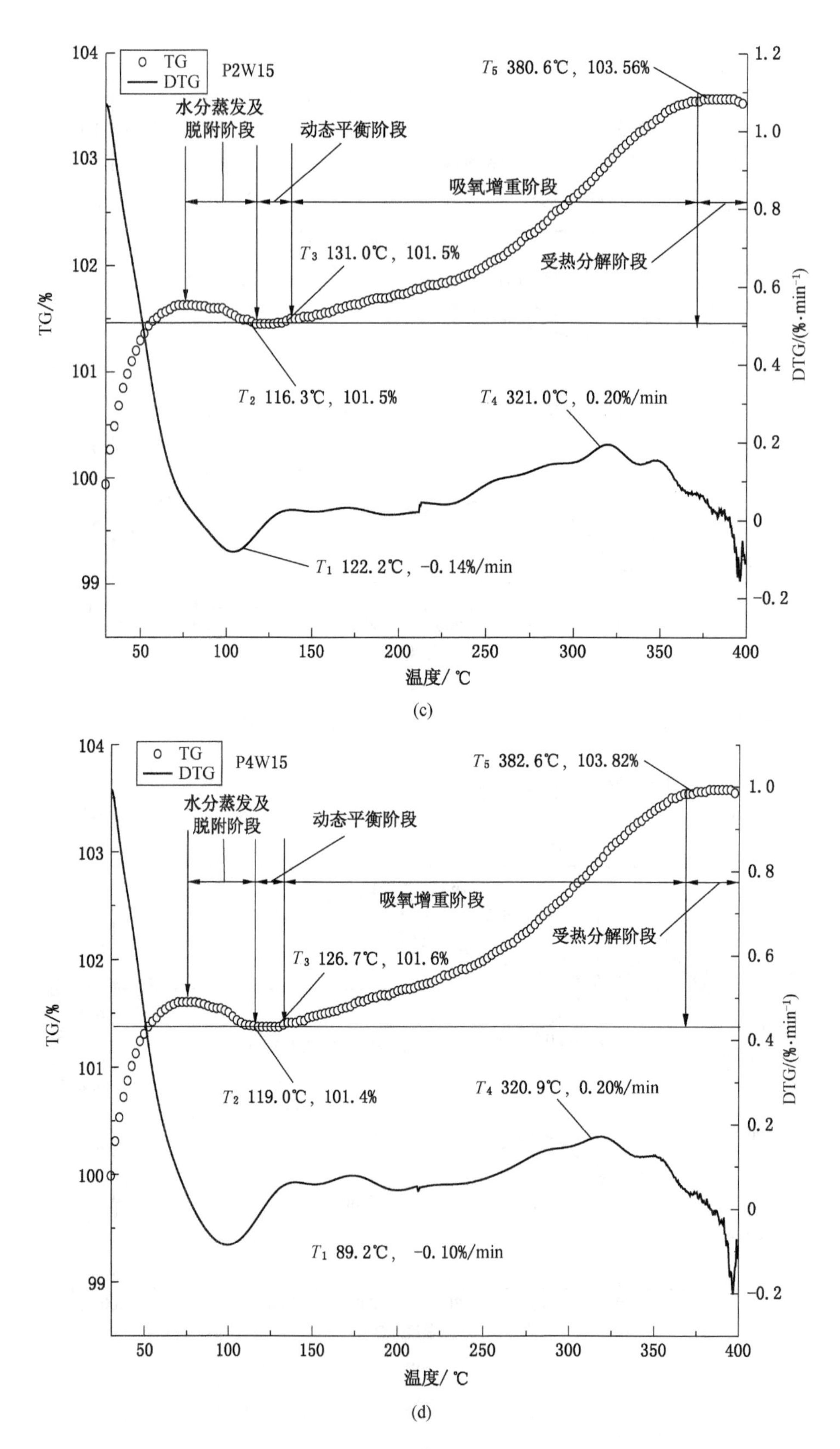

TG
DTG
P2W15
T_5 380.6℃，103.56%
水分蒸发及
脱附阶段
动态平衡阶段
吸氧增重阶段
T_3 131.0℃，101.5%
受热分解阶段
T_2 116.3℃，101.5%
T_4 321.0℃，0.20%/min
T_1 122.2℃，-0.14%/min
TG/%
DTG/(%·min^{-1})
温度/℃

(c)

TG
DTG
P4W15
T_5 382.6℃，103.82%
水分蒸发及
脱附阶段
动态平衡阶段
吸氧增重阶段
受热分解阶段
T_3 126.7℃，101.6%
T_2 119.0℃，101.4%
T_4 320.9℃，0.20%/min
T_1 89.2℃，-0.10%/min
TG/%
DTG/(%·min^{-1})
温度/℃

(d)

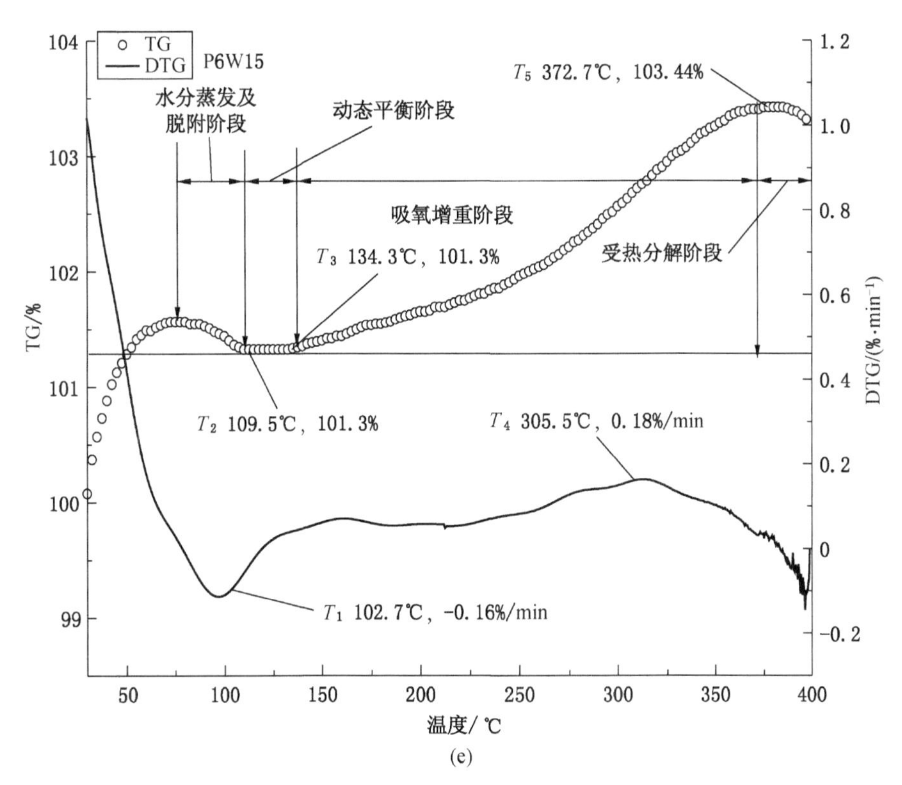

(e)

图 6-6 水分含量 15% 时黄铁矿对热重曲线的影响

表 6-4 水分含量为 15% 时不同黄铁矿含量煤样特征温度点

煤样	T_1/℃	DTG_1/(%·min^{-1})	T_2/℃	DTG_2/(%·min^{-1})	T_3/℃	DTG_3/(%·min^{-1})	T_4/℃	DTG_4/(%·min^{-1})	T_5/℃	DTG_5/(%·min^{-1})
W15P0	107.0	-0.11	110.8	-0.05	134.6	0.05	307.3	0.19	375.8	0.05
W15P1	104.1	-0.10	118.0	-0.04	129.5	0.04	315.1	0.19	375.6	0.05
W15P2	99.1	-0.10	117.1	-0.05	128.9	0.02	318.4	0.20	373.0	0.05
W15P4	102.2	-0.14	116.3	-0.03	131.0	0.05	321.0	0.20	380.6	0.05
W15P6	102.7	-0.16	109.5	-0.05	134.3	0.03	305.5	0.18	372.7	0.05

注：DTG_1 为 T_1 温度时的失重速率；DTG_2 为 T_2 温度时的失重速率；DTG_3 为 T_3 温度时的失重速率；DTG_4 为 T_4 温度时的失重速率；DTG_5 为 T_5 温度时的失重速率。

的影响没有规律性。但当黄铁矿含量为 6% 的时候，对干裂温度和增速温度以及着火温度的影响较大。在水分含量为 15% 的条件下，随着黄铁矿含量的不断增加，煤样最大失水速率温度 T_1 与活性温度 T_3 先减小后增大，干裂温度 T_2 与增速温度 T_4 先增加后减小，着火温度 T_5 先减小后增加再减小。这说明在水分含量为 15% 的情况下，黄铁矿含量的增加对煤样特征温度点变化的影响存在差异。在不同黄铁矿含量的条件下，由于黄铁矿与 O_2 的反应生成物的多少、水氧络合物等多方面因素的综合作用，煤样质量增加速率最大温度 T_4 也各不相同，其中黄铁矿含量为 4% 的煤样增速温度最大，黄铁矿含量为 6% 的煤样增速温度最小。

水分含量为20%，黄铁矿含量变化时各煤样（W20P0、W20P1、W20P2、W20P4、W20P6）热重曲线如图6-7所示。

对添加20%水分样品的TG-DTG曲线进行观察，标定各个特征温度点，得到煤氧化过程的各个特征温度点及其热失重值（表6-5）。

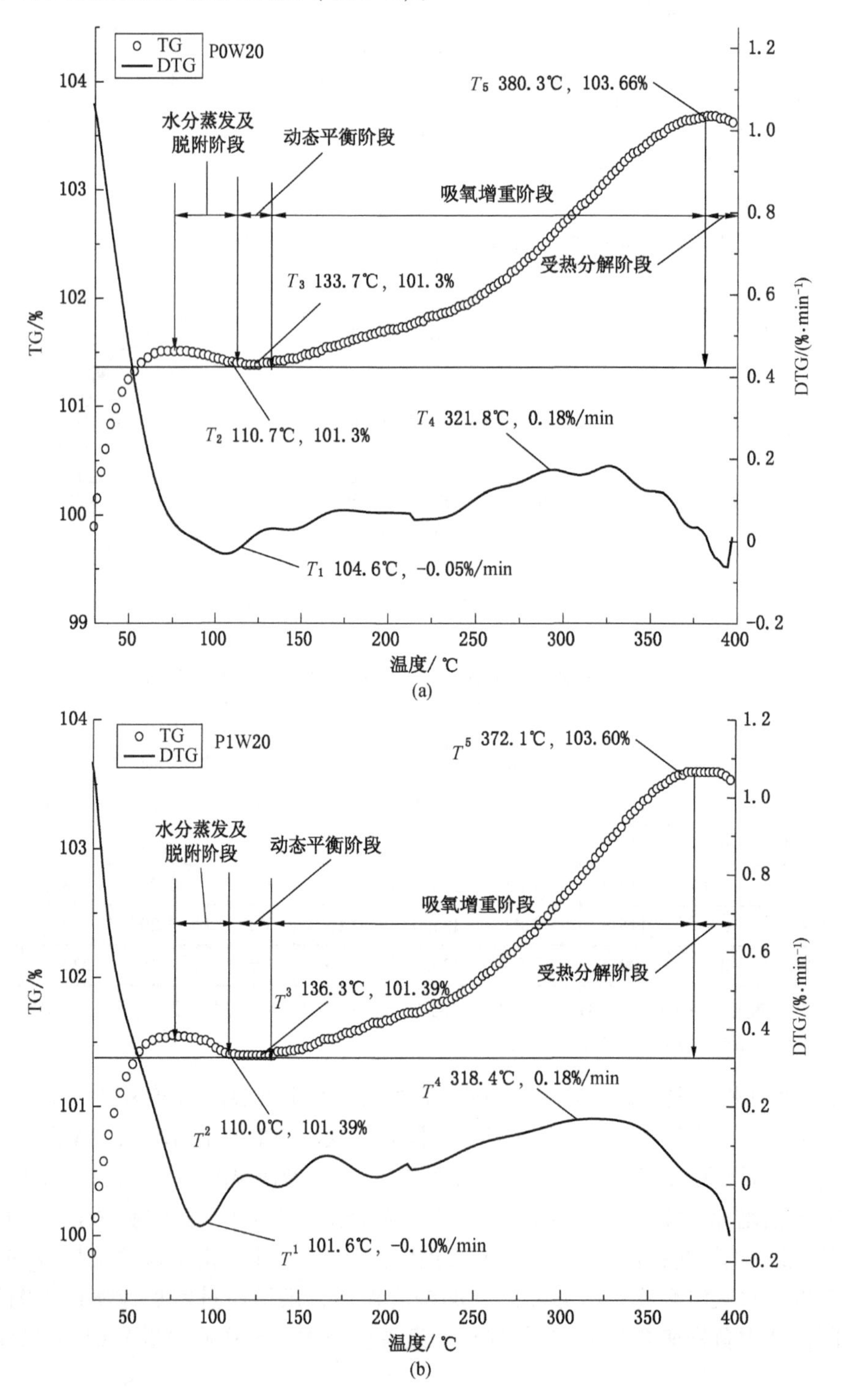

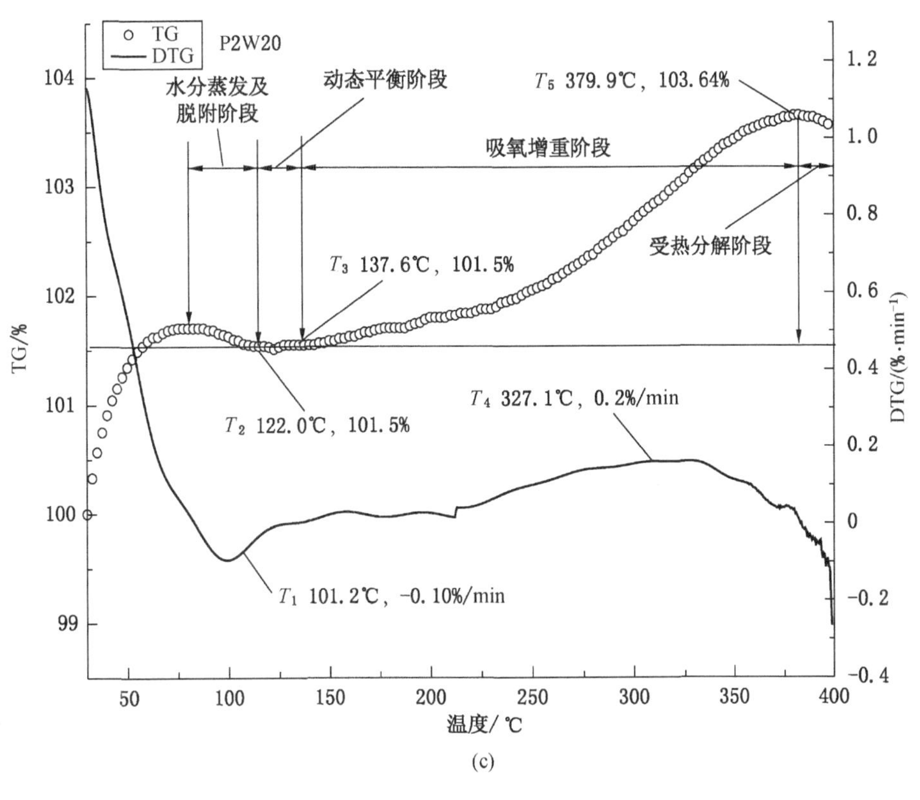
TG
DTG
P2W20
水分蒸发及
脱附阶段
动态平衡阶段
吸氧增重阶段
受热分解阶段
T5 379.9℃, 103.64%
T3 137.6℃, 101.5%
T2 122.0℃, 101.5%
T4 327.1℃, 0.2%/min
T1 101.2℃, -0.10%/min
TG/%
DTG/(%·min⁻¹)
温度/℃

(c)

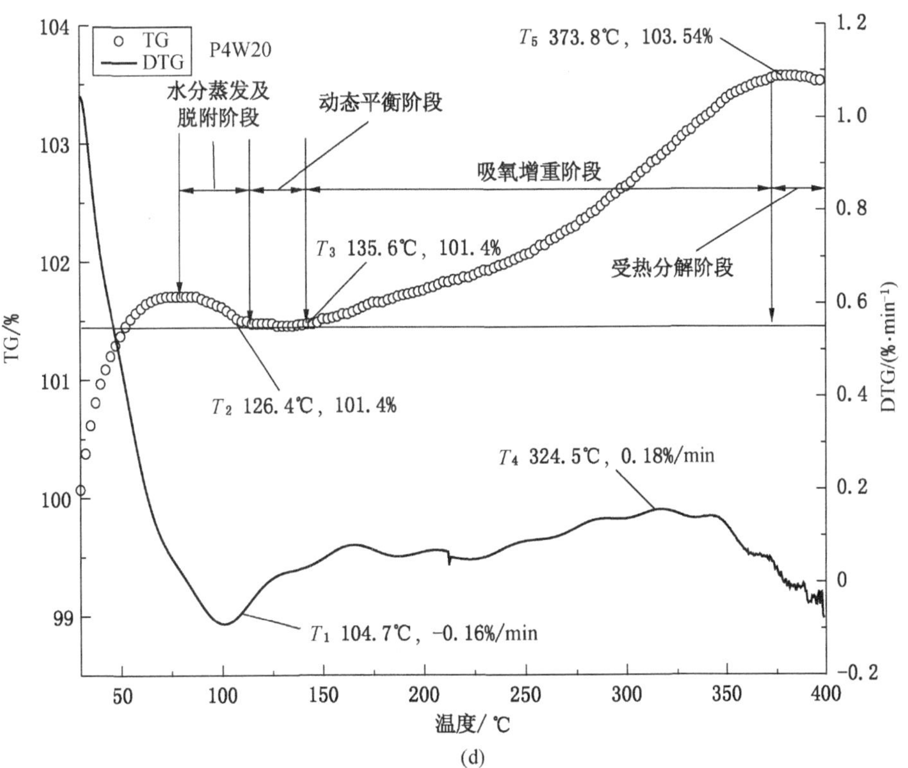
TG
DTG
P4W20
水分蒸发及
脱附阶段
动态平衡阶段
吸氧增重阶段
受热分解阶段
T5 373.8℃, 103.54%
T3 135.6℃, 101.4%
T2 126.4℃, 101.4%
T4 324.5℃, 0.18%/min
T1 104.7℃, -0.16%/min
TG/%
DTG/(%·min⁻¹)
温度/℃

(d)

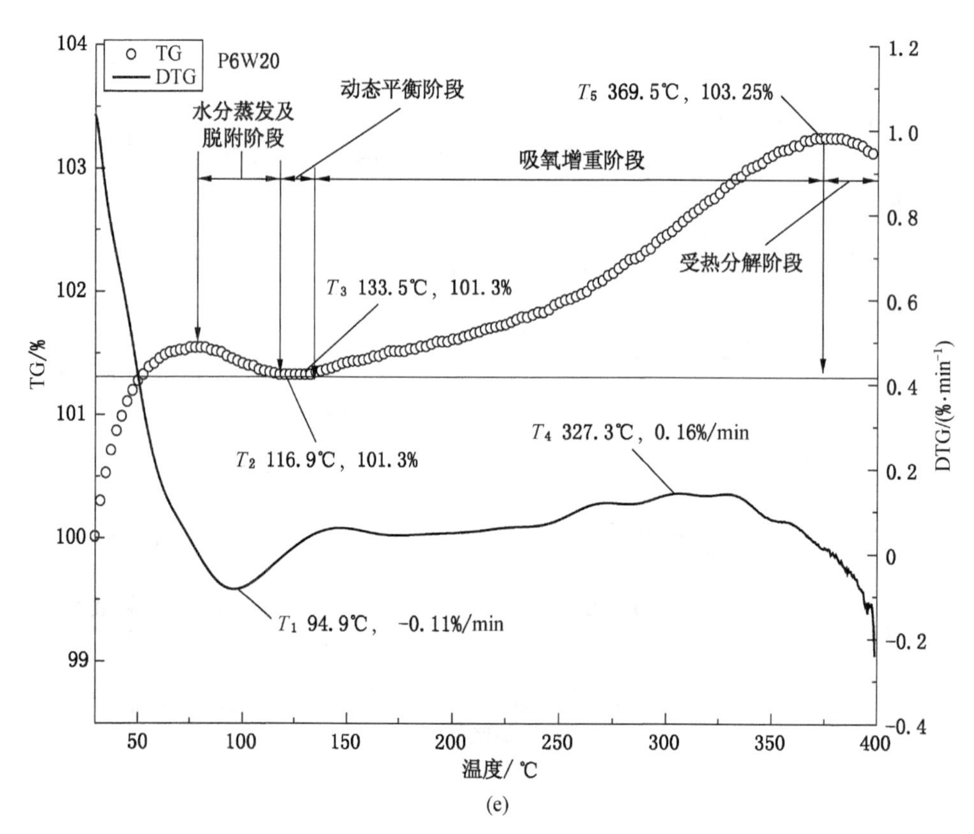

图 6-7 水分含量 20% 条件下热重曲线

表 6-5 水分含量为 20% 时不同黄铁矿含量煤样特征温度点

煤样	T_1/℃	DTG_1/(% · min^{-1})	T_2/℃	DTG_2/(% · min^{-1})	T_3/℃	DTG_3/(% · min^{-1})	T_4/℃	DTG_4/(% · min^{-1})	T_5/℃	DTG_5/(% · min^{-1})
W20P0	104.6	−0.05	110.7	−0.03	133.7	0.05	321.8	0.18	380.3	0.03
W20P1	101.6	−0.10	110.0	−0.03	136.3	0.07	318.4	0.18	372.1	0.05
W20P2	101.2	−0.10	122.0	−0.03	137.6	0.01	327.1	0.20	379.9	0.05
W20P4	104.7	−0.16	126.4	−0.05	135.6	0.02	324.5	0.18	373.8	0.06
W20P6	94.9	−0.11	116.9	−0.03	133.5	0.05	327.7	0.16	369.5	0.05

注：DTG_1 为 T_1 温度时的失重速率；DTG_2 为 T_2 温度时的失重速率；DTG_3 为 T_3 温度时的失重速率；DTG_4 为 T_4 温度时的失重速率；DTG_5 为 T_5 温度时的失重速率。

由表 6-5 可知，在水分含量为 20% 的条件下，随着黄铁矿含量的不断增加，各煤样的特征温度呈非线性波动变化。最大失水速率温度 T_1 在 95~105 ℃范围内，干裂温度 T_2 在 110~126 ℃之间，活性温度 T_3 在 130~140 ℃之间，增速温度 T_4 在 318~328 ℃之间，着火温度 T_5 为 370~380 ℃。每个阶段的温度变化区间随着黄铁矿含量的变化也各不相同，这与每个阶段煤活性基团的数量有关。但总体上各个煤样的特征温度与水分为 15% 时相比，最大失水速率温度、活性温度和增速温度均有所升高，可见水分增加到 20% 时，和黄铁矿共同作用对煤低温氧化的抑制作用开始显现。

T_1 的最低温度为煤样 W20P6，T_2 为煤样 W20P1，T_3 为煤样 W20P6，T_4 为煤样 W20P1，T_5 为煤样 W20P6。可见，在水分 20%和黄铁矿含量为 6%时，协同作用对干裂温度和活性温度以及着火温度的影响较大。随着黄铁矿含量的不断增加，煤样最大失水速率温度 T_1 的变化先减小后增加，干裂温度 T_2 与质量极大值温度点 T_5 先减小后增加再减小，活性温度 T_3 增加后减小，增速温度 T_4 呈现波动性变化。干裂温度 T_2 在黄铁矿含量为 0 时最小，最小值为 110.7 ℃，黄铁矿含量为 4%时达到最大值，最大值为 126.4 ℃。质量极大值温度 T_5 在黄铁矿含量为 0 时达到极大值，最大值为 380.3 ℃，在黄铁矿含量为 6%时最小，最小值为 369.5 ℃。

6.2.2 水分对特征温度点的影响

通过观察分析不同水分含量条件下热重数据结果可知，实验煤样在程序升温过程中热失重变化趋势基本一致，结合 TG-DTG 曲线，对未添加黄铁矿的煤样在氧化过程中的特征温度点进行总结，得到各样品的特征温度值（表 6-6）。

通过表 6-6 可知，在黄铁矿含量为 0 的条件下，随着水分含量的不断增加，各煤样的各个特征温度呈非线性波动变化。最大失水速率温度 T_1 在 91~107 ℃范围内，干裂温度 T_2 在 110~120 ℃之间，活性温度 T_3 在 130 ℃左右，增速温度 T_4 在 307~321 ℃之间，着火温度 T_5 为 360~380 ℃。每个阶段的温度变化区间随着水分含量的变化也各不相同，这与每个阶段煤活性基团的数量有关。

表 6-6 未添加黄铁矿煤的不同水分含量的特征温度点

煤样	T_1/℃	DTG_1/(%·min^{-1})	T_2/℃	DTG_2/(%·min^{-1})	T_3/℃	DTG_3/(%·min^{-1})	T_4/℃	DTG_4/(%·min^{-1})	T_5/℃	DTG_5/(%·min^{-1})
P0W1	91.5	-0.10	114.1	-0.04	129.1	0.04	321.4	0.18	368.2	0.03
P0W5	101.1	-0.07	109.0	-0.05	131.8	0.03	321.4	0.20	387.7	0.01
P0W10	105.3	-0.10	120.0	-0.04	131.5	0.04	311.0	0.19	383.9	0.02
P0W15	107.0	-0.10	110.8	-0.05	134.6	0.04	307.3	0.19	375.8	0.04
P0W20	104.6	-0.05	110.7	-0.03	133.7	0.03	321.8	0.18	380.3	0.03

注：DTG_1 为 T_1 温度时的失重速率；DTG_2 为 T_2 温度时的失重速率；DTG_3 为 T_3 温度时的失重速率；DTG_4 为 T_4 温度时的失重速率；DTG_5 为 T_5 温度时的失重速率。

T_1 的最低温度为煤样 P0W1，T_2 为煤样 P0W5，T_3 为煤样 P0W1，T_4 为煤样 P0W15，T_5 为煤样 P0W1。可见，在水分 15%以下时，对煤氧化过程的特征温度影响较大。在黄铁矿含量为 0 的条件下，随着水分含量的不断增加，煤样最大失水速率温度 T_1 和质量极大值温度 T_5 先增大后减小。增速温度 T_4 则先增大后减小再增大。而干裂温度 T_2 则先减小后增大再减小。这说明水分含量的增加对煤样特征温度点变化的影响有一定差异性。煤样最大失水速率温度 T_1 是煤样水分蒸发速率最大的温度点，由表 6-6 可知，并非水分含量越大，煤样水分蒸发速率最大的温度点就越大，而是存在一个临界值，对实验而言是水分含量为 15%的煤样。煤样质量增加速率最大值温度点也有所区别，其中水分含量为 10%的煤样增速温度最大，水分含量为 1%的煤样增速温度最小。质量极大值温度点 T_5 代表的是煤样吸氧增重后质量最大值温度点，也代表从 TG 曲线开始进入质量迅速减小过程的起点，由表 6-6 的数据，结合煤样工业分析的结果可知，随着水分含量的增加，煤样中的挥发分先增大后减小，煤中的挥发分越多，煤越容易与氧气发生反应，提高氧化速率，着火温度 T_5 也就越提前，在挥发分含量、前期水分对煤样孔隙、水氧络合物等因素的综合影响下，随着水分含量的增加，煤样的着火温度先增大后减小。

结合 TG-DTG 曲线，对 1% 黄铁矿含量的煤样在氧化过程中的特征温度点进行总结，得到各样品的特征温度值（表 6-7）。

通过表 6-7 可知，在黄铁矿含量为 1% 的条件下，随着水分含量的不断增加，各煤样的各个特征温度呈非线性波动变化。最大失水速率温度 T_1 在 98~104 ℃范围内，干裂温度 T_2 在 110 ℃左右，活性温度 T_3 在 130 ℃左右，增速温度 T_4 在 304~318 ℃之间，着火温度 T_5 为 370 ℃左右。特征温度与黄铁矿为 0 的煤样相比变化不大，但每个阶段的温度变化区间随着水分含量的变化也各不相同，这与每个阶段煤活性基团的数量有关。

表 6-7　黄铁矿含量为 1% 时不同水分含量煤样特征温度点

煤样	T_1/℃	DTG_1/(%·min^{-1})	T_2/℃	DTG_2/(%·min^{-1})	T_3/℃	DTG_3/(%·min^{-1})	T_4/℃	DTG_4/(%·min^{-1})	T_5/℃	DTG_5/(%·min^{-1})
P1W1	83.5	-0.10	111.5	-0.05	135.9	0.02	316.8	0.20	373.3	0.03
P1W5	98.0	-0.08	109.8	-0.04	131.0	0.04	318.5	0.20	374.7	0.06
P1W10	103.3	-0.09	110.0	-0.05	133.9	0.02	304.6	0.15	371.8	0.02
P1W15	104.1	-0.09	118.0	-0.03	129.5	0.03	315.1	0.18	375.6	0.04
P1W20	101.6	-0.10	110.0	-0.03	136.3	0.05	318.4	0.19	372.1	0.04

注：DTG_1 为 T_1 温度时的失重速率；DTG_2 为 T_2 温度时的失重速率；DTG_3 为 T_3 温度时的失重速率；DTG_4 为 T_4 温度时的失重速率；DTG_5 为 T_5 温度时的失重速率。

T_1 的最低温度为煤样 P1W5，T_2 为煤样 P1W5，T_3 为煤样 P1W15，T_4 为煤样 P1W10，T_5 为煤样 P1W10。可见，黄铁矿含量在 1% 时和在水分 15% 以下时互相反应，可促进煤的氧化进程，对煤氧化过程的特征温度影响较大。在水分 10% 左右时，对煤氧化的活性温度和着火温度促进较大。通过表 6-7 可知，在黄铁矿含量为 1% 的条件下，随着水分含量的不断增加，煤样最大失重速率温度 T_1 先增大后减小，其中水分含量为 15% 时达到最大值，最大值为 104.1 ℃，水分含量为 1% 时最小，最小值为 83.5 ℃。就 T_2 而言，先减小后增大再减小，其中水分含量为 15% 的情况下达到最大值，最大值为 118 ℃，水分含量为 5% 时最小，最小值为 109.8 ℃。而 T_4 先增大后减小再增大，其中水分含量为 5% 的情况下达到最大值，最大值为 318.5 ℃，水分含量为 10% 时最小，最小值为 304.6 ℃。

通过观察添加黄铁矿含量为 2% 时不同水分含量煤样的热分析曲线，可以发现煤样在氧化过程中的热失重变化趋势基本一致，对样品在氧化过程中的所有特征温度点及热失重值标定及总结，得到表 6-8 的数据。

表 6-8　黄铁矿含量为 2% 时不同水分含量煤样特征温度点

煤样	T_1/℃	DTG_1/(%·min^{-1})	T_2/℃	DTG_2/(%·min^{-1})	T_3/℃	DTG_3/(%·min^{-1})	T_4/℃	DTG_4/(%·min^{-1})	T_5/℃	DTG_5/(%·min^{-1})
P2W1	94.9	-0.10	113.3	-0.06	133.1	0.04	321.5	0.21	377.1	0.03
P2W5	98.9	-0.09	109.3	-0.05	126.1	0.03	316.7	0.19	379.3	0.02

表 6-8（续）

煤样	T_1/℃	DTG_1/(%·min^{-1})	T_2/℃	DTG_2/(%·min^{-1})	T_3/℃	DTG_3/(%·min^{-1})	T_4/℃	DTG_4/(%·min^{-1})	T_5/℃	DTG_5/(%·min^{-1})
P2W10	100.6	-0.08	123.6	-0.02	133.1	0.03	331.0	0.14	374.4	0.02
P2W15	99.1	-0.09	101.45	-0.10	128.9	0.02	318.4	0.19	373.0	0.03
P2W20	101.2	-0.09	122.0	-0.02	—	—	327.1	0.18	379.9	0.03

注：DTG_1 为 T_1 温度时的失重速率；DTG_2 为 T_2 温度时的失重速率；DTG_3 为 T_3 温度时的失重速率；DTG_4 为 T_4 温度时的失重速率；DTG_5 为 T_5 温度时的失重速率。

通过表 6-8 可知，在黄铁矿含量为 2% 的条件下，随着水分含量的不断增加，各煤样的各个特征温度呈非线性波动变化。最大失水速率温度 T_1 在 95~101 ℃范围内，干裂温度 T_2 在 100~120 ℃之间，活性温度 T_3 在 130 ℃左右，增速温度 T_4 在 320 ℃左右，着火温度 T_5 为 380 ℃左右。特征温度与黄铁矿为 1% 时比，T_1 变小，其他特征温度变化不大，表明黄铁矿含量的升高对最大失水速率温度促进作用最强。各个阶段的温度变化区间随着水分含量的变化也各不相同，这与每个阶段煤活性基团的数量有关。

T_1 的最低温度为煤样 P2W1，T_2 为煤样 P2W15，T_3 为煤样 P2W10，T_4 为煤样 P2W5，T_5 为煤样 P2W15。可见，黄铁矿含量在 2% 时和在水分含量 15% 以下时可协同促进煤的氧化进程，对煤氧化过程的特征温度影响较大。在水分含量 15% 左右时，对煤氧化的干裂温度和着火温度促进较大。在黄铁矿含量为 2% 的条件下，随着水分含量的不断增加，煤样最大失水速率温度 T_1 先增加后减小再增大，干裂温度 T_2 和增速温度 T_4 变化趋势呈波动情况，而质量极大值温度点 T_5 先增大后减小再增大。对于最大失水速率温度 T_1，并非水分含量越大，最大失水速率温度就越大，在黄铁矿含量为 2% 的情况下，最大失水速率温度在水分含量为 20% 时达到最大值。

通过观察添加 4% 黄铁矿时不同水分含量煤样的热分析曲线，可以发现煤样在氧化过程中的热失重变化趋势基本一致，对样品在氧化过程中的所有特征温度点及热失重值标定及总结，得到表 6-9 的数据。

表 6-9　黄铁矿含量为 4% 时不同水分含量煤样特征温度点

煤样	T_1/℃	DTG_1/(%·min^{-1})	T_2/℃	DTG_2/(%·min^{-1})	T_3/℃	DTG_3/(%·min^{-1})	T_4/℃	DTG_4/(%·min^{-1})	T_5/℃	DTG_5/(%·min^{-1})
P4W1	99.2	-0.08	101.3	-0.08	137.2	0.06	299.5	0.19	370.7	0.03
P4W5	98.6	-0.07	111.0	-0.05	130.2	0.03	329.8	0.18	374.6	0.03
P4W10	99.6	-0.09	114.1	-0.02	126.7	0.04	320.9	0.20	366.2	0.11
P4W15	102.2	-0.13	116.3	-0.02	131.0	0.04	321.3	0.19	380.6	0.03
P4W20	104.7	-0.15	126.4	-0.03	135.6	0.02	324.5	0.17	373.8	0.05

注：DTG_1 为 T_1 温度时的失重速率；DTG_2 为 T_2 温度时的失重速率；DTG_3 为 T_3 温度时的失重速率；DTG_4 为 T_4 温度时的失重速率；DTG_5 为 T_5 温度时的失重速率。

通过表 6-9 可知，在黄铁矿含量为 4% 的条件下，随着水分含量的不断增加，各煤样的各个特征温度呈非线性波动变化。最大失水速率温度 T_1 在 98~105 ℃范围内，干裂温度

T_2 在 101~126 ℃之间，活性温度 T_3 在 126~137 ℃之间，增速温度 T_4 在 300~330 ℃之间，着火温度 T_5 为 380 ℃左右。各个特征温度与黄铁矿含量为 2% 时相比，都有升高的趋势。可见黄铁矿含量在 4% 时，和不同水分协同反应对煤的氧化作用整体较大。

T_1 的最低温度为煤样 P4W5，T_2 为煤样 P4W1，T_3 为煤样 P4W10，T_4 为煤样 P4W1，T_5 为煤样 P4W10。可见，黄铁矿含量在 4% 时和水分含量 10% 以下时互相反应，对煤氧化过程的特征温度影响较大。随着水分含量的不断增加，煤样最大失重速率温度 T_1 以及活性温度 T_3 先减小后增加，干裂温度 T_2 逐渐增加。增速温度 T_4 则先增大后减小再增大，质量极大值温度点 T_5 呈波动变化。这说明在黄铁矿含量为 4% 的情况下，水分含量的增加对煤样特征温度点变化的影响各不相同。就最大失水速率温度 T_1 而言，并非水分含量越大，最大失水速率温度就越大，在黄铁矿含量为 4% 的情况下，水分含量为 1% 的最大失水速率温度要高于 5% 时的最大失水速率温度。就增速温度 T_4 而言，水分含量为 5% 时温度达到最大，最大值为 329. 8 ℃，而在水分含量为 1% 时的温度最小，最小值为 299. 5 ℃。

通过观察添加 6% 时含不同水分煤样的热分析曲线可以发现，煤样在氧化过程中的热失重变化趋势基本一致，对样品在氧化过程中的所有特征温度点及热失重值标定及总结，得到表 6-10 的数据。

表 6-10　黄铁矿含量为 6% 时不同水分含量煤样特征温度点

煤样	T_1/℃	DTG_1/(%·min^{-1})	T_2/℃	DTG_2/(%·min^{-1})	T_3/℃	DTG_3/(%·min^{-1})	T_4/℃	DTG_4/(%·min^{-1})	T_5/℃	DTG_5/(%·min^{-1})
P6W1	90. 0	-0. 07	101. 4	-0. 04	131. 4	0. 04	323. 9	0. 19	378. 7	0. 03
P6W5	93. 2	-0. 1	112. 4	-0. 04	134. 5	0. 05	300. 9	0. 17	369. 4	0. 05
P6W10	89. 2	-0. 11	119. 0	-0. 04	128. 7	0. 06	300. 5	0. 18	378. 6	0. 03
P6W15	102. 7	-0. 16	109. 5	-0. 05	134. 3	0. 03	305. 5	0. 18	372. 7	0. 05
P6W20	94. 9	-0. 11	116. 8	-0. 03	133. 5	0. 05	327. 7	0. 16	369. 5	0. 05

注：DTG_1 为 T_1 温度时的失重速率；DTG_2 为 T_2 温度时的失重速率；DTG_3 为 T_3 温度时的失重速率；DTG_4 为 T_4 温度时的失重速率；DTG_5 为 T_5 温度时的失重速率。

通过表 6-10 可知，在黄铁矿含量为 6% 的条件下，随着水分含量的不断增加，各煤样的各个特征温度呈非线性波动变化。最大失水速率温度 T_1 在 89~102 ℃范围内，干裂温度 T_2 在 101~119 ℃之间，活性温度 T_3 在 128~134 ℃之间，增速温度 T_4 在 300~327 ℃之间，着火温度 T_5 为 370 ℃左右。各个特征温度与黄铁矿含量为 4% 时相比，基本都有降低的趋势。可见黄铁矿含量在 6% 时和不同水分相互反应，对煤的氧化作用整体较大。

T_1 的最低温度为煤样 P6W10，T_2 为煤样 P6W1，T_3 为煤样 P6W10，T_4 为煤样 P6W10，T_5 为煤样 P6W5。可见，黄铁矿含量在 6% 和在水分 10% 以下时，可协同促进煤的氧化进程，对煤氧化过程的特征温度影响较大。随着水分含量的不断增加，煤样最大失重速率温度 T_1 呈波动变化。干裂温度 T_2 先增加后减小再增加，其中水分含量为 10% 时表现为最大温度，最大值为 119. 0 ℃，而水分含量为 1% 时温度最低，最小值为 101. 4 ℃。增速温度 T_4 先减小后增加，其中水分含量为 10% 时温度最低，最小值为 300. 5 ℃，而水分含量为 20% 时温度最高，最大值为 327. 7 ℃。而质量极大值温度点 T_5 先减小后增加再减小。

6.3 热失重变化特征

6.3.1 黄铁矿对热失重的影响规律

对煤样氧化过程的变化特征进行观察，将热失重变化过程划分为水分蒸发及脱附阶段（T_0~T_2）、动态平衡阶段（T_2~T_3）、吸氧增重阶段（T_3~T_5）、受热分解阶段（T_5之后）等4个阶段，煤低温水分蒸发及脱附阶段、吸氧增重阶段质量变化量见表6-11。

表6-11 各煤样在受热过程中不同阶段的质量变化

煤样	水分蒸发及脱附阶段		吸氧增重阶段		
	T_2/℃	ΔM_1/%	T_3/℃	T_5/℃	ΔM_2/%
W1P0	114.1	0.12	129.1	368.2	2.14
W1P1	111.5	0.13	135.9	371.3	2.20
W1P2	113.3	0.16	133.1	377.1	2.22
W1P4	118.1	0.19	137.2	370.7	2.24
W1P6	118.7	0.18	131.4	378.7	2.25
W5P0	109.0	0.14	131.8	387.7	2.17
W5P1	109.8	0.16	131.0	374.7	2.22
W5P2	109.3	0.17	126.1	379.3	2.36
W5P4	111.0	0.21	130.2	374.6	2.30
W5P6	112.4	0.16	134.5	369.4	2.20
W10P0	120.0	0.18	131.5	383.9	2.23
W10P1	111.0	0.20	133.9	373.8	2.36
W10P2	123.6	0.24	133.1	374.4	2.46
W10P4	113.8	0.25	126.7	382.6	2.47
W10P6	119.0	0.24	128.7	378.6	2.36
W15P0	110.8	0.19	134.6	375.8	2.24
W15P1	118.0	0.21	129.5	375.6	2.43
W15P2	117.1	0.26	128.9	373.0	2.49
W15P4	116.3	0.24	131.0	380.6	2.46
W15P6	109.5	0.19	134.3	372.7	2.30
W20P0	110.7	0.14	133.7	380.3	2.18
W20P1	110.0	0.19	136.3	372.1	2.35
W20P2	122.0	0.17	137.6	379.9	2.36

表 6-11（续）

煤样	水分蒸发及脱附阶段		吸氧增重阶段		
	T_2/℃	ΔM_1/%	T_3/℃	T_5/℃	ΔM_2/%
W20P4	126.4	0.18	135.6	373.8	2.34
W20P6	116.9	0.22	133.5	369.5	2.38

注：ΔM_1 为水分蒸发及脱附阶段的失重比；ΔM_2 为吸氧增重阶段的失重比。

1. 水分蒸发及脱附阶段质量变化

在不同水分条件下，随着黄铁矿含量的增加，煤样在水分蒸发阶段的质量先增大后减小再增大。经过最大失水速率温度 T_1 后，煤样中活性较大的基团与氧气发生反应生成 CO、CO_2，在第五章的研究中可知这是由于活性基团芳香环 C=C 结构及脂肪烃亚甲基数量的减少，在 T_1 之后，活性基团芳核上氢原子活性增强，逐渐促进烃类气体的生成。此时黄铁矿与 O_2 发生反应的速率加快，使气体产生和消耗的速率逐渐达到平衡。由于黄铁矿在潮湿环境下生成 $Fe(OH)_3$ 胶体等产物填充煤内部孔隙阻碍煤氧复合反应进行，另外黄铁矿参与反应产生大量 H_2SO_4 和 $Fe(OH)_3$，H^+存在的液膜使煤分子处于富氧环境，促进煤分子对氧分子的吸附作用，在上述原因的综合影响下，出现水分蒸发阶段质量变化总体呈现出先增大后减小再增大的趋势。

水分含量为 1% 时，W1P4 的煤样质量变化最大，水分含量为 5% 时，W5P6 的煤样质量变化最大，水分含量为 10% 时，W10P2 的煤样质量变化最大，水分含量为 15% 时，W15P6 的煤样质量变化最大，水分含量为 20% 时，W20P6 的煤样质量变化最大，表明随着水分含量的升高，与不同含量黄铁矿结合互相反应对煤在水分蒸发及脱附阶段的促进氧化能力最强。从第五章研究可知，此阶段主要是因为煤分子结构中Ⅳ类氢原子、Ⅲ类氢原子和Ⅰ类氢原子等 3 种取代芳烃等活性基团数量的增多导致了煤质量变大。

2. 吸氧增重阶段质量变化

在吸氧增重阶段，煤样的质量变化为先减小后增大再减小。煤样的吸氧增重受多方面因素的影响，黄铁矿在潮湿环境下的生成物，煤样暴露在空气中的孔隙量，水分蒸发后产生的蒸气压均会对煤氧反应阶段质量的变化产生影响。造成这一现象的原因主要有两方面：一是黄铁矿在潮湿环境下生成 $Fe(OH)_3$ 胶体，这些胶体会填充煤样孔隙，阻止后续煤氧反应的进行，二是黄铁矿发生反应释放热量加速煤样的氧化进程，在两者的综合作用下，煤样的质量变化表现为先减小后增大再减小。在吸氧增重阶段，煤样裂隙中的气体基本全部逸出，煤样与氧气的接触面积增大，吸氧量增大，煤中参与反应的活性基团的氧化性越来越强，吸收氧气增加的质量与氧化分解产生气体后的质量比达到最大。随后由于温度的升高，氧化反应越加激烈，放出的气体也相应增多，打破两者之间的平衡，增重速率开始降低。

水分含量为 1% 时，W1P4 的煤样质量变化最大；水分含量为 5% 时，W5P0 的煤样质量变化最大；水分含量为 10% 时，W10P4 的煤样质量变化最大；水分含量为 15% 时，W15P4 的煤样质量变化最大；水分含量为 20% 时，W20P0 的煤样质量变化最大。表明随着水分含量的升高，与含量 4% 黄铁矿结合互相反应对煤在吸氧增重阶段的促进氧化能力最强。从第五章研究可知，此阶段主要是因为煤分子结构中游离羟基等含氧官能团数量的增多导致煤的质量变大。

6.3.2 水分对热失重的影响特征

通过对特征温度点的标定及对变化规律进行分析，水分对各阶段煤样质量变化量的影响如图 6-8、图 6-9 所示。

1. 水分蒸发及脱附阶段质量变化

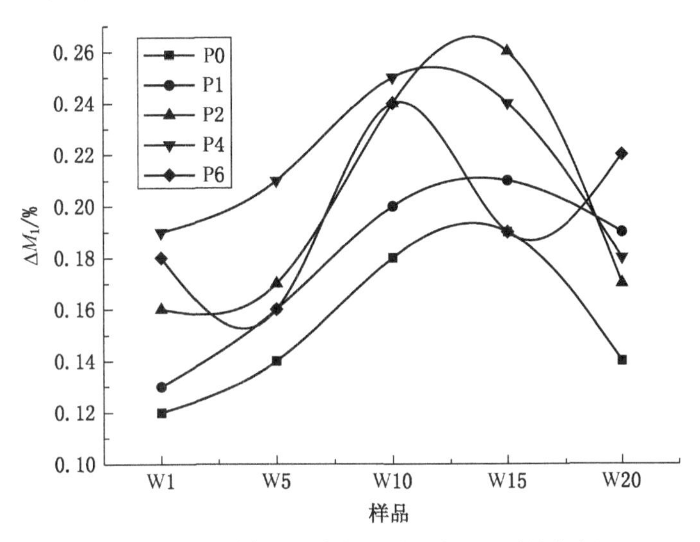

图 6-8 各煤样在水分蒸发及脱附阶段的质量变化图

在黄铁矿含量为 0 的条件下，随着水分含量的增加，煤样在水分蒸发阶段的质量先减小后增大再减小。水分含量越高，水分在蒸发阶段失去的质量就越多，水分含量从 1% 增加至 5% 时，煤样在水分蒸发阶段的质量逐渐减小，说明水分蒸发失去的质量占煤样水分蒸发阶段质量变化的比例较高。当水分含量由 5% 增至 15% 时，煤样在水分蒸发阶段的质量呈现出增加的趋势，这就说明在该水分含量条件下，水分蒸发失去的质量占水分蒸发阶段总质量的变化比例有所减小，煤样的活性基团和水氧络合物等生成的气体含量占比逐渐增加，并在该水分条件下超过了水分蒸发时失去质量所占总质量变化的比例。但当水分含量由 15% 增至 20% 时，煤样在水分蒸发阶段的质量又呈现出下降的趋势。

黄铁矿含量为 0 时，P0W15 和 P0W10 的煤样质量变化最大；黄铁矿含量为 1% 时，P1W15 煤样质量变化最大；黄铁矿含量为 2% 时，P2W10 煤样质量变化最大；黄铁矿含量为 4% 时，P4W15 煤样质量变化最大；黄铁矿含量为 6% 时，P6W15 煤样质量变化最大。表明随着黄铁矿含量的升高，与水分含量 15% 时协同作用对煤在水分蒸发及脱附阶段的促进氧化能力最强。从第五章研究可知，此阶段主要是因为煤分子结构中Ⅳ类氢原子、Ⅲ类氢原子和Ⅰ类氢原子等 3 种取代芳烃活性基团数量增多导致煤质量变大。

2. 吸氧增重阶段质量变化

随着水分含量从 1% 增加到 10%，煤样的质量在吸氧增重阶段的增加量逐渐减小，造成这一现象的原因是黄铁矿在潮湿环境下生成 $Fe(OH)_3$ 胶体，这些胶体会填充煤样孔隙，阻止后续煤氧化反应的进行，同时生成 $Fe(OH)_3$ 胶体所消耗的水分也会使水氧络合物的产生量减小，造成煤样质量在吸氧增重阶段增加量逐渐减小。当水分超过 10% 后，$Fe(OH)_3$

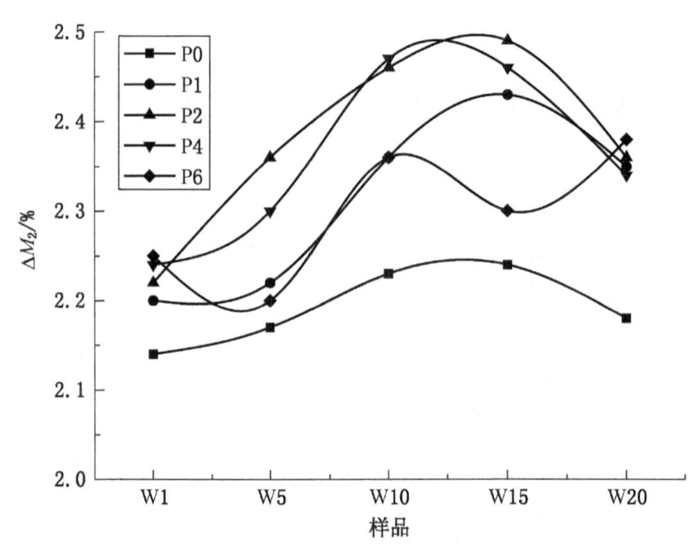

图 6-9　各煤样在吸氧增重阶段的质量变化图

胶体的生成量相对于水分含量为 10% 的情况下没有较大变化，但是剩余的水分会使水氧络合物的生成量增加，因此后续的煤氧反应比 10% 时强，吸氧增重阶段质量的增加量变大。而当水分达到 20% 时，由于水分含量较高，水分蒸发产生的蒸汽压较大，会在一定程度上阻止煤氧化反应的进行，相对于水分含量为 15% 时，吸氧增重阶段质量的增加量有所减小，但减小的质量很少，质量变化基本与水分含量为 15% 时持平。

黄铁矿含量为 0 时，P0W15 的煤样质量变化最大；黄铁矿含量为 1% 时，P1W15 煤样质量变化最大；黄铁矿含量为 2% 时，P2W15 煤样质量变化最大；黄铁矿含量为 4% 时，P4W10 煤样质量变化最大；黄铁矿含量为 6% 时，P6W20 煤样质量变化最大。表明随着水分含量的升高，与黄铁矿含量在 2% ~ 4% 时互相作用对煤在吸氧增重阶段的促进氧化能力最强。从第五章研究可知，此阶段主要是因为煤分子结构中游离羟基等含氧官能团活性基团数量的增多导致煤质量变大。

6.4　水分与黄铁矿协同影响煤氧化的动力学机制

6.4.1　动力学机理函数

由于煤物质组成的复杂性，水与伴生黄铁矿煤的氧化反应过程为非均相反应，为了更好地掌握煤在氧化过程中产生的能量，国内外学者采用了 TG、DTG、DSC、STA 等方法，利用等温法与非等温法对样品进行加热，并用微分、积分、近似值等方法进行分析计算。煤在低温氧化过程中的化学反应可以通过下式表示反应路径：

$$\text{煤 S(s)} + \text{空气 A(g)} \rightarrow \text{氧化煤 P(s)} + \text{反应气体 B(g)} \tag{6-1}$$

在煤的氧化动力学研究中，可以用微分法和积分法两种不同形式表示煤的失（或增）重速率。

（1）积分形式：

$$G(\alpha) = kt \tag{6-2}$$

（2）微分形式：

$$d\alpha/dt = kf(\alpha) \tag{6-3}$$

式中，α 为 t 时刻煤的转化率，$\alpha=\frac{m_0-m_t}{m_0-m_\infty}$，$m_0$ 为初始质量，m_∞ 为最终重量，m_t 为 t 时刻的质量。那么$\frac{d\alpha}{dt}=\frac{-m_0}{m_0-m_\infty}DTG_t$；$k$ 为反应速率常数。

$G(\alpha)$ 代表反应机理函数的积分形式，$f(\alpha)$ 代表反应机理函数的微分形式。

$f(\alpha)$ 与 $G(\alpha)$ 之间的关系可由下式求得：

$$f(\alpha)=\frac{1}{G'(\alpha)}=\frac{1}{d[G(\alpha)]/d\alpha} \tag{6-4}$$

依据阿仑尼乌斯（Arrhenius）公式，反应常数 k 与温度 T（绝对温度）之间的关系可用下式表示：

$$k = A\exp\left(\frac{-E_a}{RT}\right) \tag{6-5}$$

式中，E_a 为表观活化能；A 为表观指前因子；R 为通用气体常数，8.314 J/mol · K。

实验采用非等温升温，因此热力学温度 T 与时间的关系可由下式表示：

$$T = T_0 + \beta t \tag{6-6}$$

联立式（6-2）、式（6-3）和式（6-5）并整理，得出固气两相在等温与非等温加热条件下的常用动力学表达式：

$$\frac{d\alpha}{dt}=A\exp\left(\frac{-E_a}{RT}\right)f(\alpha) \quad （等温） \tag{6-7}$$

$$\frac{d\alpha}{dt}=\frac{A}{\beta f(\alpha)}\exp\left(\frac{-E_a}{RT}\right) \quad （非等温） \tag{6-8}$$

在研究中将 E_a、A 和 f（α）作为氧化过程中的动力学参数，实验采用非等温法，通过多升温速率条件下的积分与微分相结合方法来研究水与伴生黄铁矿煤样在氧化过程中的动力学参数，并确定动力学的最概然机理函数。

1. 微分法（Achar 法）

对方程$\frac{d\alpha}{dt}=\frac{A}{\beta}f(\alpha)\exp(-E_a/RT)$两边积分得到$\frac{\beta}{f(\alpha)}\frac{d\alpha}{dT}=A\exp\exp(-E_a/RT)$，方程变换为$\frac{d\alpha}{dt}=\frac{A}{\beta}f(\alpha)\exp(-E_a/RT)$，对其两边取对数得

$$\ln\frac{d\alpha}{f(\alpha)dT}=\ln\frac{A}{\beta}-\frac{E_a}{RT} \tag{6-9}$$

由式（6-9）可以看出，方程 $\ln[d\alpha/dT]/f(\alpha)$ 与 $1/T$ 呈线性关系，即 $y=k_1x+b$，$y=\ln[d\alpha/dT]/f(\alpha)$，斜率 $k_1=-E_a/R$，截距 $b=\ln(A/\beta)$，由此得出，活化能 $E_a=k_1R$，通过不同的 $f(\alpha)$ 并进行线性拟合，最后求解出在这阶段的表观活化能 E_a、指前因子 A 和机理函数 $f(\alpha)$。

2. 积分法（Coast-Redfern 积分法）

将式（6-4）与式（6-8）结合，得到

$$G(\alpha)=\int_0^{\alpha}\frac{d\alpha}{f(\alpha)}=\frac{A}{\beta}\int_{T_0}^{T}\exp(-E_a/RT)dT=\frac{A}{\beta}\int_0^{T}\exp(-E_a/RT)dT$$

$$=\frac{AE_a}{\beta R}\int_{\infty}^{u}\frac{-e^{-u}}{u^2}du=\frac{AE_a}{\beta R}p(u)=\frac{AE_a}{\beta R}\frac{e^{-u}}{u}\pi(u) \tag{6-10}$$

其中，$p(u)=\frac{\exp(-u)}{u}\pi(u)$；$u=\frac{E_a}{RT}$。

将式（6-10）中右端括号内的前两项进行联解，得到一级近似的 Coats-Redfern 近似式：

$$\int_0^{T}e^{-E_a/RT}dT=\frac{E_a}{R}\cdot p(u)=\frac{E_a}{R}\frac{e^{-u}}{u^2}\left(1-\frac{2}{u}\right)=\frac{E_a}{R}e^{-u}\left(\frac{u-2}{u^3}\right)=\frac{RT^2}{E_a}\left(1-\frac{2RT}{E_a}\right)e^{-E_a/RT}$$

设$f(\alpha)=(1-\alpha)^n$，则推出：

$$\int_0^{\alpha}\frac{d\alpha}{(1-\alpha)^n}=\frac{A}{\beta}\frac{RT^2}{E_a}\left(1-\frac{2RT}{E_a}\right)e^{-E_a/RT} \tag{6-11}$$

对式（6-11）积分取对数得到：

当$n=1$，

$$\ln\left[\frac{1-(1-\alpha)^{1-n}}{T^2(1-n)}\right]=\ln\left[\frac{AR}{\beta E_a}\left(1-\frac{2RT}{E_a}\right)\right]-\frac{E_a}{RT} \tag{6-12}$$

当$n\neq1$，

$$\ln\left[\frac{1-(1-\alpha)}{T^2}\right]=\ln\left[\frac{AR}{\beta E_a}\left(1-\frac{2RT}{E_a}\right)\right]-\frac{E_a}{RT} \tag{6-13}$$

因为$\frac{E_a}{RT}\geqslant1$，所以式（6-12）与式（6-13）可以变换为

当$n=1$，

$$\ln\left[\frac{1-(1-\alpha)^{1-n}}{T^2(1-n)}\right]=\ln\left(\frac{AR}{\beta E_a}\right)-\frac{E_a}{RT} \tag{6-14}$$

当$n\neq1$，

$$\ln\left[\frac{1-(1-\alpha)}{T^2}\right]=\ln\left(\frac{AR}{\beta E_a}\right)-\frac{E_a}{RT} \tag{6-15}$$

实验中取$n=1$，并将式（6-4）代入式（6-14），得到

$$\ln\left[\frac{G(\alpha)}{T^2}\right]=\ln\left(\frac{AR}{\beta E_a}\right)-\frac{E_a}{RT} \tag{6-16}$$

同样，对式（6-16）进行曲线拟合，得到斜率与表观活化能的关系、截距与指前因子的关系。

3. 动力学机理函数的确定

通过前面分析可以看出，水分、黄铁矿与煤发生反应主要是在氧化初始阶段，在100 ℃之后，煤中未参与反应的水分会完全蒸发，而三者相互反应生成的产物还能够继续对吸氧增重阶段的反应产生影响，因此，动力学计算选择吸氧增重阶段研究。通过对含不同水分与黄铁矿煤样的热重曲线进行计算与分析，研究煤氧化动力学的最概

然机理函数。

采用 Bagchi 法研究反应机理，该方法是将实验所得的热分析数据以及表 6-12 中的 18 种固体反应机理函数$f(\alpha)$ 和 $G(\alpha)$ 分别代入微分方程（6-9）和积分方程（6-16），通过上述两方程结果进行曲线拟合，分别求出样品在吸氧增重阶段的表观活化能 E_a 值和指前因子 A，联立积分与微分，选择合适的$f(\alpha)$ 和 $G(\alpha)$，当两者求出的表观活化能与指前因子相接近及拟合曲线的相关性 R 较好时，此时的微分方程和积分方程为该阶段反应的最概然机理函数。表 6-12 为常用固体反应机理函数。

表 6-12 常用固体反应机理函数

编号	函数名称	机理	积分形式 $G(\alpha)$	微分形式 $f(\alpha)$
1	Valensi 方程	二维扩散	$\alpha+(1-\alpha)\ln(1-\alpha)$	$[-\ln(1-\alpha)]^{-1}$
2	Jander 方程	二维扩散，$n=2$	$[1-(1-\alpha)^{\frac{1}{2}}]^2$	$(1-\alpha)^{\frac{1}{2}}[1-(1-\alpha)^{\frac{1}{2}}]^{-1}$
3		二维扩散，$n=\frac{1}{2}$	$[1-(1-\alpha)^{\frac{1}{3}}]^{\frac{1}{2}}$	$6(1-\alpha)^{\frac{2}{3}}[1-(1-\alpha)^{\frac{1}{3}}]^{\frac{1}{2}}$
4	Z. -L. -T. 方程	三维扩散	$[(1-\alpha)^{\frac{1}{3}}-1]^2$	$\frac{3}{2}(1-\alpha)^{\frac{4}{3}}[(1-\alpha)^{-\frac{1}{3}}-1]^{-1}$
5	Avrami-Erofeev 方程	$n=2$	$[-\ln(1-\alpha)]^2$	$\frac{1}{2}(1-\alpha)[-\ln(1-\alpha)]^{-1}$
6		$n=3$	$[-\ln(1-\alpha)]^3$	$\frac{1}{3}(1-\alpha)[-\ln(1-\alpha)]^{-2}$
7		$n=4$	$[-\ln(1-\alpha)]^4$	$\frac{1}{4}(1-\alpha)[-\ln(1-\alpha)]^{-3}$
8	P. -T. 方程	自催化反应	$\ln\left(\frac{\alpha}{1-\alpha}\right)$	$\alpha(1-\alpha)$
9	Mampel Power 法则	$n=\frac{1}{4}$	$\alpha^{\frac{1}{4}}$	$4\alpha^{\frac{3}{4}}$
10		$n=\frac{1}{3}$	$\alpha^{\frac{1}{3}}$	$3\alpha^{\frac{2}{3}}$
11		$n=2$	α^2	$\frac{1}{2}\alpha^{-1}$
12		相边界反应	α	1
13	收缩反应	球形对称	$1-(1-\alpha)^{\frac{1}{3}}$	$3(1-\alpha)^{\frac{2}{3}}$
14		圆柱形对称	$1-(1-\alpha)^{\frac{1}{2}}$	$2(1-\alpha)^{\frac{1}{2}}$
15	一级化学反应	$n=1$	$-\ln(1-\alpha)$	$1-\alpha$
16	二级化学反应	$n=1.5$	$2[(1-\alpha)^{-\frac{1}{2}}-1]$	$(1-\alpha)^{\frac{3}{2}}$
17	三级化学反应	$n=2$	$(1-\alpha)^{-1}-1$	$(1-\alpha)^2$
18	反应级数	$n=3$	$\frac{(1-\alpha)^{-2}-1}{2}$	$(1-\alpha)^3$

6.4.2 动力学微观分析

根据上述理论，对不同水分及黄铁矿煤样用微分与积分相结合的方法来分析吸氧增重阶段的动力学过程。根据 TG-DTG 实验数据得到每个温度点及时刻的质量损失 Mass 和质量变化率 TDG，求得在每个温度点的 $1/T$、转化率 α、$d\alpha/dt$，将上述计算结果代入表 6-12，求得在吸氧增重阶段的 18 个机理函数的积分法与微分法的值，并根据求得的值进行曲线拟合，得到不同煤样在吸氧增重阶段 ln［G（α）/T^2］、ln［（dα/dT）/f（α）］与 1/T 拟合曲线（图 6-10）。

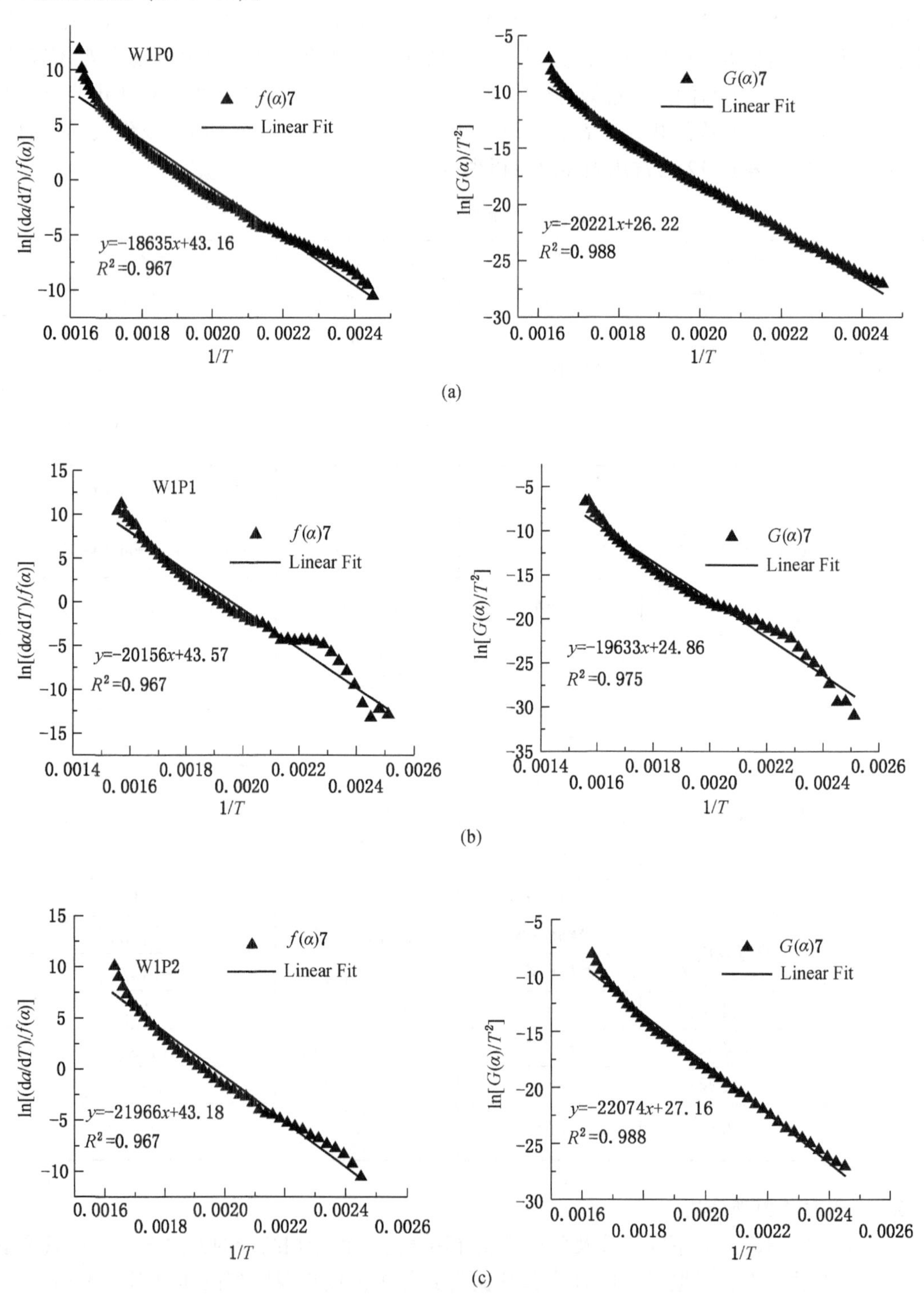

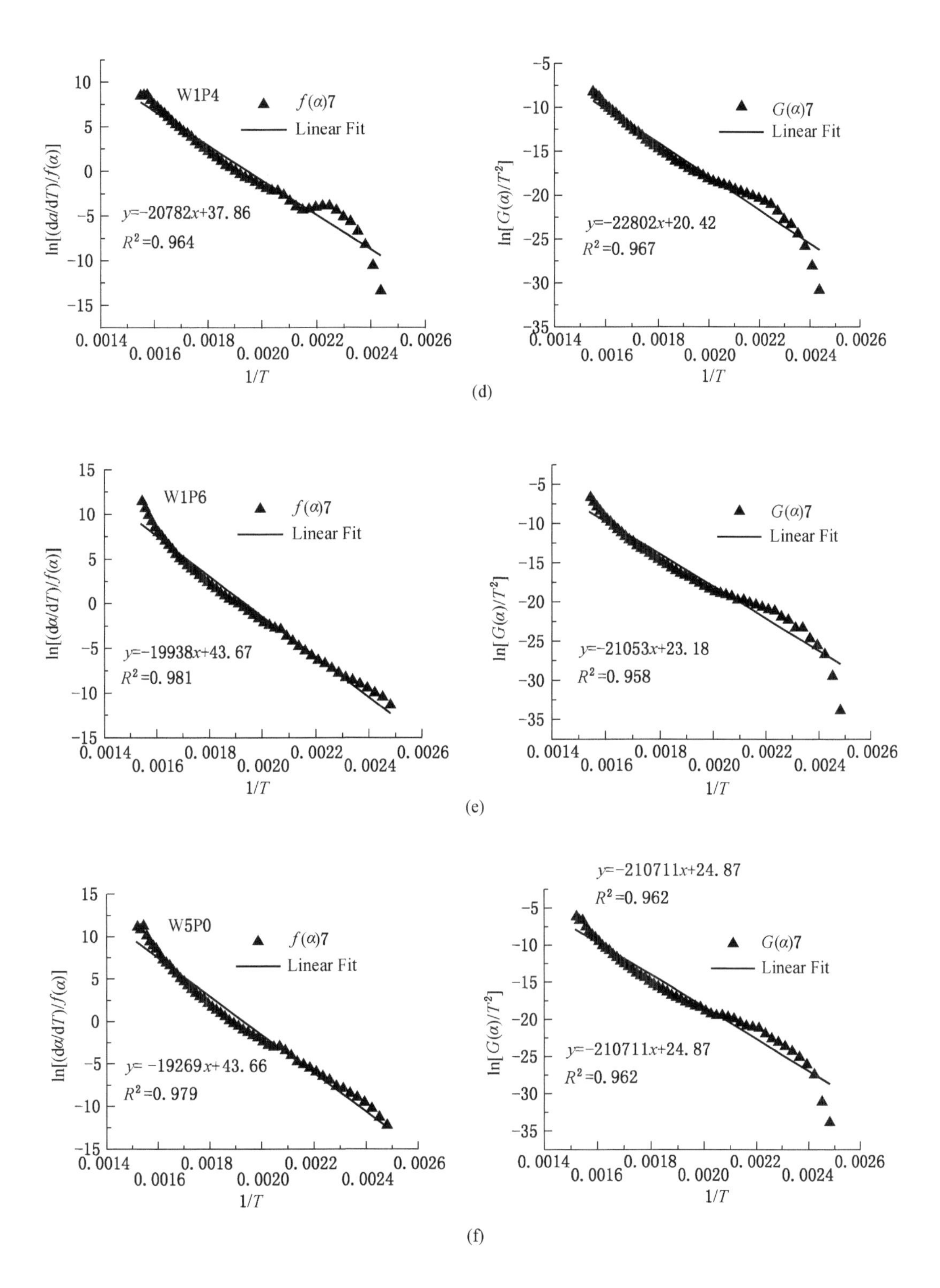
W1P4
f(α)7
Linear Fit
y=-20782x+37.86
R²=0.964
ln[(dα/dT)/f(α)]
1/T
G(α)7
Linear Fit
y=-22802x+20.42
R²=0.967
ln[G(α)/T²]
1/T
W1P6
f(α)7
Linear Fit
y=-19938x+43.67
R²=0.981
G(α)7
Linear Fit
y=-21053x+23.18
R²=0.958
W5P0
f(α)7
Linear Fit
y= -19269x+43.66
R²=0.979
y=-210711x+24.87
R²=0.962
G(α)7
Linear Fit
y=-210711x+24.87
R²=0.962

(d)

(e)

(f)

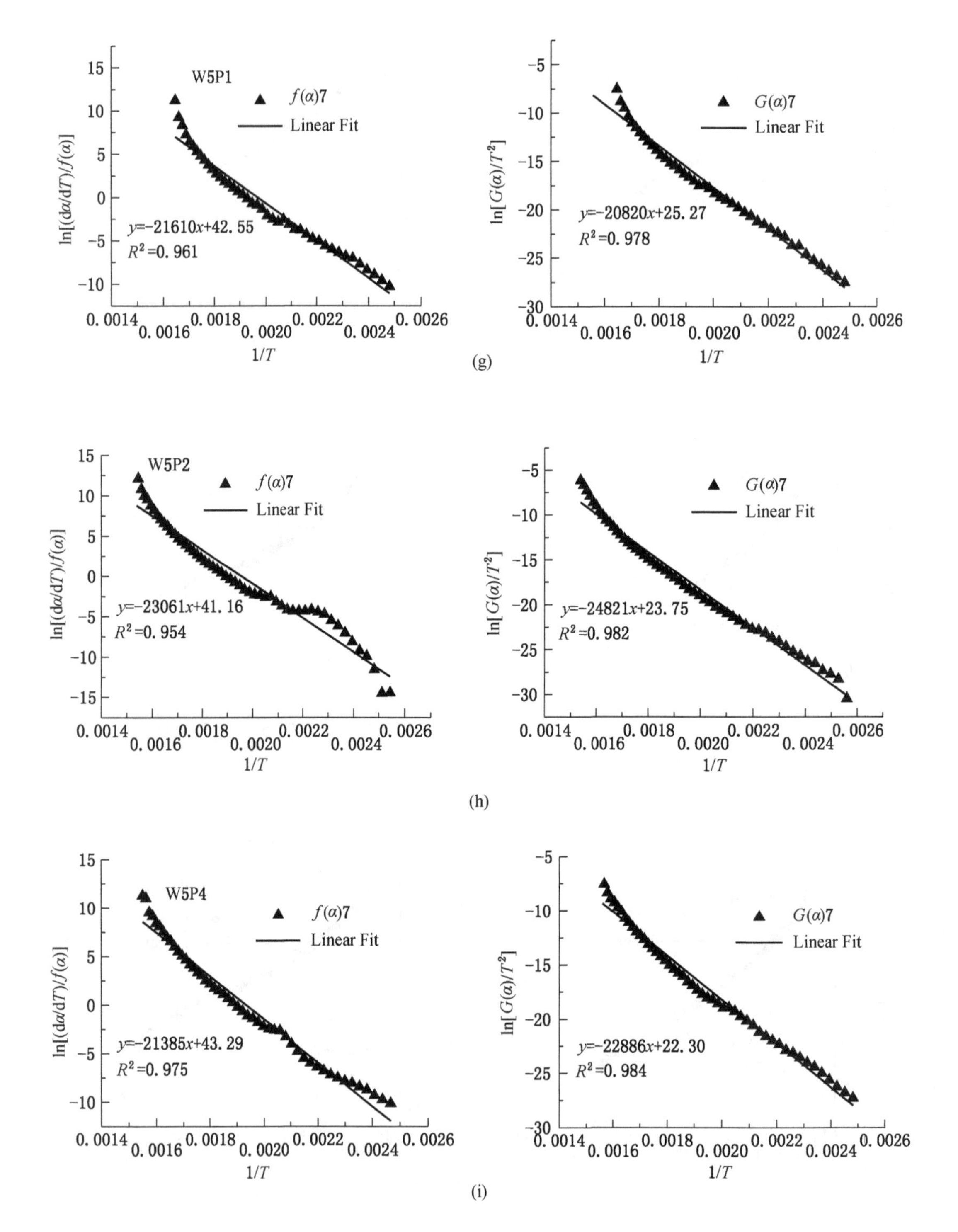

W5P1
$f(\alpha)$7
Linear Fit
y=-21610x+42.55
R^2=0.961
$\ln[(d\alpha/dT)/f(\alpha)]$
1/T
$G(\alpha)$7
Linear Fit
y=-20820x+25.27
R^2=0.978
$\ln[G(\alpha)/T^2]$
1/T
(g)
W5P2
$f(\alpha)$7
Linear Fit
y=-23061x+41.16
R^2=0.954
$G(\alpha)$7
Linear Fit
y=-24821x+23.75
R^2=0.982
(h)
W5P4
$f(\alpha)$7
Linear Fit
y=-21385x+43.29
R^2=0.975
$G(\alpha)$7
Linear Fit
y=-22886x+22.30
R^2=0.984
(i)

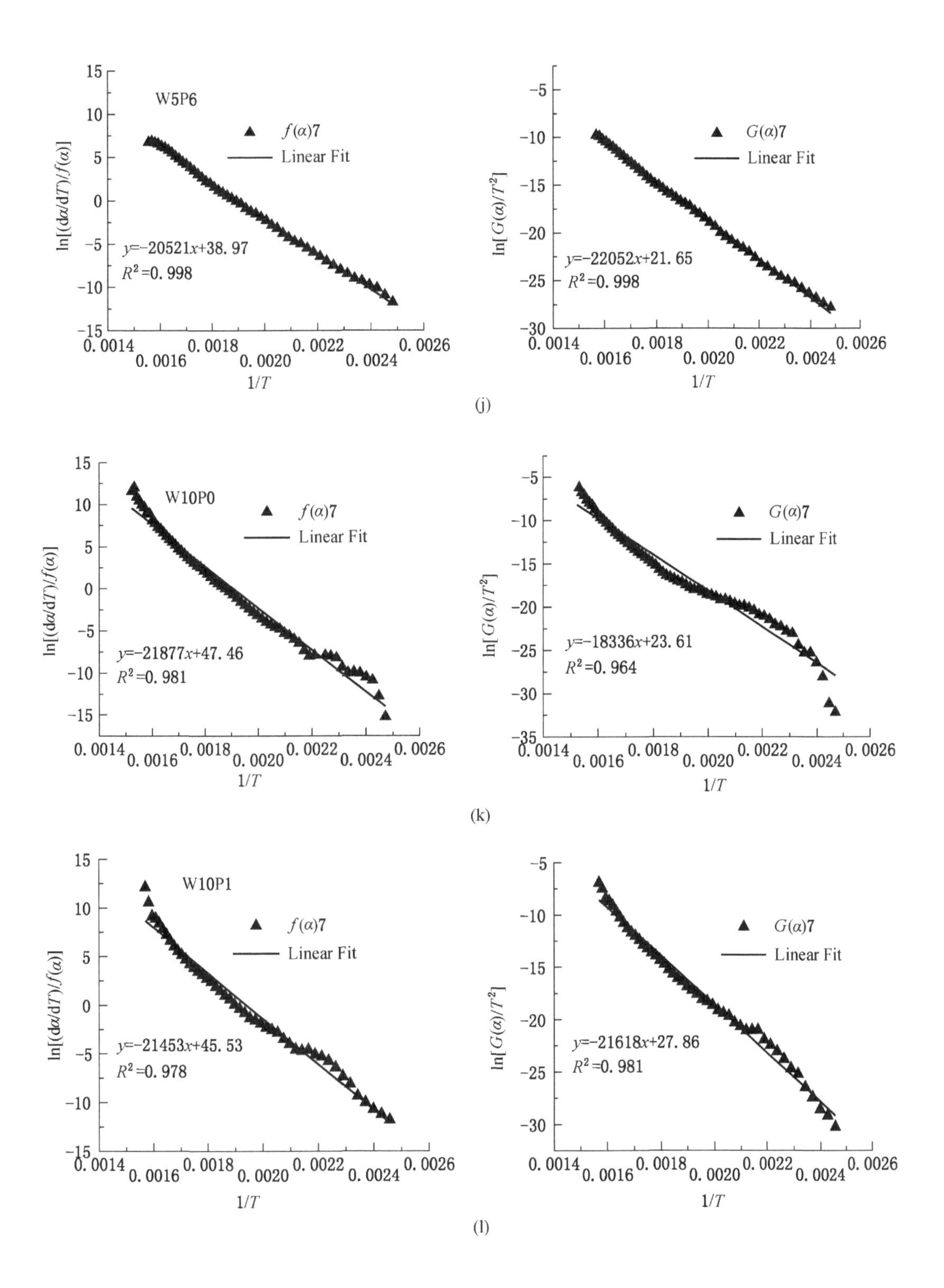
W5P6
f(α)7
Linear Fit
y=-20521x+38. 97
R²=0. 998
ln[(dα/dT)/f(α)]
1/T
G(α)7
Linear Fit
y=-22052x+21. 65
R²=0. 998
ln[G(α)/T²]
1/T
W10P0
f(α)7
Linear Fit
y=-21877x+47. 46
R²=0. 981
ln[(dα/dT)/f(α)]
1/T
G(α)7
Linear Fit
y=-18336x+23. 61
R²=0. 964
ln[G(α)/T²]
1/T
W10P1
f(α)7
Linear Fit
y=-21453x+45. 53
R²=0. 978
ln[(dα/dT)/f(α)]
1/T
G(α)7
Linear Fit
y=-21618x+27. 86
R²=0. 981
ln[G(α)/T²]
1/T

(j)

(k)

(l)

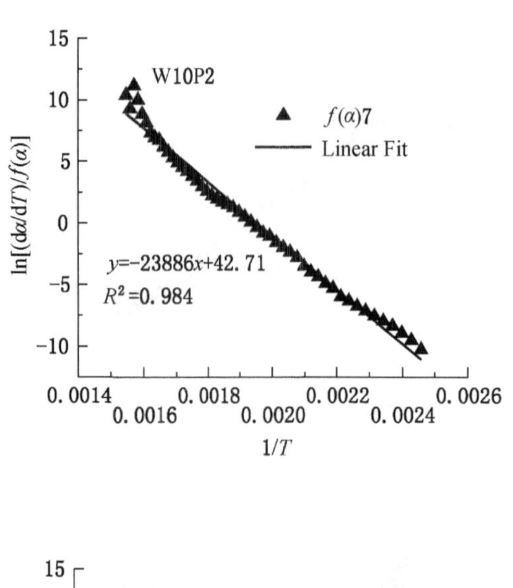

W10P2
f(α)7
Linear Fit
y=-23886x+42. 71
R²=0. 984
ln[(dα/dT)/f(α)]
1/T

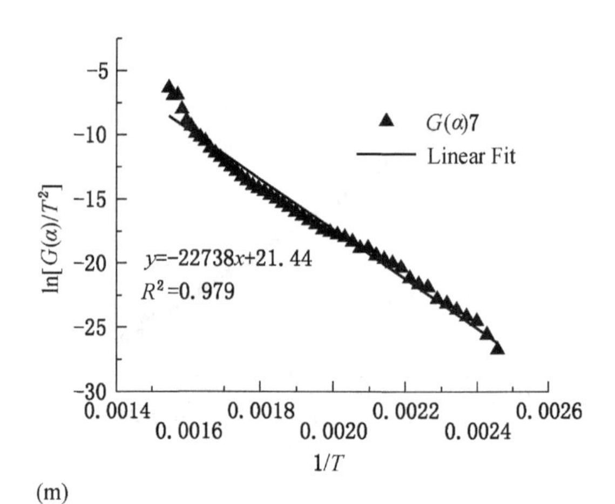

G(α)7
Linear Fit
y=-22738x+21. 44
R²=0. 979
ln[G(α)/T²]
1/T

(m)

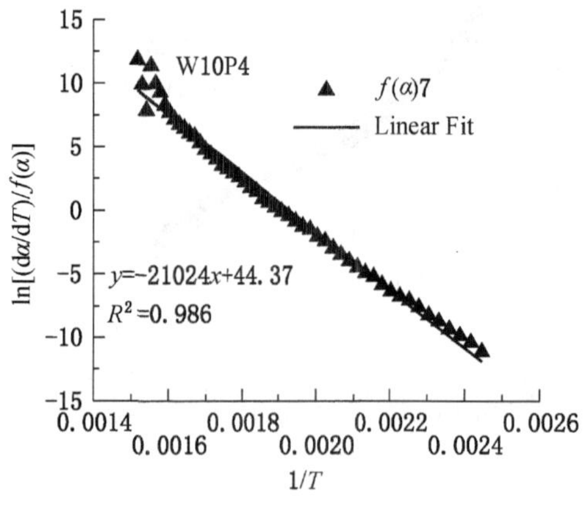

W10P4
f(α)7
Linear Fit
y=-21024x+44. 37
R²=0. 986
ln[(dα/dT)/f(α)]
1/T

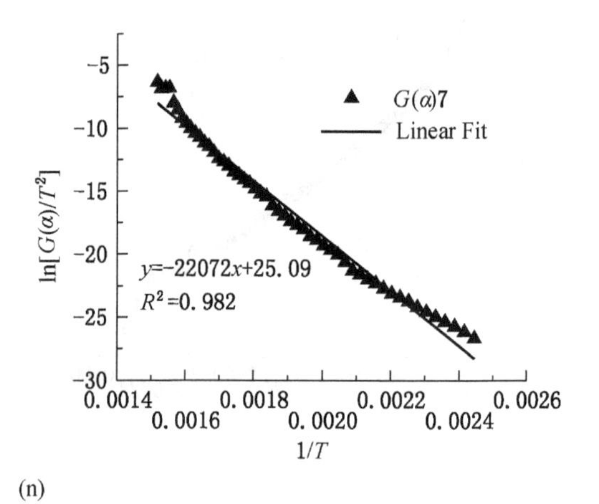

G(α)7
Linear Fit
y=-22072x+25. 09
R²=0. 982
ln[G(α)/T²]
1/T

(n)

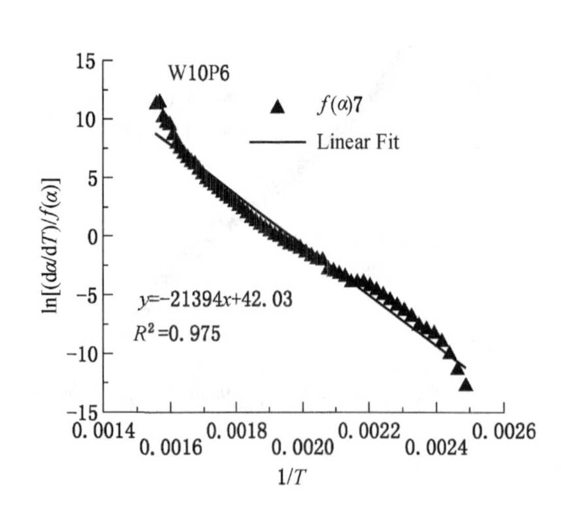

W10P6
f(α)7
Linear Fit
y=-21394x+42. 03
R²=0. 975
ln[(dα/dT)/f(α)]
1/T

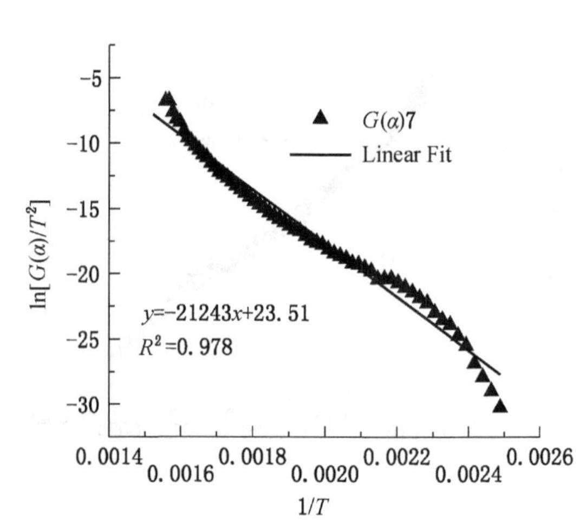

G(α)7
Linear Fit
y=-21243x+23. 51
R²=0. 978
ln[G(α)/T²]
1/T

(o)

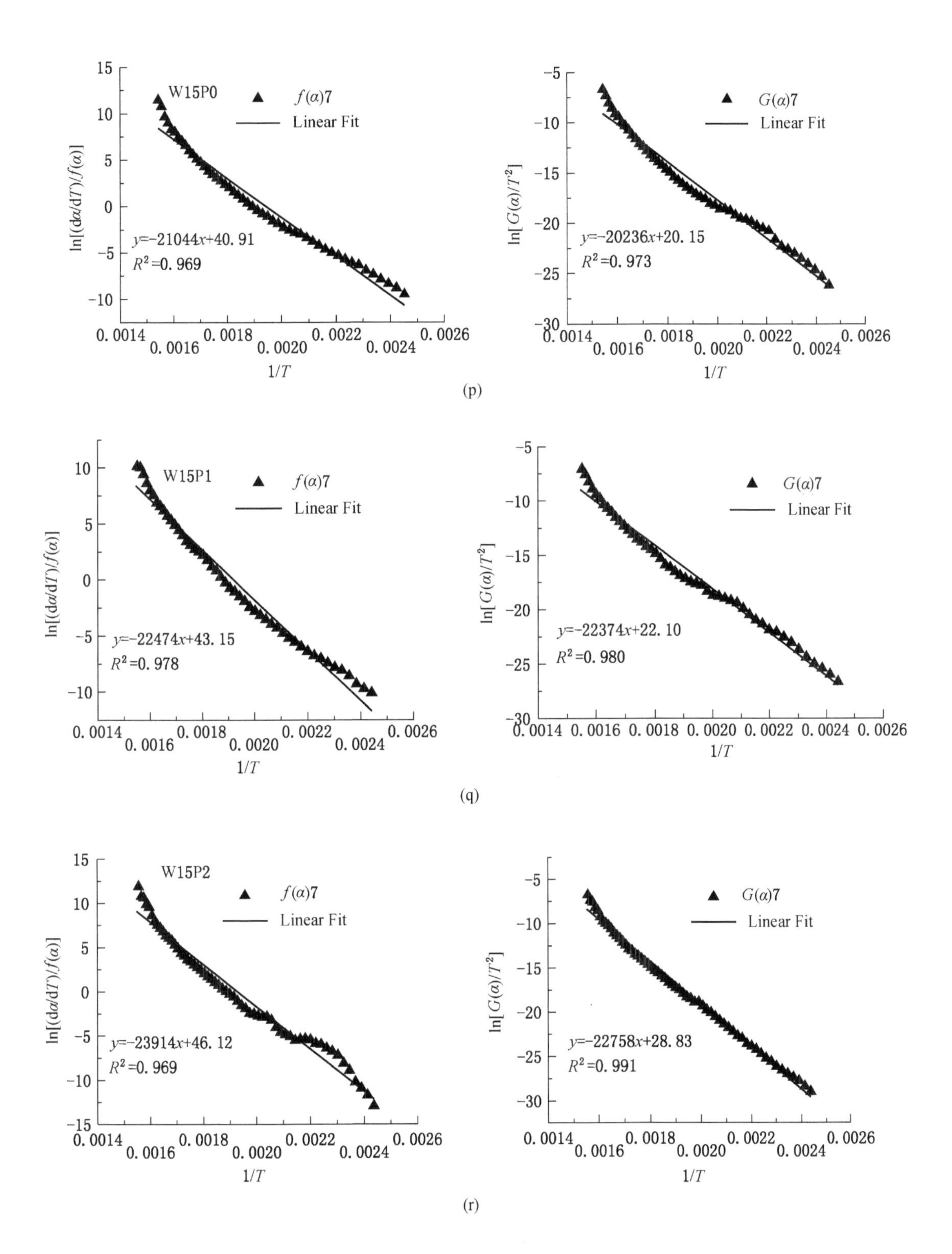
W15P0
$f(\alpha)7$
Linear Fit
$y=-21044x+40.91$
$R^2=0.969$
$\ln[(d\alpha/dT)/f(\alpha)]$
1/T
$G(\alpha)7$
Linear Fit
$y=-20236x+20.15$
$R^2=0.973$
$\ln[G(\alpha)/T^2]$
1/T
(p)
W15P1
$f(\alpha)7$
Linear Fit
$y=-22474x+43.15$
$R^2=0.978$
$\ln[(d\alpha/dT)/f(\alpha)]$
1/T
$G(\alpha)7$
Linear Fit
$y=-22374x+22.10$
$R^2=0.980$
$\ln[G(\alpha)/T^2]$
1/T
(q)
W15P2
$f(\alpha)7$
Linear Fit
$y=-23914x+46.12$
$R^2=0.969$
$\ln[(d\alpha/dT)/f(\alpha)]$
1/T
$G(\alpha)7$
Linear Fit
$y=-22758x+28.83$
$R^2=0.991$
$\ln[G(\alpha)/T^2]$
1/T
(r)

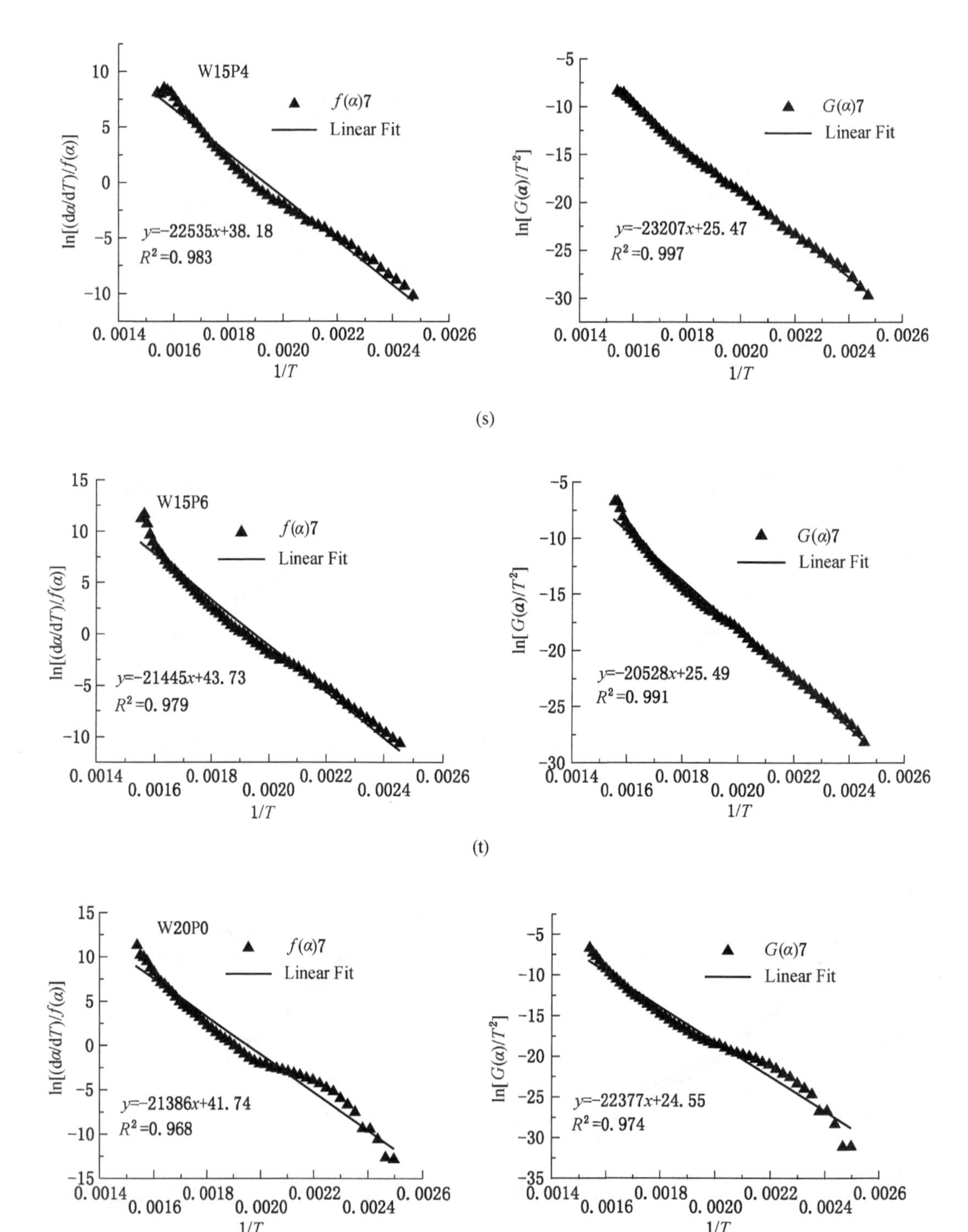
W15P4
$f(\alpha)7$
Linear Fit
y=-22535x+38. 18
R^2=0. 983
ln[(dα/dT)/$f(\alpha)$]
1/T
$G(\alpha)7$
Linear Fit
y=-23207x+25. 47
R^2=0. 997
ln[$G(\alpha)/T^2$]
1/T
(s)
W15P6
$f(\alpha)7$
Linear Fit
y=-21445x+43. 73
R^2=0. 979
ln[(dα/dT)/$f(\alpha)$]
1/T
$G(\alpha)7$
Linear Fit
y=-20528x+25. 49
R^2=0. 991
ln[$G(\alpha)/T^2$]
1/T
(t)
W20P0
$f(\alpha)7$
Linear Fit
y=-21386x+41. 74
R^2=0. 968
ln[(dα/dT)/$f(\alpha)$]
1/T
$G(\alpha)7$
Linear Fit
y=-22377x+24. 55
R^2=0. 974
ln[$G(\alpha)/T^2$]
1/T
(u)

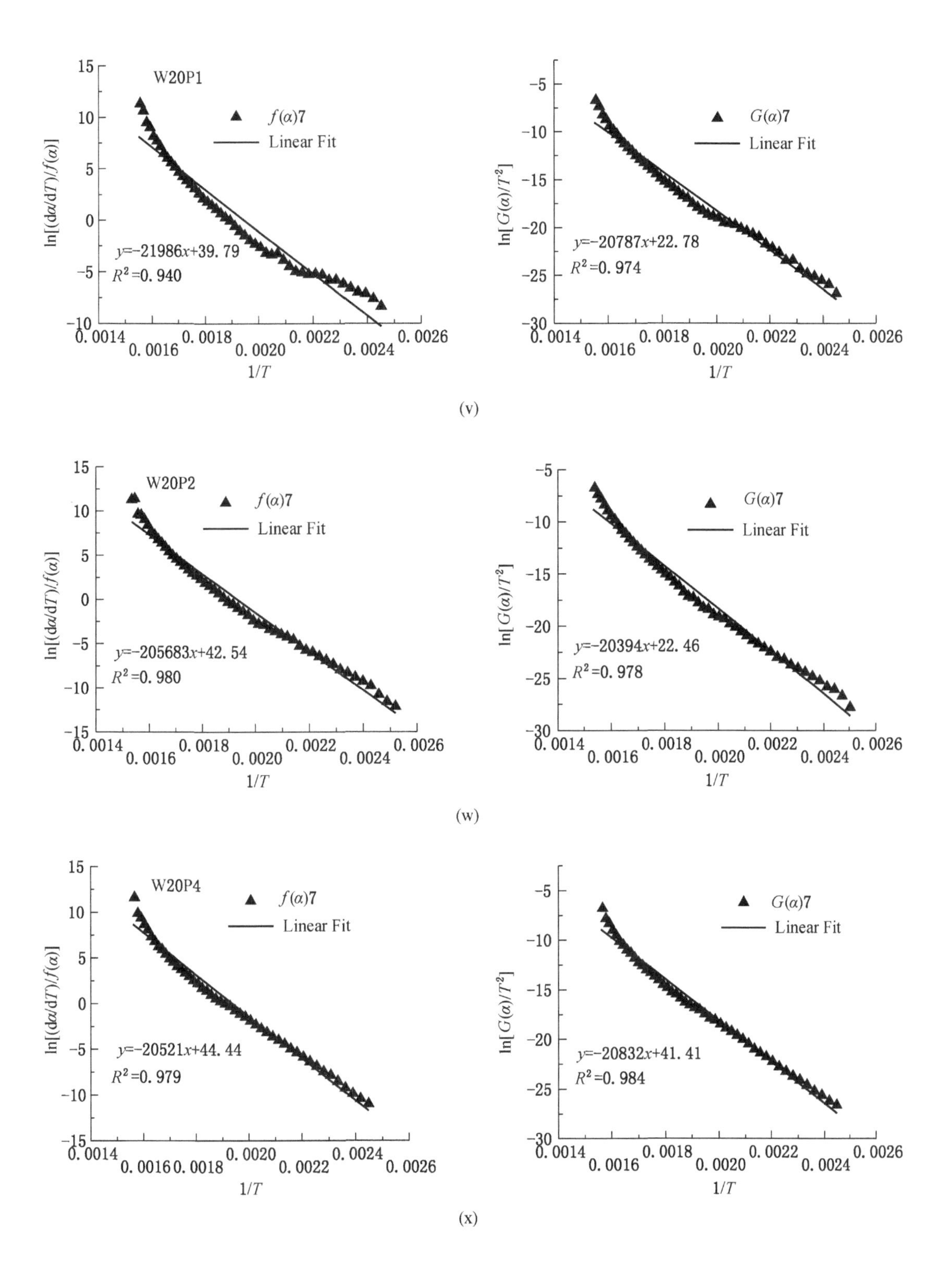
W20P1
f(α)7
Linear Fit
y=-21986x+39.79
R²=0.940
ln[(dα/dT)/f(α)]
1/T
G(α)7
Linear Fit
y=-20787x+22.78
R²=0.974
ln[G(α)/T²]
1/T
W20P2
f(α)7
Linear Fit
y=-205683x+42.54
R²=0.980
ln[(dα/dT)/f(α)]
1/T
G(α)7
Linear Fit
y=-20394x+22.46
R²=0.978
ln[G(α)/T²]
1/T
W20P4
f(α)7
Linear Fit
y=-20521x+44.44
R²=0.979
ln[(dα/dT)/f(α)]
1/T
G(α)7
Linear Fit
y=-20832x+41.41
R²=0.984
ln[G(α)/T²]
1/T

(v)

(w)

(x)

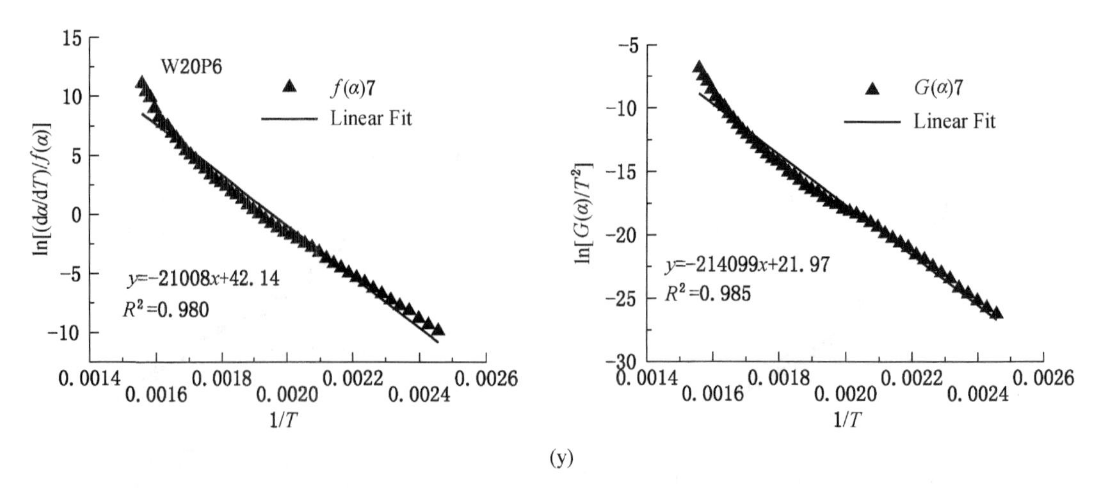

(y)

图 6-10 煤样吸氧增重阶段 $\ln[G(\alpha)/T^2]$、$\ln[(d\alpha/dT)/f(\alpha)]$ 与 $1/T$ 拟合曲线

对 18 个机理函数的微分方程和积分方程分别进行拟合，由于样品和升温速率较多，仅以 W1P0 为例进行说明。表 6-13 总结了 W1P0 样品在 10 ℃/min 时，在 18 个机理函数下的微分与积分结果。

表 6-13 W1P0 煤样在不同机理函数下的微分与积分动力学参数

函数	微分			积分		
	R	$E_a/(J\cdot mol^{-1})$	A	R	$E_a/(J\cdot mol^{-1})$	A
1	—	—	—	—	—	—
2	—	—	—	—	—	—
3	—	—	—	—	—	—
4	0.978	194988	895522	0.981	193042	772540
5	0.910	159820	654311	0.932	108927	458521
6	0.852	201542	895621	0.821	156982	805692
7	0.935	215982	698548	0.952	189651	785692
8	0.896	201896	589652	0.856	202590	586348
9	—	—	—	—	—	—
10	—	—	—	—	—	—
11	0.896	218974	658921	0.895	198653	569899
12	—	—	—	—	—	—
13	—	—	—	—	—	—
14	0.893	159352	489235	0.935	158935	485635
15	0.932	189621	459863	0.893	186325	489658
16	—	—	—	—	—	—
17	—	—	—	—	—	—
18	—	—	—	—	—	—

注：—表示在微分或者积分阶段拟合度较低，直接排除。

比较积分与微分，取拟合度 R 较大并且斜率相差不大的机理函数，根据得到的曲线最终计算表观活化能 E_a 与指前因子 A。将得到的表观活化能 E_a 与指前因子 A 求平均值，最终得出各个煤样在吸氧增重阶段的平均表观活化能 E_a、指前因子 A。不同煤样的动力学参数见表 6-14，煤样氧化过程表现活化能变化如图 6-11 所示。

通过对其余样品在 18 个机理函数中求得平均表观活化能综合比较，最终确定出煤样的最佳概然机理函数为 $n=4$ 的 Avrami-Erofeev 方程，此时该机理方程拥有最佳的拟合度，微分和积分表达式分别为 $\frac{1}{4}(1-\alpha)[-\ln(1-\alpha)]^{-3}$ 和 $[\ln(1-\alpha)]^{4}$。

表6-14 不同煤样的动力学参数

样品	微分			积分			$\bar{E}_a/(J \cdot mol^{-1})$	$\bar{A}$
	R	$E_a/(J \cdot mol^{-1})$	A	R	$E_a/(J \cdot mol^{-1})$	A		
W1P0	0.978	194988	895522	0.981	193042	772540	193818	834031
W1P1	0.981	187663	852468	0.958	171218	647329	179047	749898
W1P2	0.998	170611	751641	0.998	167876	620905	169243	686273
W1P4	0.975	186108	843449	0.984	168375	628740	177242	736095
W1P6	0.983	164135	719065	0.997	184629	718951	184034	719008
W5P0	0.969	198821	916204	0.991	199270	805664	199045	860934
W5P1	0.980	182932	825210	0.978	169830	635634	176382	730422
W5P2	0.969	174959	781021	0.973	157433	568686	166196	674854
W5P4	0.978	186848	846074	0.98	167103	622180	176976	734127
W5P6	0.967	184953	839646	0.975	177412	685677	181182	762661
W10P0	0.967	182625	827001	0.988	183523	721052	183074	774026
W10P1	0.969	174635	779574	0.973	156245	564392	165441	671983
W10P2	0.964	161566	706174	0.967	159238	577753	160402	641964
W10P4	0.94	169098	749210	0.974	171700	645557	170402	697384
W10P6	0.961	179665	810521	0.978	178634	693915	179150	752218
W15P0	0.979	190648	870034	0.984	173197	775684	181922	822859
W15P1	0.968	177803	798010	0.974	177811	684536	177807	741273
W15P2	0.964	169929	752894	0.974	170628	641525	170279	697209
W15P4	0.958	179191	806297	0.985	164658	611910	171925	709103
W15P6	0.968	183099	825960	0.978	169555	634607	176327	730283
W20P0	0.978	194988	895522	0.981	193042	772540	194015	834031
W20P1	0.986	191421	873199	0.982	181444	703271	186433	788235
W20P2	0.984	181960	821695	0.979	161241	594476	171601	708085
W20P4	0.975	177869	799789	0.978	171093	649766	174481	724778
W20P6	0.981	206827	960224	0.964	173471	659682	190149	809953

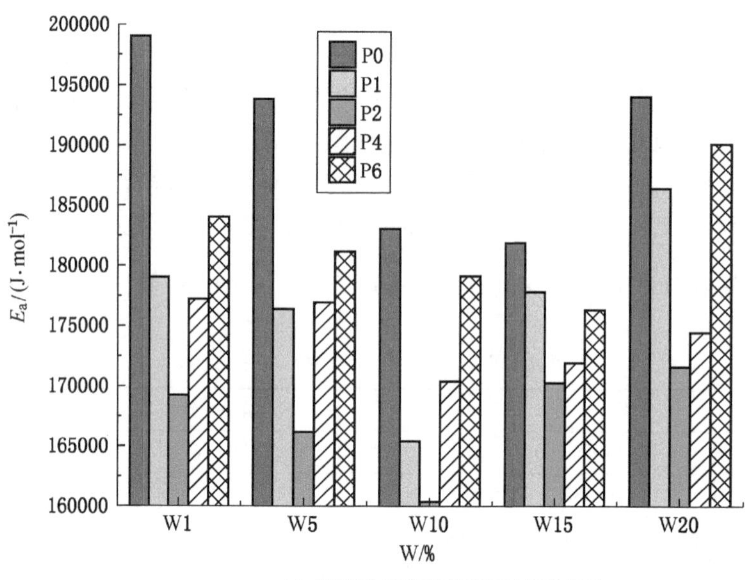

(a) 黄铁矿对煤样表观活化能的影响

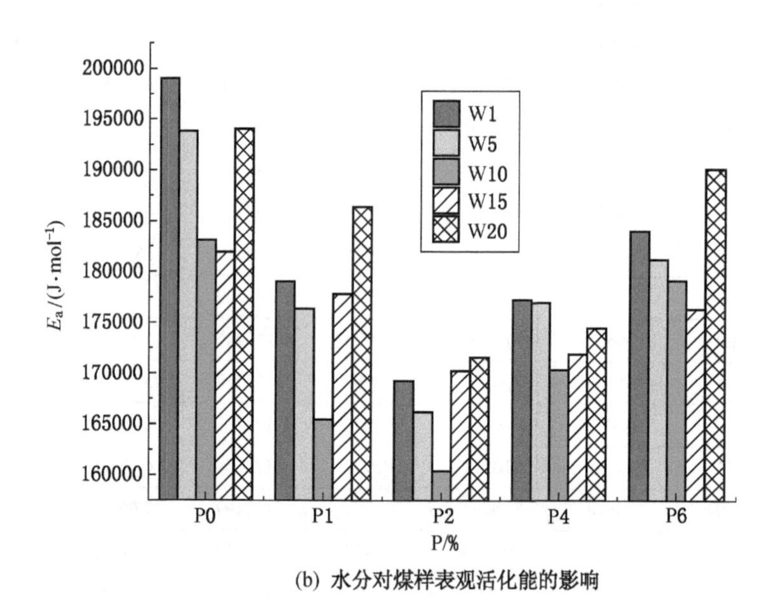

(b) 水分对煤样表观活化能的影响

图 6-11　煤样氧化过程表观活化能变化图

分析图 6-11a 可以发现，随黄铁矿含量的增加，煤样的平均表观活化能先减小后增加，在黄铁矿含量为 2%时达到最小，并且可以清楚地发现当黄铁矿含量增加到 6%时，表观活化能又开始增加。在黄铁矿含量为 0 时表观活化能整体呈现最大值，当水分含量为 10%、黄铁矿含量为 2%时的表观活化能最小，为 160402 J/mol，相比于水分含量为 1%、黄铁矿为 0 时的煤样，表观活化能减少了 33416 J/mol，这说明当水分含量为 10%、黄铁矿含量为 2%时的煤样更容易发生氧化反应，需要的能量最少。在水分含量为 1%时，可以发现随着黄铁矿含量的增加，煤样的表观活化能先减小后增大，但是当水分逐渐增多时，表观活化能下降和上升的规律发生变化，下降及上升的幅度降低，这是由于过多的水分将煤氧化反应进程打破，由促进作用变为抑制作用。

由图 6-11b 可以清楚地发现，当煤样含水量为 10%～15% 时，煤样的表观活化能最小，这说明此水分情况下，煤样氧化需要的能量最少，更容易发生化学反应。随着水分的增加，当水分含量为 15% 时，最大表观活化能相差由最初的 193818 J/mol 降低到 181922 J/mol。当水分含量为 15% 时，表观活化能开始增加，这表示水分含量 15% 为煤样的氧化活性临界点，在临界点前水分促进煤的氧化。这是因为当水分存在时，水分中含有大量的 H^+，H^+ 存在的液膜使煤分子处于富氧环境，促进煤与氧之间的吸附作用，煤只需要更低的能量就能发生氧化反应。在临界点后活化能又增加，氧化反应变得困难，这主要是水分与黄铁矿生成的 $Fe(OH)_3$ 胶体与水氧络合物相互作用，水分在煤分子表面形成的水膜能够阻挡煤活性分子与氧气接触，另一方面氧化升温过程中水分蒸发时会起到抑制作用。

但是总体可以发现，当煤样受到水分与黄铁矿协同影响时，煤样的表观活化能整体降低，氧化活性增强，并且存在着水分与黄铁矿的临界含量点，分别为 10%、2%。在另一方面也反映出水分与黄铁矿对煤活性基团的化学反应带来变化，在氧化过程中表现为表观活化能的变化，在吸氧增重阶段煤分子需要更少的能量来完成煤氧吸附的反应。

对煤样氧化过程中的概然机理进行分析，可以发现不同水分与黄铁矿煤样在吸氧增重阶段的机理函数并未发生变化。这说明水分与黄铁矿虽然可以促进煤的氧化进程，但是反应机制未发生变化，也表明水分与黄铁矿可以外在影响煤样的氧化程度，但并未从根本上改变氧化机理。

6.5 本章小结

本章通过对不同水分与黄铁矿含量的 25 个煤样进行热重分析实验，首先标定出各煤样的 5 个特征温度点：最大失水速率温度点 T_1、干裂温度点 T_2、活性温度点 T_3、增速温度点 T_4、质量极大值温度点 T_5，并对各个温度点处的失重速率进行比较，揭示水分与黄铁矿对质量、特征温度的影响规律。其次对水分蒸发及脱附阶段和吸氧增重阶段的温度变化及质量变化率进行分析比较，并运用普适积分与微分相结合的方法，计算多升温速率下煤样在吸氧增重阶段的表观活化能与最概然机理函数，并得到以下结论：

（1）煤氧化过程中的特征温度受水与伴生黄铁矿协同影响发生变化，整体较其他无烟煤呈现降低的趋势，并在黄铁矿含量为 2%～4%、水分含量 10%～15% 协同存在时影响最大，这表明水与黄铁矿能够加速煤氧复合反应进程。每个阶段的温度变化区间随黄铁矿含量的变化也各不相同，这与每个阶段活性基团参与反应的数量有关。这种促进氧化作用持续到水分含量 15% 时，并在 20% 时转为抑制。随着黄铁矿含量的增加，T_1 在 2%～4% 的范围内出现最小的温度点，T_2 先增加后减小，T_4 与 T_5 在 4% 时出现极值温度。水分为 10% 煤的 T_1 最小，随着水分的增加，T_1 逐渐减小，到 15% 达到最小值。T_2 在黄铁矿含量为 4% 以下表现出先下降后上升的趋势。T_3 随水分的增多而增加，但是当黄铁矿增加时极小值变为极大值，这说明 T_3 受到水分与黄铁矿的综合影响。T_4 在水分含量为 15% 时出现极小值。在水分含量为 15% 时，T_5 出现极小值。

（2）煤氧化过程中的质量及质量变化率受水与伴生黄铁矿协同影响发生变化，整体呈现先降低再升高的趋势，并在水分蒸发及吸氧增重阶段表现不同。在水分蒸发阶段：煤的质量整体减小，但随着黄铁矿含量的增加，煤样的质量先增大后减小再增大。随着水分含量的增加，质量先减小后增大再减小。水分含量越高，在蒸发阶段失去的质量就越多；在吸氧增重阶段：煤样的质量整体增大，但随着黄铁矿含量的增加，先减小后增大再减小。随着水分含量的增加，质量增加率逐渐减小。煤样的质量损失及吸氧增重受多方面因素的影响，水分蒸发、蒸气压、水与黄铁矿反应生成物、活性基团增减等，在黄铁矿含量为2%～4%和水分含量10%～15%时对质量变化贡献度最大。这是因为水分与黄铁矿反应时，煤分子中形成的$Fe(OH)_3$胶体与水氧络合物相互作用影响煤分子的氧化。

（3）水分与黄铁矿协同作用能够降低煤氧化过程的表观活化能，随着水分与黄铁矿含量的增加，煤样的表观活化能先降低后增加，其临界点为水分含量10%～15%与黄铁矿含量2%～4%，说明适量的水分与黄铁矿可以促进氧化反应的进行，过高的水分能够抑制煤的氧化反应。并且在水分与黄铁矿协同影响煤的氧化反应中，反应过程遵循的都是$n=4$的Avrami-Erofeev方程，这说明水分与黄铁矿虽然可以促进与延缓煤的氧化进程，但是并不能改变反应机制，也表明水分与黄铁矿可以外在影响煤样的氧化进程，但并未从根本上改变反应发生机理。

7 水与伴生黄铁矿协同影响煤的热效应动力学变化特征

煤的氧化过程包含复杂的化学反应，化学反应所引起的微观结构的变化会引起热效应特征的变化。通过第6章研究可知，水与伴生黄铁矿会影响煤氧化过程中特征温度、质量等宏观特性参数的变化，同时在氧化过程中，还存在着对宏观热效应及反应活化能等动力学参数的影响。因此为了进一步研究水与伴生黄铁矿对煤低温氧化放热的影响，本章通过C80微量热仪测试含不同水分和伴生黄铁矿的白皎无烟煤放热过程的热流强度变化，并采用多升温速率的热分析方法计算煤的热反应动力学参数，揭示水与伴生黄铁矿协同影响煤的热效应动力学变化特征。

7.1 微量量热实验方法

7.1.1 实验原理及装置

采用法国SETARAM公司生产的CALVET式热量计，该仪器能直接测量样品变化过程的吸、放热情况，输出数据为样品发生物理化学变化时的热流率。利用带有压力传感器的样品池，可以测得样品在物理化学变化过程中的压力变化。C80能体现实验样品的热特性，确保测试的精准度及热量变化等优点，其主要由量热计系统、电池模块系统、CS控制系统、逆转配件系统、辅助恒温系统、多种反应样品池等组成，具体如图7-1、图7-2所示。

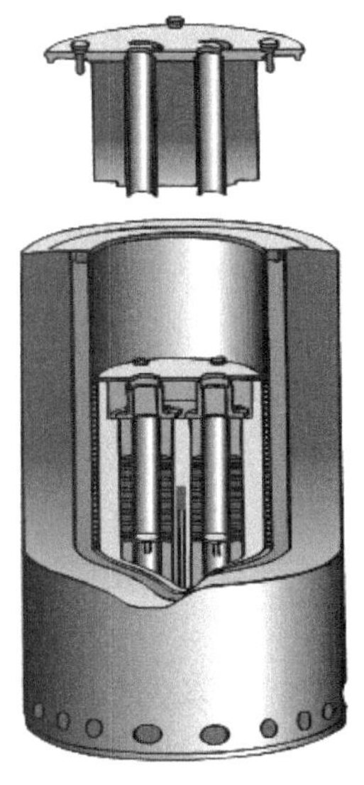

图7-1 C80量热系统

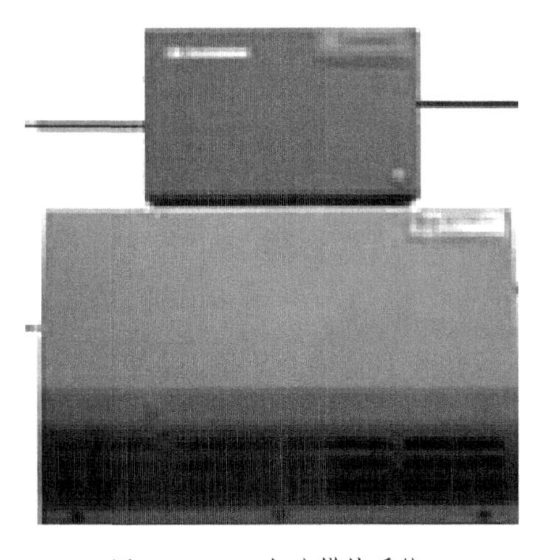

图7-2 C80电池模块系统

7.1.2 实验过程

实验条件如下：煤样质量为（1600±3）mg，以 0.4 ℃/min、0.6 ℃/min、0.8 ℃/min 的升温速率将煤样从 30 ℃升到 200 ℃，通入 50 mL/min 的空气。

实验过程：称取（1600±3）mg 的煤样放入 C80 微量热仪的样品池中；连接好样品池和参比池的进出口气路，向反应池和参比池中以 50 mL/min 的速率通入空气；设定初始温度为仪器所处的环境温度，以 0.4 ℃/min、0.6 ℃/min、0.8 ℃/min 的速率加热样品，直至 200 ℃；采集煤样在低温氧化过程中的各项参数，包括炉温、煤温以及热流参数。

7.2 煤氧化热效应变化特征

7.2.1 热流曲线变化特征

1. 水分对热流曲线变化的影响

通过测试得到煤样氧化过程热流曲线（图 7-3）。由图 7-3 可以发现，煤在低温氧化过程中的热流变化曲线表现为先降低后升高。在实验开始阶段热流曲线随温度升高而降低，且随含水量的增大，热流降低的幅度也增大。这主要是因为煤样的比热容远大于参比池材质的比热容，在实验系统升温开始时，煤样温度升高速度显著低于参比池，因此，热流强度值为负值并不断的减小，这需要一定的时间才能达到热平衡。同时在初始阶段煤反应过程主要为水分蒸发和气体解析，因此会造成热流曲线显示为吸热。随着反应温度的升高，煤与氧气的氧化反应强度不断增加，放热强度也明显的增大，而煤样中水分蒸发量逐渐降低，吸热强度也逐渐减少。

由图 7-4 可以看出，随着升温速率的增大及温度的增加，升温速率大的放热曲线向高温方向移动。在所有的样品中都出现类似的现象，由此可见这与样品添加水分与黄铁矿的量无明显的直接关系。出现这一现象的原因是，煤在升温加热的过程中，升温速率越小，煤样与热传质之间的传热越充分，而高升温速率的加热，煤中含有的易发生分解反应的分子和焦油的裂解时间缩短，导致焦油量增加，部分结构来不及裂解，使产物逸出向高温漂移，因而产生了滞后现象。同时，随着温度的升高，还可以发现煤受到不同升温速率造成

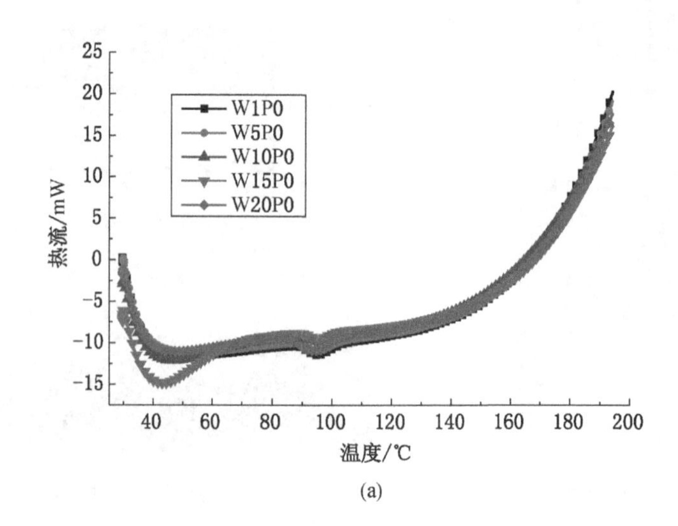

(a)

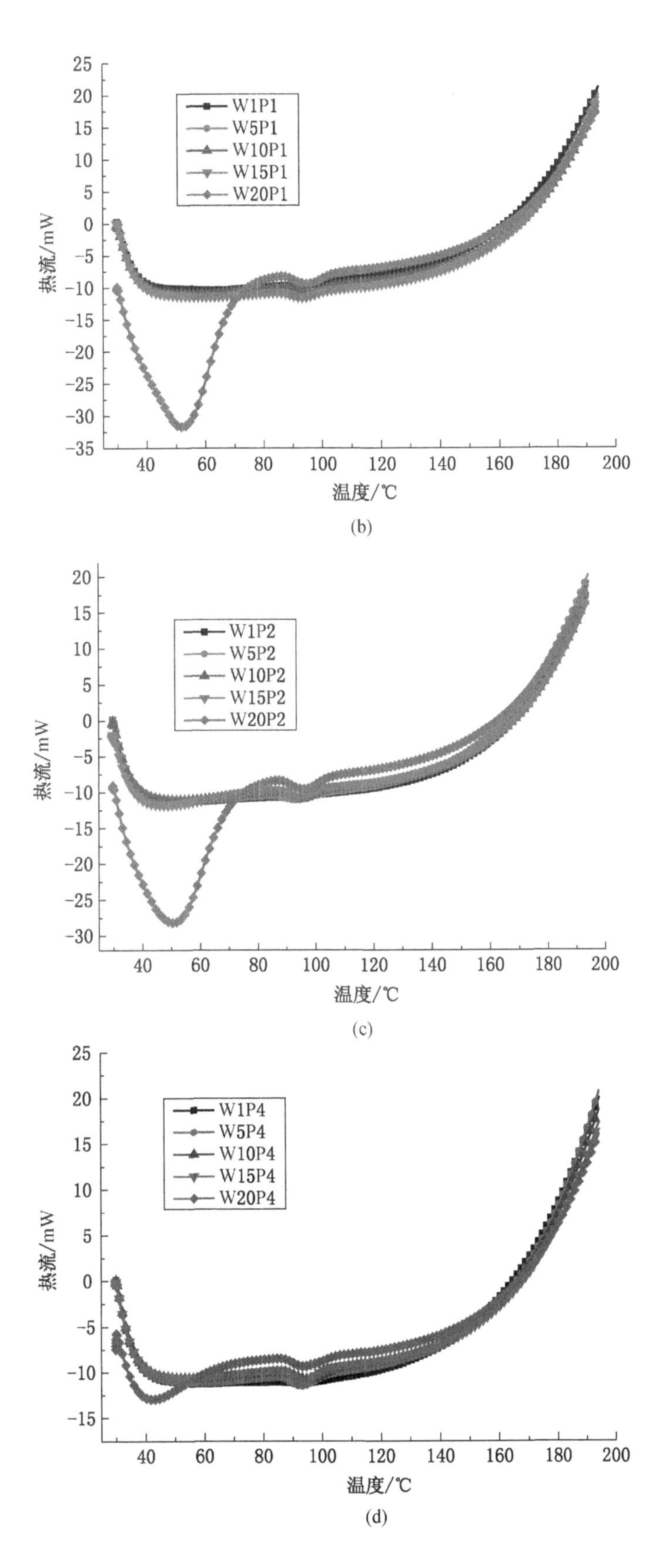

W1P1
W5P1
W10P1
W15P1
W20P1
热流/mW
温度/℃
W1P2
W5P2
W10P2
W15P2
W20P2
热流/mW
温度/℃
W1P4
W5P4
W10P4
W15P4
W20P4
热流/mW
温度/℃

(b)

(c)

(d)

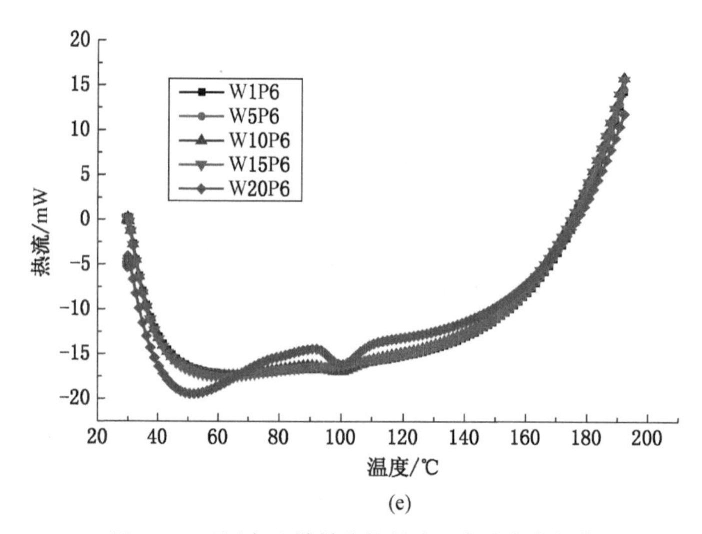

(e)

图 7-3 不同水分煤样放热量随温度的变化规律

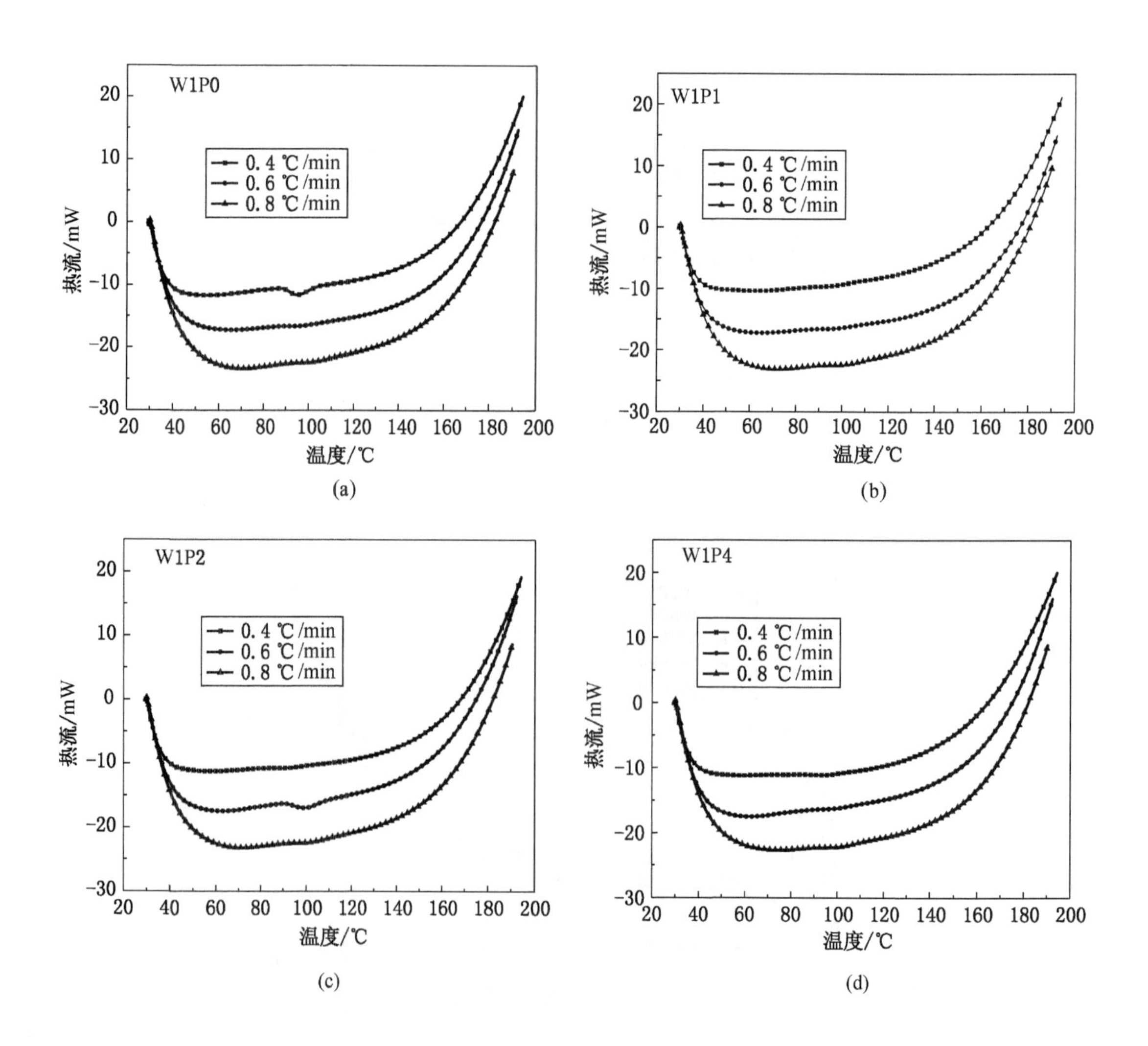

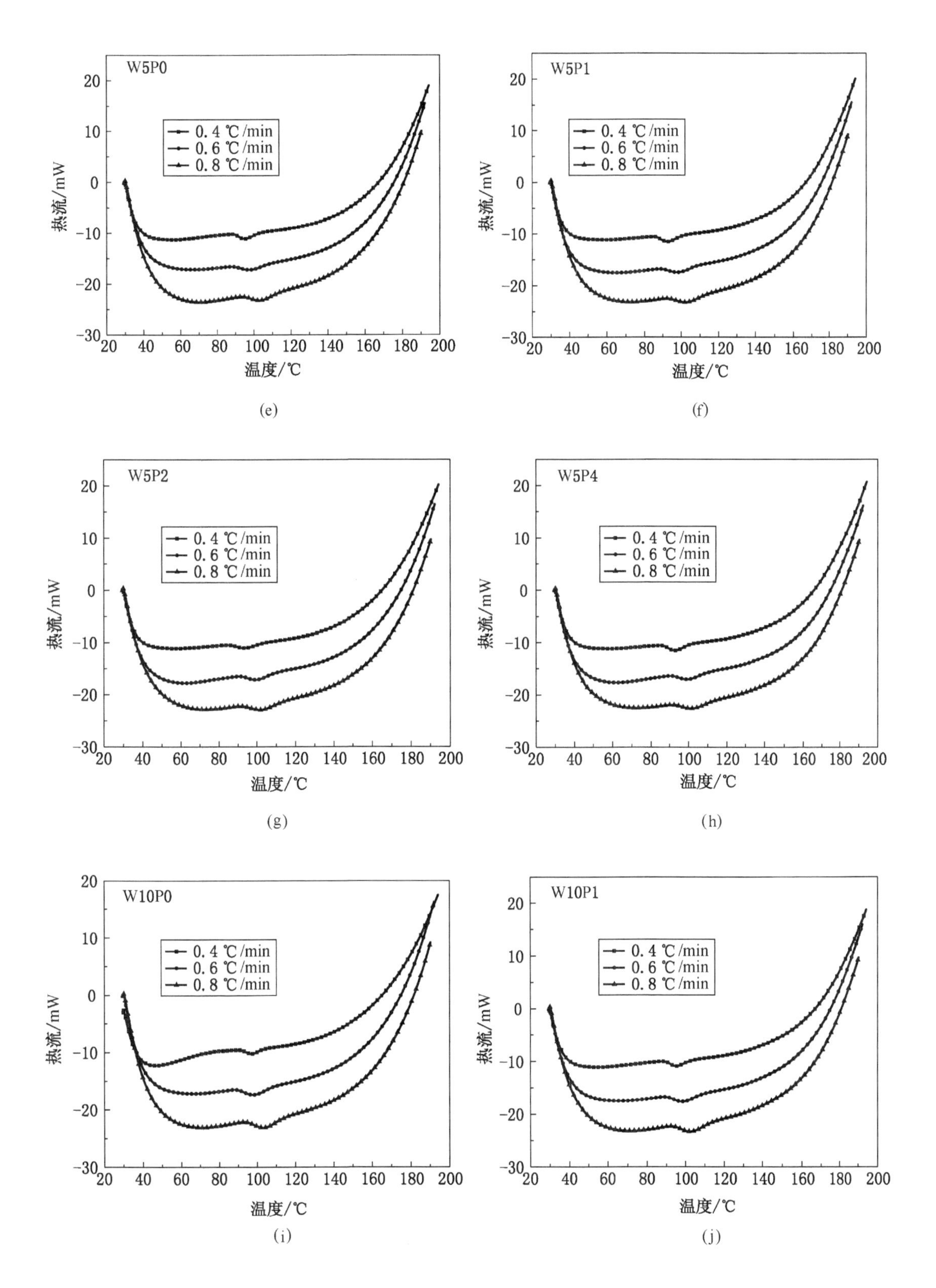
W5P0
W5P1
W5P2
W5P4
W10P0
W10P1
0.4 ℃/min
0.6 ℃/min
0.8 ℃/min
热流/mW
温度/℃
(e)
(f)
(g)
(h)
(i)
(j)

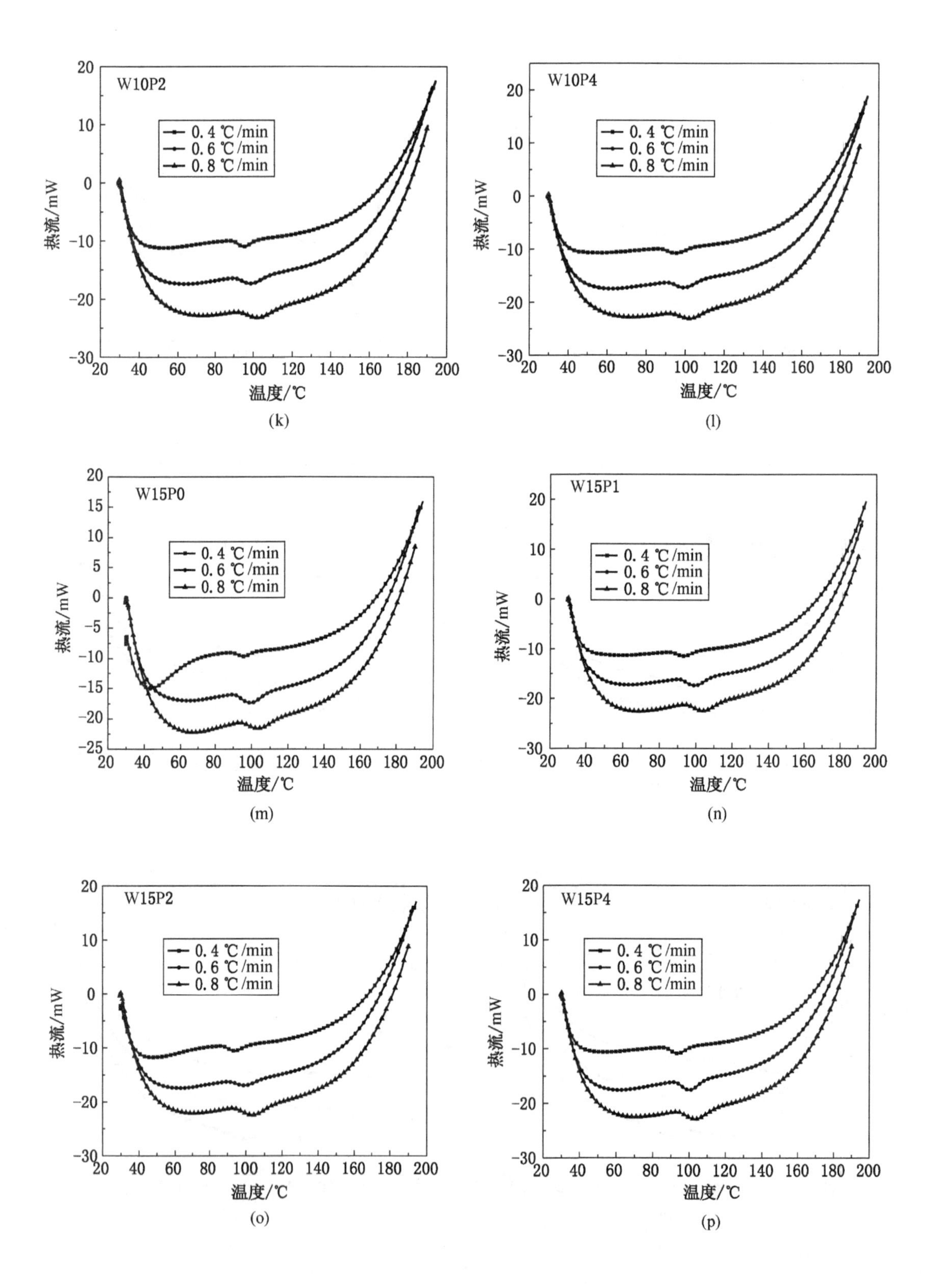
W10P2
0.4 ℃/min
0.6 ℃/min
0.8 ℃/min
热流/mW
温度/℃
W10P4
0.4 ℃/min
0.6 ℃/min
0.8 ℃/min
热流/mW
温度/℃
W15P0
0.4 ℃/min
0.6 ℃/min
0.8 ℃/min
热流/mW
温度/℃
W15P1
0.4 ℃/min
0.6 ℃/min
0.8 ℃/min
热流/mW
温度/℃
W15P2
0.4 ℃/min
0.6 ℃/min
0.8 ℃/min
热流/mW
温度/℃
W15P4
0.4 ℃/min
0.6 ℃/min
0.8 ℃/min
热流/mW
温度/℃

(k) (l) (m) (n) (o) (p)

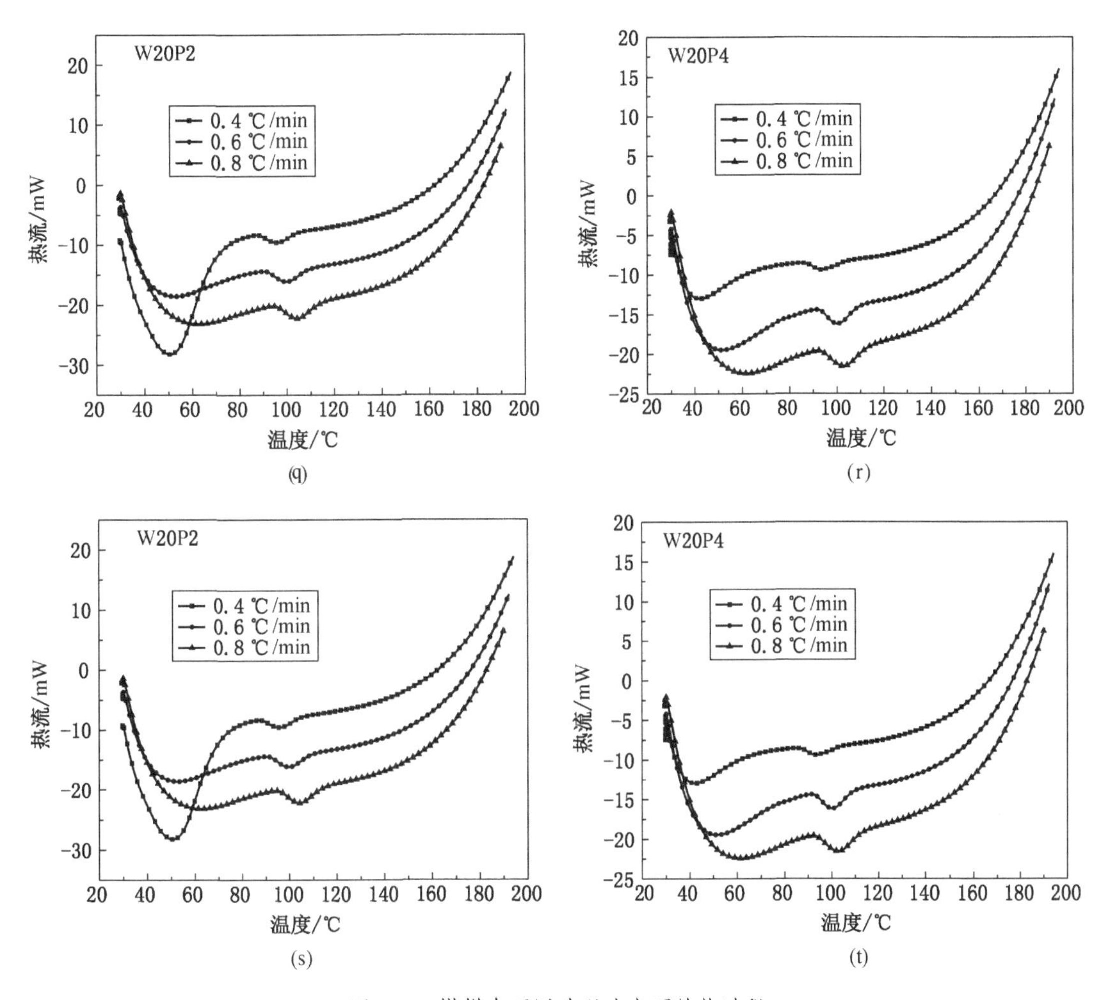

图 7-4 煤样在不同升温速率下放热过程

的差异也越来越小，这是因为在干裂温度以后，煤样中表面存在的不同反应活性的结构，此时因为温度的增加，活性分子在此刻持续的时间变短，升温速率在此时的影响变小。

T_0 是热流强度最小点值的温度，dHF = 0。因此，T_0 被定义为煤的初始放热温度。水的比热容为 4.2×10^3 J/(kg · ℃)，明显大于煤和样品池的比热容。同时煤中水分和黄铁矿也会发生复杂的化学反应，在不同的状态吸热放热特征不同。氧化初期热流强度会随水分和黄铁矿含量的变化而发生变化，在热流达到最低点后，随温度的升高，煤的热流曲线逐渐升高，在 90~100 ℃时不同水分含量煤的热流曲线显著降低，这是由于在此温度阶段煤中的水分大量蒸发造成的。在水分蒸发完后，煤样的热流曲线随温度增大而不断升高。由于水分和伴生黄铁矿含量的不同导致煤在不同温度阶段的热流曲线出现区别。从图 7-3 中可以看出，含有不同水分的煤样，氧化过程的热释放变化规律趋势基本一致，观察放热曲线可以发现放热过程具有典型的分阶段特征，以 W1% P0 煤样为例进行阶段划分的说明(图 7-4)。

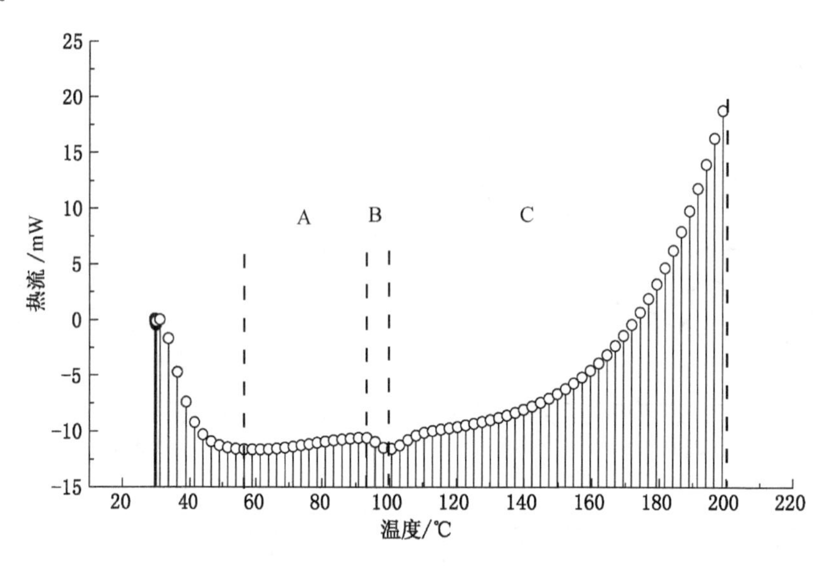

图 7-5 W1P1 煤样放热过程

煤样放热过程如图 7-5 所示，由图 7-5 可知，W1P0 煤样从初始放热温度开始放热会经历三个阶段：A 阶段从 55 ℃开始，至 87 ℃结束为缓慢放热阶段，该阶段煤的氧化温度低，加之水分缓慢蒸发的影响，导致煤的热流曲线位置较低，氧化放热强度较低，放热量较小；B 阶段从 87 ℃开始，至 95 ℃结束为水分蒸发阶段，也被定义为放热减少阶段，主要是由煤中的水分大量蒸发吸热造成的；C 阶段从 95 ℃开始，至 195 ℃结束为快速放热阶段，进入此阶段后，煤的氧化温度较高，随温度升高煤的氧化强度快速增大，表现为热流强度快速升高，此阶段是煤低温氧化放热的主要阶段。通过对图 7-3 和图 7-4 进行数据分析提取，得到不同含水量煤样低温氧化阶段的开始和结束温度（表 7-1）。

在表 7-1 中可发现，在水分蒸发阶段，随着水分的增加，起始温度呈波动性变化。当水分含量为 15%时，水分蒸发阶段持续的温度段最短。在缓慢放热阶段和快速放热阶段，随煤中水分含量的增大，起始温度均表现为先减小后增大，在水分含量为 10%~15%时，起始温度相对较小。当水分含量在 15%~20%时，起始温度升高，这说明在水分增加的同时，蒸发及氧化反应需要的热量也逐渐增多。这是因为黄铁矿在潮湿环境下生成$Fe(OH)_3$胶体，一方面消耗水分时会消耗热量，另一方面 $Fe(OH)_3$ 胶体在促使煤氧化的进程中也需要一定热量。

表 7-1 不同含水量煤样各阶段起止温度 ℃

样品	缓慢放热阶段		水分蒸发（放热减少）阶段		快速放热阶段	
	开始	结束	开始	结束	开始	结束
P0W1	55.13	90.91	90.91	97.18	97.18	194.26
P0W5	54.28	88.15	88.15	95.06	95.06	194.18

表 7-1（续） ℃

样品	缓慢放热阶段		水分蒸发（放热减少）阶段		快速放热阶段	
	开始	结束	开始	结束	开始	结束
P0W10	53.28	87.57	87.57	95.15	95.15	194.22
P0W15	52.12	84.63	84.63	93.69	93.69	194.17
P0W20	47.56	89.34	89.34	95.36	95.36	194.25
P1W1	56.90	88.18	88.18	95.04	95.04	194.27
P1W5	55.02	85.72	85.72	92.64	92.64	194.32
P1W10	52.97	84.74	—	—	84.74	194.22
P1W15	51.86	87.07	87.07	94.86	94.86	194.35
P1W20	51.71	86.01	86.01	93.12	93.12	194.19
P2W1	56.53	88.71	88.71	95.11	95.11	194.25
P2W5	52.38	85.62	85.62	93.31	93.31	194.18
P2W10	52.14	81.58	—	—	81.58	194.15
P2W15	47.66	87.93	87.93	95.93	95.93	194.18
P2W20	50.39	86.76	86.76	93.75	93.75	194.14
P4W1	53.26	87.14	87.14	95.18	95.18	194.31
P4W5	54.02	85.68	85.68	92.79	92.79	194.26
P4W10	51.13	84.31	—	—	84.31	194.22
P4W15	48.16	85.65	85.65	94.60	94.60	194.27
P4W20	49.96	86.54	86.54	93.73	93.73	194.19
P6W1	52.56	89.18	89.18	97.32	97.32	194.19
P6W5	55.26	86.50	86.50	93.27	93.27	194.26
P6W10	53.28	85.28		85.28	194.23	
P6W15	54.29	85.20	85.20	95.49	95.49	194.58
P6W20	48.41	88.29	88.29	94.28	94.28	194.69

2. 黄铁矿对热流曲线变化的影响

根据图 7-3 实验结果，分析得到不同黄铁矿含量煤样热流强度与温度关系的变化规律，进行数据提取得到不同部分阶段氧化放热的临界温度（表 7-2）。

由表 7-2 可知，当水分含量相同时，随着黄铁矿含量的增加，煤在缓慢放热阶段和快速放热阶段的起始温度大体呈先降低后升高的趋势。在黄铁矿含量为 2%～4% 时达到最低，此时对煤初始放热影响最大。不同煤样的低温氧化过程都经历三个反应阶段，本书主要以水分含量为 15% 时对各煤样进行分析。

在 50 ℃左右，煤样进入缓慢放热阶段，在黄铁矿含量为 2% 时煤样初始放热温度较低为 43.66 ℃，黄铁矿含量为 1% 的煤初始放热温度最高，为 55.86 ℃。在 88 ℃左右时，煤

表 7-2　不同黄铁矿含量煤样各阶段起止温度　℃

样品	缓慢放热阶段		水分蒸发（放热减少）阶段		快速放热阶段	
	开始	结束	开始	结束	开始	结束
W1P0	55.13	90.91	90.91	97.18	97.18	194.26
W1P1	56.90	88.18	88.18	95.04	95.04	194.27
W1P2	58.53	88.71	88.71	95.11	95.11	194.25
W1P4	53.26	87.14	87.14	95.18	95.18	194.31
W1P6	54.56	89.18	89.18	97.32	97.32	194.19
W5P0	51.28	88.15	88.15	95.06	95.06	194.18
W5P1	55.02	85.72	85.72	92.64	92.64	194.32
W5P2	52.38	85.62	85.62	93.31	93.31	194.18
W5P4	54.02	85.68	85.68	92.79	92.79	194.26
W5P6	55.26	86.50	86.50	93.27	93.27	194.26
W10P0	46.28	87.57	87.57	95.15	95.15	194.22
W10P1	53.97	84.74	—	—	84.74	194.22
W10P2	52.14	81.58	—	—	81.58	194.15
W10P4	52.13	84.31	—	—	84.31	194.22
W10P6	53.28	85.28		85.28	194.23	
W15P0	43.12	84.63	84.63	93.69	93.69	194.17
W15P1	55.86	87.07	87.07	94.86	94.86	194.35
W15P2	43.66	87.93	87.93	95.93	95.93	194.18
W15P4	51.16	85.65	85.65	94.60	94.60	194.27
W15P6	53.29	85.20	85.20	95.49	95.49	194.58
W20P0	47.56	89.34	89.34	95.36	95.36	194.25
W20P1	51.71	86.01	86.01	93.12	93.12	194.19
W20P2	50.39	86.76	86.76	93.75	93.75	194.14
W20P4	49.96	86.54	86.54	93.73	93.73	194.19
W20P6	48.41	88.29	88.29	94.28	94.28	194.69

的氧化进入到了水分蒸发阶段，在水分蒸发完成之后该阶段基本结束，持续时间很短，在95 ℃左右就进入快速放热阶段，快速放热阶段会维持到实验完成。黄铁矿含量为4%时煤样在快速氧化阶段的初始温度最低为94.6 ℃。黄铁矿含量为6%煤的温度最高为95.4 ℃。其他水分情况下煤低温氧化过程中的特征温度变化情况类似。这是因为在水与伴生黄铁矿协同作用影响下，促使煤样的氧化进程发生了改变，由第6章研究可知，这与煤的活性基团在快速氧化阶段的起始点处发生激烈的反应有关。

7.2.2　初始放热温度变化特征

1. 水分对煤初始放热温度的影响

由表7-2得到不同水分含量煤的初始放热温度变化规律，如图7-6所示。

由图7-6可知，随水分含量的增加，煤样的初始放热温度整体表现为先减小再增大的趋势，并且在水分含量为15%时变化幅度最大，煤样的初始放热温度最低为43.12 ℃，相

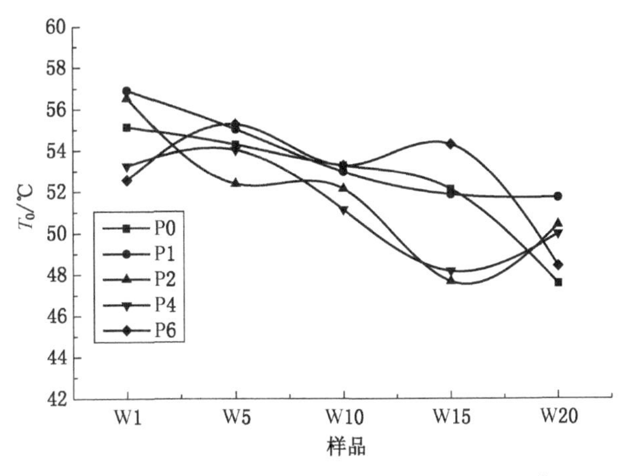

图 7-6 不同黄铁矿含量煤样的初始放热温度

比其他水分含量的初始放热温度较低，说明 15% 的水分含量对煤的氧化放热的促进作用最强，使煤样最早进入缓慢放热阶段。当黄铁矿含量为 1% 时，随着水分的增加，煤初始放热温度有所降低，水分含量为 1% 的初始放热温度最大，说明此时氧化进程缓慢。当黄铁矿含量为 2% 时，随水分含量的增加，煤样初始放热温度先减小后增大，初始最低温度 46.66 ℃。当黄铁矿含量为 4% 时，随着水分含量的增加，煤样初始放热温度先降低后升高。黄铁矿为 6% 时，初始放热温度与水分含量的增加没有规律性关系。由此可见，水分可影响煤的初始放热温度，并且与黄铁矿协同作用存在一个缓慢放热贡献度最大的临界值 15%。初始放热温度的高低在一定程度上能反映煤的低温氧化放热特性，初始放热温度越低煤在低温氧化阶段的放热性就越强。

2. 黄铁矿对煤初始放热温度的影响

由表 7-2 得到不同黄铁矿含量煤的初始放热温度曲线变化图，如图 7-7 所示。

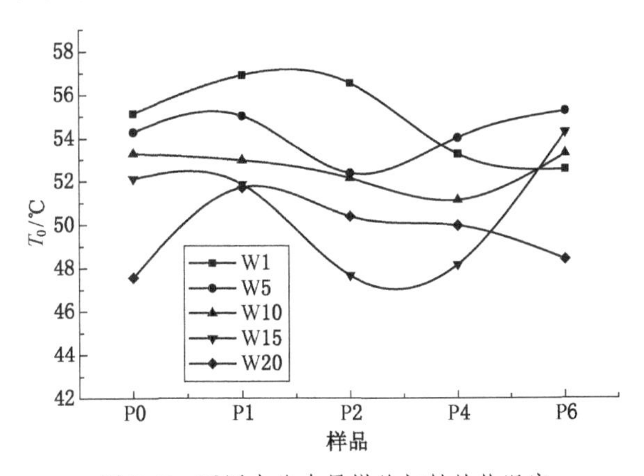

图 7-7 不同水分含量煤的初始放热温度

由图 7-7 可知，随黄铁矿含量的增加，煤样的初始放热温度整体表现为先降低再升高，并且在黄铁矿含量为 2% 时变化幅度最大，存在一个最低的初始放热温度 43.12 ℃。

当水分含量为1%时，初始放热温度的最小值为黄铁矿含量6%时的53.26 ℃。最大值为黄铁矿含量为1%时的58.53 ℃。当水分含量为5%时，随着黄铁矿含量的增加，煤样的初始放热温度呈现出波动变化的趋势，在6%时出现最大值，在2%时出现最小值。当水含量为10%时，随着黄铁矿含量的增加，煤样初始放热温度呈现出先增加后减小的趋势，黄铁矿含量为4%时的初始放热温度最低。当水分含量为15%时，黄铁矿含量为2%和4%时的初始放热温度较低。当水含量为20%时，黄铁矿含量为0和6%时的初始放热温度较低。以上情况表明，伴生黄铁矿可影响煤的初始放热温度，并且与水分协同作用存在一个贡献度最大的范围2%～4%，这说明水分与黄铁矿相互反应，煤中的活性基团受到反应物$Fe(OH)_3$胶体的影响，造成煤样放热进程发生改变。

7.2.3 总放热量变化特征

1. 水分对煤氧化总放热量的影响

通过对热流曲线积分，可以得到不同含水量煤样的总放热量（$\Delta H_{总}$），具体见表7-3。从表7-3中可以发现，水分含量对煤氧化过程中的总放热量强度的变化有显著影响，煤初始放热温度和总放热量可以综合反映不同含水量煤样的热反应差异性，白皎无烟煤的总放热量范围为77.01～138.49 J/g。当黄铁矿含量为0时，随着水分的增加，煤低温氧化总放热量先增加后减小。当黄铁矿含量为1%时，煤低温氧化总放热量与水分含量呈正相关关系。当水分含量为15%时，煤样初始放热温度为43.12 ℃，总放热量为132.28 J/g，初始放热温度最小，总放热量最大。此外，水分对煤氧化放热的影响是多因素造成的，水分蒸发过程中产生的水气会影响煤氧化放热，并对煤产生溶胀作用，即随着水分含量增加，煤中会不断产生新的孔隙，这些孔隙会使煤的比表面积增大，有利于促进氧化放热。水分与煤生成过氧络合物不仅能氧化放热，而且对煤中一些结构的氧化具有明显的催化作用。有机过氧化物会分解产生一定量的水分，这些水分也会加速推进煤的放热反应。因此可得，随着水分含量的增大，煤样氧化放热特性先减弱后增强，并存在一个贡献度最大的促进煤氧化放热的临界含水量，本节得到的临界含水量为15%。在临界水分含量之前，随水分增大煤的氧化放热性增大，高于临界水分含量时，煤的氧化放热性降低。

表7-3 不同含水量煤的总放热量

样品	$\Delta H_{总}$/(J·g^{-1})	样品	$\Delta H_{总}$/(J·g^{-1})	样品	$\Delta H_{总}$/(J·g^{-1})	样品	$\Delta H_{总}$/(J·g^{-1})	样品	$\Delta H_{总}$/(J·g^{-1})
W1P0	80.42	W1P1	80.58	W1P2	87.85	W1P4	88.94	W1P6	79.37
W5P0	78.53	W5P1	77.01	W5P2	89.81	W5P4	99.31	W5P6	91.27
W10P0	97.94	W10P1	88.24	W10P2	96.92	W10P4	104.33	W10P6	93.28
W15P0	102.01	W15P1	126.74	W15P2	132.28	W15P4	138.49	W15P6	91.37
W20P0	79.51	W20P1	80.45	W20P2	88.64	W20P4	120.71	W20P6	124.61

2. 黄铁矿对煤氧化总放热量的影响

通过对图7-3热流曲线积分，可以得到不同黄铁矿含量煤样的总放热量（$\Delta H_{总}$），如图7-8所示。

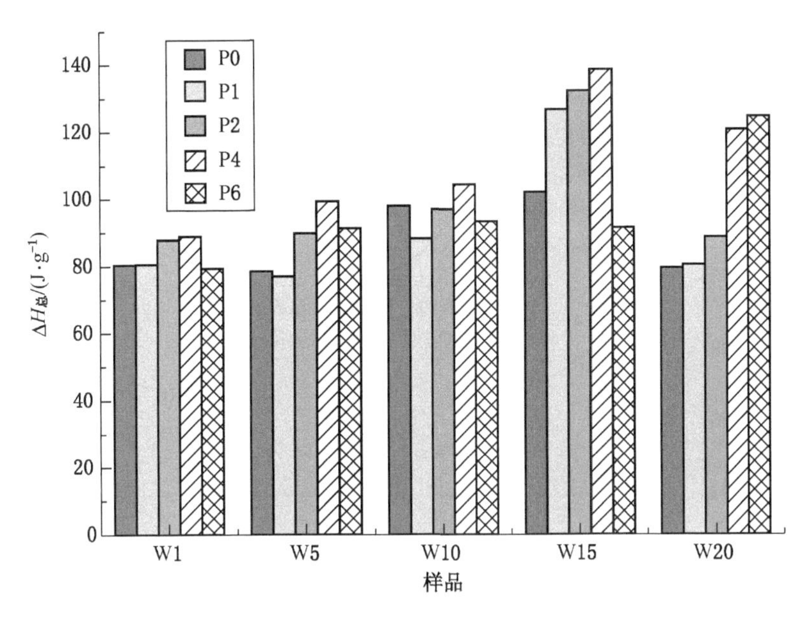

图 7-8　不同黄铁矿含量煤的总放热量

从图 7-8 中可以发现，黄铁矿含量对总放热量有一定的影响，不同煤样的总放热量整体先增大后减小，在黄铁矿含量 2%～4% 时的总放热量最大。当水分含量为 1% 时，随着黄铁矿含量的增加，煤样的总放热量大致先增大后减小，黄铁矿含量从 0 增加至 2% 的过程中，煤样初始放热温度越高，放热量相应也越小。当黄铁矿含量从 2% 增至 4%，煤样的初始放热温度减小，总放热量增大。4% 的黄铁矿含量为初始放热温度和总放热量随黄铁矿含量变化的临界值，此时初始放热温度最低，放热量最大。水分含量为 5% 时，随着黄铁矿含量增加，煤样总放热量的变化呈减小趋势。水分含量为 10% 时，随着黄铁矿含量的增加，煤样总放热量呈现波动性变化。水分含量为 15% 时，随着黄铁矿含量的增加，煤样总放热量最大为 138.49 J/g，此时黄铁矿含量为 4%。水分含量为 20% 时，总放热量整体比其他水分含量低，此时对煤放热的作用开始转为抑制。总体来说，不同黄铁矿含量煤样的放热特性具有明显的变化特征，当黄铁矿含量在 2%～4% 时，伴生黄铁矿对煤氧化放热的促进作用最强。

7.2.4　阶段性放热特征

1. 水分对煤氧化阶段性放热的影响

通过分析不同水分含量煤样的热流曲线可知，煤在升温过程中，经历了缓慢放热、水分蒸发（放热减少）和快速放热阶段三个阶段，为了进一步研究煤在不同氧化阶段的热效应，通过对热流曲线积分的方法，得到煤在缓慢放热结束、水分蒸发开始（放热减少）和水分蒸发结束（放热减少）、快速放热开始之间的临界温度（图 7-9）。

由图 7-9 可知，在不同水分含量的影响下，煤样不同阶段临界温度先减小后增大。随水分含量的不断增加，缓慢放热阶段与水分蒸发阶段临界温度值分别为 88.93 ℃、86.33 ℃、84.69 ℃、86.09 ℃和 87.38 ℃，水分蒸发阶段与快速放热阶段临界温度值分别为 95.96 ℃、93.41 ℃、90.21 ℃、94.05 ℃和 94.91 ℃。这两个阶段的临界温度值都先下降

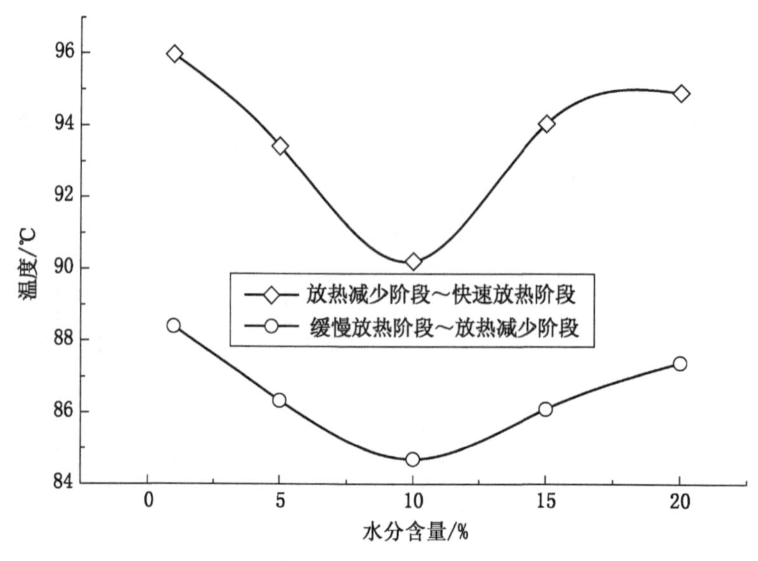

图 7-9　水分影响下不同阶段间的临界温度

后上升，说明在水分含量为 10%～15%之间存在一个临界水分，临界水分之前促进煤的氧化，之后过高的水分会延缓放热反应，使临界温度值升高。

对煤样的放热量进行总结，得到煤样各个放热阶段的放热量（表 7-4）。

表 7-4　煤样在不同放热阶段的放热量

样品	缓慢放热阶段		水分蒸发（放热减少）阶段		快速放热阶段	
	$\Delta H_1/(J\cdot g^{-1})$	百分比/%	$\Delta H_2/(J\cdot g^{-1})$	百分比/%	$\Delta H_3/(J\cdot g^{-1})$	百分比/%
W1P0	0.46	0.57	1.31	1.63	78.65	97.74
W5P0	0.59	0.80	1.54	1.90	76.40	97.90
W10P0	2.05	2.10	6.73	6.90	88.99	90.80
W15P0	1.67	1.64	1.92	1.88	98.42	96.48
W20P0	1.15	1.50	2.84	3.60	75.52	94.90
W1P1	—	—	1.53	0.70	73.89	99.30
W5P1	1.08	1.40	1.02	1.32	74.89	97.27
W10P1	1.78	2.02	2.12	2.40	84.34	95.58
W15P1	2.20	1.74	2.66	2.10	121.88	96.17
W20P1	1.41	1.75	1.72	2.14	77.32	96.11
W1P2	—	—	1.79	2.04	86.06	97.96
W5P2	1.58	1.76	2.27	2.53	85.96	95.71
W10P2	1.95	2.01	2.54	2.62	92.43	95.37
W15P2	2.02	1.53	3.15	2.38	127.11	96.09
W20P2	1.47	1.66	1.85	2.09	85.32	96.25
W1P4	—	—	1.86	2.09	87.08	97.91
W5P4	1.84	1.85	1.75	1.76	95.72	96.39
W10P4	2.21	2.12	2.93	2.81	99.19	95.07
W15P4	3.85	2.78	4.40	3.18	130.24	94.04
W20P4	3.24	2.69	3.62	3.00	113.85	94.32

表 7-4（续）

样品	缓慢放热阶段		水分蒸发（放热减少）阶段		快速放热阶段	
	$\Delta H_1/(\mathrm{J}\cdot\mathrm{g}^{-1})$	百分比/%	$\Delta H_2/(\mathrm{J}\cdot\mathrm{g}^{-1})$	百分比/%	$\Delta H_3/(\mathrm{J}\cdot\mathrm{g}^{-1})$	百分比/%
W1P6	2.77	3.49	1.73	2.18	74.87	94.33
W5P6	2.98	3.27	1.03	1.13	87.26	95.61
W10P6	2.69	2.88	4.86	5.21	85.73	91.91
W15P6	2.38	2.60	1.97	2.16	87.02	95.24
W20P6	3.65	2.93	3.25	2.61	117.71	94.46

注：ΔH_1 为缓慢放热阶段放热量；ΔH_2 为水分蒸发（放热减小）阶段放热量；ΔH_3 为快速放热阶段放热量。

由表 7-4 可知，在缓慢放热阶段，水分含量的变化对煤样放热强度的影响较大。但该阶段煤样的放热量较小，只有 0.46~3.85 J/g，最大也仅仅占总放热量的 3.49%，可见在较低的温度下，煤与氧的物理化学吸附会缓慢的放出热量。煤中水分不断蒸发吸热，蒸发过程中产生的水汽也会在一定程度上阻止氧气与煤体接触，从而使放热量降低。在快速放热阶段，随着水分含量的增加，煤样氧化放热量先增大后减小。煤样放出的热量范围是 73.89~130.24 J/g，最少也占煤样低温氧化放热量的 91%以上。造成该现象主要是水分造成的孔隙结构和过氧络合物等因素的综合影响。在缓慢放热阶段和快速放热阶段之间为水分蒸发阶段，仅在 87~95 ℃的温度区间出现，随着水分含量的增加，煤的氧化放热量呈现出先增大后减小的规律，主要是在该阶段水分的蒸发量较大，煤体表面的蒸汽较多，水分大量蒸发造成煤的氧化放热强度显著降低。同时，当水分含量增加到 20%时，各个阶段的放热量都呈现出减少的趋势，这说明过高的水分会抑制煤的放热。

2. 伴生黄铁矿对煤氧化阶段放热的影响

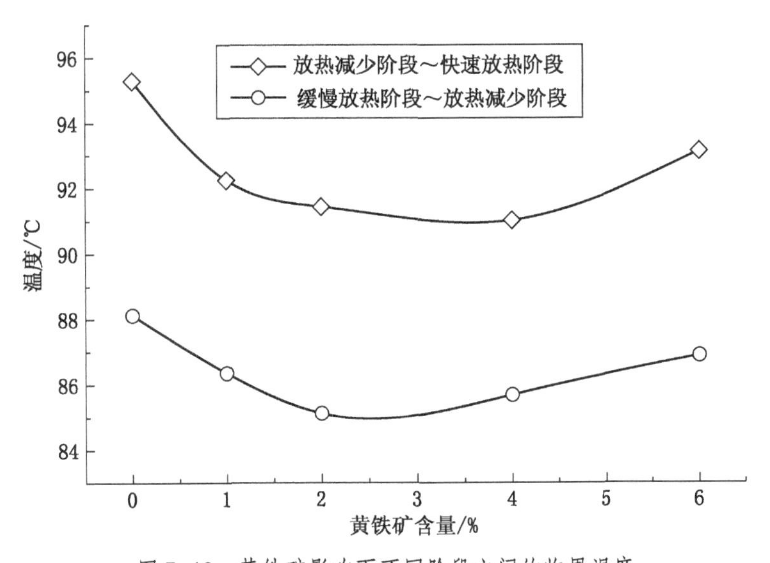

图 7-10　黄铁矿影响下不同阶段之间的临界温度

由图 7-10 可知，随黄铁矿含量的增加，各阶段的临界温度先降低后升高，并在黄铁矿含量 2%~4%时的临界温度最低，说明此时三个阶段之间的历程在较低的温度下就能完成。黄铁矿含量为 1%的煤样进入放热状态最晚，至 51.71 ℃后才开始放热。到 86 ℃左右缓慢放热阶段结束，进入历程较短的放热量减少阶段。随着黄铁矿含量的增加，进入放热量减少阶段的临界温度先减小后增加，该阶段持续温度较短，仅经历 7 ℃后就结束，在 94 ℃左右进入快速放热阶段，直至升温过程结束。进入该阶段的临界温度随黄铁矿含量的增加也增大后减小，其中黄铁矿含量为 4% 的煤样从 92.31 ℃就进入了快速放热阶段，黄铁矿含量为 0 的煤样进入该状态最晚，在 95.93 ℃时才进入快速放热阶段。

3. 煤氧化各阶段放热量对比

根据煤在低温氧化过程划分的阶段，得到各煤样在不同条件下各个阶段的放热量对比（图 7-11），以 W15P4 为例得到三个阶段的放热量占比，如图 7-12 所示。

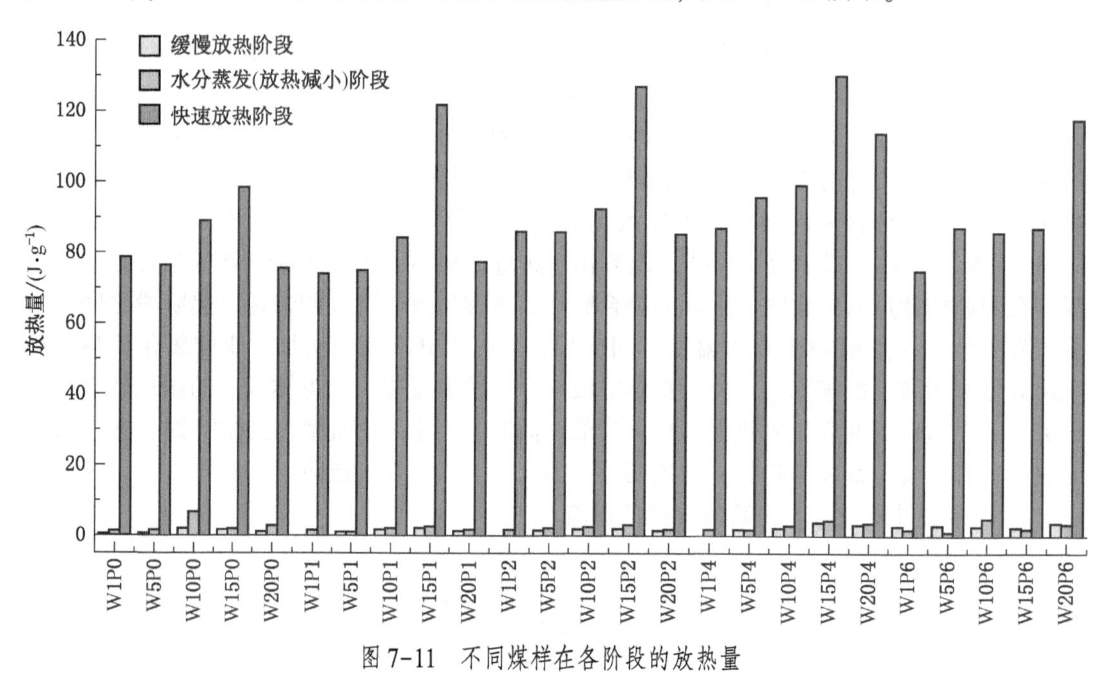

图 7-11　不同煤样在各阶段的放热量

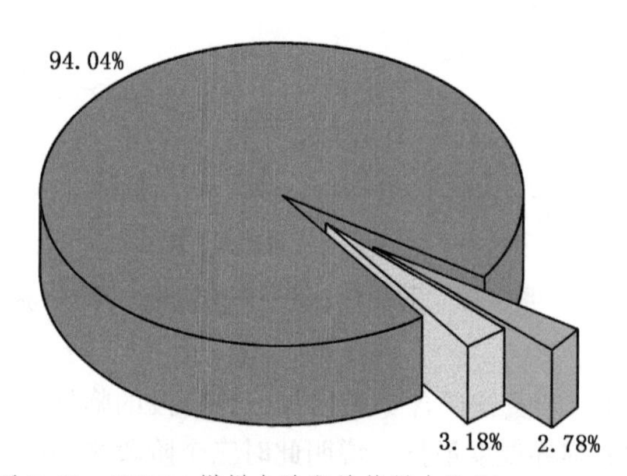

图 7-12　W15P4 煤样各阶段放热量占比图

由图 7-11 及图 7-12 可知，快速放热阶段释放的热量占总热量的 90% 以上，此时氧化反应比较激烈，其他两个阶段的放热量比较小，反应缓慢。在缓慢放热阶段，随着黄铁矿及水分含量的增加，煤样的放热量呈波动性变化，整体在整个放热阶段所占比重很小。在煤放热减少阶段，也被认为是水分蒸发阶段，该阶段主要温度范围是 100 ℃之前，放热量也较小，占总放热量的 6% 以下。还可发现，随着黄铁矿及水分含量的增加，放热量不断增大，当黄铁矿量为 6% 时，放热量又开始减小。在快速放热阶段，随着黄铁矿及水分含量的增加，煤的放热量呈现出先增加后减小的趋势，该阶段放热量占据了总放热量的绝大部分。在各放热阶段，黄铁矿含量在 2% ~ 4%、水分含量在 10% ~ 15% 时，放热量最大，对煤的氧化放热的促进作用最强。

7.3 水与伴生黄铁矿对煤热效应动力学的影响特征

7.3.1 热分析动力学方法

煤的氧化反应是各复杂基元反应的总和，活化能是煤低温氧化过程的一个非常重要的动力学参数，能够在一定程度上体现煤反应发生的难易程度。第六章计算了煤氧化过程的表观活化能，能表征煤氧化反应所需的整体能量变化，为了更准确地揭示水与伴生黄铁矿对煤氧化过程热效应的影响，有必要对煤的热反应活化能进行单独计算。本章采用多升温速率条件下的煤氧化过程的放热特性来计算煤的热反应活化能随温度的变化规律。

假设反应遵循 Arrhenius 定律，反应速率方程为

$$\frac{\mathrm{d}\alpha}{\mathrm{d}t}=A\exp\left(-\frac{E_a}{RT}\right)\left(\frac{M}{M_0}\right)^n \tag{7-1}$$

式中，t 为反应时间，s；α 为 t 时刻煤的转化率，$\alpha=(M_0-M)/M_0$；A 为指前因子；n 为反应级数；M_0 为煤的初始热量，g；M 为任意时刻煤的热量，g；E_a 为表观活化能，J/mol；R 为气体常量，取 8.314 J/mol · K；T 为热力学温度，K。

在反应初始阶段，煤的消耗率很少（一般在 2% 以下），可以认为 $M=M_0$，引入反应热 ΔH，化学反应的放热方程为

$$\frac{\mathrm{d}H/\mathrm{d}t}{\Delta HM_0}=A\exp\left(-\frac{E_a}{RT}\right) \tag{7-2}$$

对式（7-2）两边取自然对数，可得

$$\ln\frac{\mathrm{d}H/\mathrm{d}t}{\Delta HM_0}=\ln A-\frac{E_a}{RT} \tag{7-3}$$

7.3.2 热反应活化能计算

根据上述方法，对不同煤样的放热特性进行动力学计算。分析热流曲线可知，煤在 110 ℃之后进入快速放热阶段，放热量急剧增加，释放热量较多，因此对其 110 ℃之后的放热过程进行动力学分析。通过对每个温度点下的热流值求解，在放热阶段通过对式（7-3）以 $1/T$ 对曲线进行拟合，将拟合结果进行计算，求得 $E_a=-R$ · 斜率，$\ln A$ = 截距。根据得到的曲线最终计算热反应活化能 E_a 与指前因子 A，概括其热反应活化能、指前因子以及概然机理函数。得到不同煤样在升温速率 0.4 ℃/min 时放热阶段 $\ln[(\mathrm{d}H/\mathrm{d}t)/\Delta HM_0]$ 与 1/T 拟合曲线，具体如图 7-13 所示。

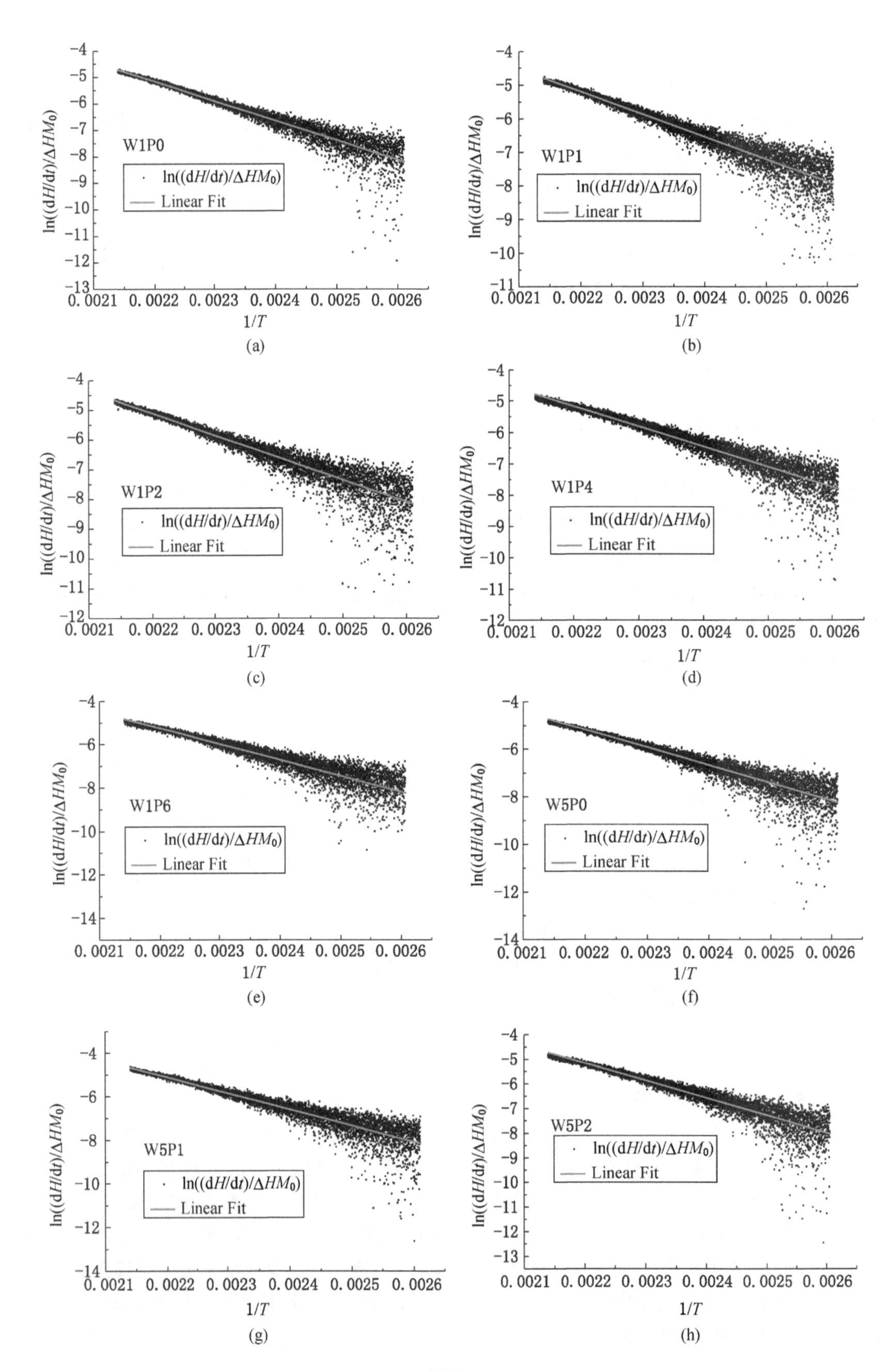

W1P0
ln((dH/dt)/ΔHM0)
Linear Fit
1/T
(a)
W1P1
(b)
W1P2
(c)
W1P4
(d)
W1P6
(e)
W5P0
(f)
W5P1
(g)
W5P2
(h)

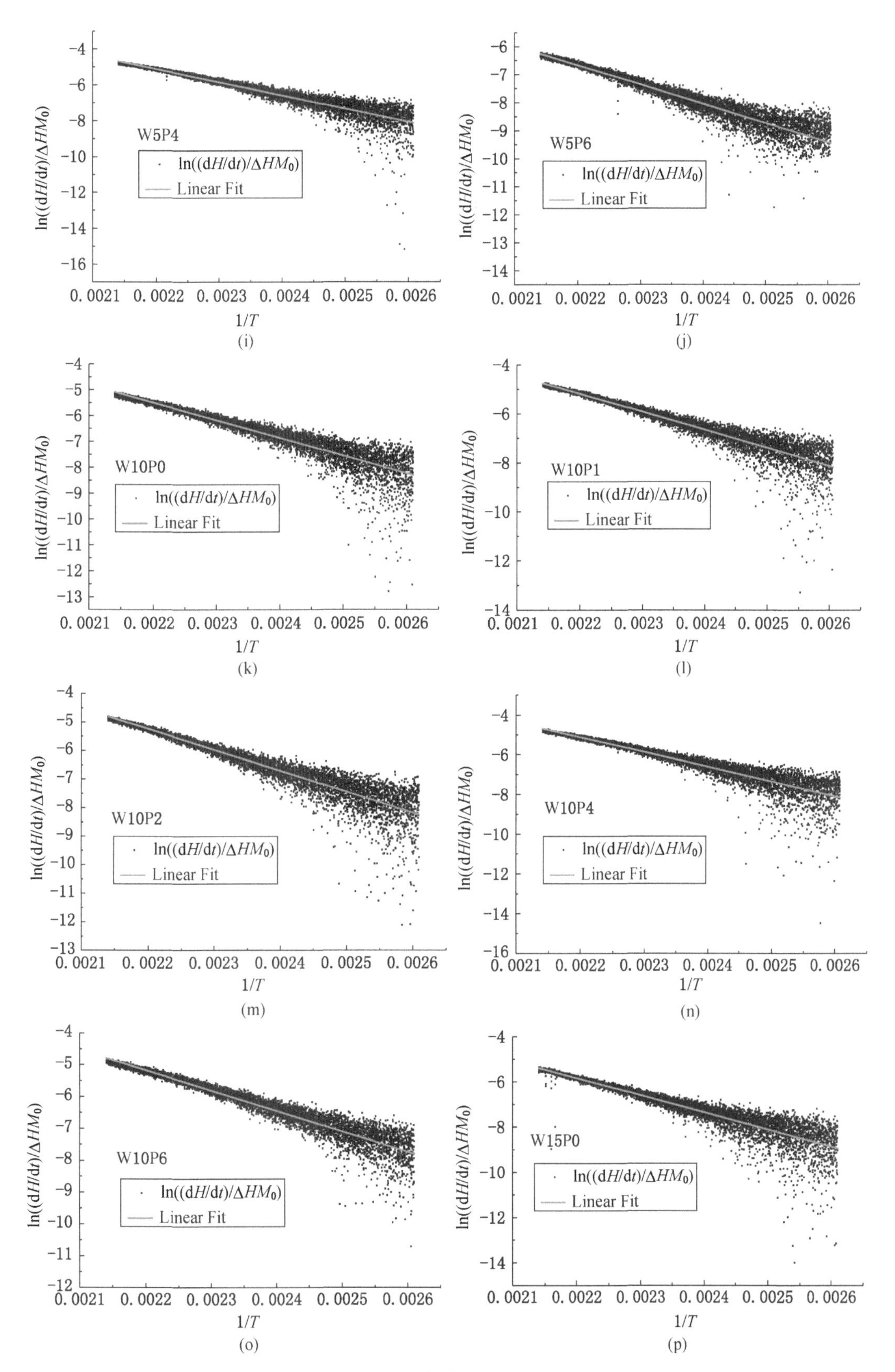
W5P4
W5P6
W10P0
W10P1
W10P2
W10P4
W10P6
W15P0
$\ln((dH/dt)/\Delta HM_0)$
Linear Fit
1/T
(i)
(j)
(k)
(l)
(m)
(n)
(o)
(p)

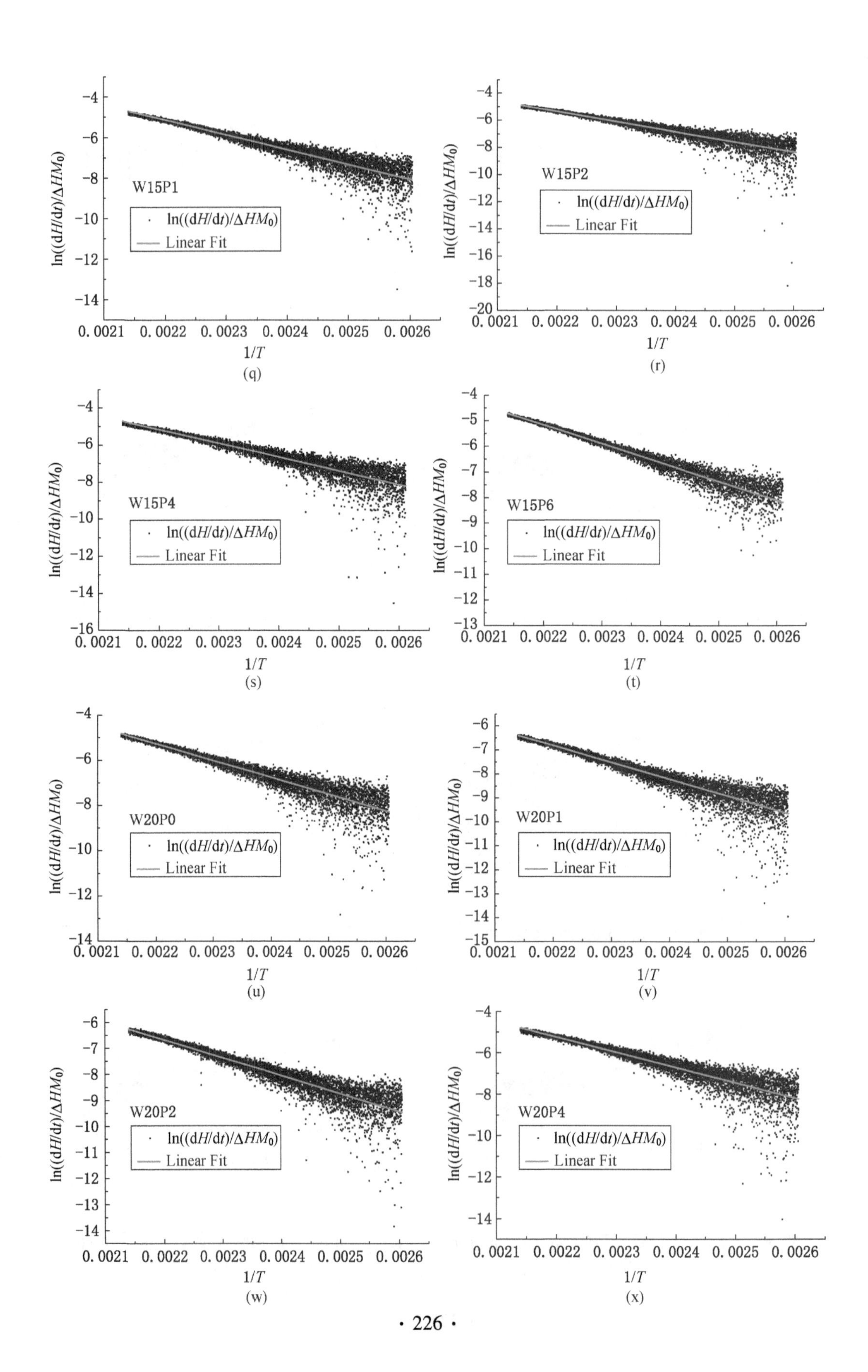
W15P1
ln((dH/dt)/ΔHM0)
Linear Fit
ln((dH/dt)/ΔHM0)
1/T
W15P2
W15P4
W15P6
W20P0
W20P1
W20P2
W20P4

(q) (r) (s) (t) (u) (v) (w) (x)

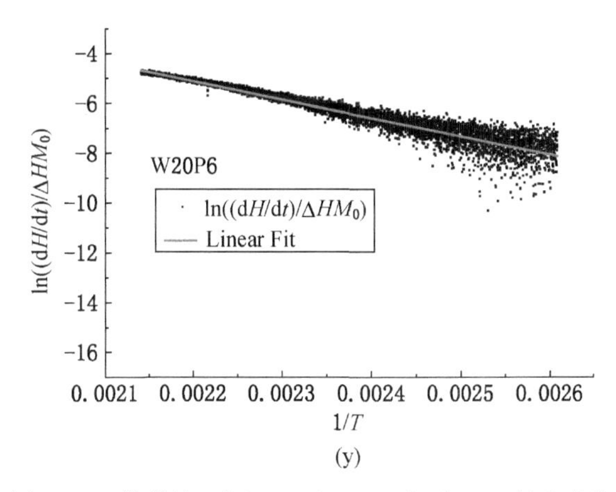

图 7-13　煤样的 $\ln[(dH/dt)/\Delta HM_0]$ 与 1/T 拟合曲线

通过对图 7-13 中不同煤样的拟合曲线进行分析及计算，得到煤在不同升温速率下的拟合度、热反应活化能、指前因子等热动力学参数（表 7-5）。煤的热反应活化能是反映煤氧化放热特性的微观表征，由表 7-5 可知，煤在低温环境下放热反应需要的活化能较低并且受水分与黄铁矿含量的影响发生相应的变化。

表 7-5　煤样在不同升温速率下的动力学参数

煤样	0.4 ℃/min			0.6 ℃/min			0.8 ℃/min			$\bar{E}_a$/(kJ·mol^{-1})
	R_1	E_{a1}/(kJ·mol^{-1})	$\ln A_1$/min^{-1}	R_2	E_{a1}/(kJ·mol^{-1})	$\ln A_2$/min^{-1}	R_3	E_{a3}/(kJ·mol^{-1})	$\ln A_3$/min^{-1}	
W1P0	0.930	61.60	11.19	0.902	57.66	10.03	0.967	61.10	11.95	60.12
W1P1	0.922	59.27	11.05	0.921	58.22	11.31	0.943	58.42	10.05	58.63
W1P2	0.937	58.46	9.59	0.932	56.80	10.28	0.956	56.97	11.42	57.41
W1P4	0.938	56.56	8.89	0.926	55.89	9.56	0.947	56.51	10.37	56.32
W1P6	0.922	55.54	9.50	0.936	61.17	11.56	0.974	60.09	11.69	58.93
W5P0	0.929	59.33	10.41	0.910	60.53	10.08	0.957	58.64	11.15	59.50
W5P1	0.954	60.72	10.83	0.924	57.04	9.68	0.954	57.32	11.46	58.36
W5P2	0.984	57.98	10.75	0.908	55.51	9.69	0.958	57.84	10.89	57.11
W5P4	0.934	54.82	8.99	0.920	55.64	9.58	0.953	56.37	11.17	55.61
W5P6	0.932	60.78	11.13	0.916	57.74	10.62	0.956	57.61	10.97	58.71
W10P0	0.926	61.18	10.95	0.904	57.09	10.37	0.957	59.92	11.62	59.41
W10P1	0.936	58.44	9.53	0.917	56.50	10.30	0.956	58.04	11.03	57.66
W10P2	0.932	56.56	9.49	0.926	55.90	9.89	0.954	57.37	10.23	56.61
W10P4	0.929	61.55	11.16	0.907	57.13	10.12	0.959	60.32	11.73	57.61
W10P6	0.944	60.92	10.93	0.904	56.44	9.98	0.959	57.99	11.06	58.45
W15P0	0.947	61.61	10.94	0.932	57.06	10.24	0.949	58.63	11.21	59.18
W15P1	0.967	57.88	10.25	0.918	55.81	9.80	0.930	57.54	11.20	57.11

表 7-5（续）

煤样	0.4 ℃/min			0.6 ℃/min			0.8 ℃/min			$\overline{E}_a$/(kJ·mol^{-1})
	R_1	E_{a1}/(kJ·mol^{-1})	lnA_1/min^{-1}	R_2	E_{a1}/(kJ·mol^{-1})	lnA_2/min^{-1}	R_3	E_{a3}/(kJ·mol^{-1})	lnA_3/min^{-1}	
W15P2	0.962	56.54	11.13	0.927	56.41	9.55	0.948	58.04	11.07	56.02
W15P4	0.956	53.54	11.33	0.947	53.59	9.95	0.968	52.94	10.23	53.49
W15P6	0.938	59.59	10.91	0.928	55.94	10.08	0.951	58.83	11.21	58.12
W20P0	0.928	56.91	8.39	0.916	55.54	9.53	0.937	57.17	10.57	56.54
W20P1	0.956	57.87	9.65	0.927	56.41	10.26	0.916	58.64	11.21	57.64
W20P2	0.908	62.12	10.24	0.924	56.04	9.84	0.960	57.49	11.36	58.55
W20P4	0.930	62.37	11.12	0.936	57.86	11.24	0.960	57.49	12.20	59.24
W20P6	0.934	61.16	10.85	0.923	57.21	10.43	0.953	59.98	11.68	59.45

7.3.3 水与伴生黄铁矿对热反应活化能的影响特征

通过对不同水分含量和黄铁矿含量煤样的热反应活化能进行分析，得到不同煤样的热反应活化能的变化特征，如图 7-14 所示。

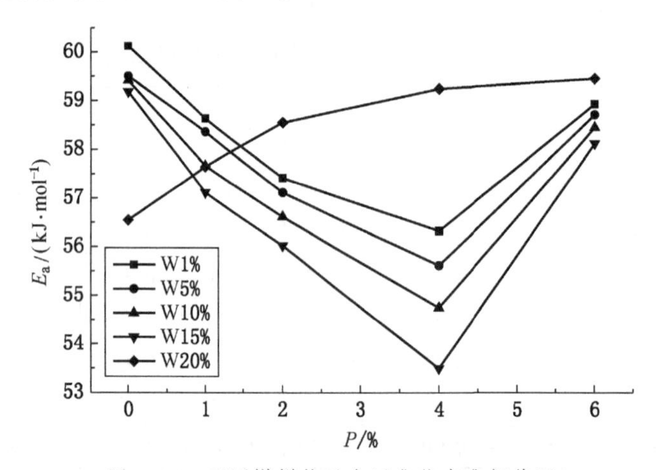

图 7-14 不同煤样热反应活化能变化规律图

由图 7-14 可得，受水与伴生黄铁矿含量的影响，煤热反应过程所需的活化能为 53.49~60.12 kJ/mol。当水分含量在 1%、5%、10%、15% 时，煤的热反应活化能均随黄铁矿含量的增加而降低，在黄铁矿含量为 4% 左右时达到最小，为 53.49 kJ/mol。之后随黄铁矿含量增加，煤样的热反应活化能逐渐增加。这说明当水分含量小于 20% 时，黄铁矿含量 4% 是影响煤放热难易的临界点，小于临界值时，促进煤的放热。但是当煤样的水分含量达到 20% 时，煤所需的活化能逐渐增加，达到 59.45 kJ/mol，这说明煤放热所需的能量增加，放热变得缓慢困难，此时煤的放热进程有所延缓。在黄铁矿含量为 1%~2% 时，和其他水分含量出现反应交叉点。整体来说，当黄铁矿含量为 2%~4%、水分含量为 10%~15% 时，放热所需的活化能较小，对煤的氧化放热进程的推动作用最强。

水分越大，煤在进行物理吸附时，需要越高的温度蒸发煤中的外在水分，由第 3 章研究可知，随着温度的升高煤化学基团中的脂类和烃类物质也开始参与反应，在脱水和氧化的反应过程中都需要一定能量才能进行下一步反应。当水分过高时，煤的活化能增加，反应变得困难缓慢，这说明煤氧化时大量水分蒸发及与黄铁矿发生反应所需的能量大于脂类和烃类反应。相比于水分对煤氧化放热的影响，伴生黄铁矿对煤放热的影响更加复杂，这主要是由于水与伴生黄铁矿表现为协同交互作用。黄铁矿 FeS_2 在潮湿的环境中发生氧化作用，生成黄铁矿酸亚铁 $FeSO_4$，再进一步生成黄铁矿酸铁 $Fe_2(SO_4)_3$，并且在反应过程中，需要吸收热量的同时也释放大量的热。

7.4 本章小结

本章采用 C80 微量热仪，对不同煤样在多升温速率条件下进行热分析实验，得到煤氧化过程中热流的变化情况，研究了煤样的热效应变化特征，通过分析不同煤样的初始放热温度，总放热量和阶段放热量，计算了煤的热反应活化能，掌握了煤氧化过程的热释放特性和热动力学参数，揭示了水与伴生黄铁矿对煤氧化热效应的协同影响，并得到以下结论：

（1）煤样的氧化放热过程主要经历缓慢放热、水分蒸发和快速放热三个阶段。受水与伴生黄铁矿协同作用的影响，初始放热温度范围是 43.12~58.53 ℃，并且和各阶段的起始放热温度大致呈现先降低后升高的趋势。在水分蒸发阶段，煤中水分含量为 15% 时，水分蒸发阶段持续的温度段最短。在缓慢放热阶段和快速放热阶段，水分含量为 10%~15% 时，起始温度相对较小，当水分在 15% 以后到 20% 时，起始温度呈现升高趋势。随着黄铁矿含量的增加，煤在缓慢放热阶段和快速放热阶段的开始温度先降低后升高。在黄铁矿含量为 2%~4% 的时候达到最低，此时对白皎无烟煤的起始放热温度影响较大。由第四章研究可知，这是由于煤的活性基团在快速氧化阶段发生激烈的反应变化所造成。

（2）煤样的氧化总放热量受水与伴生黄铁矿含量的影响较大，整体表现为先升高后缓慢降低，总放热量范围为 77.01~138.49 J/g。当水分含量在 15% 以下时，总放热量随水分增多不断升高，此时水分会促进氧化放热，当水分含量为 20% 时，总放热量整体比其他水分含量强度降低，此时对煤氧化的作用开始转为抑制。当黄铁矿含量从 2% 增至 4%，煤样的初始放热温度减小，总放热量增大。2% 的黄铁矿含量为初始放热温度和总放热量变化的临界值，此时初始放热温度最高，放热量最小。总体来说，当黄铁矿含量在 2%~4%，水分含量为 10%~15% 协同作用时，对白皎无烟煤氧化总放热量的作用最大。

（3）煤样在不同放热阶段的放热量与水和伴生黄铁矿有一定关系。总体来说，快速放热阶段释放的热量占总热量的 90% 以上，此时氧化反应比较激烈，其他两个阶段的放热量比较小，反应缓慢。在缓慢放热阶段，水分含量在 15% 以下时与放热量正相关，黄铁矿含量与放热量具有波动关系，该阶段煤样氧化的放热量比重总体较小，范围是 0.46~3.85 J/g，最大也仅占总放热量的 3.49%，可见在较低的温度下，煤与氧的物理化学吸附会缓慢地放出热量。在快速放热阶段的放热量是 73.89~130.24 J/g，占放热量的绝大部分，造成该现象主要原因是水分与黄铁矿反应造成的孔隙结构和过氧络合物等因素的综合影响。水分蒸发阶段仅在 87~95 ℃ 的温度区间出现，放热量也较小，占总放热量的 6% 以下。当水分含量增加到 20% 时，各个阶段的放热量都出现减小，表明过高的水分会抑制煤的放热量。

（4）煤样的热反应活化能与水和伴生黄铁矿的含量关系显著。白皎无烟煤热反应过程所需的活化能为 53. 49～60. 12 kJ/mol，相比其他无烟煤所需的活化能更低，氧化放热更容易。当水分含量在 15% 及以下时，黄铁矿含量为 4% 左右时活化能达到最小，所需活化能为 53. 49 kJ/mol。之后随黄铁矿含量增加，煤的活化能逐渐增加，这说明当水分含量小于 20% 时，黄铁矿含量 4% 是对煤氧化放热影响的临界点。小于临界值时，促进煤的放热。但是当煤样的水分含量达到 20% 时，煤所需的活化能逐渐增加，达到 59. 45 kJ/mol，此时对煤的放热进程有一定的延缓和抑制作用。在黄铁矿含量为 2%～4% 时，和其他水分含量出现反应交叉点。综上，水与伴生黄铁矿含量为 2%～4% 与 10%～15% 协同作用时，对白皎无烟煤的促进放热贡献度最大，此时所需的热反应活化能最小，推进了煤的热动力学进程。

8 活性基团与热动力学的动态相关性分析

水与伴生黄铁矿对煤氧化过程中的活性基团及热量、动力学特性都有不同程度的影响。本书通过原位漫反射红外光谱实验分析了水与伴生黄铁矿对煤氧化过程活性基团作用的演变特征，采用 TG 热分析实验，分析了水和黄铁矿对其热失重、特征温度等氧化特性参数的影响，并利用微量量热 C80 实验，分析其在低温氧化阶段，水分与黄铁矿对无烟煤在氧化过程中的放热量、阶段放热量、初始放热温度等变化规律，计算了基于质量和热量变化的动力学参数。为了能更深入地揭示水与伴生黄铁矿对煤在氧化过程中的协同作用，本书采用关联度分析方法对动力学参数与活性基团的变化进行相关性分析，确定各因素之间相对应的动态关系，通过确定煤样氧化过程中的关键活性基团，最终揭示水与伴生黄铁矿对煤氧化的协同作用机制。

8.1 煤活性基团反应历程及相关性指标体系

8.1.1 煤活性基团反应历程

煤表面活性基团的低温氧化一直被认为是煤炭自燃的重要诱因，其在煤炭自热过程中的活性不断变化，随着温度的升高，其化学结构亦发生转变。一些活性官能团的氧化，致使有机结构中的化学键断裂，进而促使煤体升温的过程中不断释放出各种气体（CO、CO_2、C_xH_y 等），这些气体产物浓度变化，也间接地反映了煤低温氧化的强弱变化。

为了形象化地表示煤自燃过程，在基于煤低温氧化过程 CO、CO_2 等气态产物与固态化合物实测结果的基础上，一些学者提出了不同的煤自燃过程模式。Kam 等提出了煤自燃的双平行反应理论。为了揭示煤自燃过程的机理，必须对该过程进行适当的简化。煤自燃过程的双平行反应模型即是为了煤自燃机理研究的方便而提出的简化模型。这一模型最初由 Kam 等学者提出，后期又在其他一些学者的研究中得到了部分验证。

$$\text{Coal}+O_2 \xrightarrow{\text{直接氧化}} CO_2+CO+H_2O \tag{8-1}$$

$$\text{Coal}+O_2 \xrightarrow{\text{吸附}} \text{不稳定的固态煤氧络合物} \begin{cases} \nearrow CO_2+CO+H_2O \\ \searrow \text{稳定的固态产物（70℃之后分解）} \end{cases} \tag{8-2}$$

该模型认为煤自燃过程存在两个平行的反应序列，即煤氧接触的直接氧化反应式（8-1）和吸附在煤体上的煤氧进一步氧化过程式（8-2）。其中，煤对氧的化学吸附反应可细分为三个步骤：①煤颗粒表面及孔隙内部表面对 O_2 的化学吸附形成不稳定的固态煤氧络合物，如过氧化物、过氧化氢物和羟基类化合物；②煤氧络合物分解，生成稳定的固态化合物，并放出气态产物（CO、CO_2 和 H_2O）；③固态化合物分解产生供煤进一步氧化反应的新活化中心。

Wang 等通过实验证明了双平行反应的存在并认为，在煤氧的化学吸附过程中，CO 由直接氧化和含羰基的稳定络合物分解生成，CO_2 由直接氧化和不稳定的化学吸附中间体、含羧基的稳定络合物分解生成，同时认为过氧化氢物只有通过活性置换才能生成羟基（-OH）和醚（-C-O-C-）基团，羰基和羧基在低温下就可以分别热解产生 CO 和 CO_2。其提出的煤低温反应模型如下：

$$\text{Coal}+O_2 \xrightarrow{\text{直接氧化}} CO_2+CO+\text{其他产物} \tag{8-3}$$

$$\text{Coal}+O_2 \xrightarrow{\text{吸附}} \text{羧基}+\text{羰基}+CO_2 \tag{8-4}$$

$$\text{羧基} \rightarrow CO_2,\quad \text{羰基} \rightarrow CO \tag{8-5}$$

Krishnaswamy 等也认为煤低温氧化过程存在两个相互平行的反应序列［式（8-6）、式（8-7）］，但其认为 CO_2 是该过程的主要氧化产物，CO 和 H_2O 的生成量与其相比可忽略不计，并推测活性基团随氧化时间呈现正弦减少的规律。

$$\text{Coal}+O_2 \longrightarrow CO_2 \tag{8-6}$$

$$\text{Coal}+O_2 \longrightarrow \text{Coal}-O_2 \longrightarrow CO_2 \tag{8-7}$$

Karsner 等提出了一个包括三个反应序列的模型［式(8-8)~式（8-10)］，该模型考虑了煤氧物理吸附作用并认为 H_2O 与碳氧类化合物产生于不同的反应序列。此外，他们还发现煤的直接氧化反应速率取决于煤表面活性结构的浓度。

$$\text{Coal}+O_2 \longrightarrow CO_2+CO \tag{8-8}$$

$$\text{Coal}+O_2 \rightleftharpoons O_2\text{的物理吸附} \longrightarrow O_2\text{的化学吸附} \longrightarrow CO_2+CO \tag{8-9}$$

$$\text{Coal}+O_2 \longrightarrow H_2O \tag{8-10}$$

Itay 等则认为煤低温氧化过程不存在煤的直接氧化反应，并提出了另外一种煤低温氧化反应模型。认为煤自燃过程仅包括一个连续的氧化反应序列式（8-11），煤吸附氧气之后形成不稳定的煤氧络合物，随后，这些煤氧络合物发生分解，生成不同种类的氧化产物。该反应序列与 Karsner 和 Perlmutter 所提模型中的反应序列［式（8-9）］相似，不同的是其认为 H_2O 与碳氧类化合物产生于同一个反应序列。

$$\text{Coal}+O_2 \rightleftharpoons O_2\text{的物理吸附} \longrightarrow \text{煤氧络合物} \longrightarrow CO_2+CO+H_2O \tag{8-11}$$

此外，一些学者还提出了其他的反应模式。李增华提出了煤自燃的自由基反应理论，推导了煤反应过程的主要序列。徐精彩等、葛岭梅等分析了煤中活性基团的种类及其活性顺序，推导了七类活性基团与氧气之间发生化学吸附、化学反应并最终生成 CO、CO_2、H_2O 气体的反应过程，其反应过程与反应序列式（8-11）类似。石婷等选取了煤中八种活性基团，推导了相应的反应序列，认为氧分子先进攻煤分子中的活性基团，产生活泼性很高的中间体，然后中间体进一步反应得到 H_2O 或 CO_2 及其他反应产物。

8.1.2 相关性指标体系

测量相关程度的相关系数有很多，各种参数的计算方法、特点各异。有的基于卡方值，有的则主要考虑预测效果。有些是对称性的，有些是非对称性的（在将变量的位置互换时，对称性参数将不变，非对称性参数则会改变）。大部分关联强度参数的取值范围在 0~1 之间，0 代表完全不相关，1 代表完全相关，但是，对于反映定序变量或连续变量间关联程度的参数，其取值范围则在-1~1 之间，绝对值代表相关程度，而符号则代表是正负相关性。

1. 连续变量的相关指标

这种情况是最多见的，此时一般使用积差相关系数，又称为 Pearson 相关系数来表示其相关性的大小，其数值介于-1~1 之间，当两个变量间的相关性达到最大，散点呈一条直线时取值为-1 或 1，正负号表明了相关的方向。如两变量完全无关，则取值为 0。

积差相关系数应用非常广泛，但严格地讲只适用于两变量呈线性相关的情况。此外，作为参数方法，积差相关分析有一定的适用条件，当数据不能满足这些条件时，分析者可以考虑使用 Spearman 等级相关系数来解决这一问题。

2. 有序变量的相关指标

对于有序的等级资料的相关性，又往往称其为一致性。所谓一致性高，就是指行变量等级高的列变量等级也高，行变量等级低的列变量等级也低。如果行变量等级高而列变量等级低，则称其为不一致。

在详细介绍所用指标之前先要明白两个指标的含义：当按两个变量的取值列出交叉表后，P 代表两倍的一致对子数，Q 代表两倍不一致的对子数，所谓一致对子数就是指行变量等级高的列变量等级也高，反之亦然。按此可以计算下面的 5 个指标，它们实际上均是由最前面的 Gamma 统计量衍生出来的。

（1）Gamma 统计量：描述有序分类数据联系强度的度量。介于-1~1 之间，当观察值集中于对角线处时，其取值为-1 或 1，表示两者取值绝对一致或绝对不一致；如两变量完全无关，则取值为 0。它的计算公式非常简单，即 $\gamma=(P-Q)/(P+Q)$。

（2）Kendall'sTau-b：要掌握该系数必须先了解τ_a 系数，该系数以同序对 P 与异序对 Q 之差为分子：

$$\tau_a = \frac{P - Q}{\frac{n(n-1)}{2}} \tag{8-12}$$

理论上τ_a 的取值范围是±1，但是当相同等级太多时，会使其极大值与极小值不能达到±1，为此在分母上按照相同等级的对子数进行了校正，以保证取值范围能达到±1，此即τ_a 系数。

（3）Kendall's Tau-c：在 Kendall's Tau-b 的基础上又进一步考虑了整张列联表的大小，并对其进行了校正。

（4）Somers'd（C | R）：d 系数为 Somer 所创，因此称为 Some r's d。它是τ_b 的不对称调整，只校正了自变量相等的对子。分别给出了 d_{yx}和 d_{xy}两个系数：

$$d_{yx} = \frac{P - Q}{P + Q + P_y} \qquad d_{xy} = \frac{P - Q}{P + Q + P_x} \tag{8-13}$$

d_{yx}和表示 x 为自变量、y 为因变量时的情况，其中 P_y 表示仅在 y 方向的同分对。

3. 名义变量的相关指标

对于名义变量可以用以下几个指标来评价相关性。

（1）列联系数（Contingency Coefficient）：基于 x^2 值得出公式为 $\sqrt{x^2/(x^2+n)}$，其中 n 为总样本量。其值介于 0~1 之间，越大表明两变量间的相关性越强。

（2）Phi 和 Cramer'sV：这两者也是基于 x^2 值的，Phi 是基于卡方值和总观察频数计算而来的，$\varphi=\sqrt{x^2/n}$。在 4 格表 x^2 检验中介于 0~1 之间，在其他列联表中其取值在理论上没有上限，值越大，关联程度越强。Cramer's V 是 Phi 的一个调整，较用 Phi 进行关联程度的测量保守，经调整后使得取值在任何列联表中均不超过 1。指标的绝对值越大，则相关性越强：

$$V = \sqrt{\varphi^2/\min[(r-1),(c-1)]} \tag{8-14}$$

分母中的 min[(r−1)，(c−1)]表示选择（r−1)，(c−1) 中的较小者作为除数。经过这样的改进，V 的取值范围就为［0，1］了，从而 V 系数就克服了中系数不能与其他相关系数间进行比较的缺点。

（3）λ 系数（Lambda)：用于反映自变量对因变量的预测效果，即知道自变量取值时对因变量的预测有多少改进，或者说知道自变量的取值时期望预测误差个数减少的比例，Lambda 将误差定义为列（行）变量预测时的错误，其预测值是基于个体所在行（列）的众数。值为 1 时表明知道了自变量就可以完全确定因变量取值，为 0 时表明自变量对因变量完全无预测作用：

$$\lambda = \frac{\sum f_{im} - F_{ym}}{n - F_{ym}} \tag{8-15}$$

式中，f_{im}为每一类 x 中 y 分布的众数次数；F_{ym}为 y 次数分布的众数次数。λ 相关来自消减误差比率，对计算结果自然也从消减误差比例的角度解释。即“根据 x 去估计 y 可以减少百分之 λ 的误差”。λ 必定处于 0~1 之间。

另外需要注意的是，如果将表中两个变量的位置对换，计算出的 λ 值将会不同，也就是说，行变量为自变量、列变量为自变量时的结果是不一样的。当无法确定自变量与因变量时，可以取两个 λ 平均值作为 λ 相关量，SPSS 会同时给出这 3 种结果。

（4）不确定系数（Uncertainty Coefficient)：其值介于 0~1 之间，和 Lambda 类似，也用于反映当知道自变量后，因变量的不确定性下降了多少（比例)，只是在误差的定义上稍有差异。以熵为不确定性大小的度量指标，则共会输出行变量为自变量、列变量为自变量、对称不确定系数 3 个结果，后者为前两者的对称平均指标。

4. 其他特殊指标

除了以上较为系统的指标外，当希望测量一个名义变量和连续变量间的相关程度时，还可以使用另一个指标——Eta，它所对应的问题以前是用方差分析来解决的。实际上，Eta 的平方表示由组间差异所解释的因变量的方差的比例，即 SS 组间/SS 总。

8.2 关联度分析方法

8.2.1 关联度

关联性分析是指对两个或多个具备相关性的变量元素进行分析，研究变量之间是否存在某种依存关系，从而衡量两个变量因素的密切程度。关联性的元素之间需要存在一定的联系或者概率才可以进行关联性分析。简而言之，计算关联性变量之间的关联性程度的统计方法即为关联性分析。

两个因素之间的相关性程度称为关联度，从数学方面解释为两个函数变化趋势相似程度。其中关联系数是表征相关性程度的关键参数，一般情况下正相关关联系数用 0~1 表征，负相关关联系数用-1~0 表征。关联系数值越趋近于 1，说明正相关性越好，越趋近于-1 说明呈负相关性越好，越趋近于 0 表明相关性越差。本章通过计算水与伴生黄铁矿对煤样在低温氧化过程中活性基团变化强度与热反应活化能的关联系数，分析两个影响因素相互作用用下的煤氧化反应关键活性基团及临界水分与临界黄铁矿值。

8.2.2 Pearson 相关系数分析法

Pearson 相关系数法是一种线性相关系数，也叫 Pearson 乘积矩相关系数。计算公式如式（8-16）所示。相关系数用 R 表征，用 0~1 和-1~0 表示，为无量纲数。n 为样本量，X 和 Y 分别为两个变量的观测值和平均值。R 的绝对值越大表明相关性越好。计算结果为 1 表示两个变量呈正相关，且两个变量变化趋势一致，而-1 则表示两个变量呈负相关，两个变量变化趋势完全相反，0 则表示两个变量没有线性关系。

$$R=\frac{n\sum XY-\left(\sum X\right)\left(\sum Y\right)}{\sqrt{\left[n\sum X^2-\left(\sum X\right)^2\right]\left[n\sum Y^2-\left(\sum Y\right)^2\right]}} \tag{8-16}$$

8.2.3 灰色关联分析法

灰色关联分析是指对一个系统发展变化态势的定量描述和比较的方法，其基本思想是通过确定参考数据列和若干个比较数据列的几何形状相似程度来判断其联系是否紧密，它反映了曲线间的关联程度。通常可以运用此方法来分析各个因素对于结果的影响程度，也可以运用此方法解决随时间变化的综合评价类问题，其核心是按照一定规则确立随时间变化的母序列，把各个评估对象随时间的变化作为子序列，求各个子序列与母序列的相关程度，依照相关性大小得出结论。

灰色系统理论是由著名学者邓聚龙教授在 1982 年首创的一种系统科学理论（Grey Theory），其中的灰色关联分析是根据各因素变化曲线几何形状的相似程度，来判断因素之间关联程度的方法。此方法通过对动态过程发展态势的量化分析，完成对系统内时间序列有关统计数据几何关系的比较，求出参考数列与各比较数列之间的灰色关联度。与参考数列关联度越大的比较数列，其发展方向和速率与参考数列越接近，与参考数列的关系越紧密。灰色关联分析具有总体性、非对称性、非唯一性、有序性的特征，其基本思想是将评价指标原始观测数进行无量纲化处理，计算关联系数、关联度以及根据关联度的大小对待评指标进行排序。

灰色关联分析是根据灰色系统理论，定量比较一个系统的动态发展变化的方法。通过计算系统中各因素之间的数值关系，分析数值间变化发展的相似度，根据得到的灰色关联度参数判断两个因素的关联性，以及一个变量对另一个变量的作用大小，研究表征系统动态发展过程中的参数受其他因素影响的变化程度。如果不同因素与表征系统的参数变化度越相似，那么认为灰色关联度值越高，从而可以确定影响该系统动态发展的关键参数。其中灰色关联度的取值范围为［0，1］，与 Pearson 相关系数法相同，越接近 1 相关程度越高。

1. 确定反映系统特征的参考数列和比较数列

首先确定表征系统特性的参考数列以及影响系统特性的多因素数列，在本书中，煤低温氧化过程中的热反应活化能为参考数列，而煤结构中 7 类活性基团的变化序列为比较数列。

（1）参考数列：热反应活化能，$Y=\{Y(k)\mid k=1,2,\Lambda,n\}$；

（2）比较数列：不同活性基团随温度的峰强度变化值，$X_i = \{X_i(k) \mid k = 1, 2, \Lambda, n\}$，$i = 1, 2, \Lambda, m$。

2. 对分析数列进行无量纲处理

由于氧化过程中活性基团和热反应活化能等数据使用的量纲不同，直接分析比较困难，因此需要进行无量纲化处理。数据处理用均值化方法得到一组新数值，分别计算氧化过程中活性基团随温度变化及热反应活化能等参数的均值，用均值去减每个变化数值，便得到一组新数据。

$$x_i(k) = \frac{x_i(k)}{\bar{x}_i}, \ k = 1, 2, \cdots, n; \ i = 1, 2, \cdots, m \tag{8-17}$$

3. 计算参考数列与比较数列的关联系数

x_0（k）与 x_i（k）的关联系数用 ξ_i（k）表示，用关联分析法分别求得第 i 个被评价对象的第 k 个指标与第 k 个指标最优指标的关联系数，其计算公式为

$$\xi_i(k) = \frac{\min_i \min_k |y(k) - x_i(k)| + \rho \cdot \max_i \max_k |y(k) - x_i(k)|}{|y(k) - x_i(k)| + \rho \cdot \max_i \max_k |y(k) - x_i(k)|}, \ k = 1, 2, \cdots, n; \ i = 1, 2, \cdots, m \tag{8-18}$$

记 $\Delta_i(k) = |y(k) - x_i(k)|$，则

$$\xi_i(k) = \frac{\min_i \min_k \Delta_i(k) + \rho \cdot \max_i \max_k \Delta_i(k)}{\Delta_i(k) + \rho \cdot \max_i \max_k \Delta_i(k)}, \ k = 1, 2, \cdots, n; \ i = 1, 2, \cdots, m \tag{8-19}$$

$\rho \in (0, \infty)$，称为分辨系数。ρ 越小，分辨力越大，一般 ρ 的取值区间为（0，1），具体取值可视情况而定。当 $\rho \leqslant 0.5463$ 时，分辨力最好，通常取 $\rho = 0.5$。

4. 计算灰色关联度

两个数集之间的相关性用灰色关联度表征，不同因素对系统主要参数的影响存在一定的差异性。在本文中主要用灰色关联度表征不同活性基团对煤氧化过程活化能的贡献大小。不同活性基团的变化值与活化能变化值均存在一个关联度值，对关联度值进行平均计算，最终得到不同活性基团对活化能的影响度。关联度 R_i 的计算公式如下：

$$R_i = \frac{1}{n} \sum_{k=1}^{n} \xi_i(k), \ k = 1, 2, \cdots, n \tag{8-20}$$

5. 关联度排序

经过计算，得到了不同活性基团和活化能的灰色关联度，将不同活性基团的关联度按大小排序，结合前几章分析，即可确定对氧化过程起重要作用的主要活性基团。采用灰色关联分析方法，分析氧化过程中水与伴生黄铁矿影响的不同活性基团对活化能变化的影响程度，得到不同活性基团与反应活化能的数值关系，为黄铁矿与水分对煤氧化的发展变化提供了量化的度量，从而进一步对煤氧化的关键反应历程进行分析，推断出对氧化起促进作用的关键活性基团。

Pearson 相关系数法与灰色关联分析方法各有优势，Pearson 相关系数法能够确定出两个数列之间关系是正相关还是负相关，从而确定煤氧化反应过程中不同基团的贡献程度，但是无法从计算数值的数量级上表征自变量与因变量之间的关系。灰色关联分析方法能真

实表达两个数列之间的关系，但无法表征两个变量关系的正负相关性，因此，将两种方法进行结合比较可以更准确的确定出关键活性基团。

8.3 活性基团与反应活化能的相关性分析

通过研究水分与黄铁矿作用的煤低温氧化过程中活性基团的动态演变特征，得出7类活性基团的变化规律，并结合C80微量量热仪，基于多升温速率计算了其低温氧化阶段的反应活化能。为了更加深入的分析水分与黄铁矿对低温氧化阶段哪些活性基团起关键作用，因此对活化能与不同活性基团的发展变化进行关联度分析，建立活性基团与反应活化能之间的内在关联。

8.3.1 Pearson相关系数法的正负相关性分析

采用Pearson相关系数法，对水分与伴生黄铁矿作用下的煤样在快速放热阶段（100~200 ℃）的反应活化能与活性基团的相关性进行分析，确定7类活性基团动态演变与反应活化能之间的正负相关性。在第五章的研究中，通过对比分析，计算了活性基团在100~200 ℃峰强度的变化值（表8-1），表8-2列举了煤样热效应的活化能。

表8-1 不同煤样氧化过程中各活性基团在100~200 ℃的峰强度变化量

煤样	芳核上Ⅳ类氢原子	芳核上Ⅲ类氢原子	芳核上Ⅰ类氢原子	芳香环C=C	亚甲基	游离羟基	分子内氢键
W1P0	-0.0016	-0.0560	0.1468	0.2525	0.1567	-0.0025	-0.0016
W1P1	0.0022	0.0268	-0.0180	0.3100	0.2306	-0.0239	0.0020
W1P2	0.0016	-0.0061	0.1670	0.2794	0.1962	-0.0055	-0.0016
W1P4	0.0050	-0.0030	0.1509	0.2703	0.1617	-0.0024	0.0004
W1P6	0.0061	-0.0080	-0.0177	0.3025	0.2076	-0.0065	-0.0005
W5P0	0.0046	-0.0153	0.17650	0.3162	0.2149	-0.0077	0.0019
W5P1	0.0094	-0.0010	0.1750	0.2923	0.2070	-0.0028	-0.0022
W5P2	0.0052	-0.0067	-0.0008	0.3274	0.2320	-0.0068	-0.0044
W5P4	0.2183	-0.0080	0.1809	0.3044	0.2166	-0.0094	-0.0011
W5P6	0.0057	-0.0086	-0.0044	0.3354	0.2411	0.0565	-0.0028
W10P0	0.0116	0.0041	0.0062	0.2652	-0.0292	-0.005	-0.0004
W10P1	0.0036	-0.0089	-0.0107	0.2782	-0.0333	-0.0152	-0.0024
W10P2	0.009	-1E-04	0.0018	0.2868	0.1909	-0.0128	-0.0021
W10P4	0.0023	-0.0068	-0.0046	0.2963	-0.0279	-0.0205	-0.0023
W10P6	0.0120	-0.005	0.0107	0.2965	-0.0296	-0.0045	-0.0067
W15P0	-0.0013	0.1003	0.1755	0.4544	**0.3676**	-0.0065	-0.0075
W15P1	0.0026	0.1927	0.1922	0.2745	0.2224	0.0599	-0.0043
W15P2	0.0179	0.2389	0.2234	**0.3543**	0.2535	-0.0082	-0.0036
W15P4	0.0026	**0.2825**	**0.2763**	0.3367	0.2864	0.0629	-0.0014
W15P6	**0.0868**	0.1003	0.0927	0.1719	0.1107	0.0553	0.0018

表 8-1（续）

煤样	芳核上Ⅳ类氢原子	芳核上Ⅲ类氢原子	芳核上Ⅰ类氢原子	芳香环 C=C	亚甲基	游离羟基	分子内氢键
W20P0	-0.0414	-0.0251	—	-0.0429	-0.0566	—	-0.0094
W20P1	-0.0207	-0.0082	—	-0.0202	0.1354	—	0.0048
W20P2	-0.0228	-0.0292	—	-0.0552	0.1679	—	-0.0409
W20P4	-0.0212	0.0091	—	0.2530	0.1720	—	0.0141
W20P6	-0.0363	-0.0311	—	-0.0435	0.1454	—	0.0411

表 8-2　不同煤样在快速放热阶段的平均活化能

煤样	P0	P1	P2	P4	P6
W1	60.12	59.50	59.41	59.18	56.54
W5	58.63	58.36	57.66	57.11	57.64
W10	57.41	57.11	56.61	56.02	58.55
W15	56.32	55.61	54.74	53.49	59.24
W20	58.93	58.71	58.45	58.12	59.45

通过计算得到活化能与活性基团之间的 Pearson 相关系数（表 8-3）。

表 8-3　煤快速放热阶段活性基团与活化能的 Pearson 相关系数

煤样	芳核上Ⅳ类氢原子	芳核上Ⅲ类氢原子	芳核上Ⅰ类氢原子	芳香环 C=C	亚甲基	游离羟基	分子内氢键
P0W1	0.9009	0.1756	0.0188	-0.5746	-0.4790	0.8020	-0.0261
P0W5	0.9238	0.1550	0.1054	-0.6350	-0.4441	0.8682	-0.0813
P0W10	0.9257	0.2682	0.2713	-0.7264	-0.5101	0.9057	-0.0842
P0W15	0.9331	0.2724	0.2644	-0.6968	-0.5724	0.9239	-0.1884
P0W20	0.7882	0.2282	0.1471	-0.4529	-0.4597	0.8048	-0.0048
P1W1	0.8671	0.1052	0.1655	-0.5495	-0.5628	0.9017	-0.0641
P1W5	0.8716	0.2414	0.1708	-0.5185	-0.5528	0.9168	-0.0410
P1W10	0.9018	0.2460	0.2433	-0.5813	-0.5474	0.9341	-0.1197
P1W15	0.9154	0.0677	0.2659	-0.5889	-0.5583	0.9218	-0.1640
P1W20	0.8643	0.0356	0.1260	-0.4659	-0.4330	0.8560	-0.0772
P2W1	0.7121	0.0546	0.1693	-0.5245	-0.4293	0.9054	-0.0357
P2W5	0.7894	0.0635	0.1789	-0.6092	-0.5231	0.9263	-0.0100
P2W10	0.9018	0.3227	0.2354	-0.6333	-0.5073	0.9741	0.0493
P2W15	0.9195	0.2851	0.2569	-0.6478	-0.5870	0.9016	-0.0840
P2W20	0.7937	0.2921	0.1218	-0.3609	-0.2759	0.8131	-0.0961

表 8-3（续）

煤样	芳核上Ⅳ类氢原子	芳核上Ⅲ类氢原子	芳核上Ⅰ类氢原子	芳香环 C=C	亚甲基	游离羟基	分子内氢键
P4W1	0. 8354	0. 1192	0. 1771	−0. 5343	−0. 3219	0. 9180	−0. 0592
P4W5	0. 8949	0. 2963	0. 2369	−0. 5509	−0. 5823	0. 9338	−0. 1097
P4W10	0. 9142	0. 2937	0. 2382	−0. 6054	−0. 5984	0. 9230	0. 1589
P4W15	0. 9001	0. 2028	0. 2845	−0. 5499	−0. 5308	0. 9268	−0. 0826
P4W20	0. 6195	0. 1004	0. 1718	−0. 2649	−0. 2416	0. 7143	−0. 0792
P6W1	0. 8354	0. 1099	0. 1871	−0. 2343	−0. 1219	0. 6680	−0. 0592
P6W5	0. 8949	0. 2163	0. 2369	−0. 4509	−0. 2823	0. 8538	−0. 0097
P6W10	0. 7840	−0. 1237	−0. 2302	−0. 2054	−0. 3984	0. 6630	−0. 0589
P6W15	0. 6001	−0. 1628	0. 0845	−0. 3499	−0. 3308	0. 6268	−0. 0826
P6W20	0. 5195	0. 1205	0. 1718	−0. 4649	−0. 2416	0. 4143	−0. 0792

通过表 8-3 可知，不同水分与黄铁矿煤样在快速放热阶段的分子内氢键变化量很小，与活化能变化的相关性总体上很低，虽然大部分煤样表现为负相关，而黄铁矿含量为2%～4%时和水分交互作用的煤样表现为正相关，但由于快速放热阶段分子内氢键的含量很少，推测分子内氢键对煤样的氧化放热动力学影响较小。

芳核上Ⅳ类氢原子、Ⅲ类氢原子、Ⅰ类氢原子和游离羟基与反应活化能的变化呈现正相关。第五章结果表明，芳核上Ⅳ、Ⅲ、Ⅰ类氢原子和游离羟基在快速放热阶段都是随着温度的升高数量不断增加，因此推测这些结构的增加是由于与氧气的复合作用产生，这说明这四类基团数量的增多对热量积聚有一定的作用，对活化能的变化有一定贡献，对煤样的氧化热动力学影响较大。其中Ⅰ类氢原子数量增加比较小，因此对反应活化能变化作用不明显。

芳香环 C=C 结构、亚甲基与该阶段的活化能的增加呈负相关。在氧化过程中的快速放热阶段不同煤样的芳香环 C=C 结构、亚甲基的数量整体上随温度的升高而减小，推测这些结构主要是由于参与氧化反应而消耗，抑制了煤样的热量增加，因此对水分与黄铁矿煤样在快速放热阶段所需活化能的增加有一定的贡献。

当黄铁矿含量是 0 时，可以发现随着水分的增加，相关性增加，当水分含量在 15%时，相关性达到最大，这说明添加水分对活化能大小影响较大。当超过 15%时，这种相关性又变小。但随黄铁矿含量的增加，这种相互作用发生变化，当黄铁矿含量达到 4%以后，这种相关性又减弱。基本在黄铁矿含量为 2%～4%以及水分含量 15%以下时，活性基团和活化能相关性比较大，这说明水分与黄铁矿在特定比例下协同氧化作用最大。

8.3.2 灰色关联度分析

根据各煤样在氧化过程中的放热特性，采用灰色关联分析方法计算 7 类活性基团与氧化放热过程中的活化能变化的关联度，用以综合表征不同活性基团对水与黄铁矿协同影响的无烟煤动力学进程的贡献程度。表 8-4 总结了煤样在快速放热阶段活性基团与活化能的灰色关联度相关系数。

表 8-4 煤快速放热阶段活性基团与活化能的灰色关联度

煤样	芳核上Ⅳ类氢原子	芳核上Ⅲ类氢原子	芳核上Ⅰ类氢原子	芳香环 C=C	亚甲基	游离羟基	分子内氢键
P0W1	0.6116	0.5693	0.5461	0.6759	0.5213	0.5041	0.2155
P0W5	0.6357	0.5817	0.6191	0.6579	0.5778	0.5045	0.2295
P0W10	0.6434	0.6690	0.6660	0.6734	0.6005	0.5168	0.2385
P0W15	0.6459	0.7541	0.6788	0.6892	0.6038	0.5672	0.2445
P0W20	0.6355	0.5879	0.6852	0.5990	0.5522	0.6047	0.1215
P1W1	0.7176	0.5733	0.6144	0.5786	0.6035	0.6185	0.1268
P1W5	0.7307	0.6080	0.6299	0.5539	0.6310	0.6209	0.2093
P1W10	0.7514	0.6602	0.5543	0.5544	0.6298	0.6516	0.2457
P1W15	0.7267	0.7134	0.6942	0.6053	0.7085	0.6809	0.2118
P1W20	0.6778	0.6363	0.5538	0.4119	0.5951	0.5435	0.3448
P2W1	0.6818	0.6783	0.6186	0.4728	0.6561	0.6613	0.2283
P2W5	0.7841	0.6816	0.6170	0.5783	0.6648	0.6651	0.1323
P2W10	0.7944	0.7527	0.6310	0.5673	0.7592	0.7313	0.2784
P2W15	0.7886	0.7506	0.6380	0.6511	0.6323	0.7960	0.3360
P2W20	0.5713	0.6520	0.4815	0.5529	0.6336	0.6523	0.3758
P4W1	0.6030	0.6036	0.4836	0.6738	0.6920	0.6957	0.3493
P4W5	0.7710	0.6499	0.5217	0.7510	0.7062	0.6968	0.2550
P4W10	0.7889	0.7385	0.7424	0.7296	0.7111	0.7510	0.3689
P4W15	0.8016	0.7370	0.7677	0.7571	0.7906	0.7697	0.3591
P4W20	0.7031	0.6022	0.5287	0.5612	0.5503	0.7126	0.3274
P6W1	0.5135	0.6026	0.5136	0.6738	0.6920	0.6957	0.2493
P6W5	0.5220	0.6219	0.5217	0.7510	0.7062	0.6968	0.2550
P6W10	0.5489	0.6325	0.6014	0.6296	0.6111	0.6910	0.2689
P6W15	0.4716	0.6260	0.5617	0.6571	0.6506	0.6097	0.2591
P6W20	0.4241	0.6231	0.5287	0.5612	0.6503	0.6126	0.1274
平均值	0.6618	0.6522	0.5999	0.6227	0.6452	0.6500	0.2543

由表 8-4 可发现，各个煤样的活性基团除分子内氢键外，其他活性基团与活化能关联度有所区别，不同活性基团对煤样低温氧化放热的影响程度不同，这表明在水分与黄铁矿的影响下，煤样的快速放热阶段受煤分子中各活性基团氧化反应性的共同作用所影响。其中分子内氢键与活化能的关联度则比其他活性基团和活化能之间的关联度低，这说明受水分和黄铁矿作用，分子内氢键在快速放热阶段对反应活化能大小的影响很小，推测对煤氧化放热的贡献也小。

将表 8-4 中每行关联度最高的 4 类活性基团进行标注，得到不同煤样中各活性基团与活化能关联度较高的基团主要为芳核上Ⅳ类氢原子、Ⅲ类氢原子、亚甲基和游离羟基，部分煤样的芳香环 C=C 结构与反应活化能的关联度也较高。求出所有煤样各活性基团关联度的平均关联度，并进行大小排序，可以确定出氧化反应的最主要活性基团，包括Ⅳ类氢原子、Ⅲ类氢原子、游离羟基、亚甲基和芳香环 C=C 等结构。

表 8-5、表 8-6 为黄铁矿与水分变化时的活性基团与活化能的平均灰色关联度相关系数，图 8-1、图 8-2 分别对比了黄铁矿与水分变化时活性基团关联度强度变化。

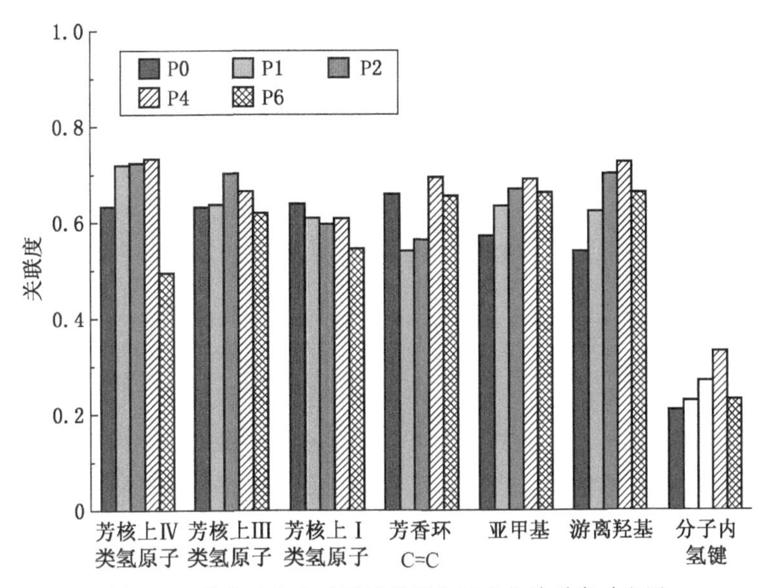

图 8-1　黄铁矿变化时活性基团与活化能关联度对比图

表 8-5　黄铁矿变化时的活性基团与活化能的平均灰色关联度相关系数的影响

煤样	芳核上Ⅳ类氢原子	芳核上Ⅲ类氢原子	芳核上Ⅰ类氢原子	芳香环 C=C	亚甲基	游离羟基	分子内氢键
P0	0.6344	0.6324	0.6390	0.6591	0.5711	0.5395	0.2099
P1	0.7208	0.6382	0.6093	0.5408	0.6336	0.6231	0.2277
P2	0.7240	0.7030	0.5972	0.5645	0.6692	0.7012	0.2702
P4	0.7335	0.6662	0.6088	0.6945	0.6900	0.7252	0.3319
P6	0.4960	0.6212	0.5454	0.6545	0.6620	0.6612	0.2319

表 8-6　水分变化时的活性基团与活化能的平均灰色关联度相关系数的影响

煤样	芳核上Ⅳ类氢原子	芳核上Ⅲ类氢原子	芳核上Ⅰ类氢原子	芳香环 C=C	亚甲基	游离羟基	分子内氢键
W1	0.6255	0.6054	0.5553	0.6150	0.6330	0.6351	0.2338
W5	0.6887	0.6286	0.5819	0.6584	0.6572	0.6368	0.2162
W10	0.7054	0.6906	0.6390	0.6309	0.6623	0.6683	0.2801
W15	0.6869	0.7162	0.6681	0.6720	0.6772	0.6847	0.2821
W20	0.6024	0.6203	0.5556	0.5372	0.5963	0.6251	0.2594

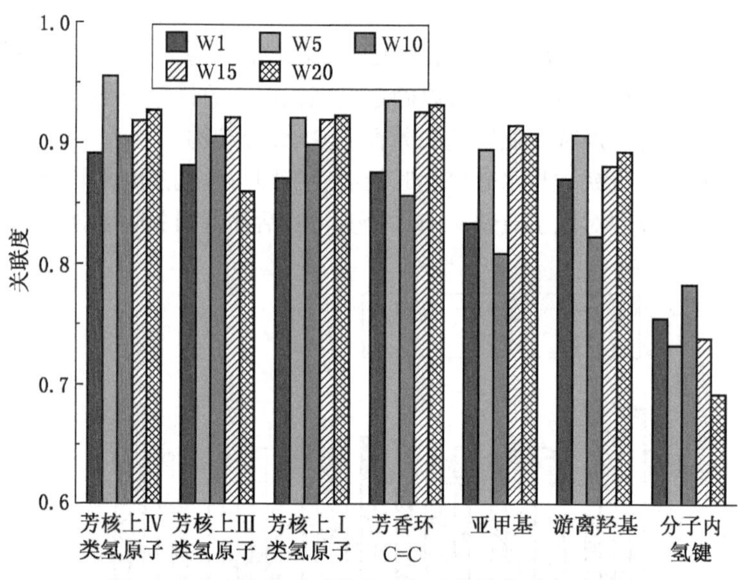

图 8-2 水分变化时活性基团与活化能关联度对比图

通过对表 8-5 和表 8-6 分析发现，随着黄铁矿含量的增加，各个活性基团和活化能的灰色关联度表现出阶段性的增加，当黄铁矿含量在 2% 或 4% 时，关联度达到最大值，这说明黄铁矿含量在 2% ~4% 的时候，作用的各个活性基团和活化能的关联度最大，对快速放热阶段的影响较大。随着水分含量的增加，活性基团与活化能的关联度不断增大，表明水分含量越大对活化能的影响越大。但是这种作用只持续到水分含量为 15% 时，在水分含量 20% 时，没有明显的变化规律。当水分与黄铁矿协同作用的时候，可看出对芳核上Ⅳ类氢原子、Ⅲ类氢原子、芳香环 C=C 结构、亚甲基、游离羟基这些活性基团的影响最大，导致他们与热反应活化能之间的相关性表现的最好。通过对各个煤样 7 类活性基团的关联性进行分析，可以发现在水分与黄铁矿协同作用下，7 类活性基团与活化能的关联度大小顺序为：芳核上Ⅳ类氢原子>芳核上Ⅲ类氢原子>游离羟基>亚甲基>芳香环 C=C 结构>芳核上Ⅰ类氢原子>分子内氢键。

8.4 关键活性基团的确定

通过分析不同水分与黄铁矿含量煤样的活性基团与活化能之间的关联度，确定了不同水分与黄铁矿对煤样氧化过程中起主要作用的活性基团，但由于在氧化过程中不同活性基团对氧化放热动力学的正负影响不同，因此需要结合 Pearson 相关系数法的正负相关性分析，以确定对氧化动力学过程具有促进作用的活性基团，即关键活性基团。

根据 Pearson 相关系数法的正负相关性可得出，芳核上Ⅳ类氢原子、Ⅲ类氢原子、Ⅰ类氢原子和游离羟基与反应活化能的变化呈现正相关，芳香环 C=C 结构、亚甲基与该阶段的活化能的变化呈负相关。并结合灰色关联度分析结果得出的主要活性基团Ⅳ类氢原子、Ⅲ类氢原子、游离羟基、亚甲基和芳香环 C=C 结构，对低温氧化过程中 7 类活性基团的作用效果进行分析，得到关键活性基团，来表征对无烟煤氧化过程的放热促进作用及对煤氧化动力学过程的推进程度。对该阶段的活化能进行分析可以发现，在快速放热阶段，煤氧化进程加快，所需的反应活化能就越低，氧化处在容易时期。因此在该阶段对放热起促进作用的活性基团与活化能内在关联度较好，且成正相关关系，并对此阶段的氧化动力学进程推进贡献较大，此类活性基团即确定为关键活性基团，反之如果两者之间的关联度较差且呈负相关，那么该活性基团对氧化放热起到抑制作用。通过分析得到水分与黄铁矿协同影响下的煤样在低温氧化阶段的关键活性基团及对放热过程起抑制作用的活性基团（表 8-7）。

表 8-7　不同煤样快速放热阶段关键活性基团及抑制放热作用的活性基团

煤样	促进放热的关键活性基团	抑制放热作用的活性基团
P0W1	芳核上Ⅳ类氢原子、Ⅲ类氢原子	芳香环 C=C
P0W5	芳核上Ⅳ类氢原子、Ⅲ类氢原子	芳香环 C=C
P0W10	芳核上Ⅳ类氢原子、Ⅲ类氢原子	芳香环 C=C
P0W15	芳核上Ⅳ类氢原子、Ⅲ类氢原子	芳香环 C=C
P0W20	芳核上Ⅳ类氢原子、游离羟基	芳香环 C=C
P1W1	芳核上Ⅳ类氢原子、游离羟基	亚甲基
P1W5	芳核上Ⅳ类氢原子、游离羟基	亚甲基
P1W10	芳核上Ⅳ类氢原子、Ⅲ类氢原子、游离羟基	亚甲基
P1W15	芳核上Ⅳ类氢原子、Ⅲ类氢原子	亚甲基
P1W20	芳核上Ⅳ类氢原子、Ⅲ类氢原子	亚甲基
P2W1	芳核上Ⅳ类氢原子、Ⅲ类氢原子、游离羟基	亚甲基
P2W5	芳核上Ⅳ类氢原子、Ⅲ类氢原子、游离羟基	亚甲基
P2W10	芳核上Ⅳ类氢原子、Ⅲ类氢原子、游离羟基	亚甲基
P2W15	芳核上Ⅳ类氢原子、Ⅲ类氢原子、游离羟基	芳香环 C=C
P2W20	芳核上Ⅳ类氢原子、Ⅲ类氢原子、游离羟基	亚甲基
P4W1	芳核上Ⅲ类氢原子、游离羟基	芳香环 C=C、亚甲基
P4W5	芳核上Ⅳ类氢原子、游离羟基	芳香环 C=C、亚甲基
P4W10	芳核上Ⅳ类氢原子、Ⅲ类氢原子、游离羟基	—
P4W15	芳核上Ⅳ类氢原子、游离羟基	亚甲基
P4W20	芳核上Ⅳ类氢原子、Ⅲ类氢原子、游离羟基	芳香环 C=C
P6W1	芳核上Ⅲ类氢原子、游离羟基	芳香环 C=C、亚甲基
P6W5	芳核上Ⅲ类氢原子、游离羟基	芳香环 C=C、亚甲基
P6W10	芳核上Ⅲ类氢原子、游离羟基	芳香环 C=C、亚甲基
P6W15	芳核上Ⅲ类氢原子、游离羟基	芳香环 C=C、亚甲基
P6W20	芳核上Ⅲ类氢原子、游离羟基	芳香环 C=C、亚甲基

对表 8-7 中实验煤样的主要活性基团分布情况进行分析，可以发现煤样在低温氧化过程中的关键活性基团是芳核上Ⅳ类氢原子、Ⅲ类氢原子和游离羟基，虽然受到了不同水分与黄铁矿的影响，但是可以发现，对氧化放热过程起到关键作用的这三类关键活性基团都属于芳核和含氧官能团上的，可见受水分和黄铁矿的协同作用，对氧化放热起关键作用的

基团属于芳香烃及含氧官能团。但是在不同的影响因素下所起作用还是有所差别，这体现在相关系数的大小上，从总体来说芳核上Ⅳ类氢原子所起的作用是最大的。在抑制氧化放热作用的活性基团中起主要作用的是芳香环 C=C 结构和脂肪烃的亚甲基这两类活性基团，在氧化的过程中这两类基团表现为随着氧化温度的升高数量减少，在快速放热阶段吸收的热量大于放出的热量，因此表现为抑制的作用。在氧化的过程中水分与黄铁矿协同作用，在氧化消耗的活性基团和产生的次生基团（Ⅳ类氢原子、Ⅲ类氢原子和游离羟基）的相互作用，导致了热量的释放，连锁反应使氧化反应持续进行，最终使得动力学进程发生了改变。

8.5 本章小结

本章采用 Pearson 相关系数法与灰色关联分析法，研究了不同水分与黄铁矿作用的无烟煤在快速放热阶段的 7 类活性基团与反应活化能变化的相关特性，计算了其相关系数和灰色关联度，并且将两种方法相结合，通过找出与活化能正负相关的活性基团及氧化过程中的主要活性基团，最终确定出了对氧化放热阶段起放热关键作用的活性基团和起抑制作用的活性基团，并得出以下结论：

（1）基于 Pearson 相关系数法，确定了各活性基团与活化能变化的正负相关性。活性基团中的分子内氢键变化量很小，与活化能变化的相关性总体上很低，推测分子内氢键对煤样的氧化放热动力学影响较小。芳核上Ⅳ类氢原子、Ⅲ类氢原子、Ⅰ类氢原子和游离羟基与活化能的变化呈现正相关。说明这四类基团数量的增多对热量积聚有一定的作用，对活化能的变化有一定贡献，其中Ⅰ类氢原子数量增加较小，因此对活化能变化作用不明显。芳香环 C=C 结构、亚甲基与该阶段活化能的增加呈现负相关，推断出这些结构主要是由于参与放热反应而消耗，因此对所需活化能的增加有一定的贡献。在黄铁矿含量为 2%~4% 和水分含量 10%~15% 协同作用时，活性基团和活化能相关性比较大，这说明水分与黄铁矿在特定比例下的协同氧化作用最大。

（2）基于灰色关联分析，确定了活性基团与活化能变化的灰色关联度大小。其中分子内氢键与热反应活化能的关联度则比其他活性基团和活化能间的关联度低。这说明受水分和黄铁矿作用，分子内氢键在快速放热阶段对活化能大小的影响很小，推测对煤氧化放热的贡献也小。其他活性基团与活化能的关联度有所区别，不同活性基团对煤样低温氧化放热的影响程度不同，这表明在水分与黄铁矿的影响下，煤样的快速放热阶段是受煤分子中各活性基团氧化反应性的共同作用。把不同煤样各活性基团的平均关联度进行大小排序，确定出氧化过程中各煤样的主要官能团，包括Ⅳ类氢原子、Ⅲ类氢原子、游离羟基、亚甲基和芳香环 C=C 等结构。

（3）基于灰色关联度大小，发现随着水与伴生黄铁矿含量的增加，各活性基团和活化能的灰色关联度表现出阶段性的增加。当黄铁矿含量在 2%~4% 和水分含量为 10%~15% 协同作用时，各个活性基团和活化能的关联度最大，并且对芳核上Ⅳ类氢原子、Ⅲ类氢原子、芳香环 C=C 结构、亚甲基、游离羟基这些活性基团的影响最大，导致它们与反应活化能之间的相关性表现的最好，得出各活性基团与活化能关联度大小顺序为芳核上Ⅳ类氢原子>芳核上Ⅲ类氢原子>游离羟基>亚甲基>芳香环 C=C 结构>芳核上Ⅰ类氢原子>分子内氢键。

（4）Pearson 相关系数结合灰色关联度结果，得到煤低温氧化过程的主要活性基团是芳核上Ⅳ类氢原子、Ⅲ类氢原子、游离羟基、亚甲基和芳香环 C=C 结构，得到对氧化起关键作用的活性基团是芳核上Ⅳ类氢原子、Ⅲ类氢原子和游离羟基三类基团，来表征对无烟煤氧化过程的放热促进作用及对动力学过程的推进程度。起抑制作用的是芳香环 C=C 结构和脂肪烃的亚甲基这两类活性基团，在氧化的过程中这两类基团表现为随着氧化温度的升高数量减少，在快速放热阶段吸收的热量大于放出的热量，因此表现为抑制的作用。在氧化的过程中水分与黄铁矿协同作用氧化消耗的活性基团和次生基团（Ⅳ类氢原子、Ⅲ类氢原子和游离羟基）的相互作用，导致了热量的不断释放，连锁反应使氧化反应持续进行，最终使得动力学进程发生了改变。

参 考 文 献

[1] 谢和平，吴立新，郑德志. 2025年中国能源消费及煤炭需求预测 [J]. 煤炭学报，2019，44 (7)：1949-1960.

[2] 谢和平，王金华，王国法，等. 煤炭革命新理念与煤炭科技发展构想 [J]. 煤炭学报，2018，43 (5)：1187-1197.

[3] Song Zeyang，Claudia Kuenzer. Coal fires in China over the last decade：A comprehensive review [J]. International Journal of Coal Geology，2014，133：72-99.

[4] Yang Fuqiang，Lai Yong，Song Yuze. Determination of the influence of pyrite on coal spontaneous combustion by thermodynamics analysis [J]. Process Safety and Environmental Protection，2019，129：163-167.

[5] Yu Jianglong，Arash Tahmasebi，Han Yanna，et al. A review on water in low rank coals：The existence，interaction with coal structure and effects on coal utilization [J]. Fuel Processing Technology，2013，106：9-20.

[6] 谢克昌. 煤的结构与反应性 [M]. 北京：科学出版社，2002.

[7] 李凯. 低变质煤与神华煤直接液化残渣共热解特性研究 [D]. 西安：西北大学，2019.

[8] 陈鹏. 中国煤炭性质、分类和应用 [M]. 北京：化学工业出版社，2001.

[9] 郭娟，李维明，么晓颖. 世界煤炭资源供需分析 [J]. 中国煤炭，2015，41 (12)：124-129.

[10] 王池阶. 世界煤炭资源及其分布规律 [J]. 煤炭科学技术，1980 (9)：63-64+68.

[11] 崔村丽. 我国煤炭资源及其分布特征 [J]. 科技情报开发与经济，2011，21 (24)：181-182+198.

[12] 曹凯. 综放采空区遗煤自然发火规律及高效防治技术 [D]. 徐州：中国矿业大学，2013.

[13] 叶振兴. 煤的低温氧化实验及对模拟实验数值模拟研究 [D]. 淮南：安徽理工大学，2005.

[14] Wang Shaofeng，Li Xibing，Wang Deming. Mining-induced void distribution and application in the hydro-thermal investigation and control of an underground coal fire：A case study [J]. Process Safety and Environmental Protection，2016，102：734-756.

[15] 朱红青，袁杰，赵金龙，等. 地下煤火分布及探测技术现状研究 [J]. 工业安全与环保，2019，45 (12)：28-32.

[16] 武建军，刘晓晨，蒋卫国，等. 新疆地下煤火风险分布格局探析 [J]. 煤炭学报，2010，35 (7)：1147-1154.

[17] 梁运涛，侯贤军，罗海珠，等. 我国煤矿火灾防治现状及发展对策 [J]. 煤炭科学技术，2016，44 (6)：1-6+13.

[18] Moisés Oswaldo Bustamante Rúa，Alan José Daza Aragón，Pablo Bustamante Baena. A study of fire propagation in coal seam with numerical simulation of heat transfer and chemical reaction rate in mining field [J]. International Journal of Mining Science and Technology，2019，29 (6)：873-879.

[19] 王兰云. 离子液体溶解煤官能团和抑制煤氧化放热特性的实验及机理研究 [D]. 徐州：中国矿业大学，2005.

[20] 刘先建. 淮南煤的结构与反应性研究 [D]. 淮南，安徽理工大学，2005.

[21] 张继周. 煤结构模型的研究与展望 [J]. 能源技术与管理，2005，5：37-38.

[22] 王三跃. 褐煤结构的分子动力学模拟和量子化学研究 [D]. 太原：太原理工大学，2004.

[23] 罗陨飞. 煤的大分子结构研究-煤中惰质组结构及煤中氧的赋存形态 [D]. 北京：煤炭科学研究总院，2002.

[24] 屈丽娜. 煤自燃阶段特征及其临界点变化规律的研究 [D]. 北京：中国矿业大学（北京），2013.

[25] 徐精彩. 煤层自燃危险区域判定理论 [M]. 北京：煤炭工业出版社，2001.

[26] 文虎，徐精彩，李莉，等. 煤自燃的热量积聚过程及影响因素分析 [J]. 煤炭学报，2003 (4)：

36-40.
[27] 刘剑，王继仁，孙宝铮. 煤的活化能理论研究 [J]. 煤炭学报，1999 (3)：94-98.
[28] 陆伟，胡千庭，仲晓星，等. 煤自燃逐步自活化反应理论 [J]. 中国矿业大学学报，2007 (1)：111-115.
[29] 邓军，徐精彩，陈晓坤. 煤自燃机理及预测理论研究进展 [J]. 辽宁工程技术大学学报，2003 (4)：455-459.
[30] 侯新娟，杨建丽，李永旺. 煤大分子结构的量子化学研究 [J]. 燃料化学学报，1999 (S1)：143-149.
[31] 徐光宪，黎乐民，王德民. 量子化学基本原理和从头计算法 [M]. 北京：科学出版社，1985.
[32] 王宝俊，张玉贵，谢克昌. 量子化学计算在煤的结构与反应性研究中的应用 [J]. 化工学报，2003 (4)：477-488.
[33] 张景来. 煤表面与高分子作用机理的量子化学研究 [J]. 北京科技大学学报，2001 (1)：6-8.
[34] 李增华. 煤炭自燃的自由基反应机理 [J]. 中国矿业大学学报，1996 (3)：111-114.
[35] 李增华，位爱竹，杨永良. 煤炭自燃自由基反应的电子自旋共振实验研究 [J]. 中国矿业大学学报，2006，5：576-580.
[36] 刘国根，邱冠周. 煤的 ESR 波谱研究 [J]. 波谱学杂志，1999 (2)：171-174.
[37] 罗道成，刘俊峰. 不同反应条件对煤中自由基的影响 [J]. 煤炭学报，2008 (7)：807-811.
[38] 位爱竹，李增华，潘尚昆，等. 紫外线引发煤自由基反应的实验研究 [J]. 中国矿业大学学报，2007，36 (5)：582-585.
[39] 戴广龙. 煤低温氧化过程中自由基浓度与气体产物之间的关系 [J]. 煤炭学报，2012，37 (1)：122-126.
[40] 仲晓星，王德明，徐永亮，等. 煤氧化过程中的自由基变化特性 [J]. 煤炭学报，2010，35 (6)：960-963.
[41] 朱令起，刘聪，王福生. 煤自燃过程中自由基变化规律特性研究 [J]. 煤炭科学技术，2016，44 (10)：44-47.
[42] JoséV. Ibarra，Edgar Muñoz，Rafael Moliner. FTIR study of the evolution of coal structure during the coalification process [J]. Organic Geochemistry，1996，24 (6)：725-735.
[43] 张国枢，谢应明，顾建明. 煤炭自燃微观结构变化的红外光谱分析 [J]. 煤炭学报，2003 (5)：473-476.
[44] 冯杰，李文英，谢克昌. 傅立叶红外光谱法对煤结构的研究 [J]. 中国矿业大学学报，2002 (5)：25-29.
[45] 邓军，赵婧昱，张嬿妮，等. 不同变质程度煤二次氧化自燃的微观特性试验 [J]. 煤炭学报，2016，41 (5)：1164-1172.
[46] 王德明，辛海会，戚绪尧，等. 煤自燃中的各种基元反应及相互关系：煤氧化动力学理论及应用 [J]. 煤炭学报，2014，39 (8)：1667-1674.
[47] Wang Deming，Xin Haihui，Qi Xuyao，et al. Reaction pathway of coal oxidation at low temperatures：a model of cyclic chain reactions and kinetic characteristics [J]. Combustion and Flame，2016，163：447-460.
[48] 张嬿妮. 煤氧化自燃微观特征及其宏观表征研究 [D]. 西安：西安科技大学，2012.
[49] Xin Haihui，Wang Deming，Qi Xuyao，et al. Structural characteristics of coal functional groups using quantum chemistry for quantification of infrared spectra [J]. Fuel Processing Technology，2014，118：287-295.
[50] Naktiyok Jale. Determination of the Self-Heating Temperature of Coal by Means of TGA Analysis [J]. En-

ergy & fuels, 2018, 32 (2): 2299-2305.

[51] 胡荣祖，高胜利，赵凤起，等. 热分析动力学 [M]. 北京：科学出版社，2008.

[52] Sergey Vyazovkin, Alan K. Burnham, José M. Criado, et al. ICTAC Kinetics Committee recommendations for performing kinetic computations on thermal analysis data [J]. Thermochimica Acta, 2011, 520 (1): 1-19.

[53] Qi Xuyao, Li Qizhong, Zhang Huijun, et al. Thermodynamic characteristics of coal reaction under low oxygen concentration conditions [J]. Journal of the Energy Institute, 2016, 90 (4): 544-555.

[54] 葛新玉. 基于热分析技术的煤氧化动力学实验研究 [D]. 淮南：安徽理工大学，2009.

[55] 何启林，王德明. 煤的氧化和热解反应的动力学研究 [J]. 北京科技大学学报，2006 (1): 1-5.

[56] 余明高，郑艳敏，路长. 贫烟煤氧化热解反应的动力学分析 [J]. 火灾科学，2009, 18 (3): 143-147.

[57] ChenGang, Ma Xiaoqian, Lin Musong, et al. Study on thermochemical kinetic characteristics and interaction during low temperature oxidation of blended coals [J]. Journal of the Energy Institute, 2015, 88: 221-228.

[58] Mustafa Versan Kok. Simultaneous thermogravimetry-calorimetry study on the combustion of coal samples: Effect of heating rate [J]. Energy Conversion and Management, 2011, 53 (1): 40-44.

[59] 杨永良，李增华，高思源，等. 松散煤体氧化放热强度测试方法研究 [J]. 中国矿业大学学报，2011, 40 (4): 511-516.

[60] 文虎，徐精彩，葛岭梅，等. 煤低温自燃发火的热效应及热平衡测算法 [J]. 湘潭矿业学院学报，2001 (4): 1-4.

[61] 陈晓坤，易欣，邓军. 煤特征放热强度的实验研究 [J]. 煤炭学报，2005 (5): 81-84.

[62] Yang Yongliang, Li Zenghua, Hou Shisong, et al. The shortest period of coal spontaneous combustion on the basis of oxidative heat release intensity [J]. International Journal of Mining Science and Technology, 2014, 24 (1): 99-103.

[63] Ahmet Arisoy, Basil Beamish. Reaction kinetics of coal oxidation at low temperatures [J]. Fuel, 2015, 159: 412-417.

[64] Deng Jun, Xiao Yang, Li Qingwei, et al. Experimental studies of spontaneous combustion and anaerobic cooling of coal [J]. Fuel, 2015, 157: 261-269.

[65] Li Zhengfeng, Zhang Yulong, Jing Xiaoxia, et al. Insight into the intrinsic reaction of brown coal oxidation at low temperature: Differential scanning calorimetry study [J]. Fuel Processing Technology, 2016, 147 (2): 64-70.

[66] Wang Haihui, Bogdan Z. Dlugogorski, Eric M. Kennedy. Coal oxidation at low temperatures: oxygen consumption, oxidation products, reaction mechanism and kinetic modelling [J]. Progress in Energy and Combustion Science, 2003, 29 (6): 487-513.

[67] M. Onifade, B. Genc. Spontaneous combustion liability of coal and coal-shale: a review of prediction methods [J]. International Journal of Coal Science & Technology, 2019, 6 (2): 151-168.

[68] 杨宏民，郭怀广，仇海生. 水分对煤体物性参数影响试验研究 [J]. 中国安全科学学报，2016, 26 (9): 67-72.

[69] 李鑫. 浸水风干煤体自燃氧化特性参数实验研究 [D]. 徐州：中国矿业大学，2014.

[70] Yücel Kadioğlu, Murat Varamaz. The effect of moisture content and air-drying on spontaneous combustion characteristics of two Turkish lignites [J]. Fuel, 2003, 82 (13): 1685-1693.

[71] Küçük A, Kadioğlu Y, Gülaboğlu M S. A study of spontaneous combustion characteristics of a turkish lignite: particle size, moisture of coal, humidity of air [J]. Combustion and Flame, 2003, 133:

255-261.
[72] 雷丹，王德明，仲晓星，等. 水分对煤低温氧化耗氧量影响的研究 [J]. 煤矿安全，2011，42（7）：28-31.
[73] 何启林，王德明. 煤水分含量对煤吸氧量与放热量影响的测定 [J]. 中国矿业大学学报，2005，34（3）：358-362.
[74] 李云飞. 长期水浸风干焦煤自燃特性及参数实验研究 [D]. 太原：太原理工大学，2017.
[75] 魏子淇. 水分对煤低温氧化特性参数的影响研究 [D]. 西安：西安科技大学，2018.
[76] 秦小文. 浸水风干煤体低温氧化特性研究 [D]. 徐州：中国矿业大学，2015.
[77] 徐长富. 水浸煤自燃宏观特征及防治技术研究 [D]. 北京：中国矿业大学（北京），2015.
[78] Ahmet Arisoy，Basil Beamish. Mutual effects of pyrite and moisture on coal self-heating rates and reaction rate data for pyrite oxidation [J]. Fuel，2015，139：107-114.
[79] 李云波，姜波. 淮北宿临矿区构造煤中硫的分布规律及赋存机制 [J]. 煤炭学报，2015，40（2）：412-421.
[80] 李艳虹. 渭北煤中硫元素的赋存特征及高效脱除方法研究 [D]. 西安：西安科技大学，2014.
[81] 王德明. 煤氧化动力学理论及应用 [M]. 北京：科学出版社，2012.
[82] 袁泉. 黄铁矿对煤低温氧化阶段影响的实验研究 [D]. 西安：西安科技大学. 2018.
[83] Robert Pietrzak，Teresa Grzybek，Helena Wachowska. XPS study of pyrite-free coals subjected to different oxidizing agents [J]. Fuel，2007，86（16）：2616-2624.
[84] Hu Huiping，Chen Qiyuan，Yin Zhoulan，et al. Thermal behaviors of mechanically activated pyrites by thermogravimetry（TG）[J]. Thermochimica Acta，2003，398（1）：233-240.
[85] 徐志国. 硫化矿石自燃的机理与倾向性鉴定技术研究 [D]. 长沙：中南大学，2013.
[86] 魏伟. 含硫自燃模型化合物氧化特性研究 [D]. 徐州：中国矿业大学，2015.
[87] 黄鸿剑. 黄铁矿硫对煤自燃特性参数影响的实验研究 [D]. 西安：西安科技大学，2013.
[88] 袁利. 黔西南高硫煤的地质成因-黄铁矿与硫同位素分析 [D]. 徐州：中国矿业大学，2014.
[89] 张兰君. 有机硫对煤自燃特性影响研究 [D]. 徐州：中国矿业大学，2016.
[90] 煤二次氧化自燃的微观特性研究 [D]. 西安：西安科技大学，2015.
[91] 苗曙光. 基于 GPR 与 ESR 的煤岩性状识别方法研究 [D]. 徐州：中国矿业大学，2019.
[92] 裘晓俊. 核磁共振波谱仪检测灵敏度及其优化技术 [D]. 厦门：厦门大学，2008.
[93] 陈士明. 电子顺磁共振波谱仪 [J]. 上海计量测试，2003，30（1）：45-47.
[94] 李泽彬，殷春浩，吕海萍，等. 电子顺磁共振仪的参数最佳选择 [J]. 徐州工程学院学报，2007（8）：22-25+85.
[95] 位爱竹. 煤炭自燃自由基反应机理的实验研究 [D]. 徐州：中国矿业大学，2008.
[96] 仲晓星. 煤自燃倾向性的氧化动力学测试方法研究 [D]. 徐州：中国矿业大学，2008.
[97] 张嫕妮，邓军，罗振敏，等. 煤自燃影响因素的热重分析 [J]. 西安科技大学学报，2008（2）：388-391.
[98] 李艳春. 热分析动力学在含能材料中的应用 [D]. 南京：南京理工大学，2009.
[99] 郑艳敏. 煤氧化的反应机理函数和热效应的研究 [D]. 焦作：河南理工大学，2010.
[100] 许涛. 煤自燃过程分段特性及机理的实验研究 [D]. 徐州：中国矿业大学，2012.
[101] Zeyang Song，Maorui Li，Yong Pan，et al. A generalized differential method to calculate lumped kinetic triplet of the nth order model for the global one-step heterogeneous reaction using TG data [J]. Journal of Loss Prevention in the Process Industries，https：//doi. org/10. 1016/j. jlp. 2020. 104094.
[102] 王凯. 陕北侏罗纪煤低温氧化反应性及动力学研究 [D]. 西安：西安科技大学，2015.
[103] 杨漪. 基于氧化特性的煤自燃阻化剂机理及性能研究 [D]. 西安：西安科技大学，2015.

[104] 张嬿妮. 热重分析在研究煤氧复合过程中的应用 [D]. 西安：西安科技大学，2004.
[105] Zhang Yutao, Zhang Yuanbo, Li Yaqing, et al. Study on the characteristics of coal spontaneous combustion during the development and decaying processes [J]. Process Safety and Environmental Protection, 2020, 138: 9-17.
[106] 邓军，张宇轩，赵婧昱，等. 基于程序升温的不同粒径煤氧化活化能试验研究 [J]. 煤炭科学技术，2019，47 (1)：214-219.
[107] 邓军，赵婧昱，张嬿妮，等. 煤样两次程序升温自燃特性对比实验研究 [J]. 西安科技大学学报，2016，36 (2)：157-162.
[108] 郑仲. 煤中黄铁矿研究——以寺沟 8 号煤为例 [J]. 现代工业经济和信息化，2013， (16)：63-65.
[109] 陆伟，胡千庭. 煤低温氧化结构变化规律与煤自燃过程之间的关系 [J]. 煤炭学报，2007，32 (9)：939-944.
[110] Xiong Guang, Li Yunsheng, Jin Lijun, et al. In situ FT-IR spectroscopic studies on thermal decomposition of the weak covalent bonds of brown coal [J]. Journal of Analytical and Applied Pyrolysis, 2015, 115: 262-267.
[111] 李霞，曾凡桂，王威，等. 低中煤级煤结构演化的 FTIR 表征 [J]. 煤炭学报，2015，40，255 (12)：158-166.
[112] 吴卫强. 硫化矿石堆与硫化矿尘层氧化自热研究 [D]. 赣州：江西理工大学，2015.
[113] 张慧君，王德明，戚绪尧，等. 干燥条件下高硫煤低温氧化特性研究 [J]. 中国安全科学学报，2012，22 (4)：127-131.
[114] 何萍，王飞宇，唐修义，等. 煤氧化过程中气体的形成特征与煤自燃指标气体选择 [J]. 煤炭学报，1994 (6)：635-643.
[115] 王彩萍，王伟峰，邓军. 不同煤种低温氧化过程指标气体变化规律研究 [J]. 煤炭工程，2013 (2)：109-111+114.
[116] 侯向楠. 碱性介质中溶解氧含量对褐煤电化学氧化的影响 [D]. 大连：大连理工大学，2017.
[117] 刘颖，张蓬洲，吴奇虎. 抚顺烟煤及其抽出物的 FTIR 光谱结构特征 [J]. 燃料化学学报，1992，20 (1)：96-101.
[118] 杨永良，李增华，尹文宣. 易自燃煤漫反射红外光谱特征 [J]. 煤炭学报，2007，32 (7)：729-733.
[119] Tang Y, Xue S. Laboratory Study on the Spontaneous Combustion Propensity of Lignite Undergone Heating Treatment at Low Temperature in Inert and Low-Oxygen Environments [J]. Energy & Fuels, 2015, 29 (8): 4683-4689.
[120] 文虎，张福勇，金永飞，等. 硫对煤自燃特性参数影响的实验研究 [J]. 煤矿安全，2011，42 (10)：5-7.
[121] 文虎，李成会，费金彪，等. 高硫煤二次氧化自燃特性参数的实验研究 [J]. 矿业安全与环保，2015，42 (3)：1-4.
[122] 郭永红，孙保民，刘海波. 煤的元素分析和工业分析对应关系的探讨 [J]. 现代电力，2005 (03)：55-57.
[123] 王经伟. 煤的元素分析种类及与煤质的关系 [J]. 黑龙江科技信息，2012 (31)：50.
[124] 赵新法，李仲谨，陈玉萍. 煤元素分析指标计算数学模型的建立与应用 [J]. 煤质技术，2006 (1)：16-18.
[125] 赵虹，沈利，杨建国，等. 利用煤的工业分析计算元素分析的 DE-SVM 模型 [J]. 煤炭学报，2010，35 (10)：1721-1724.

[126] 殷春根，骆仲泱，倪明江，等. 煤的工业分析至元素分析的 BP 神经网络预测模型 [J]. 燃料化学学报，1999 (5)：408-414.
[127] 闵凡飞，张明旭，朱惠臣. 煤工业分析和燃烧特性的 TG-DTG-DTA 研究 [J]. 煤炭科学技术，2004 (11)：51-54.
[128] 相建华，曾凡桂，李彬，等. 成庄无烟煤大分子结构模型及其分子模拟 [J]. 燃料化学学报，2013，41 (4)：391-399.
[129] 张贵红. 煤工业分析方法的改进 [J]. 燃料与化工，2009，40 (1)：14-16.
[130] 姬建虎，谢强燕，王长元. 煤自燃内在影响因素分析 [J]. 矿业安全与环保，2008，35 (3)：24-26.
[131] 宋晓夏，唐跃刚，李伟，等. 基于小角 X 射线散射构造煤孔隙结构的研究 [J]. 煤炭学报，2014，39 (4)：719-724.
[132] 赵爱红，廖毅，唐修义. 煤的孔隙结构分形定量研究 [J]. 煤炭学报，1998 (4)：105-108.
[133] 吴世跃. 煤层中的耦合运动理论及其应用——具有吸附作用的气固耦合运动理论 [M]. 北京：科学出版社，2009：8-17.
[134] 姚多喜，吕劲. 淮南谢一矿煤的孔隙性研究 [J]. 中国煤田地质，1996 (4)：31-33+78.
[135] Mahamud M. M. Textural characterization of active carbons using fractal analysis [J]. Fuel Processing Technology，2006，87 (10)：907-917.
[136] 程庆迎，黄炳香，李增华. 煤岩体孔隙裂隙实验方法研究进展 [J]. 中国矿业，2012，21 (1)：115-118.
[137] 毛灵涛，安里千，王志刚，等. 煤样力学特性与内部裂隙演化关系 CT 实验研究 [J]. 辽宁工程技术大学学报 (自然科学版)，2010，29 (3)：408-411.
[138] 李伟，要惠芳，刘鸿福，等. 基于显微 CT 的不同煤体结构煤三维孔隙精细表征 [J]. 煤炭学报，2014，39 (6)：1127-1132.
[139] 肖体乔，谢红兰，邓彪，等. 上海光源 X 射线成像及其应用研究进展 [J]. 光学学报，2014，34 (1)：9-23.
[140] ThompsonA. H.，Katz A. J.，Krohn C. E.. The microgeometry and transport properties of sedimentary rock [J]. Advances in Physics，1987，36 (5)：625-694.
[141] Kueper B H，Frind E O. Two-phase flow in heterogeneous porous media：Model development [J]. Water Resources Research，1991，27 (6)：1049-1057.
[142] 傅学海，秦勇，薛秀谦. 分形理论在煤储层物性研究中的应用 [J]. 煤，2000，9 (4)：1-3.
[143] 傅雪海，秦勇，薛秀谦，等. 煤储层孔、裂隙系统分形研究 [J]. 中国矿业大学学报，2001 (3)：11-14.
[144] 王文峰，徐磊，傅雪海. 应用分形理论研究煤孔隙结构 [J]. 中国煤田地质，2002 (2)：27-28+34.
[145] 张玉涛，王德明，仲晓星. 煤孔隙分形特征及其随温度的变化规律 [J]. 煤炭科学技术，2007 (11)：73-76.
[146] 孟巧荣. 热解条件下煤孔隙裂隙演化的显微 CT 实验研究 [D]. 太原：太原理工大学，2011.
[147] 陈昌国，张代钧，鲜晓红，等. 煤的微晶结构与煤化度 [J]. 煤炭转化，1997 (1)：45-49.
[148] 戴广龙. 煤低温氧化过程中微晶结构变化规律研究 [J]. 煤炭学报，2011，36 (2)：322-325.
[149] 周贺，潘结南，李猛，等. 不同变质变形煤微晶结构的 XRD 试验研究 [J]. 河南理工大学学报 (自然科学版)，2019，38 (1)：26-35.
[150] 姜波，秦勇，金法礼. 高温高压实验变形煤 XRD 结构演化 [J]. 煤炭学报，1998 (2)：78-83.
[151] 张小东，张鹏. 不同煤级煤分级萃取后的 XRD 结构特征及其演化机理 [J]. 煤炭学报，2014，39 (5)：941-946.

[152] Shi Q L, Qin B T, Bi Q, et al. An experimental study on the effect of igneous intrusions on chemical structure and combustion characteristics of coal in Daxing Mine, China [J]. Fuel, 2018, 226, 307-315.
[153] 王凯. 陕北侏罗纪煤氧化自燃特性实验研究 [D]. 西安：西安科技大学，2013.
[154] Sonibare O O, Haeger T, Foley S F. Structural characterization of Nigerian coals by X-ray diffraction, Raman and FTIR spectroscopy [J]. Energy, 2010, 35 (12): 5347-5353.
[155] Zhu C, Qu S J, Zhang J, et al. Distribution, occurrence and leaching dynamic behavior of sodium in Zhundong coal [J]. Fuel, 2017, 190: 189-197.
[156] 陈扬杰. 陕北不同聚煤期煤层内高岭石夹矸的特征及演化 [J]. 煤田地质与勘探，89/(2)：1-6+72-73.
[157] Li K J, Rita K, Zhang J L, et al. A Comprehensive Investigation on Various Structural Features of Bituminous Coals using Advanced Analytical Techniques [J]. Energy & Fuels, 2015, 29 (11): 7178-7189.
[158] Ma X M, Dong X S, Fan Y P. Prediction and Characterization of the Microcrystal Structures of Coal with Molecular Simulation [J]. Energy & Fuels, 2018, 32 (3): 3097-3107.
[159] 张代钧，鲜学福. 煤大分子堆垛结构的研究 [J]. 重庆大学学报，1992，15 (3)：56-61.
[160] 贾燕. 褐煤结构的实验分析 [D]. 太原：太原理工大学，2002.
[161] 戴中蜀，郑昀晖，马立红. 低煤化度煤低温热解脱氧后结构的变化 [J]. 燃料化学学报，1999 (3)：65-70.
[162] 董庆年，陈学艺，靳国强，等. 红外发射光谱法原位研究褐煤的低温氧化过程 [J]. 燃料化学学报，1997 (04)：46-51.
[163] 李先春，王丽娜，韩艳娜，等. 干燥褐煤的 FTIR 分析及热解实验研究 [J]. 煤炭转化，2014，37 (4)：17-21.
[164] Deng J, Zhao J Y, Huang A C, et al. Thermal behavior and microcharacterization analysis of second-oxidized coal [J]. Journal of Thermal Analysis & Calorimetry, 2016, 127 (1): 1-10.
[165] 杨彦成，陶秀祥，许宁，等. 基于 FTIR，XPS 与 CAMD 的高硫焦煤大分子模型构建 [J]. 煤炭技术，2015，34 (9)：308-311.
[166] 戚绪尧. 煤中活性基团的氧化及自反应过程 [D]. 徐州：中国矿业大学，2011.
[167] 朱学栋，朱子彬. 红外光谱定量分析煤中脂肪碳和芳香碳 [J]. 曲阜师范大学学报（自然科学版），2001 (4)：64-67.
[168] 褚廷湘，杨胜强，孙燕，等. 煤的低温氧化实验研究及红外光谱分析 [J]. 中国安全科学学报，2008 (1)：171-177.
[169] Murata S, Hosokawa S, Kidena K, et al. Analysis of oxygen-functional groups in brown coals [J]. Fuel Processing Technology, 2000, 67: 231-243.
[170] Cai T T, Feng Z C, Zhou D. Multi-scale characteristics of coal structure by x-ray computed tomography (x-ray CT), scanning electron microscope (SEM) and mercury intrusion porosimetry (MIP) [J]. Aip Advances, 2018, 8 (2): 25-324.
[171] Casal M D, Vega M F, Diaz-Faes E, et al. The influence of chemical structure on the kinetics of coal pyrolysis [J]. International Journal of Coal Geology, 2018, 195 (1): 415-422.
[172] Li L, Fan H J, Hu H Q. Distribution of hydroxyl group in coal structure: A theoretical investigation [J]. Fuel, 2017, 189: 195-202.
[173] 李文，白宗庆，白进，等. 原位漫反射新方法研究煤中氢键的分解动力学 [J]. 燃料化学学报，2011，39 (5)：321-327.

[174] 郭崇涛. 煤化学 [M]. 北京：化学工业出版社，1999.
[175] 孟召平，刘珊珊，王保玉，等. 不同煤体结构煤的吸附性能及其孔隙结构特征 [J]. 煤炭学报，2015，40 (8)：1865-1870.
[176] Given，P H. The distribution of hydrogen in coals and its relation to coal structure [J]. Fuel，1960，39：147-53.
[177] Wiser，W H. Reported in Division of Fuel Chemistry [J]. Preprints，1975，122-126.
[178] Shinn JH. From coal to single-stage and two-stage products：A reactive model of coal structure [J]. Fuel，1984，63 (9)：1187-1196.
[179] Solomon P R，Hamblen D G，Carangelo R M，et al. General model of coal devolatilization [J]. Energy & Fuels，1988，2 (4)：405-422.
[180] Solomon，P R. Coal Structure and Thermal Decomposition，in New Approaches in Coal Chemistry，B. D. Blaustein，B. C. Bockrath，and S. Friedman，Editors. 1981，American Chemical Society：Washington，D. C：61-71.
[181] Spiro C L，Kosky P G. Space-filling models for coal. 2. Extension to coals of various ranks [J]. Fuel，1982，61 (11)：1080.
[182] Given P H，MarzecA，Barton WA，et al. The concept of a mobile or molecular phase within the macromolecular network of coals：A debate [J]. Fuel，1986，65 (2)：155-163.
[183] Tissot，B，Califet-Debyser，Y，Deroo，G，et al. Origin and Evolution of Hydrocarbons in Early Toarcian Shales，Paris Basin，France [J]. AAPG Bulletin，1971，55 (12)：2177-2193.
[184] Friedel RA，QueiserJA，Retcofsky HL. Coal-like substances from low-temperature pyrolysis of cellulose and pine sawdust at very long reaction times [J]. The Journal of Physical Chemistry，1970，74 (4)：908-912.
[185] Petrakis L，Grandy DW. Free radicals in coals and coal conversion. 3. Investigation of the free radicals of selected macerals upon pyrolysis [J]. Fuel，1981，60 (2)：115-119.
[186] 董庆年，靳国强，陈学艺. 红外发射光谱法用于煤化学研究 [J]. 燃料化学学报，2000，28 (2)：138-141.
[187] 李东涛，李文，李保庆. 褐煤中水分的原位漫反射红外光谱研究 [J]. 高等学校化学学报，2002 (12)：114-117.
[188] Iyengar MS，Guha S，Beri ML. The nature of sulphur groupings in abnormal coals [J]. Fuel，1960，39：235-243.
[189] Attar，Dupuis. Data on the distribution of organic sulfur functional groups in coal [J]. Advances in chemistry，1981，24：239-256.
[190] Wang S Q，Liu S M，Sun Y B，et al. Investigation of coal components of Late Permian different ranks bark coal using AFM and Micro-FTIR [J]. Fuel，2017，187：51-57.
[191] 李文，李保庆，三浦孝一. 原位漫反射红外分析水分对煤中氢键形成的作用规律 [J]. 燃料化学学报，1999 (1)：11-14.
[192] 王涌宇，邬剑明，王俊峰，等. 亚烟煤低温氧化元素迁移规律及原位红外实验 [J]. 煤炭学报，2017，42 (8)：2031-2036.
[193] 辛海会，王德明，许涛，等. 低阶煤低温热反应特性的原位红外研究 [J]. 煤炭学报，2011 (9)：108-112.
[194] Jong W D，Nola G D，Venneker B C H，et al. TG-FTIR pyrolysis of coal and secondary biomass fuels：Determination of pyrolysis kinetic parameters for main species and NOx precursors [J]. Fuel，2007，86 (15)：2367-2376.

[195] Chen Y , Caro L D , Mastalerz M , et al. Mapping the chemistry of resinite, funginite and associated vitrinite in coal with micro-FTIR [J]. Journal of Microscopy, 2013, 249 (1): 69-81.
[196] Dun W , Guijian L , Ruoyu S , et al. Investigation of Structural Characteristics of Thermally Metamorphosed Coal by FTIR Spectroscopy and X-ray Diffraction [J]. Energy & fuels, 2013, 27: 5823-5830.
[197] Mathews J P, Chaffee A L. The molecular representations of coal - A review [J]. Fuel, 2012, 96: 1-14.
[198] Painter PC, Sobkowiak M, Youtcheff J. FT-i. r. study of hydrogen bonding in coal [J]. Elsevier, 1987, 66: 973-978.
[199] Tahmasebi A, Yu J L, Han Y N, et al. A study of chemical structure changes of Chinese lignite during fluidized-bed drying in nitrogen and air [J]. Fuel Process Technol, 2012, 101: 85-93.
[200] Qi X , Xue H , Xin H , et al. Quantum chemistry calculation of reaction pathways of carboxyl groups during coal self-heating [J]. Canadian Journal of Chemistry, 2017, 95 (8): 824-829.
[201] Sauer DN. Semi-quantitative FTIR analysis of a coal tar pitch and its extracts and residues in several organic solvents [J]. Energy & Fuels, 1992, 6: 518-25.
[202] 秦波涛，宋爽，戚绪尧，等. 浸水过程对长焰煤自燃特性的影响 [J]. 煤炭学报，2018，43 (5): 1350-1357.
[203] 张玉涛，王都霞，仲晓星. 水分在煤低温氧化过程中的影响研究 [J]. 煤矿安全，2007 (11): 1-4.
[204] Li X C, Song H, Wang Q, et al. Experimental study on drying and moisture re-adsorption kinetics of an Indonesian low rank coal [J]. Journal of Environmental Sciences, 2009, 21 (9): S127-S130.
[205] Zhang Y T, Li Y Q, Huang Y, et al. Characteristics of mass, heat and gaseous products during coal spontaneous combustion using TG/DSC - FTIR technology [J]. Journal of Thermal Analysis & Calorimetry, 2018, 131 (3): 1-12.
[206] Bai L, Nie Y, Li Y, et al. Protic ionic liquids extract asphaltenes from direct coal liquefaction residue at room temperature [J]. Fuel Process Technol, 2013, 108: 94-100.
[207] Wang L Y, Xu Y L, Jiang S G, et al. Imidazolium based ionic liquids affecting functional groups and oxidation properties of bituminous coal [J]. SafSci, 2012, 50 (7): 1528-1534.
[208] Petersen H I, Rosenberg P, Nytoft H P. Oxygen groups in coals and alginate-rich kerogen revisited [J]. International Journal of Coal Geology, 2007, 74 (2): 93-113.
[209] 郑庆荣，曾凡桂，张世同. 中变质煤结构演化的 FT-IR 分析 [J]. 煤炭学报，2011，36 (3): 481-486.
[210] Zeyang Song, Claudia Kuenzer. Spectral reflectance (400-2500 nm) properties of coals, adjacent sediments, metamorphic and pyrometamorphic rocks in coal-fire areas: A case study of Wuda coalfield and its surrounding areas, northern China [J]. International Journal of Coal Geology, 2017, 171: 142-152.
[211] 李增华，齐峰，杜长胜，等. 基于吸氧量的煤低温氧化动力学参数测定 [J]. 采矿与安全工程学报，2007 (2): 15-18.
[212] Liang Y , Zhang J , Wang L , et al. Forecasting spontaneous combustion of coal in underground coal mines by index gases: A review [J]. Journal of Loss Prevention in the Process Industries, 2019, 57: 208-222.
[213] 王继仁，邓存宝. 煤微观结构与组分量质差异自燃理论 [J]. 煤炭学报，2007，32 (12): 1291-1296.
[214] 朱红青，罗明罡，向明汭，等. 煤燃烧特性热重试验研究及动力学分析 [J]. 中国安全科学学报，2016 (4): 40-45.

[215] 刘长青. 煤低温氧化过程的热分析动力学研究 [D]. 淮南：安徽理工大学，2007.
[216] 何启林，王德明. TG-DTA-FTIR 技术对煤氧化过程的规律性研究 [J]. 煤炭学报，2005 (1)：53-57.
[217] Deng J, Li Q W, Xiao Y, et al. The effect of oxygen concentration on the non-isothermal combustion of coal [J]. Thermochimica Acta, 2017, 653: 106-115.
[218] 邓军，张嬿妮. 煤自然发火微观机理 [M]. 徐州：中国矿业大学出版社，2015.
[219] Deng J, Li B, Xiao Y, et al. Combustion properties of coal gangue using thermogravimetry-Fourier transform infrared spectroscopy [J]. Applied Thermal Engineering, 2017, 116: 244-252.
[220] 杨漪，邓军，张嬿妮，等. 煤氧化特性的 STA-FTIR 实验研究 [J]. 煤炭学报，2018，43 (4)：1031-1040.
[221] 肖旸，马砺，王振平，等. 采用热重分析法研究煤自燃过程的特征温度 [J]. 煤炭科学技术，2007 (5)：73-76.
[222] 朱红青，郭艾东，屈丽娜. 煤热动力学参数、特征温度与挥发分关系的试验研究 [J]. 中国安全科学学报，2012，22 (3)：55-60.
[223] Deng J, Zhao J Y, Zhang Y N, et al. Thermal analysis of spontaneous combustion behavior of partially oxidized coal [J]. Process Safety & Environmental Protection, 2016, 104: 218-224.
[224] Xiao Y, Ren S J, Deng J, et al. Comparative analysis of thermokinetic behavior and gaseous products between first and second coal spontaneous combustion [J]. Fuel, 2018, 227: 325-333.
[225] DengJ, Ma X F, Zhang Y T, et al. Effects of pyrite on the spontaneous combustion of coal [J]. International Journal of Coal Science & Technology, 2015, 4: 306-311.
[226] Chu X J, Li W, Li B Q, et al. Sulfur transfers from pyrolysis and gasification of direct liquefaction residue of Shenhua coal [J]. Fuel, 2008, 87: 211-225.
[227] Mochizuki Y, Ono Y, Uebo K, et al. The fate of sulfur in coal during carbonization and its effect on coal fluidity [J]. International Journal of Coal Geology, 2013, 120: 50-56.
[228] ZhaoH L, Bai Z Q, Bai J, et al. Effect of coal particle size on distribution and thermal behavior of pyrite during pyrolysis [J]. Fuel, 2015, 148: 145-151.
[229] Beamish B B, Hamilton G R. Effect of moisture content on the R 70 self-heating rate of Callide coal [J]. International Journal of Coal Geology, 2005, 64 (1): 133-138.
[230] 徐长富，樊少武，姚海飞，等. 水分对煤自燃临界温度影响的试验研究 [J]. 煤炭科学技术，2015，43 (7)：65-68+14.
[231] 陈亮，路长，余明高，等. 煤低温物理吸附氧以及水分对吸附影响的研究 [J]. 能源技术与管理，2008 (5)：88-90.
[232] Deng J, Ren L F, Ma L, et al. Effect of oxygen concentration on low-temperature exothermic oxidation of pulverized coal [J]. Thermochimica Acta, 2018, 667: 102-110.
[233] 李冬，常聚才，史文豹，等. 大倾角坚硬顶板冒落撞击摩擦试验研究 [J]. 煤炭科学技术，2019，47 (2)：41-46.
[234] 徐永亮，王兰云，宋志鹏，等. 基于交叉点法的煤自燃低温氧化阶段特性和关键参数 [J]. 煤炭学报，2014，42 (4)：935-941.
[235] 屈丽娜，刘琦. 热重实验条件下不同氧气浓度对煤自燃反应能级的实验研究 [J]. 中国安全生产科学技术，2017，13 (8)：134-138.
[236] 周西华，李昂，聂荣山，等. 不同变质程度煤燃烧阶段动力学参数 [J]. 辽宁工程技术大学学报 (自然科学版)，2017，36 (4)：348-353.
[237] Deng J, Li Q W, Xiao Y, et al. Thermal diffusivity of coal and its predictive model in nitrogen and air

atmospheres [J]. Applied Thermal Engineering, 2018, 130: 1233-1245.

[238] 朱学栋，朱子彬，韩崇家，等. 煤的热解研究Ⅲ [J]. 华东理工大学学报，2000，26（1）：14-17.

[239] 靳利娥，刘岗，鲍卫仁，等. 生物质与废轮胎共热解催化热解油蒸发过程及其动力学研究 [J]. 燃料化学学报，2007，35（5）：534-538.

[240] 李青蔚. 煤贫氧氧化热动力过程基础研究 [D]. 西安：西安科技大学，2018.

[241] Li Q W , Xiao Y , Wang C P , et al. Thermokinetic characteristics of coal spontaneous combustion based on thermogravimetric analysis [J]. Fuel, 2019, 250: 235-244.

[242] Tsai Y T , Yang Y , Wang C , et al. Comparison of the inhibition mechanisms of five types of inhibitors on spontaneous coal combustion [J]. International Journal of Energy Research, 2017, 1-14.

[243] 常绪华，王德明，贾海林. 基于热重实验的煤自燃临界氧体积分数分析 [J]. 中国矿业大学学报，2012，41（4）：526-530+550.

[244] Yan M , Bai Y , Li S G , et al. Factors influencing the gas adsorption thermodynamic characteristics of low-rank coal [J]. Fuel, 2019, 248: 117-126.

[245] 朱红青，屈丽娜，沈静，等. 不同因素对煤吸氧量、热焓影响的试验研究 [J]. 中国安全科学学报，2012，22（10）：30-35.

[246] 陈珣，傅培舫，周怀春. 煤焦比热容的模型与 DSC 实验研究 [J]. 工程热物理学报，2010，31（1）：169-172.

[247] Bertrand Roduit, Marco Hartmann. Determination of thermal hazard from DSC measurements. Investigation of self-accelerating decomposition temperature (SADT) of AIBN [J]. Journal of Thermal Analysis & Calorimetry, 117 (3): 1017-1026.

[248] 王威. 利用热重分析研究煤的氧化反应过程及特征温度 [D]. 西安科技大学，2005.

[249] Deng Jun, Li Qingwei, Xiao Yang, et al. The effect of oxygen concentration on the non-isothermal combustion of coal [J]. Thermochimica Acta, 2017, 653: 106-115.

[250] Jun Deng, Qing-Wei Li, Yang Xiao, et al. Experimental study on the thermal properties of coal during pyrolysis, oxidation, and re-oxidation [J]. Applied Thermal Engineering, 2017, 110: 1137-1152.

[251] Ren Lifeng, Deng Jun, Li Qinwei, et al. Low-temperature exothermic oxidation characteristics and spontaneous combustion risk of pulverised coal [J]. Fuel, 2019, 252: 238-245.

[252] Bai Zujin, Wang Caiping, Deng Jun. Analysis of thermodynamic characteristics of imidazolium? based ionic liquid on coal [J]. Journal of Thermal Analysis and Calorimetry, (2020) 140: 1957-1965.

[253] Deng Jun, Bai Zujin, Xiao Yang, et al. Effects on the activities of coal microstructure and oxidation treated by imidazolium-based ionic liquids. Journal of Thermal Analysis and Calorimetry, 2018, 133: 453-463.

[254] 周国顺，黄群星，于奔，等. 基于低温 DSC 的流化床低阶煤干燥临界颗粒尺寸研究 [J]. 煤炭学报，2015，40（1）：185-189.

[255] Pysh'Yev S V, Gayvanovych V I, Pattek-Janczyk A, etc. Oxidative desulphurisation of sulphur-rich coal [J]. Fuel, 2004, 83 (9): 1117-1122.

[256] 薛冰，柳娜，李永昕 ，等. 相对湿度对低阶煤低温氧化过程的影响 [J]. 煤炭转化，2007（4）：5-8.

[257] 邓存宝，王雪峰，王继仁，等. 煤表面含 S 侧链基团对氧分子的物理吸附机理 [J]. 煤炭学报，2008（5）：556-560.

[258] 张卫亮，梁运涛. 差式扫描量热法在褐煤最易自燃临界水分试验中的应用 [J]. 煤矿安全，2008（7）：9-10.

[259] 何启林，王德明. 煤水分含量对煤含氧量与放热量影响的测定 [J]. 中国矿业大学学报，2005，5 (34)：36-40.

[260] 郝朝瑜，王继仁，马念杰，等. 水分润湿煤体对煤自燃影响的热平衡研究 [J]. 中国安全科学学报，2014，24 (10)：54-59.

[261] D Borah，M. K Baruah. Electron transfer process. Part 2. Desulphurization of organic sulphur from feed and mercury-treated coals oxidized in air at 50，100 and 150° C [J]. Fuel，2000，79 (14)：1785-1796.

[262] 梁晓瑜，王德明. 水分对煤炭自燃的影响 [J]. 辽宁工程技术大学学报，2003，22 (4)：472-474.

[263] 聂百胜，何学秋，王恩元，等. 煤吸附水的微观机理 [J]. 中国矿业大学学报，2004 (04)：17-21.

[264] 王亚超，魏子淇，王彩萍，等. 黄铁矿对煤氧化表面官能团的影响 [J]. 西安科技大学学报，2018，38 (4)：585-591.

[265] Qi Guansheng，Wang Deming，Zheng Keming，et al. Kinetics characteristics of coal low-temperature oxidation in oxygen-depleted air [J]. Journal of Loss Prevention in the Process Industries，2015，35：224-231.

[266] 孔令坡. 低温氧化对煤 TG-DSC 曲线的影响研究 [J]. 煤质技术，2014 (2)：41-44.

[267] 肖旸，刘志超，周一峰，等. 预氧化煤体的力学参数和导热特性关系研究 [J]. 煤炭科学技术，2018，46 (4)：135-140+187.

[268] 邓军，刘文永，翟小伟，等. 水分对孟巴矿煤氧化自燃特性影响的实验研究 [J]. 煤炭安全，2011，42 (11)：15-19.

[269] 宋申，王俊峰，王涌宇，等. 水分对褐煤微观特性的影响研究 [J]. 煤炭技术，2017，36 (11)：330-333.

[270] 王亚超，袁泉，肖旸，等. 水分对白皎无烟煤氧化过程放热特性的影响 [J]. 西安科技大学学报，2018，38 (5)：721-727.

[271] 郑学召，鲁军辉，肖旸，等. 高水分含量对煤自然发火特性参数影响的试验研究 [J]. 安全与环境学报，2014，14 (4)：71-75.

[272] 董宪伟，王福生，孟亚宁. 煤的微观孔隙结构对其自燃倾向性的影响 [J]. 煤炭科学技术，2014，11：41-45，49.

[273] Kam，Hixson，Perlmutter. The oxidation of bituminous coal Development of a mathematical model [J]. Chemical Engineering Science，1976，31 (9)：815-819.

[274] 战婧. 添加剂对煤低中温氧化过程的影响及其机理研究 [D]. 合肥：中国科学技术大学，2012.

[275] Krishnaswamy Srinivasan，Gunn Robert D，Agarwal Pradeep K. Low-temperature oxidation of coal. 2. An experimental and modelling investigation using a fixed-bed isothermal flow reactor [J]. Fuel，1996，75 (3)：344-352.

[276] Krishnaswamy Srinivasan，Bhat Saurabh，Gunn Robert D.，et al. Low-temperature oxidation of coal. 1. A single-particle reaction-diffusion model [J]. Fuel，1996，75 (3)：333-343.

[277] Krishnaswamy Srinivasan，Agarwal Pradeep K.，Gunn Robert D. Low-temperature oxidation of coal. 3. Modelling spontaneous combustion in coal stockpiles [J]. Fuel，1996，75 (3)：353-362.

[278] 范晓雷，杨帆，张薇，等. 热解过程中煤焦微晶结构变化及其对煤焦气化反应活性的影响 [J]. 燃料化学学报，2006，34 (4)：395-398.

[279] Petit J C. Calorimetric evidence for a dual mechanism in the low temperature oxidation of coal [J]. Journal of Thermal Analysis and Calorimetry，1991，37 (8)：1719-1726.

[280] Wang H, Dlugogorski B Z, Kennedy E M. Kinetic modeling of low-temperature oxidation of coal [J]. Combustion and Flame, 2002, 131 (4): 452-464.
[281] Karsner Grant G, Perlmutter Daniel D. Model for coal oxidation kinetics. 1. Reaction under chemical control [J]. Fuel, 1982, 61 (1): 29-34.
[282] Itay Michae, Hill Cavan R, Glasser David. A study of the low temperature oxidation of coal [J]. Fuel Processing Technology, 1989, 21 (2): 81-97.
[283] Li J , Li Z , Yang Y , et al. Laboratory study on the inhibitory effect of free radical scavenger on coal spontaneous combustion [J]. Fuel Processing Technology, 2018, 171: 350-360.
[284] 徐精彩，张辛亥，文虎，等. 煤氧复合过程及放热强度测算方法 [J]. 中国矿业大学学报，2000 (3): 31-35.
[285] 葛岭梅，薛韩玲，徐精彩，等. 对煤分子中活性基团氧化机理的分析 [J]. 煤炭转化，2001，7 (3): 23-27.
[286] 石婷，邓军，王小芳，等. 煤自燃初期的反应机理研究 [J]. 燃料化学学报，2004，32 (6): 652-657.
[287] 张文彤，邝春伟. SPSS统计分析基础教程 [M]. 北京：高等教育出版社，2011.
[288] 孙才志，宋彦涛. 关于灰色关联度的理论探讨 [J]. 世界地质，2000 (3): 248-252+270.
[289] 许秀莉. 灰色关联、聚类、预测的改进及应用 [D]. 厦门：厦门大学，2001.
[290] 曹明霞. 灰色关联分析模型及其应用的研究 [D]. 南京：南京航空航天大学，2007.
[291] 王远，杜翠凤，靳文波，等. 深凹露天矿复环流决定参数准则方程式的建立 [J]. 煤炭学报，2018，43 (5): 1365-1372.
[292] 刘璐，梅国栋. 基于灰色关联分析的煤自然发火气体预报指标研究 [J]. 中国煤炭，2007，(11): 69-72+4.
[293] 王聪，江成发，储伟. 煤的分形维数及其影响因素分析 [J]. 中国矿业大学学报，2013，42 (6): 1009-1014.
[294] 伍爱友，肖红飞，王从陆，等. 煤与瓦斯突出控制因素加权灰色关联模型的建立与应用 [J]. 煤炭学报，2005 (1): 58-62.
[295] 邓聚龙. 灰色控制系统 [J]. 华中工学院学报，1982 (3): 9-18.
[296] 邓聚龙. 灰色系统综述 [J]. 世界科学，1983 (7): 1-5.
[297] 邓聚龙. 灰色预测模型 GM (1, 1) 的三种性质——灰色预测控制的优化结构与优化信息量问题 [J]. 华中工学院学报，1987 (5): 1-6.
[298] 曲洋，初茉，朱书全，等. 回转窑内利用液化残渣共热褐煤以抑制其粉化的影响因素分析 [J]. 化工学报，2018，69 (5): 2166-2174+2337.
[299] Deng Jun, Wang kai, Zhang Yanni, et al. Study on the Kinetics and Reactivity at the Ignition Temperature of Jurassic Coal in North Shaanxi [J]. Journal of Thermal Analysis and Calorimetry, 2014, 118: 417-423.
[300] Xu Qin, Yang Shengqiang, Tang Zongqing, et al. Free Radical and Functional Group Reaction and Index Gas CO Emission during Coal Spontaneous Combustion [J]. Combustion Science and Technology, 2018, 190: 5, 834-848.
[301] 王传格. 煤显微组分热解甲烷、氢气生成动力学及机理 [D]. 太原：太原理工大学，2006.
[302] 薛海波. 抑制煤自燃过程关键活性基团的抗氧化型复合阻化剂研究 [D]. 徐州：中国矿业大学，2018.